卓越工程师教育培养计划系列教材

应用催化基础

赵 芸 黎汉生 冯彩虹 等编

化学工业出版社

·北京·

内容简介

《应用催化基础》全面介绍了催化剂基础知识及其应用领域和最新进展。全书共分为12章：第1章概述了催化科学和技术的发展简史及催化发展的新领域，第2章论述了催化的化学基础，第3章简述了催化的工程基础，第4~9章分别介绍了各类催化剂及其应用和最新进展，包括酸碱催化剂、金属催化剂、过渡金属氧化物催化剂、过渡金属有机配合物催化剂、生物催化剂及电催化剂，第10章介绍了固体催化剂的设计，第11章涉及固体催化剂制备与成型，第12章是固体催化剂表征技术。

本书可作为高等院校化学工程与工艺、能源化学工程、制药工程及其他相关专业本科生教材使用，也可以作为研究生或其他科研人员的参考书。

图书在版编目（CIP）数据

应用催化基础/赵芸等编．—北京：化学工业出版社，2024.6

ISBN 978-7-122-44836-1

Ⅰ.①应… Ⅱ.①赵… Ⅲ.①催化剂-生产工艺 Ⅳ.①TQ426.6

中国国家版本馆CIP数据核字(2024)第081322号

责任编辑：任睿婷 杜进祥　　文字编辑：姚子丽 师明远
责任校对：李 爽　　装帧设计：关 飞

出版发行：化学工业出版社
(北京市东城区青年湖南街13号 邮政编码100011)
印　　装：河北延风印务有限公司
787mm×1092mm 1/16 印张18 字数436千字
2024年10月北京第1版第1次印刷

购书咨询：010-64518888　　售后服务：010-64518899
网　　址：http://www.cip.com.cn
凡购买本书，如有缺损质量问题，本社销售中心负责调换。

定　　价：59.00元

前言

催化技术在化学工业中起着举足轻重的作用，是促使化工生产技术不断进步的主要动力。可以说没有新催化剂的开发，就没有新的化学工业和石油工业。党的二十大报告指出，必须坚持问题导向和守正创新。我们在能源、环保、新材料及生物领域中所面临的问题要求我们开发出性能更优异、结构更多样化的催化剂。为反映近年来催化科学和技术所取得的进步及其在各领域的应用进展，以满足高等院校化学工程与工艺、能源化学工程及制药工程等相关专业学生创新能力的培养要求，编写了本教材。

本书注重基础、突出应用，并力求反映最新进展。在设计教材架构时，编者将催化基础知识分成两部分内容：催化的化学基础及催化的工程基础，以期从催化化学基本原理以及催化反应工程两个不同角度进行阐述，既让学生掌握催化作用及其本质，又让学生了解工业催化过程。其中催化的化学基础包括催化作用与催化剂、催化作用的化学本质、催化反应的热力学和动力学及吸附作用；催化的工程基础包括均相催化与多相催化、多相催化反应基础及催化反应器基础。在讲述完基础内容后，编者向读者详细展示了各类催化剂及其相关理论和应用，介绍了大量的应用实例以及最新进展，最后概述催化剂的设计、共性制备技术及表征技术。本书图文并茂，浅显易懂。另外，编者还从前沿角度出发，论述了近年来备受关注的电催化剂与电催化作用相关内容，为催化相关专业的教师、学生和科研人员提供参考。

本书由北京理工大学赵芸、黎汉生、冯彩虹、史大昕、张耀远、吕波、郑小燕共同编写。第 1～3、7 章由赵芸编写，第 4 章由黎汉生编写，第 5 章由史大昕编写，第 6 章由张耀远编写，第 8 章由吕波编写，第 9 章由冯彩虹编写，第 10 章由冯彩虹和郑小燕编写，第 11 章由赵芸、冯彩虹和史大昕编写，第 12 章由赵芸和冯彩虹编写，全书由黎汉生策划，由赵芸统稿。在编写过程中，参考了国内外众多学者的观点和研究成果，在此一并致以诚挚的谢意。

由于编者水平有限，书中不妥之处在所难免，敬请同行专家和读者批评指正。

编者

2024 年 3 月

目录

第1章 绪论

众所周知，从无机化工、有机化工、高分子化工产品到新材料的生产，几乎离不开催化剂的使用。目前90%以上的化工产品是借助催化剂生产的，可以说催化剂的研究和开发是现代化学工业的核心。没有催化剂，就不可能建立现代的化学工业；没有催化剂的更新换代，也就没有化学工业的变革和发展。纵观化学工业的发展史，催化剂的应用决定了化学工业的演变。

1.1 催化概念的产生及形成

19世纪前30年，研究人员观察到众多与催化有关的化学现象，如铁、铜、银、金或铂可分解氨，乙醇在铂存在下可转化为醋酸，铂能促进氢和氧的化合以及二氧化硫在空气中的氧化，煤气和空气与热铂丝和钯丝接触时能够无焰结合。1833年，Micherlich将乙醇和稀硫酸混合生成醚和水的反应、金属上的气体反应及糖发酵等称为“接触”反应，即只有在某些其他物质存在下才能发生的反应。Micherlich的这个理论是Berzelius催化剂理论的先导。

1836年，Berzelius在前人研究的基础上提出“催化作用”（catalysis）的概念，他用“催化作用”这个词来描述各种各样关于痕量物质对反应速率所起作用的观察结果，他本人并未参与过催化的研究，只是将这一化学领域的实验结果进行了概括，却做出了有效的贡献。1895年，Ostwald引入反应速率作为催化过程的判据，对催化剂给出了更明确的定义：催化剂是一种可以改变化学反应速率，但不能调整反应能量的物质。1909年，因在催化、化学平衡和化学反应速率方面功绩卓著，Ostwald获得了诺贝尔化学奖，他是第一位在催化方面获得诺贝尔奖的科学家，但Ostwald对催化作用本质的理解与现代观点相差较大，他认为催化剂所起的作用仅仅是反应物在其表面上的浓缩。而Langmuir的许多开创性研究使人们对催化作用本质的认识上升到了一个新的科学高度。1909年，Langmuir在通用电器公司研究钨灯丝，测量低压下各种气体在钨、铂和其他金属上的吸附过程中，开创了表面物理化学的研究，研究成果主要包括化学吸附的现代概念和Langmuir吸附等温式。1912年，Langmuir在精确地测定铂及其他金属原子结构的基础上，第一次对催化活性中心进行详细描述。他认为铂的表面原子必须是在化学上没有饱和、能够与气相分子反应的原子，即表面铂原子没有配位饱和。1919年，Langmuir和他的助教Sweetser研究了H_2和O_2在热钨丝上的相互作用，创建了一个模型，提出“牢固结合的氧原子是单分子层的”，开创了化学动力学和吸附等温线重要的新纪元，并在以后的表面化学和催化中占据了重要地位。总之，Langmuir 对各种气体在金属表面上吸附的研究加深了人们对多相催化作用及其机理的理解，他在 1932 年获得了诺贝尔化学奖。1950 年前后，固体催化剂的研究主流是半导体表面吸附理论和金属表面多位吸附理论，在酸碱催化方面解决了酸碱强度分布理论与测定的问题，同时，Ziegler-Natta 催化剂的配位催化及立构等规聚合、金属氧化物在化学工业中的应用为传统催化理论中酸碱催化、配位催化、金属催化的发展奠定了坚实的基础。

1.2 重要的工业催化过程

催化是工业应用背景很强的学科，随着催化科学的进一步发展，催化作为核心技术在无机化工、石油化工、高分子化工、生物化工及环境保护中做出了巨大贡献。

具有代表性的工业催化过程及所用催化剂种类如表 1-1 所示。

表 1-1 具有代表性的工业催化过程及所用催化剂种类

领域	催化过程	催化剂种类
无机化工	合成氨、硝酸、硫酸	金属
石油化工	催化裂解、催化重整、催化异构和加氢处理	氧化物(固体酸)
	烯烃氧化、环氧化、芳烃氧化等	氧化物
高分子化工	烯烃聚合	过渡金属有机配合物
生物化工	亮氨酸的制备、除虫菊酯的生产、氨基青霉烷酸的合成	生物酶
环境保护	汽车尾气净化(光催化)	半导体氧化物

下面就无机化工、石油化工、聚烯烃工业及制药工业的催化发展历史进行简要介绍。

(1) 无机化工中的催化过程

无机化工重要的催化过程包括 SO_2 氧化制硫酸、氨催化氧化制硝酸以及合成氨的生产。

1812 年 Dobereiner 指出氮氧化物在 SO_2 氧化中的作用，并建议使用铂石棉催化剂。1875 年 Squire 和 Mesel 成功使用该工艺生产发烟硫酸，接触法成为了制备硫酸的方法。氨氧化技术的迅速发展源于 Ostwald 和 Bauer 1903 年的研究成果。氨氧化生产工艺使用的铂催化剂资源紧缺且对硫化氢和乙炔敏感，促使研究人员开发了二元、三元混（复）合氧化物类非铂催化剂。

合成氨的工业化生产工艺（Haber-Bosch 过程）是无机化工领域最伟大、影响最深远的催化工艺，是催化历史上的第一次革命。1904 年，Haber 从研究氢和氮之间的热力学平衡开始合成氨研究工作，他与 le Rosaigno 共同测定了一批实验数据，并且和 van Oordt 共同确定了平衡数据，在 600 ℃、200 atm（1 atm＝101325 Pa）下，NH_3 的平衡浓度为 8%，从热力学上肯定了合成氨是可行的。1909 年 Haber 开始与 BASF 公司的 Bosch 和 Mittasch 合作，1910 年报道了用 Os 催化剂成功合成氨，之后筛选出高活性、高稳定性、长寿命熔铁催化剂，为合成氨工业化奠定了基础。1915年在德国奥堡（Oppau）建立了第一个合成氨工厂，这是具有世界意义的人工固氮技术的重大成就，是化工生产实现高温、高压、催化反应的第一个里程碑。合成氨是最经济的人工固氮法，结束了人类完全依靠天然氮肥的历史，给世界农业发展带来了福音；为工业生产、军工需要的大量硝酸、炸药解决了原料问题，在化工生产上推动了高温、高压、催化剂等一系列的技术进步。合成氨的成功也为德国节省了巨额经费，Haber与Bosch也一举成名。1918年Haber因在合成氨上的杰出贡献，获得了诺贝尔化学奖。

（2）石油化工中的催化过程

石油化工中重要的催化转化过程包括流态化催化裂化（FCC）、催化重整、催化加氢以及异构化。Ipatieff在石油炼制和以石油为原料的化学品生产工业中贡献巨大。他以白土为催化剂对烃类的转化做了许多开创性研究，包括烃的脱氢、加氢及异构化等。20世纪30年代，他将氧化铝引入催化剂体系，改变了之前Ⅷ族金属的催化剂体系；与UOP公司的Pine开发了固体磷酸催化剂，用于生产高辛烷值的叠合汽油；与美国西北大学Haensel在催化重整方面做了大量工作，如用镍-硅胶-氧化铝进行煤油加氢以及铂重整，并创建了催化重整工艺，为以石油为原料生产低碳烯烃和三苯类化工原料奠定了基础。

Houdry在1924～1928年开发出固定床催化工艺，以活化黏土为催化剂进行高沸点石油的催化裂化；Sun Oil公司Thomas于1949年发现了硅胶-氧化铝催化剂的酸性和催化活性之间的对应关系，并广泛应用于炼油工业，该硅胶-氧化铝催化剂是无定形硅铝酸盐。20世纪60年代Mobil公司报道了八面沸石即X型和Y型分子筛具有催化活性，并成功用于石油催化裂化工艺，与无定形硅铝酸盐催化剂相比，结晶型沸石分子筛显示了优异的活性，显著提高了目标产物汽油的收率，因此创造了每年100亿美元的经济效益，可以说沸石催化剂是石油工业革命的标志。沸石分子筛对产物优异的选择性来源于其微孔结构的择形催化效应。自此，分子筛在石油化工领域开始发挥巨大作用。

（3）聚烯烃工业中的催化过程

1953年Ziegler使用ⅣB族金属盐或其配合物和烷基铝组成的催化体系实现了乙烯的低压聚合，1955年Natta采用类似催化体系实现了丙烯的等规聚合。现在聚烯烃年产量高达上亿吨，聚乙烯（PE）位居首位，聚丙烯（PP）为第三位，二者广泛应用于家电、仪表、机械的壳体、零部件，管材，电缆绝缘层，日用盆桶器皿等，与我们的日常生活密切相关。可以说Ziegler-Natta催化剂的发现为金属有机化学、催化化学和高分子化学的理论研究开辟了新的领域，大大促进了高分子工业的迅速发展，开创了烯烃聚合工业的新纪元。1963年Ziegler与Natta共同获得了诺贝尔化学奖。

以丙烯聚合催化剂为例，来了解烯烃聚合催化剂及聚合工艺的发展历史。20世纪50年代发现的Ziegler-Natta催化剂（$TiCl_x$-$AlEt_3$）是烯烃聚合第一代催化剂，活性只有3～5 kg(PP)/g(Ti)，聚丙烯等规度低于90%，生产工艺采用淤浆聚合工艺，需要脱灰及脱无规物工序；第二代催化剂是络合催化剂，在原有催化体系中添加了第三组分醚作为给电子体，使得活性提高了3～5倍，聚丙烯等规度提高到95%，但仍需脱灰和脱无规物；第三代催化剂是以$MgCl_2$为载体的负载型高效催化剂，且添加了第三组分有机硅化合物作为给电子体，催化活性显著提高，达500 kg(PP)/g(Ti)，等规度提高到97%以上，采用液相本体聚合工艺，不需脱灰和脱无规物，大大简化了工艺流程；第四代催化剂为球形高效催化剂，与第三代催化剂组成相同，只是将载体制备成球形然后负载活性组分 Ti，用于丙烯共聚物的生产，可省去造粒工序；第五代催化剂是茂金属，即由茂锆、茂钛等茂金属与烷氧基铝低聚物助催化剂组成的催化体系，比传统的 Ziegler-Natta 催化剂的活性高出两个数量级，所制备的聚丙烯分子量分布窄，且通过调变茂金属催化剂的结构可制备出无规、等规、间规及半等规等聚烯烃品种。第三代到第五代催化剂由于催化活性及聚合物等规度大大提高，均可采用丙烯液相本体聚合工艺或气相聚合工艺。可见，催化剂的更新换代带动了丙烯聚合工艺的变革和发展。

(4) 制药工业中的手性催化过程

目前所用的药物多为手性分子，其药理作用是通过与体内大分子之间严格的手性匹配与分子识别实现的。与传统的从天然产物中提取、外消旋体拆分法获取手性药物不同，近年来，手性药物可通过不对称合成或手性合成来获得。手性合成是不经过拆分直接合成出具有旋光性物质的方法。实现手性合成的前提是采用手性催化剂，手性催化剂的手性中心可以是金属原子，也可以是配位体。合成手性中心为金属原子的手性催化剂比较困难，所以人们选择了合成手性配位体。手性配位体与中心金属配位制备的手性金属有机配合物催化剂在药物合成方面发挥了重要作用。

2001 年诺贝尔化学奖授予了美国科学家 Knowles、日本科学家 Noyori 和美国科学家 Sharpless，以表彰他们在不对称合成领域所取得的成绩。不对称催化给制备对映体纯的手性药物和手性材料提供了崭新的机遇和挑战，展现出良好的应用前景。Knowles 采用手性膦配位体制成的手性铑催化剂催化 C═C 不对称加氢，合成了治疗帕金森综合征的特效药 L-多巴。铑配合物具有优异的催化加氢性能，但铑的产量小、价格昂贵，许多学者试图用同族的钌配合物代替铑配合物作为不对称加氢催化剂。在开发实用钌催化剂方面做出突出贡献的是日本科学家 Noyori，他开发了手性钌催化剂 Ru-BINAP，并用于药物中间体（*R*)-1,2-丙二醇的合成。该手性催化剂还可用于 α-芳基丙酸型萘普生及（*S*)-异丁基布洛芬的合成。美国科学家 Sharpless 的贡献是开发了手性钛催化剂，实现了烯烃的催化不对称环氧化，用于药物合成。

另外，催化科学的发展离不开新实验方法和新实验手段的使用。1945～1965 年期间表面物理的冲击和新实验方法的诞生，使得研究人员可以借助低能电子衍射、表面位能（功函数变化）测定、场离子显微镜及红外光谱测定催化剂及表面吸附质的结构，深入了解吸附和催化原理，化学吸附和催化领域一夜之间发生了巨大变化。1970～1999 年期间表面敏感光谱学如 X 射线光电子能谱（XPS)、紫外光电子能谱（UPS)、俄歇电子能谱（AES)、电子能量损失谱和离子中和谱等的出现标志着表面化学和催化的一个新时期的来临，进一步促进了催化科学的迅速发展。

1.3 催化科学与技术发展的新领域

1.3.1 新型催化材料及其应用

从近 200 年来催化科学与技术的发展和化学工业变革之间的关系可以得到这样的结论：

没有新催化剂的发现，就没有新的化学工业。催化技术是促使化工生产技术不断进步的主要动力，新型催化材料的开发是化工产品升级换代的核心。20 世纪 50 年代，Ziegler-Natta 催化剂的发现开创了烯烃聚合工业，之后茂金属催化剂的设计合成及应用给聚烯烃家族增添了不少新成员。同时非茂金属配合物的研究也得到了发展。非茂金属配合物是指不含有环戊二烯基团，金属中心包括所有过渡金属元素和部分主族金属元素，配位原子为氧、氮、硫和碳的有机金属配合物。与茂金属类似，该类催化剂也是从分子结构出发，设计适当的配位体构建不同的空间位阻和电子效应，能够体现出比传统催化剂更高的催化活性。此外，该类催化剂最显著的特点在于可以通过调节配位体的结构来达到对催化活性以及聚合物性能的控制。从其结构组成上分析，该类催化剂的创新在于使多齿配位体化合物和过渡金属配位形成新的配合物催化剂前体。已有多齿配位体化合物的类型有氮-氮型（如亚胺配位体、多胺配位体等）、氮-膦型（亚胺-膦多齿配位体）、氮-氧型（亚胺-苯酚多齿配位体及 8-羟基喹啉配位体），等等。该类催化剂具备茂金属催化剂已有的一些特性，如单活性中心、聚合产物组成均一、分子量分布窄；此外以该类催化剂催化的烯烃聚合为活性聚合，便于调控聚合物的分子量，合成具有窄分子量分布、端基功能化的聚合物以及具有限定几何结构的嵌段共聚物。20 世纪 90 年代后期又迎来了后过渡金属配合物研究的热潮，完全不同于传统的 Ziegler-Natta 催化剂及茂金属催化剂，后过渡金属催化剂中心金属元素的选择跨越了元素周期表的前过渡区，选择 Fe、Co、Ni、Pd 等后过渡金属元素，且采用以烷基或芳基取代的二亚胺或三亚胺配位体结构，无需共聚单体就能合成具有高支化度的低密度烯烃均聚物，也可以将乙烯与极性单体共聚制备带官能团的功能高分子材料。另外，通过配位体结构设计，可合成线形、半结晶的高密度聚乙烯，或从高密度线形聚乙烯到乙烯低聚物，具有生产更多聚乙烯品种的潜力。

除了烯烃聚合催化剂之外，新型结构分子筛也获得了突飞猛进的发展。20 世纪 50 年代微孔沸石分子筛作为具有强酸位的固体酸催化剂，在石油炼制工业发挥了巨大的作用，但是其微孔孔径限制了对大分子以及生物分子的吸附。为解决该缺陷，介孔分子筛、微介复合分子筛（微孔＜2 nm，介孔 2～50 nm）、分子筛纳米片等应运而生。

全硅介孔分子筛只有很弱的酸性，当其骨架中引入一定数量的 Al、Ga 等非硅原子之后，便可获得一定强度的酸中心，从而具备酸催化活性。1994 年，首次报道了骨架含钛的介孔分子筛 Ti-MCM-41 用于催化氧化反应；2008 年，报道了以十六烷基三甲基溴化铵为模板剂，通过四乙氧基硅烷与对磺基苯乙烯基三甲氧基硅烷或 3-氨丙基三甲氧基硅烷共沉淀，制备酸性介孔分子筛和碱性介孔分子筛，用于一锅法制备（*E*）-1-硝基-4-(2-硝基乙烯基)苯，如图 1-1 所示。介孔分子筛可以解决孔道限制的问题，但是其无定形孔壁导致酸强度太弱。

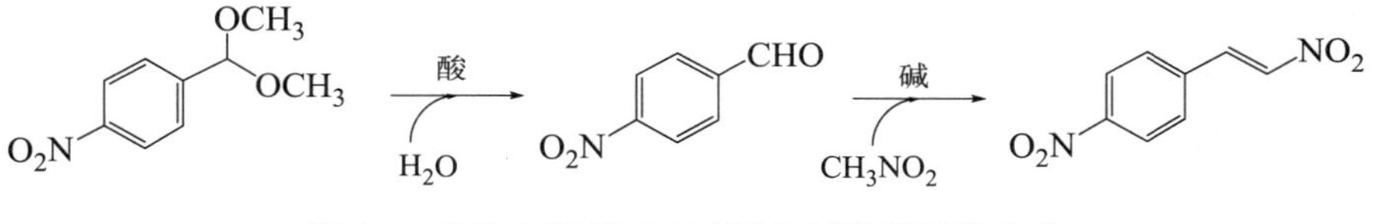

图 1-1 （*E*）-1-硝基-4-(2-硝基乙烯基)苯的合成

微介复合分子筛同时具有微孔和介孔结构，兼具沸石分子筛的强酸催化活性和介孔的低传质阻力优点，对于大分子多级反应的催化具有十分广阔的应用前景。该类微介复合分子筛负载 Pd 催化剂，对于催化大分子芳烃的深度饱和有良好的活性，可以解决石油燃料中高芳烃含量导致的燃油质量降低并有利于降低废气排放量。2017 年，Xue 等采用 [C_{16}mim]Br 作为模板剂合成了 MCM-41/ZSM-5 复合分子筛和 KIT-1/ZSM-5 复合分子筛，用于催化烷烃裂解，随着分子筛总酸量、弱酸量和强酸量提高，转化率、芳烃的选择性提高，而低碳烯烃选择性下降。

分子筛纳米片是最近几年开发的新型结构分子筛，这是一类具有超短微孔孔道、独特的多级孔结构、开放性晶体结构的二维层状结构催化剂，因而具有优异的扩散能力。其独特的形貌结构为大分子催化提供了一种消除反应过程中分子筛扩散限制的新方法。但是目前合成 HZSM-5 纳米片主要使用双子季铵盐表面活性剂，也有以石墨烯二维层板诱导生长片状 ZSM-5 的报道，但是这两种方法均有价格昂贵成本高的缺点，因此开发低成本分子筛纳米片制备方法是实现其实际应用的关键。

随着纳米催化的发展和表征技术的进步，研究人员发现表面不饱和配位原子是催化的活性位点，因此通过控制纳米晶的尺寸、形貌、晶面去调控催化剂表面原子的分布和结构以提高催化性能。

当纳米晶尺寸降低到原子团簇、单原子时，其能级结构和电子结构会发生根本性变化，这种独特的结构特点，使得单原子催化剂表现出不同于传统纳米催化剂的活性、选择性和稳定性。单原子催化剂是近年来催化科学的一个新前沿，其具有最大的原子利用效率和独特的催化性能，在合理利用金属资源和实现原子经济方面具有巨大的潜力，有望成为具有工业催化应用潜力的新型催化剂。

1.3.2 催化科学与技术的发展趋势

人类赖以生存和发展的化石能源日趋短缺。一方面，为解决能源问题，需要开发洁净燃料、生物质、太阳能等新型能源；另一方面，为解决环境污染，需要实现煤炭及其他燃料的高效燃烧，以及煤层气、石油和天然气的有效利用，并同时降低甚至消除燃烧过程中的污染排放，这些都对催化科学与技术提出了新的挑战。

对于新能源的探索，生物质作为可再生资源近年来获得了世界各国的关注。以生物质为原料，可以生产甲烷、甲醇、乙醇等化工产品及燃料。该过程可以通过生物质的厌氧消化来实现，在这个缓慢的发酵过程中，多种菌类将生物质首先转化成有机物然后再转化成甲烷。也可以将生物质在少量氧或无氧条件下加热气化转化成合成气，合成气再进一步转化成甲烷或生物甲醇。这一系列的转化过程中，起关键作用的正是催化技术，因此开发高效的催化剂及催化技术是未来实现生物质能源大量利用的基础。

对于石油的优化利用，催化技术的重点应该是副产物的充分利用，特别是将高沸点副产物转化成高附加值的低碳产品，而这一切取决于高选择性催化剂及相关催化技术的开发。另外，天然气目前在能源结构中占比较大，而且天然气也是制取一系列化学品的重要原料。因此，开发天然气利用的高效催化技术也是非常必要的。

随着工业生产的急速发展，传统化石能源的大量燃烧增加了 CO_2 等温室气体的排放，引发了全球气候变暖、生物多样性锐减等日益严峻的环境问题。但实际上，CO_2 也是一种潜在的碳资源。虽然近年来已有许多研究学者致力于 CO_2 的转化和利用，但效果仍不理想。如今面对“碳达峰”和“碳中和”的国家战略，如何开发高活性催化剂及相关技术，并采用化学还原法、光催化还原法、生物技术转化法或电催化还原法等直接将 CO_2 转化为增值化学品（酸、醇、烃类等），从而实现碳资源的理想循环是非常重要的发展方向。

另外，随着人类社会的快速发展和生活水平的提高，人们对衣食住行的要求也越来越高，功能高分子和特种精细化学品的合成、新型药物的手性合成技术也都向催化科学提出了挑战。利用催化技术生产高附加值的化学品、高性能聚合物材料和手性药物是近年来国际催化领域发展的方向之一。

不论是生物质能源的开发及利用，还是 CO_2 的转化和利用，抑或是功能高分子和特种精细化学品的合成，本质上均是烃的转化。烃是液体燃料、基本有机原料及“三大合成材料”的重要组成部分，支撑了人类社会的发展与变革，保障了人类的衣食住行。烃的转化是石油炼制、石油化工、煤化工等行业的基础，涉及烃加工、烃合成、烃衍生、烃聚合等过程。催化还原、催化氧化、酸催化等一直是实现烃类高效转化的重要手段，但由于对这类催化过程的本质缺乏深入的认识，仍有许多反应过程未能实现原子经济。为此，需开发原子经济的高选择性烃催化转化技术，建立以“精准催化”为目标的理论体系与技术方法，进行基于反应预测的计算化学模拟、基于化学键定向活化的催化材料创制、基于目标产物高选择性合成的反应路径选择，最终实现目标产物原子经济性的精准合成。

第2章

催化的化学基础

催化已经应用于化工、制药以及材料等领域，且随着催化科学技术的进一步发展，其应用领域必然越来越广阔，而掌握催化的化学基础是促进催化科学技术进步的前提。一方面，了解催化的化学基础有利于更好地设计和合成高效稳定的催化剂。催化剂的设计与合成是催化科学研究的核心内容之一。催化剂的性能取决于其化学组成、晶体结构、表面性质等因素。通过深入了解催化原理，人们可以精准地调控催化剂表面的酸碱性、氧化还原性和晶体结构等参数，提高催化剂的活性位点密度，避免催化剂失活和中毒，从而提高其催化效率、选择性及稳定性。另一方面，了解催化的化学基础有助于人们深入研究催化反应的机理和影响因素。催化反应的机理和影响因素是催化科学研究的重要内容。通过研究催化剂的表面结构、表面活性位点、反应物在表面的吸附和脱附、中间体的生成和转化等过程，便于探索出更加高效的催化反应途径及条件，提高催化反应的效率和选择性。深入了解催化的化学基础，不仅有助于推动催化科学的发展，也有助于促进工业生产的进步。

2.1 催化作用与催化剂

2.1.1 催化作用的定义及特征

基于1981年国际纯粹与应用化学联合会（IUPAC）提出的定义，催化剂是一种物质，它能改变化学反应的速率而不改变该反应的标准Gibbs自由焓变化，催化剂的这种作用称为催化作用，有催化剂参加的反应为催化反应。国家自然科学基金委提出的定义如下：催化作用是加快反应速率，控制反应方向或产物构成，而不影响化学平衡的一类作用。起这种作用的物质称为催化剂，其不在主反应的化学计量式中反映出来，即在反应中不被消耗。这两个定义实质上没差别，都说明催化作用能改变化学反应速率，也都说明催化剂是一种化学物质，能够与反应物相互作用影响反应速率，但在反应终了时恢复其原有状态，即反应结束时不被消耗。

综上，在反应体系中，若存在某一种物质，可使反应速率明显变化（加快或减慢），而本身的化学性质和数量在反应前后基本保持不变，这种物质称为催化剂。例如，丙烯的聚合反应，单纯的丙烯即使受热也不会反应生成聚丙烯，而当体系中加入乙基钛时，聚合反应便很容易进行。此处乙基钛是催化剂，其对丙烯聚合反应的加速作用正是催化作用。

催化作用具有如下几个基本特征：

① 催化剂只能加速热力学上可行的反应，而不能加速热力学上无法进行的反应。因此，在开发某一反应的催化剂时，首先需要判定该反应在热力学上是否可行。例如，1986 年 Mobil 公司采用甲烷制汽油三步法工艺路线，其中第一步反应是将甲烷转化为合成气（即 CO 和 H_2），该反应在低温下是热力学禁阻的，而在高温下是热力学允许的，如 400 K 时，$\Delta G=119.5\ \text{kJ/mol}$；1000 K 时，$\Delta G=-27.2\ \text{kJ/mol}$。因此，只有在温度为 1000 K 及以上时，采用镍催化剂才可以加速该反应。

$$CH_4+H_2O \xrightarrow{Ni,\triangle} CO+3H_2 \tag{2-1}$$

② 催化剂只能加速反应趋于平衡，而不能改变平衡的位置，即不能改变平衡常数。亦即催化剂能促使热力学可自发发生的反应尽快发生，达到化学平衡，但不改变平衡常数。例如，氢碘酸分解成氢气和碘的反应，无催化剂时 350 ℃及 1 atm 条件下，反应达平衡时氢碘酸转化率为 18.6%；350 ℃及 1 atm 铂催化下，反应达平衡时氢碘酸转化率为 19%。可以看出不论有无催化剂存在，氢碘酸的平衡转化率几乎相同，说明该反应平衡常数不受催化剂的影响。但是铂催化剂可加速氢碘酸的分解反应，使其尽快达到平衡。再如，甲烷的水蒸气重整反应在 1000 K 高温下是个可逆反应，采用镍催化剂可加速该反应达到平衡而不改变其平衡常数。

③ 如果热力学允许，催化剂对可逆反应的两个方向都是有效的。催化剂不改变化学反应的平衡常数，说明在热力学允许的条件下，催化剂必然以相同的比例加速正、逆反应的速率，因此对于热力学允许的可逆反应，能够催化正反应的催化剂一定也能催化逆反应。例如合成气转化成甲烷和水的反应，其逆反应是甲烷和水蒸气反应生成合成气，正逆反应都可用镍催化剂加速。这一催化作用特征非常有用，如在筛选合成氨反应的催化剂时，氮气和氢气的反应条件苛刻需要高温高压，直接利用正反应进行催化剂筛选实施起来比较困难，因此可利用逆反应即常压下氨气的分解反应进行催化剂筛选。

④ 催化剂对反应具有选择性。对于生成多种产物的复杂反应或者说对于有副反应发生的某一反应，催化剂在这一系列平行反应中可以让其中一种反应尽快发生并达到平衡。这种专一对某一反应起加速作用的性能称为选择性。例如，CO 和 H_2 在热力学上可转化成各种含氧有机物或烃，利用不同的催化剂，可以使反应选择性地向某个特定方向进行，用镍催化剂可选择性地生成甲烷，用 Cu-ZnO 催化剂可选择性地得到甲醇。也就是说，要想提高某一目标产物的收率，可以通过选择合适的催化剂来实现。

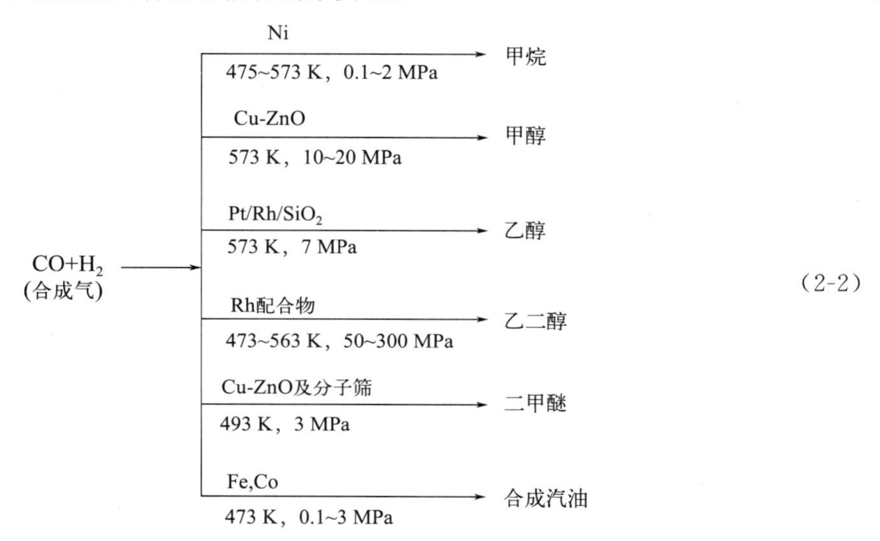

(2-2)

另外需要注意的是，催化剂具有一定的寿命。催化剂在催化反应过程中虽然不被反应所消耗，但它依靠与反应物的相互作用来改变反应速率，其参与反应的全过程，在反应结束时再生恢复原来的化学状态，因而可循环不断地起催化作用。可以说，催化剂在反应物与产物之间架起了新的通路，在该反应路径中，反应物在催化剂表面吸附进而发生反应再到产物脱附使催化剂再生，该过程特别是高温反应过程持续进行时，使催化剂长时间经受热和化学双重作用，影响了催化剂表面的物理化学结构及催化剂颗粒尺寸，发生了一些不可逆的物理和化学变化，使得活性位减少和化学结构破坏，导致催化剂活性降低最终失活。此外，大部分催化剂对杂质敏感，有些杂质吸附在活性位导致催化剂中毒失活，还有些反应过程会有积炭产生，覆盖在活性位表面，同样使催化剂活性下降甚至失活。

2.1.2 催化剂的组成及其功能

催化剂由三种组分构成：活性组分、载体及助催化剂。需要注意的是并不是所有催化剂都含有这三种组分，本体催化剂就只含活性组分，如雷尼镍就是单组分催化剂；负载型催化剂至少含有活性组分及载体两组分。不论催化剂由几种组分构成，活性组分都是必不可少的。

(1) 活性组分及其作用

活性组分也称为主催化剂，是催化剂的主要成分，且是起催化作用的根本性物质，没有它就不可能有催化作用。活性组分可以是金属、金属氧化物或硫化物、复合氧化物、固体酸、固体碱、盐等，如表2-1所示，其主要功能是活化反应物分子、促使反应发生。如甲烷水蒸气重整反应所采用的 Ni/Al_2O_3 催化剂中 Ni 为主催化剂，其作用是活化甲烷和水分子，不论有无 Al_2O_3，Ni 均具有催化活性，但是如果催化剂中没有 Ni 则没有催化活性。再如，合成氨催化剂 $Fe\text{-}Al_2O_3\text{-}K_2O$ 中 Fe 为主催化剂，其活化 N_2 和 H_2 分子，为二者反应提供活性。有些催化体系活性组分不止一个，且各组分单独存在时对反应有一定作用，但当它们结合起来共同催化时，催化活性显著提高，这种情况下也称另一活性组分为共催化剂，即与主催化剂同时起催化作用的组分。例如，脱氢催化剂 $Cr_2O_3\text{-}Al_2O_3$ 中，Cr_2O_3 单独使用时活性较高，因而 Cr_2O_3 是主催化剂，活性低的 Al_2O_3 是共催化剂；脱氢催化剂 $MoO_3\text{-}Al_2O_3$ 中，MoO_3 和 $\gamma\text{-}Al_2O_3$ 互为共催化剂，因为二者单独作为活性组分时活性均较低，而二者组合后活性显著提高。

表2-1 活性组分的分类及其功能

类别	功能	实例
金属	加氢、脱氢、加氢裂解、氧化	Fe、Ni、Pd、Pt、Ag
半导体氧化物和硫化物	氧化、脱氢、脱硫、加氢	NiO、ZnO、MnO_2、Cr_2O_3、$Bi_2O_3\text{-}MoO_3$、WS_2
绝缘体氧化物	脱水、聚合、异构化、裂化、烷基化	Al_2O_3、$SiO_2\text{-}Al_2O_3$、分子筛、MgO
金属有机配合物	烯烃聚合、加氢、羰基合成、烯烃复分解、交叉偶联	$EtTiCl_3$、$Rh(PPh_3)_3Cl$、$Co_2(CO)_8$、钌卡宾

(2) 助催化剂及其作用

助催化剂是催化剂中提高主催化剂的活性、选择性、稳定性和寿命，改善催化剂的耐热性、抗毒性及机械强度等性能的组分，是催化剂的辅助成分。助催化剂本身无活性或活性很低，但将其加入到主催化剂中后，可改变催化剂的化学组成、结构等，从而提高催化剂的活性等性能。简言之，在催化剂中只要添加少量助催化剂就可明显改善催化剂的催化性能。助催化剂可以是金属、氧化物以及盐等，其主要功能是对活性组分或载体进行改性。

助催化剂通常分为四类：结构助催化剂、电子助催化剂、晶格缺陷助催化剂及扩散助催化剂。

结构助催化剂的功能是分隔活性组分，使其保持细小晶粒，维持大的比表面积，从而提高活性组分分散度和热稳定性，防止或延缓活性组分因烧结而降低活性，这类助催化剂通常是高熔点、难还原的金属氧化物。例如，合成氨催化剂 $Fe-K_2O-Al_2O_3$ 中 Al_2O_3 为结构助催化剂，它可与催化剂前驱体中的氧化铁形成固溶体。当用氢气还原时，氧化铁被还原为活性组分 α-Fe，而 Al_2O_3 不会还原起到骨架作用，从而防止铁微晶长大，这样增大了催化剂的活性表面积，提高了催化活性并延长了寿命。CO 中温变换催化剂 $Fe_3O_4-Cr_2O_3$ 中 Cr_2O_3 为结构助催化剂；合成甲醇催化剂 $Cu-ZnO-Al_2O_3$ 中 ZnO 为结构助催化剂，其阻隔 Cu 微晶聚集长大，催化剂结构如图 2-1 所示。

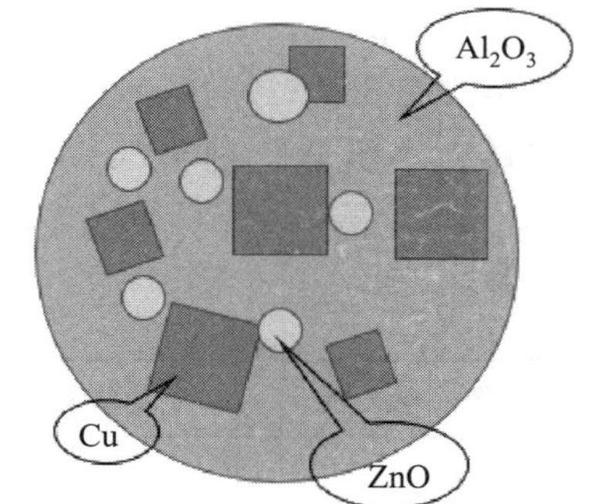

图 2-1 $Cu-ZnO-Al_2O_3$ 催化剂结构示意图

电子助催化剂是通过改变活性组分的电子结构，影响反应物分子的化学吸附和反应活化能，从而提高催化活性和选择性。例如，合成氨催化剂 $Fe-K_2O-Al_2O_3$ 中，K_2O 为电子助催化剂，起电子给体作用。CO_2 的化学吸附研究显示 K_2O 助催化剂的加入使得 α-Fe 微晶表面上碱性表面覆盖率大幅度增加，亦即 K_2O 富集在 α-Fe 微晶表面上。过渡金属 Fe 有空 d 轨道，富集在 α-Fe 微晶表面的电子给体 K_2O 将电子传给 Fe，使 Fe 原子的电子密度增大，N≡N 以 π 键键合吸附在 Fe 上，Fe 由于电子密度增大从而可以将更多的电子反馈给 N≡N，亦即在 N≡N 反键轨道中注入了更多的电子，使 N≡N 被削弱，氮分子更容易解离，降低了反应活化能，因此催化活性提高。重整催化剂 $Pt-Re/Al_2O_3$ 中 Re 为电子助催化剂，Re 与 Pt 微晶的角、边或台阶上低配位数的原子键合，金属间相互作用可以促进电子由 Re 向 Pt 偏移，Pt 从 Re 获得电子后不容易再从 H_2 获得电子，而 H_2 是施主气体，其在 Pt 表面吸附时需要给出电子，因此 Re 的引入不利于 H_2 在 Pt 表面吸附，阻碍了氢解反应。

晶格缺陷助催化剂是使活性组分晶面的原子排列无序化，增大晶格缺陷浓度，进而提高催化活性。表面晶格缺陷是许多氧化物催化剂的活性中心；助催化剂离子与活性组分离子大小相近时，易发生取代，形成表面晶格缺陷。

扩散助催化剂是为了增大催化剂体相中的孔，使细孔内的扩散过程不致成为速率控制步骤。扩散助催化剂实际是造孔剂或扩孔剂，有机物、硝酸盐或碳酸铵这类易分解的化合物作为扩散助催化剂，在工业催化剂加工成型时可以经焙烧分解而脱除，留下孔结构或增大孔径。显然，扩散助催化剂最后不在催化剂组成中。

助催化剂除了能改善活性组分的性能外还可对载体进行改性，如提高载体的热稳定性及加强载体表面酸性等。常用载体 γ-Al_2O_3 表面积较大，但在高于 700 ℃时易转变为表面积小的 α-Al_2O_3。若加入 1%～2%的 SiO_2 或 ZrO_2 则可显著提高相变温度，此处 SiO_2 或 ZrO_2 作助催化剂提高了载体 γ-Al_2O_3 的热稳定性。另外，重整催化剂 Pt-Re/Al_2O_3 是双功能催化剂，可通过加入氯化物如 HCl 额外加强载体酸性。

(3) 载体及其功能

载体是催化剂活性组分及助催化剂的分散剂和支撑体。载体作为催化剂的骨架，通常为具有足够机械强度的多孔材料。其主要功能是提供大的表面积，提升材料的多孔性、机械强度及热稳定性，有时也承担共催化剂和助催化剂的角色。

载体种类繁多，可以是高熔点氧化物、硅胶、黏土以及活性炭等。常见的载体如表 2-2 所示，分为低比表面积和高比表面积两大类。低比表面积载体常为平均孔径大于 2 μm 的粗孔材料或无孔材料，其特点是热稳定性高，常用于高温或强放热反应催化剂，如乙烯部分氧化制环氧乙烷催化剂为 Ag/α-Al_2O_3，采用热稳定性高的 α-Al_2O_3 为载体，其比表面积 $<10\ m^2/g$。高比表面积载体比表面积一般大于 100 m^2/g，为多数多相催化反应所需要。

表 2-2 常见载体及其比表面积

低比表面积载体	比表面积/(m^2/g)	高比表面积载体	比表面积/(m^2/g)
刚玉	<1	氧化镁	30～140
耐火砖	<1	η-Al_2O_3	130～390
碳化硅	<1	γ-Al_2O_3	150～300
浮石	<1	白土	150～280
α-Al_2O_3	<10	硅胶	200～800
石棉	1～16	SiO_2-Al_2O_3	350～600
硅藻土	2～30	活性炭	500～1200

催化剂的催化活性通常随比表面积增大而提高，因此希望催化剂具有尽可能大的比表面积。多数催化剂需借助于载体，将活性组分分散在有高孔隙率的载体颗粒表面上，从而实现大的比表面积。载体最基本的功能就是增大活性表面和提供适宜的孔结构。催化剂的宏观结构包括比表面积、孔隙率及孔径分布等，对催化活性和选择性会有很大影响，而这些结构又多是由载体决定的。例如，无载体情况下，0.5～5 nm 的铂纳米粒子于 400 ℃1 h 聚集成 50 nm 微晶，六个月形成 200 nm 微粒；如负载于氧化铝上，则数年不见铂粒子显著变化（Pt 熔点 T_m=1774 ℃）。亦即负载可使活性组分的微晶相互隔开，不易发生烧结和聚集长大，进而可维持活性组分的高分散度和大比表面积。因此粉状 Ni、Pd、Pt 等活性组分必须负载于 Al_2O_3 或活性炭等载体上，才能工业应用。多孔载体具有分散作用，可提供催化剂大的比表面积，因此可减少活性组分用量。特别是对贵金属催化剂来说，贵金属资源匮乏，价格昂贵，使用载体可减少贵金属（Pt、Pd、Rh）用量。

载体的第二个作用是支撑作用，增强催化剂的机械强度，使催化剂具有一定形状。例如丙烯聚合球形催化剂就是将载体氯化镁制备成球形，再负载活性组分钛使得催化剂呈球形。一方面球形催化剂用于气相流化床工艺时具有良好的抗磨损强度，另一方面用于丙烯共聚合过程得到流动性良好的球形丙烯共聚物，易于放料。催化剂机械强度与载体的材质、物性及制造方法密切相关，不同反应器形式，选用载体时需要考虑耐压强度、耐磨强度和抗冲强度。

另外，载体可改善催化剂的导热性和热稳定性。载体具有较大的热容和良好的导热性，使反应热能迅速传递出（进）去，避免局部过热而引起催化剂烧结，还可避免高温下的副反应，从而满足工业强放热/吸热反应的需要。

载体还可提供附加活性中心，起共催化或助催化作用。例如，γ-Al_2O_3 载体具有酸性，载体的酸性可能导致结焦等不希望的副反应发生，但对某些反应会产生正效果。如重整催化剂 Pt/γ-Al_2O_3，Pt 的作用是催化正构烷烃脱氢及异构烯烃加氢，而 γ-Al_2O_3 的作用是催化正构烯烃的异构化反应，γ-Al_2O_3 为正构烷烃异构化反应过程中烯烃的异构化提供了必要的酸中心，促进了反应的进行。

最后，载体与活性组分间可能产生溢流（spillover）现象或强金属-载体相互作用（strong metal-support interaction，SMSI）。溢流现象指在第一相（活性组分）上吸附或产生的活性物种迁移到在相同条件下不可能吸附或产生该活性物种的另一相（载体）表面上。如氢溢流，氢分子在金属表面吸附并解离成原子态氢，然后迁移到金属氧化物、活性炭、分子筛或其他固体表面上。通过溢流现象的发现和研究，更加了解了负载型催化剂和催化反应过程，确定了催化剂表面活性物种的组成，还发现了金属与载体间的强相互作用。金属与载体间的强相互作用指当金属负载于可还原的金属氧化物载体（如 TiO_2）上，高温下还原导致催化剂对 H_2 等气体的化学吸附能力下降，进而使催化活性降低。发生 SMSI 的原因是被部分还原的载体，其部分电子传递给金属，进而减小了金属对被吸附气体的化学吸附能力。如 H_2 在 Pt、Pd、Rh 等上吸附，载体为 TiO_2 的情况，H_2 是施主气体，在活性位吸附时需要给出电子。因为活性组分从载体获得电子后从 H_2 获得电子的动力降低，从而导致对 H_2 的吸附能力降低。SMSI 具有一定的普遍性，对改进和创新负载型催化剂具有重要作用。

2.1.3 催化剂的结构

催化剂性能的好坏取决于催化剂的组成和结构，而相同组成的催化剂由于结构不同也会导致其催化性能有较大差别。催化剂的结构包括晶体结构、孔结构和尺寸及形貌。

(1) 晶体结构

晶体结构是固体催化剂的一个重要特征。固态物质按其原子（或分子、离子）在空间排列是否长程有序分成晶态和无定形两类。所谓长程有序是指固态物质的原子（或分子、离子）在空间按一定方式周期性地重复排列。整个晶体是由晶胞在三维空间周期性重复排列而成。理想的晶体结构是无限的周期结构，实际晶体不可能是无限的周期结构，由于共生、杂质、阳离子变价等原因导致晶体结构不完整，产生各种晶体缺陷，使点阵结构偏离理想结构。所以，实际晶体结构有多种缺陷，包括点缺陷、线缺陷和面缺陷。如晶体中阴离子或阳离子的缺位、杂质原子的同晶取代及离子从晶格点位移到缝隙位置，都是点缺陷。刃型位错、螺型位错属于线缺陷，这种情况下晶体内某一列原子的排列与完整晶格不同，即晶格周期性的破坏是发生在某一特定方向，从而影响了整列原子。面缺陷主要是堆垛层错，是理想的晶面堆垛中出现错配和误位形成的缺陷。另外，实际晶体是许多微晶拼嵌而成，微晶排列的取向不同，晶粒之间的界域是不规整的，因此颗粒边界也是一种面缺陷。对于催化剂而言，晶体结构固体催化剂的许多性能与这些缺陷的存在紧密相关，有些催化剂特别是氧化物催化剂如钙钛矿通过特意引入缺陷调控其催化性能。许多固体催化剂是具有某种晶体结构的，如X型分子筛固体酸催化剂具有立方晶系结构，锐钛矿相二氧化钛光催化剂具有四方晶系结构，镁铝水滑石固体碱催化剂具有六方晶系结构。催化剂的晶体结构可以利用X射线衍射进行测定。

(2) 孔结构

好的催化剂应具备高活性，催化剂的活性随比表面积增大而提高，因此催化剂应具有尽可能大的比表面积。有些催化剂本身就可制成多孔状，具有较大的比表面积，例如雷尼镍和分子筛，但多数催化剂需借助于载体，将活性组分分散在高孔隙率的载体颗粒表面上从而得到多孔大比表面积催化剂。因此孔结构也是决定催化剂性能的关键因素之一。

固体催化剂的孔道通常根据孔径大小分成三类：孔径小于 2 nm 的微孔（micropore），孔径介于 2～50 nm 范围的介孔（mesopore）以及孔径大于 50 nm 的大孔（macropore）。例如，沸石分子筛是微孔分子筛，MCM-41 介孔分子筛孔径在 3.3 nm 左右，$\gamma\text{-}Al_2O_3$ 中含有介孔和大孔。催化剂的孔结构可以用如下指标来表述。

① 比表面积。比表面积是指单位质量催化剂所具有的总面积，单位是 m^2/g，分为外表面积和内表面积两类。多孔结构催化剂既具有外表面积又有内表面积，对于固体催化剂特别是微孔结构催化剂，其孔道形成的内表面积远远大于外表面积。通常催化剂的比表面积越大，活性位越多，活性也越高。比表面积是评价催化剂孔结构特性的重要指标之一。

催化剂的比表面积可以根据 BET 法进行测定，但是如果载体表面的活性组分浓度较低，则不能采用 BET 法测定，而是采用化学吸附来测定活性组分的表面积。

② 孔径及其分布。催化剂中常常同时含有不同尺寸和形状的孔，即催化剂的孔道直径、形状和长度通常都是不均匀的。反应物分子进入催化剂孔道内部活性位点进行反应以及生成的产物从孔内出来都涉及扩散过程，孔径大小及孔道长度对反应物及产物的扩散均会产生影响，从而影响反应速率及产物选择性。因此催化剂的孔径大小及其分布是决定催化剂催化性能的关键因素之一。

催化剂的孔径及其分布可以采用气体吸附法并利用 Kelvin 方程进行测定。

③ 孔容。孔容即孔体积，指单位质量催化剂所具有的细孔总容积，也称为比孔容 (V_g)，单位是 cm^3/g。这是多孔结构催化剂的特征值之一，可用四氯化碳法直接测定。

④ 密度。催化剂的体积按下式计算：

$$V_c = V_{sk} + V_{po} + V_{sp} \tag{2-3}$$

式中，V_c 为催化剂体积，cm^3；V_{sk} 为催化剂的骨架体积，cm^3；V_{po} 为催化剂的内孔体积，cm^3；V_{sp} 为催化剂的空隙体积，cm^3。

催化剂的密度指单位体积内含有的催化剂的质量，基于体积包含的内容不同，催化剂的密度有如下三个概念：真密度 ρ_t，即骨架密度，指单位体积催化剂骨架或固体部分的质量；颗粒密度 ρ_p，指单位颗粒体积的催化剂所具有的质量；堆密度 ρ_c，即堆积密度，指单位堆积体积的催化剂所具有的质量。

$$\rho_t = m/V_{sk}$$
$$\rho_p = m/(V_{sk}+V_{po})$$
$$\rho_c = m/(V_{sk}+V_{po}+V_{sp}) \tag{2-4}$$

(3) 尺寸及形貌

通常情况下，催化剂尺寸越小，比表面积越大，催化活性越高，但是尺寸越小越容易发生聚集。催化剂颗粒由初级粒子和次级粒子聚集而成。初级粒子通常为纳米尺寸，其聚集形成微米尺寸次级粒子，而次级粒子再聚集组成催化剂颗粒。这些粒子的大小和聚集方式决定了催化剂的空隙大小和形状，进而也影响催化剂的性能。另外，催化剂的形貌对其催化性能也有影响，某些特殊形貌的催化剂由于高活性晶面的暴露显示了特殊的催化性能。催化剂颗粒的尺寸和形貌随制备方法及条件的不同而不同，可以采用扫描电子显微镜和透射电子显微镜进行观察。

工业固体催化剂在实际使用过程中要求具有良好的流体力学传质、传热性质，这就要求催化剂具有一定的颗粒大小、形状和密度，以便产生均匀的流体流动分布、较低的床层压降，同时提供较高的机械强度及较大的可靠性。因此工业固体催化剂通常加工成各种形状，如球状、圆柱状、环状、片状、车轮状、三叶状、蜂窝状整体结构等，颗粒大小通常是几十微米到二十毫米。采用什么形状、多大尺寸的催化剂和反应器类型有关。对于固定床反应器，催化剂粒径与反应器尺寸之间通常有如下规律：反应器的直径∶催化剂粒径＝（5～10）∶1，反应器的长度∶催化剂粒径＝（50～100）∶1。一般情况下，固定床反应器如果选用球状催化剂，尺寸范围为 1～20 mm；如果选择片状催化剂，尺寸为 2～10 mm；如选择不规则形状催化剂，尺寸为 8～14 目至 2～4 目（1.17～9.5 mm）。而对于流化床和浆态床反应器，通常选用球状催化剂，尺寸范围为 20～300 μm，一般小于 100 μm。

2.1.4 催化剂的性能指标

催化剂的性能指标主要包括活性、选择性及稳定性。

(1) 催化剂的活性

催化剂的活性是指催化剂对反应进程的影响程度，是催化剂加快化学反应速率程度的一种度量。显然，单位时间单位质量的催化剂得到的产物量越大，催化剂的活性越高。而催化剂活性高，催化剂的用量就可减少，特别是对于贵金属催化剂，可以大幅降低催化剂的使用成本，因此对工业生产来说，追求高活性催化剂是不变的真理。另外，催化剂的活性还可用如下指标来表示：原料的转化率、达到给定转化率所需的反应温度、给定条件下目标产物的时空收率、反应速率等。

转化率（X）是反应所消耗掉的物料量与投入反应器的物料量之比，即反应物转化的质量百分比、物质的量百分比或分子数百分比，是无量纲指标。转化率 X 常指的是某一反应条件（如催化剂用量、空速、反应温度等）下反应物的转化率。

$$X=\frac{W_{\text{消耗的反应物}}}{W_{\text{总反应物}}}=\frac{n_{\text{消耗的反应物}}}{n_{\text{总反应物}}}=\frac{N_{\text{消耗的反应物}}}{N_{\text{总反应物}}} \tag{2-5}$$

产率（Y）即收率，是主产物的实际产量与按投入原料计算的理论产量之比或是转化成产物 C 时所消耗的反应物 A 的量与总反应物 A 的量的百分比，是无量纲指标。

$$Y=\frac{W_{\text{转化成C时消耗的反应物A}}}{W_{\text{总反应物A}}}=\frac{n_{\text{转化成C时消耗的反应物A}}}{n_{\text{总反应物A}}}=\frac{N_{\text{转化成C时消耗的反应物A}}}{N_{\text{总反应物A}}} \tag{2-6}$$

时空收率（Y_t）是指单位时间内单位催化剂所得产品的量。

$$Y_t=\frac{W_{prod}}{W_{cat}t} \tag{2-7}$$

式中，W_{prod} 为某段反应时间 t 内产物的质量、体积或物质的量，kg、m^3、mol；W_{cat} 为所用催化剂的质量、体积或表面积，g、m^3、m^2。

反应速率是一定质量（或体积）催化剂下单位时间内某一反应物的消耗量或某一产物的生成量。用反应速率比较活性时，要求反应温度、压力及反应物浓度相同；用速率常数比较活性时，要求温度区间相同；如果采用不同种类催化剂催化同一反应时，采用速率常数比较活性，仅当反应速率方程有相同的表达式时才有意义。

为避免速率常数的不足，可采用转化数和转化频率来表示催化活性。转化数（turnover number，TON）指单位时间内每个活性中心上被转化了的分子数；转化频率（turnover frequency，TOF）指单位时间内每个活性中心上发生反应的次数。与速率常数相比，转化数和转化频率不涉及反应的基元步骤和速率方程，物理意义更明确，二者作为真正催化活性的基本度量，都是很科学的概念，但应用却有限，因为通常催化剂活性中心的数目是不可知的。

(2) 催化剂的选择性

当相同的反应物在热力学上可生成不同种类产物时，催化剂对一系列平行反应中某一反应起加速作用的性能称为选择性。也就是说，针对发生副反应的复杂反应，催化剂的选择性表示一个主产物占所有主、副产物的分率，或指反应所消耗的原料中转化成目标产物的分率。它有两种表示方法：速率常数之比和目标产物收率与反应物的转化率之比。对于工业催化剂，对选择性的要求有时胜过对活性的要求，因为如果一个催化剂活性虽高但选择性较低，会生成很多副产物，给产物分离带来困难，需要烦琐的产物分离步骤，降低了催化过程的效率。

催化剂的选择性反应示例如下：

$$aA \begin{cases} \xrightarrow{k_1} bB \\ \xrightarrow{k_2} cC \end{cases} \tag{2-8}$$

① 速率常数之比。

$$S=\frac{k_1}{k_2}\times 100 \tag{2-9}$$

式中，S 为选择性，%；k_1 和 k_2 为速率常数，s^{-1}。

② 目标产物收率与反应物的转化率之比。

$$S_B=\frac{Y_B}{X_A}\times 100,\quad S_C=\frac{Y_C}{X_A}\times 100 \tag{2-10}$$

式中，S_B 和 S_C 分别为产物 B 和 C 的选择性，%；Y_B 和 Y_C 分别为产物 B 和 C 的收率，%；X_A 为 A 的转化率，%。

(3) 催化剂的稳定性

催化剂的稳定性指催化剂的活性和选择性随时间变化的情况。对工业催化剂来说，稳定性和寿命是至关重要的，决定了其在操作条件下能否长期使用。工业催化剂的稳定性主要包括热稳定性、化学稳定性及机械稳定性三方面。

热稳定性是指温度对催化剂的影响，催化剂通常在一定温度下使用，长时间处于高温反应体系中，可能使活性组分挥发、流失，或使负载金属烧结或微晶长大，从而导致催化剂活性降低甚至失活。

化学稳定性指原料中的杂质和反应中形成的副产物等在催化剂活性表面吸附，将活性表面覆盖，导致表面沾污、阻塞或结焦，进而导致催化剂活性下降乃至中毒失活。

催化剂的机械稳定性指催化剂在实际使用过程中，由于机械强度和抗磨损强度不够，导致催化剂破碎或磨损，造成催化剂床层压力降增大及传质变差等，影响使用效果。催化剂在工业使用过程中会经受不同程度的应力，包括：运输及搬运过程中的磨损，反应器装卸料时引起的碰撞，在还原或开始投入运转时由于相变所引起的应力，因压力降、热循环以及催化剂本身重量所产生的外应力等。因此催化剂的机械稳定性是工业催化剂的一项重要指标。

通常催化剂活性随反应时间延长而下降，如果随使用时间延长催化剂的活性和选择性降低缓慢说明该催化剂的稳定性较好。当活性下降到一定程度时，需要经过再生恢复其活性，但再生不会使催化剂活性完全恢复。经过多次再生后，催化剂的活性无法满足工业生产的要求时就需要更换新的催化剂。因此，工业催化剂的寿命指在工业生产条件下，催化剂的活性能够达到装置生产能力和原料消耗定额的允许使用时间。可见，催化剂稳定性越好，使用寿命越长。

2.2 催化作用的化学本质

化学反应实质是旧化学键断裂及新化学键形成的过程，该过程需要一定的活化能。反应所需活化能越小，该反应越容易发生。从 Arrhenius 方程［式(2-11)］可以看出，活化能 E_a 以指数形式出现在速率方程中，E_a 的少许变化会显著影响速率常数 k。催化过程中催化剂的功能就是降低反应活化能，这正是催化作用的本质。

$$k = A\exp\left(\frac{-E_a}{RT}\right) \tag{2-11}$$

式中，k 为反应速率常数；A 为指前因子；E_a 为反应活化能，J/mol；R 为理想气体常数，8.314 J/(mol·K)；T 为热力学温度，K。

以合成氨反应为例，如果不使用催化剂，则需要依靠热能使氮分子和氢分子的化学键断裂生成氮和氢的自由基，二者再结合生成氨分子。氮分子和氢分子解离能非常大，分别为 946 kJ/mol 和 436 kJ/mol，因此破坏其化学键需要很大的能量，500 ℃常压条件下该反应活化能为 334.6 kJ/mol。如果采用催化剂，氮分子和氢分子可以在催化剂活性中心发生化学吸附，从而使得氮和氢分子的化学键强度被削弱并发生解离，亦即氮和氢分子被活化了，然

后解离吸附的 N^* 和 H^* 发生系列表面反应，生成吸附的氨分子，最后吸附的氨从催化剂活性中心脱附。显然采用催化剂改变了反应历程，使反应沿一条新的途径进行，此途径由几个基元反应组成［式(2-12)］，而基元反应活化能都很小，因此反应所需克服的能垒值大大降低，如图 2-2 所示。氮分子中 N≡N 键的强度远远大于氢分子中 H—H 键的强度，因此催化反应过程中，速率控制步骤为氮分子的解离吸附，其所需活化能仅为 70 kJ/mol，比无催化剂时低得多，因此反应速率提高了十几个数量级。大型合成氨厂采用的操作条件是压力为 20～35 MPa，温度为 400～500 ℃，催化剂为 $Fe\text{-}K_2O\text{-}Al_2O_3$。

$$N_2 \longrightarrow 2N^* \tag{2-12a}$$

$$H_2 \longrightarrow 2H^* \tag{2-12b}$$

$$N^* + H^* \longrightarrow NH^* + {}^* \tag{2-12c}$$

$$NH^* + H^* \longrightarrow NH_2^* + {}^* \tag{2-12d}$$

$$NH_2^* + H^* \longrightarrow NH_3^* + {}^* \tag{2-12e}$$

$$NH_3^* \longrightarrow NH_3 + {}^* \tag{2-12f}$$

式中，“＊”表示化学吸附中心；带“＊”的物种表示处于吸附态。

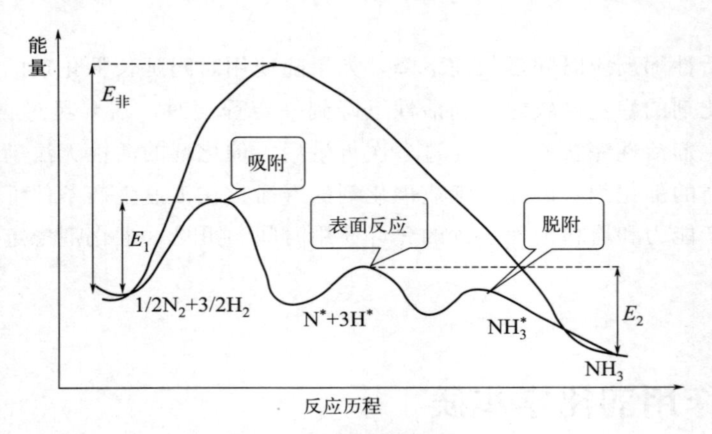

图 2-2　合成氨的反应途径

可以看出，催化剂的作用在于“活化”反应物分子，降低反应活化能，从而加快化学反应速率。反应物分子在催化剂作用下的活化过程，本质上是反应物分子配位在催化剂活性中心上，发生了活性中心与反应物分子的电子交换。一方面可能是反应物分子的成键分子轨道中移走了部分电子，使该化学键的电子云密度降低，也就是使该化学键松弛、削弱；另一方面可能是反应物分子的反键轨道中填充了电子，使能量迅速上升抵消成键效应，从而使反应物分子原有的化学键被削弱而发生断裂，形成了各种各样的活性中间体。

从催化作用的本质可以推断，催化剂具有选择性是由于催化剂可以显著降低主反应的活化能，而副反应活化能的降低则不明显甚至提高。例如，甲醇和氧的反应，无催化剂时生成 CO 和 CO_2 的能垒比生成甲醛的小很多，而使用 Ag 催化剂后生成 CO 和 CO_2 的能垒明显高于生成甲醛的能垒。因而 Ag 催化剂对甲醇氧化生成甲醛具有良好的选择性。

在催化剂作用下，以较低活化能实现的自发化学反应被称为催化反应。催化剂是一种中介物质，它提供了改变活化能的路径从而加快了反应速率（或降低了反应温度），但其自身最终并没有被消耗。

2.3 吸附作用

气体或液体在固体表面上的富集过程，称为吸附现象。被吸附的物质称为吸附质，吸附气体或液体的物质称为吸附剂。产生吸附的原因是固体催化剂表面的原子具有自由价或断裂（悬挂）键，即这些表面原子配位不饱和，其配位数小于体相内原子的配位数，使得表面原子受到一种内向的净作用力，对扩散到其附近的分子进行吸附。当催化剂表面吸附的反应物浓度不再随时间变化时，吸附速率与脱附速率相等，即达到了吸附平衡，因此吸附平衡是动态平衡。从微观的角度看，吸附达到平衡时，吸附与脱附过程在不断进行着，只是它们的速率相等。

吸附是催化剂对反应施加作用的基本步骤，没有反应物吸附就不可能存在催化剂产生催化作用的问题。吸附理论是催化作用理论的基础理论。

2.3.1 物理吸附与化学吸附

依据吸附质与吸附剂之间相互作用力的不同，吸附分为物理吸附和化学吸附。吸附质依靠与吸附剂之间的范德华力等物理相互作用而吸附于吸附剂上，这种现象为物理吸附。吸附质依靠与吸附剂表面上吸附中心的剩余自由价相互作用形成化学键而吸附于吸附剂上，这种现象为化学吸附。以吸附质与吸附剂间相互作用的程度和机理来划分化学吸附的类型，又可划分为两大类：解离吸附和缔合吸附。被吸附的吸附物分子受到吸附中心的作用而解离成两个以上的碎片，并分别吸附于吸附中心上，这种吸附称为解离吸附；被吸附物分子结构未被破坏的吸附为缔合吸附。

吸附过程会产生热效应，表面吸附常常是放热的。因为吸附物在吸附剂上的吸附过程都是自发过程，即：

$$\text{自由能}\ \Delta G_{\text{吸}}<0 \tag{2-13}$$

而

$$\Delta G_{\text{吸}}=\Delta H_{\text{吸}}-T\Delta S_{\text{吸}} \tag{2-14}$$

因此

$$\Delta H_{\text{吸}}-T\Delta S_{\text{吸}}<0 \tag{2-15}$$

即

$$\Delta H_{\text{吸}}<T\Delta S_{\text{吸}} \tag{2-16}$$

若 $\Delta S_{\text{吸}}$ 为负值，则 $\Delta H_{\text{吸}}$ 也必为负值。此时，吸附为放热过程。

通常情况下，吸附物在吸附剂表面上形成了一个更为有序的体系，吸附物分子的自由度减小，即 $\Delta S_{\text{吸}}<0$，所以 $\Delta H_{\text{吸}}<0$。对物理吸附来说，被吸附的分子一定不发生解离，物理吸附一定是放热的。物理吸附的吸附热与分子量、极性等因素相关，为 4～40 kJ/mol，与液化热相当。对化学吸附来说，被吸附的分子会有两种情况：解离与不解离。对不解离的缔合吸附，有 $\Delta S_{\text{吸}}<0$，吸附过程一定是放热的；对解离化学吸附，可能有 $\Delta S_{\text{吸}}<0$ 或 $\Delta S_{\text{吸}}>0$，这样，吸附过程就可能为放热的，也可能是吸热的。化学吸附热范围比较宽，为 40～800 kJ/mol，与化学键强度相当。

例如，H_2 在被硫化物污染的 Fe 上的吸附过程就是吸热的，该过程 H_2 发生解离吸附：

$$H_2 + Fe(受S污染) \longrightarrow \begin{matrix} H & & H \\ | & & | \\ Fe & -S- & Fe \end{matrix} \tag{2-17}$$

H_2 分子被解离为两个氢原子，且可在Fe表面上做二维自由运动，因此：

一个被吸附的氢原子的自由度 ＝ 2(二维运动)＋2(振动)＝ 4

两个被吸附的氢原子的自由度 ＝ 4×2 ＝ 8

氢分子的自由度 ＝ 3(三维运动)＋3(转动＋振动)＝ 6

可见，H_2 解离吸附过程 $\Delta S_{吸}>0$，因此 H_2 在Fe上的化学吸附为吸热过程。

除了上述吸附热效应的差别，物理吸附与化学吸附还在以下方面存在不同：物理吸附在较低的温度下就可以发生，不需活化能，吸附速率较快；物理吸附是由单分子层吸附过渡到多分子层吸附，且一般来说，任何气体在任何固体表面均可发生物理吸附，因而物理吸附无选择性；物理吸附是非解离吸附，因而是可逆过程。化学吸附基于吸附分子与吸附剂表面之间的化学键，因此化学吸附类似化学反应，只能在特定的吸附质和吸附剂之间发生，也就是说，化学吸附具有选择性，且化学吸附是单层吸附，如图2-3所示。化学吸附一般需活化能，吸附速率较慢。另外，化学吸附可能是非解离吸附或解离吸附，因此吸附过程有些可逆有些不可逆。吸附过程中，通常是先发生物理吸附，再由物理吸附转化为化学吸附。

基于物理吸附的普遍性，利用物理吸附来测定催化剂的比表面积、孔体积、孔径大小及其分布等；基于化学吸附的选择性，利用化学吸附研究催化剂的活性表面，如利用CO的选择性吸附测定合成氨熔铁催化剂中活性铁的表面积，利用 NH_3 分子探针技术测定固体酸的酸种类和酸量，CO_2 分子探针技术用于测定固体碱的碱种类和碱量等。

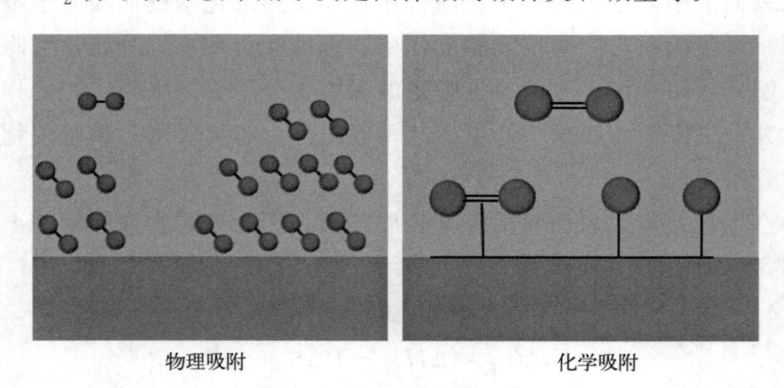

图 2-3 物理吸附和化学吸附示意图

2.3.2 吸附势能曲线

吸附势能（或位能）曲线（或称势能图、位能图）是指吸附物在吸附剂表面发生吸附或脱附时，吸附体系的能量（势能）随吸附物与吸附剂表面间距离（d）而变化的曲线。

以 H_2 在Cu催化剂表面解离吸附的势能曲线为例来说明物理吸附转化为解离型化学吸附的过程，如图2-4所示。当吸附质 H_2 距催化剂表面很远时，H_2 与催化剂之间不存在相互作用；随着 H_2 接近Cu催化剂表面，H_2 与Cu表面原子之间的作用以范德华吸引力为主，体系势能开始降低；到 P 点时，体系势能相对最小，出现了最稳定的物理吸附状态，此时所释放的能量为物理吸附热 Q_P；物理吸附的 H_2 由于热运动可进一步接近Cu表面，此

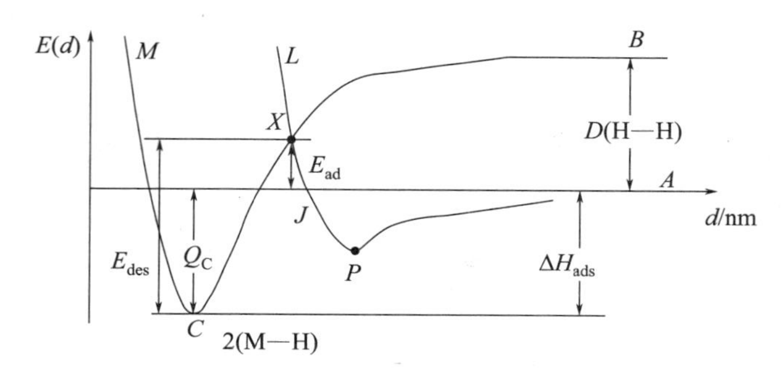

图 2-4 H_2 在铜表面的解离吸附势能曲线

时由于原子核之间的排斥作用增强，吸引作用减弱，体系势能迅速升高，物理吸附变得不稳定，此时要么出现物理吸附的脱附，要么物理吸附转化为化学吸附。当 H_2 接近 Cu 表面到 J 和 X 点之间时，体系势能甚至高于初始势能。当到达 X 点，即物理吸附势能曲线与热裂解 H 化学吸附势能曲线的相交点，H_2 与 Cu 活性中心可形成 H_2 发生解离吸附的过渡态。此过渡态可出现两种情形：情形 1 是沿 XCM 曲线使体系能量降低，直至 H_2 解离为 H 原子形成化学吸附状态 H-Cu；情形 2 是沿 XPA 曲线，使体系能量降低，直至 H_2 脱附。X 点就成为 H_2 在 Cu 表面是否发生化学吸附的关键点，该点体系势能与初始体系能量差为 $E_{R(X)}-E_{R(H\text{-}Cu)=\infty}=E_{ad}$，称为化学吸附活化能，对 H_2 与 Cu 的体系，$E_{ad}=21$ kJ/mol。这种反应物分子由物理吸附需要活化能而转化为化学吸附状态的过程，称为活化吸附。当到 C 点时，H_2 发生了解离吸附，即 H 原子与 Cu 原子之间形成化学键，体系的能量 $E_{R(C)}$ 最低，所释放出的能量为化学吸附热：$Q_C=Q_{ad}=|E_{R(C)}-E_{初}|=34$ kJ/mol。当吸附的 H 从 Cu 表面上脱附时，沿 $MCXPA$ 曲线进行。此时，经过 X 点吸附的 H 才能以 H_2 形式脱附。由 C 点至 X 点所需的能量为 $E_{R(X)}-E_{R(C)}=E_{des}$，称为脱附活化能。

物理吸附转化为缔合型化学吸附的吸附体系中，吸附物无需活化能，即吸附活化能 $E_{ad}=0$。这种反应物分子由物理吸附不需活化能而直接进入化学吸附状态的过程，称为非活化吸附。

从 H_2 在 Cu 表面上发生化学吸附时体系的势能曲线可知：

① 一个分子在催化剂表面上的活化要比气相靠热能活化容易得多，吸附活化能 $E_{ad}=21$ kJ/mol，而 H_2 分子解离能为 436 kJ/mol，两者相差近 20 倍；

② $E_{des}=Q_C+E_{ad}$ 这一规律具有普遍性，在 H_2-Cu 吸附体系中，$E_{des}=55$ kJ/mol，$Q_C=34$ kJ/mol，$E_{ad}=21$ kJ/mol，$Q_C+E_{ad}=34+21=55$（kJ/mol）$=E_{des}$；

③ $Q_C \gg Q_P$，因此一般情况下，表面反应动力学过程的势能图中不画出物理吸附势能曲线部分；

④ Q_C 越大，E_{des} 越大，脱附越困难，表面吸附配合物越稳定，吸附质参与反应的性能就越差。

2.3.3 化学吸附强度与吸附态

(1) 化学吸附强度

在催化剂表面吸附的物种之所以能发生反应，是因为化学吸附的表面物种在二维的吸附层中并非静止不动，只要温度足够高，它们就成为活性物种，在固体表面迁移，随之进行化学反应。这种表面反应的成功进行，要求反应物种的化学吸附不宜过强，也不能过弱。吸附过强使表面吸附物种稳定，不利于它们的表面迁移和接触；过弱则会在进行反应之前脱附流失，使反应物分子吸附量太低。亦即表面反应的成功进行要求化学吸附的强度适中。而化学吸附的强度可以用吸附热来表征，换句话说，吸附热可作为吸附质与吸附剂之间作用强弱的量度指标，吸附热反映吸附质与吸附剂之间成键的强度，以及吸附质分子内部结构受破坏的强度。

对于理想表面或均匀表面，吸附热 Q 与覆盖度 θ 无关，即：$Q=Q_0$，这是 Langmuir 等温吸附方程、BET 物理吸附等温方程的条件。实际催化剂表面是非理想表面，即催化剂表面是不均匀的，因此吸附热随着覆盖度（θ）变化而变化。吸附热 Q 随 θ 增大而线性下降，即 $Q = Q_0-\alpha\theta$，这是 Temkin 等温吸附方程的条件；而 Freundlich 等温吸附方程的条件是 Q 与 $\ln\theta$ 成线性关系：$Q = Q_0-\xi\ln\theta$。吸附热随覆盖度增大而下降是由于表面各吸附中心的能量有差别，因而在不同中心上吸附放出的热量不同。吸附首先发生在活泼的吸附中心上，因此放热效应大；随覆盖度增大，不活泼的中心上开始发生吸附，放热效应逐渐减小。

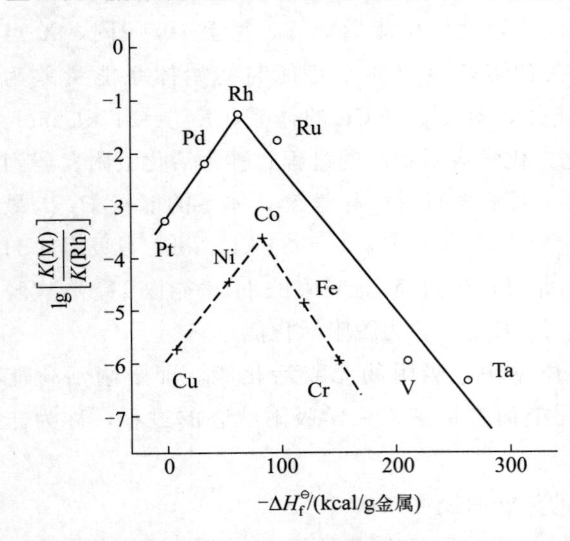

图 2-5 乙烯加氢活性与金属吸附强度之间的关系

注：1 cal=4.186 J。

大量的实验结果表明，化学吸附强度或吸附热与催化活性的关系为“火山”形关系，即反应物分子和催化剂之间具有中等强度的吸附时催化活性最高，或者说反应物与某种催化剂间的化学吸附热，在键强适中的条件下，其催化活性最高，这就是通常所说的巴兰金（Balandin）“火山曲线”规律。如图 2-5 所示，横坐标为吸附强度即吸附热，纵坐标为催化活性，可见对于乙烯加氢反应，不同种类贵金属催化剂及过渡金属催化剂与乙烯的吸附强度均与加氢活性呈“火山”形关系。“火山”顶左边金属对乙烯吸附强度太弱，使得被活化的反应物的量很少，被活化的程度低，因此催化活性低；“火山”顶右侧金属对乙烯吸附强度太强，活性物种难以在催化剂表面迁移反应，同时吸附太强导致与金属之间的化学键难以断裂，反应活性降低，甚至由于其占据了活性位而使催化剂中毒，因此催化活性也不高；只有“火山”顶附近金属对乙烯的吸附强度适中，不强也不弱，此时被活化的反应物量最多且活化程度最大，因此体现出高的催化活性。Rh 是优异的加氢催化剂源于其对反应物分子适中的吸附强度。可见，吸附热可用于比较催化剂的催化活性和选择活性组分。

（2）化学吸附态

吸附物分子在催化剂表面发生化学吸附时，与催化剂表面原子间形成了共价键、配位键等化学键。化学吸附分为两大类：解离吸附和缔合吸附。H_2 解离吸附后氢原子与催化剂表面原子之间形成了共价键；具有孤对电子或 π 电子的分子如 CO、乙烯或苯化学吸附时通常是缔合吸附，且与催化剂表面原子之间形成配位键。

H_2 和 Cl_2 的解离吸附如下：

$$H_2 + 2M \longrightarrow 2M—H \tag{2-18}$$

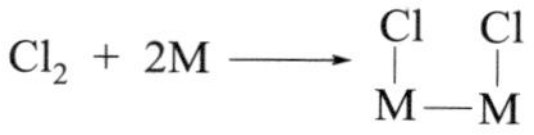

$$Cl_2 + 2M \longrightarrow \begin{array}{cc} Cl & Cl \\ | & | \\ M & — M \end{array} \tag{2-19}$$

乙烯和氧的缔合吸附如下：

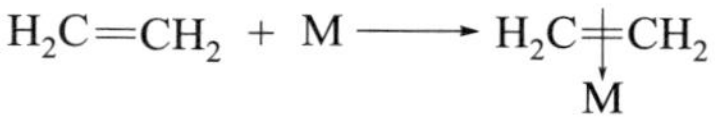

$$H_2C=CH_2 + 2M \longrightarrow \begin{array}{c} H_2C—CH_2 \\ |\quad\ \ | \\ —M—M— \end{array} \tag{2-20}$$

$$H_2C=CH_2 + M \longrightarrow \begin{array}{c} H_2C \neq CH_2 \\ \downarrow \\ M \end{array} \tag{2-21}$$

$$O_2 + Ag \longrightarrow \begin{pmatrix} O \\ | \\ O \end{pmatrix}^{-} \atop \begin{array}{c} | \\ Ag^{+} \end{array} \tag{2-22}$$

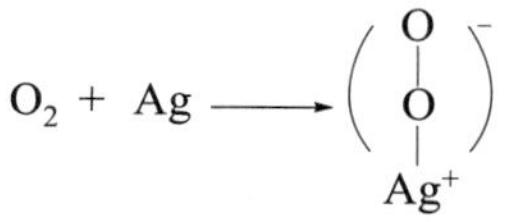

吸附物分子在吸附时是发生解离吸附还是缔合吸附，与吸附物分子的电子结构有关（如双键、π 键等），而且与吸附位的类型和强度有关。一般在金属催化剂上容易发生解离吸附，金属晶粒越小，越易发生深度解离吸附；在氧化物催化剂和酸碱催化剂上，既可发生解离吸附，也可发生缔合吸附。

吸附态指吸附物分子在催化剂表面上所存在的状态。吸附物分子在催化剂上有多少种吸附态，只需给出催化剂上一个吸附物分子可能存在的所有吸附态的集合，如 H_2 的吸附态有 H_2、H_2^+、H_2^-、H、H^+、H^- 六种，O_2 的吸附态有 O_2、O_2^-、O_2^{2-}、O、O^-、O^{2-}、O_3^- 七种。反应物最概然的吸附态与反应条件及催化剂种类有关。如：高温条件下，Ag 催化剂上 O_2 最概然吸附态是 O_2^-，Ni 催化剂上 O_2 最概然吸附态是 O^-，Cu_2O 催化剂上 O_2 最概然吸附态是 O^{2-}；低温条件下，Cu_2O 催化剂上 O_2 最概然吸附态是 O^-、O_2^-。

CO 在催化剂表面的化学吸附，实际是 CO 与催化剂过渡金属活性中心形成了 σ-π 键，正是由于 CO 与活性中心之间形成了化学键使得 CO 的 C 与活性中心之间的作用加强，C≡O 键被削弱即 CO 被活化了，从而能够参与化学反应。如图 2-6 所示，CO 可以在单个吸附位上形成线性吸附，也可以在两个以上吸附位上形成桥式吸附，且结合的金属越多，C≡O 键被削弱的程度越大，温度足够高的情况下会发生解离吸附。CO 的吸附态与金属种类及吸附温度有关。在 Cu 和 Pt 上主要是线性吸附，在 Ni 和 Pd 上主要是桥式吸附，当负载的 Rh 粒度很小时除了线性吸附还会出现孪生吸附；常温下在 Pt、Ni、Cu、Fe 上主要是缔合吸附，而在 W、Mo、Ti 或高温下的 Ni 和 Fe 上是解离吸附。

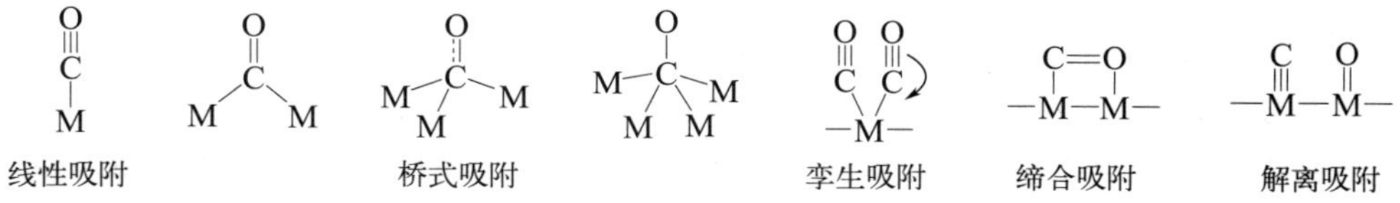

线性吸附　桥式吸附　孪生吸附　缔合吸附　解离吸附

图 2-6　CO 的吸附态

2.3.4 吸附等温线及吸附等温方程

(1) 吸附等温线

吸附等温线是描述恒定温度下，吸附质压力 p 与吸附量 V（或覆盖度 θ）之间关系的曲线。吸附等温线基本上分为五种类型，如图 2-7 所示。不同形状的等温线反映了吸附剂与吸附质之间相互作用有差别。

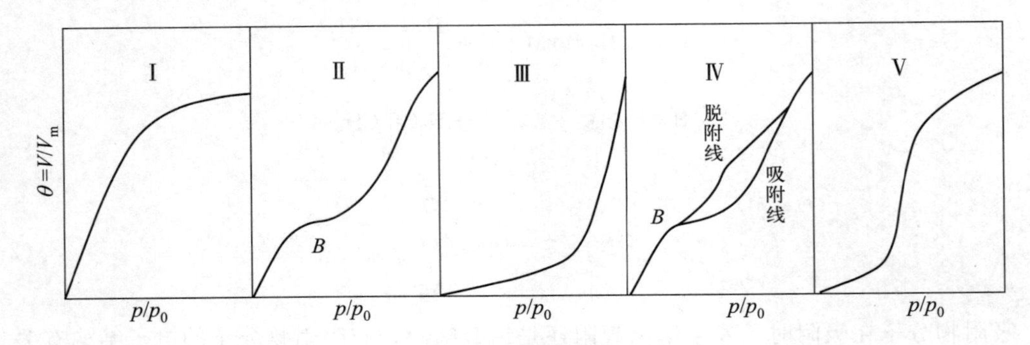

图 2-7 五种类型的吸附等温线

注：p 为测试条件下的蒸气压；p_0 为吸附温度 T 下吸附质的饱和蒸气压。

Ⅰ型线也称为 Langmuir 等温线，能由 Langmuir 等温方程来描述。随相对压力增大，覆盖度 θ 增大，但当 p/p_0 增大到一定值后，θ 不再随 p/p_0 而变化，这意味着吸附剂表面被吸附质吸附饱和。所得吸附量可认为是吸附质分子在吸附剂表面上的单层饱和吸附量。化学吸附等温线属于此种类型。对物理吸附，单分子层吸附很少见。该吸附等温线可以表示微孔固体（<2 nm）的吸附特征，如活性炭、沸石分子筛等，其孔径大小与吸附质分子的尺寸处于同一数量级，因此限制了吸附层的数目。

Ⅱ、Ⅲ、Ⅳ和Ⅴ型线均反映物理吸附的吸附规律。Ⅱ和Ⅳ型线均在较低的相对压力处有一个拐点 B，被解释为吸附物在吸附剂上达到单分子层吸附饱和。Ⅱ型线，反映内表面不发达的非孔或大孔吸附剂（孔径>50 nm）上的吸附情况，吸附质与吸附剂存在较强相互作用；当 $p/p_0>(p/p_0)_{拐点}$ 时，出现多层物理吸附，但是相对压力增大到接近饱和蒸气压也未达到吸附饱和。20 ℃炭黑吸附水蒸气及－195 ℃硅胶吸附氮气均为Ⅱ型线。Ⅳ型线，反映介孔固体的吸附特征，当 $p/p_0>(p/p_0)_{拐点}$ 时，可出现毛细冷凝现象，孔中的凝聚液随着 p/p_0 的增大而增多，而且脱附线与吸附线不重合，形成一个滞后环。可以解释为：随压力增大，吸附量增大，达到单层饱和吸附后，开始多层吸附，再随压力增大到滞后环的起始点时，吸附物在最小的孔内开始凝聚，随压力继续增大，稍大些的孔内也逐渐被凝聚液充满，直到饱和压力下，整个体系被凝聚液充满。介孔 MCM-41 及多孔金属氧化物表面的吸附通常为Ⅳ型线。Ⅱ和Ⅳ型线可用于分析、测定吸附剂的比表面积和孔结构。

Ⅲ和Ⅴ型线反映吸附物在非润湿性吸附剂上的吸附。在低相对压力 p/p_0 下，吸附质比较难吸附在吸附剂上。当 p/p_0 增大到一定值时，出现吸附物的凝聚现象，如毛细冷凝现象。这两种类型的吸附等温线比较少见。Ⅲ型线是大孔固体的吸附情况，吸附剂与吸附质分子相互作用较弱；Ⅴ型线是介孔固体的吸附，反映有滞后环、有毛细管凝结的多层吸附情况。20 ℃溴吸附于硅胶为Ⅲ型线；磷蒸气吸附于 NaX 分子筛为Ⅴ型线。

(2) 吸附等温方程

吸附温度 T 一定时，定量描述吸附平衡条件下吸附量 V 或覆盖度 θ 与压力 p 的关系方程有四个：Langmuir 等温方程、BET 等温方程、Freundlich 等温方程及 Temkin 等温方程。Langmuir 等温方程描述理想吸附体系下单层吸附平衡体系的 V 或 θ 与 p 的关系；Freundlich 等温方程和 Temkin 等温方程用于描述非理想吸附体系下单层吸附平衡体系的 V 或 θ 与 p 的关系；BET 等温方程描述多层吸附平衡体系下的 V 或 θ 与 p 的关系。

① Langmuir 等温方程。Langmuir 等温方程是一种理想的化学吸附模型的等温方程，在吸附理论的发展和多相催化中起着重要作用。建立 Langmuir 等温方程的模型条件如下：吸附剂表面是理想的、均匀的；吸附物分子之间无作用力或作用力可忽略；吸附物分子只有碰撞于空的吸附位上才可被吸附，一个吸附物分子只占据一个吸附位，这一条件意味着化学反应动力学中所述的质量作用定律适用于吸附体系，称为表面质量作用定律；吸附是单层的、定位的，当吸附速率与脱附速率相等即 $r_{吸}=r_{脱}$ 时，吸附达到平衡。

a. 单中心缔合吸附的 Langmuir 等温方程推导。

$$A_2+S \longrightarrow A_2 \cdot S$$

式中，A_2 表示吸附质分子；S 表示吸附位。

按表面质量作用定律，吸附速率与吸附剂表面空的吸附位数目成正比，即：

$$r_{吸}=k_a p(N_s-N)=k_a N_s(1-\theta)p \tag{2-23}$$

脱附速率与被吸附的吸附物分子的覆盖度成正比，即：

$$r_{脱}=k_d N=k_d N_s \theta \tag{2-24}$$

式中，$\theta=N/N_s$，θ 为覆盖度；N_s 为吸附剂表面总的吸附位数；N 为吸附质已经占据的吸附位数；k_a 为吸附速率常数；p 为气体分压；k_d 为脱附速率常数。

吸附达到平衡时，有 $r_{吸}=r_{脱}$，则

$$\theta/(1-\theta)=pk_a/k_d=\lambda p \tag{2-25}$$

式中，$\lambda=k_a/k_d$，称为吸附平衡常数。

Langmuir 等温方程的常见形式如下：

$$\theta=\frac{\lambda p}{1+\lambda p} \tag{2-26}$$

$$\theta=V/V_m \tag{2-27}$$

用吸附气体的体积表示的 Langmuir 等温方程为：

$$\frac{p}{V}=\frac{1}{\lambda V_m}+\frac{p}{V_m} \tag{2-28}$$

式中，V 指在吸附分压 p 下吸附剂吸附气体的体积，cm^3；V_m 指在吸附温度 T 下吸附剂达到单层饱和吸附时吸附气体的体积，即单层饱和吸附量，cm^3。

p 和 V 可以通过实验测定得到。若在一个等温吸附体系中，根据实验结果计算的 p/V 对 p 作图得一直线，则这个吸附体系为单中心缔合吸附体系。用直线斜率可求出单层饱和吸附量 V_m，再由截距和单层饱和吸附量可求出吸附平衡常数 λ。

b. 解离吸附的 Langmuir 等温方程推导。

吸附时分子发生解离，两个碎片占据两个相邻的吸附位。

$$A_2+2S \longrightarrow 2A \cdot S$$

按表面质量作用定律：

$$r_{吸}=k_{a}p(N_{s}-N)^{2}Z=k_{a}ZN_{s}^{2}(1-\theta)^{2}p \tag{2-29}$$

$$r_{脱}=k_{d}N^{2}=k_{d}N_{s}^{2}\theta^{2} \tag{2-30}$$

式中，$\theta=N/N_{s}$；Z 为吸附剂表面上出现两个相邻吸附位的分数。

平衡时： $r_{吸}=r_{脱}$

将 $r_{吸}$、$r_{脱}$ 代入上式，经过整理后得到 Langmuir 等温方程的常见形式：

$$\theta=\frac{(\lambda Z)^{1/2}p^{1/2}}{1+(\lambda Z)^{1/2}p^{1/2}} \tag{2-31}$$

即

$$\theta/(1-\theta)=(\lambda Zp)^{1/2} \tag{2-32}$$

将 $V/V_{m}=\theta$ 代入 Langmuir 等温方程，整理后得到如下方程：

$$\frac{\sqrt{p}}{V}=\frac{1}{\sqrt{\lambda Z}V_{m}}+\frac{\sqrt{p}}{V_{m}} \tag{2-33}$$

亦即如果$\frac{\sqrt{p}}{V}$对$\sqrt{p}$ 作图为一直线，这个吸附体系为解离吸附。

c. 竞争吸附的 Langmuir 等温方程推导。

混合竞争吸附是指在吸附体系中，有两种或多种气体分子能在同一吸附中心上吸附。如：

$$A+B+2S \longrightarrow A \cdot S+B \cdot S$$

假定竞争吸附的条件为 A、B 均为缔合吸附，且二者能够在相同吸附中心上产生吸附。这样，A、B 的吸附分别达到平衡，A 和 B 的吸附等温方程分别为：

$$\lambda_{A}p_{A}(1-\theta_{A}-\theta_{B})=\theta_{A} \tag{2-34}$$

$$\lambda_{B}p_{B}(1-\theta_{A}-\theta_{B})=\theta_{B} \tag{2-35}$$

解上面的联立方程，则：

$$\theta_{A}=\frac{\lambda_{A}p_{A}}{1+\lambda_{A}p_{A}+\lambda_{B}p_{B}} \tag{2-36}$$

$$\theta_{B}=\frac{\lambda_{B}p_{B}}{1+\lambda_{A}p_{A}+\lambda_{B}p_{B}} \tag{2-37}$$

式 (2-36) 和式 (2-37) 说明，两种竞争吸附的物质中，某种物质的覆盖度与其分压成正比，一种物质的分压增大，其表面覆盖度也增大，而另一种物质的覆盖度减小。因为总的吸附位是有限的，故 A 与 B 此时的吸附是互为竞争的。这两种物质竞争吸附的能力可从其吸附平衡常数的大小体现出来，某种物质的吸附平衡常数越大，其竞争吸附能力越强。

将 A、B 两种吸附物混合竞争吸附的 Langmuir 等温方程扩展为 n 个吸附物的混合竞争吸附，且为单中心缔合吸附，有：

$$A_{1}+A_{2}+\cdots+A_{n}+nS \longrightarrow A_{1} \cdot S+A_{2} \cdot S+\cdots+A_{n} \cdot S$$

则 Langmuir 等温方程为：

$$\theta_{i}=\frac{\lambda_{i}p_{i}}{1+\sum_{1}^{n}\lambda_{i}p_{i}} \tag{2-38}$$

从混合竞争吸附可以得到如下启示：

Ⅰ. 催化剂可改变反应的速率控制步骤和选择性。

混合竞争吸附反应式中，如果某一催化剂上A的吸附平衡常数λ_A远大于B的吸附平衡常数λ_B，则该催化剂可以加速A参与的反应，从而提高该反应产物的选择性；反之如果某一催化剂上B的吸附平衡常数λ_B远大于A的吸附平衡常数λ_A，则该催化剂可以加速B参与的反应，从而提高该反应产物的选择性。

Ⅱ. 混合竞争吸附可说明催化剂的吸附中毒规律。

某一毒物使催化剂中毒说明该毒物在催化剂上的吸附平衡常数要远大于反应物的吸附平衡常数，结果增加了反应物的吸附阻力，导致覆盖度下降，从而显著降低了反应速率。

Langmuir等温方程是理想的化学吸附模型的等温方程，是最重要的方程，由Langmuir等温方程推导出来的化学反应动力学方程能与实验数据很好吻合。但Langmuir吸附等温方程具有如下缺点：假设表面是均匀的，因此吸附热与覆盖度无关即吸附热不随覆盖度变化而变化，实际大部分催化剂表面是不均匀的；假设吸附粒子之间无作用力，实际吸附的分子之间有相互作用，一种物质分子吸附后使另一分子在其邻近的吸附变得更容易或更困难；在覆盖度θ较大时，Langmuir吸附等温方程不适用。

② Temkin等温方程。Temkin等温方程是对Langmuir等温方程的一种修正，是一个经验性等温吸附方程。建立Temkin等温方程的模型条件考虑了不均匀表面吸附热随覆盖度的变化情况，且假设吸附热随覆盖度的增加而线性下降，即：$Q=Q_0-\alpha\theta$。

单中心缔合吸附体系的Langmuir等温方程为：

$$\frac{\theta}{1-\theta}=\lambda p=\frac{pk_a}{k_d}=\frac{k_a^0 e^{-\frac{E_a}{RT}}}{k_d^0 e^{-\frac{E_d}{RT}}}p=\frac{k_a^0}{k_d^0}e^{-(E_a-E_d)/RT}p=\lambda^0 e^{\frac{Q}{RT}}p \tag{2-39}$$

将Temkin等温方程的吸附条件$Q=Q_0-\alpha\theta$代入，得：

$$\frac{\theta}{1-\theta}=\lambda^0 e^{\frac{Q}{RT}}p=\lambda^0 e^{\frac{Q_0-\alpha\theta}{RT}}p=\lambda^0 e^{\frac{Q_0}{RT}}e^{-\frac{\alpha\theta}{RT}}p \tag{2-40}$$

令$\lambda_0=\lambda^0 e^{\frac{Q_0}{RT}}$，则：

$$\frac{\theta}{1-\theta}=\lambda_0 e^{-\frac{\alpha\theta}{RT}}p \tag{2-41}$$

两边取对数，整理后得：

$$\theta=\frac{RT}{\alpha}\ln(\lambda_0 p)-\frac{RT}{\alpha}\ln\left(\frac{\theta}{1-\theta}\right) \tag{2-42}$$

在中等覆盖度$\theta\approx0.5$下，$\ln[\theta/(1-\theta)]$值很小，可忽略，这样上式可简化为：

$$\theta=\frac{RT}{\alpha}\ln(\lambda_0 p) \tag{2-43}$$

Temkin等温方程：

$$\theta=\frac{1}{a}\ln(C_0 p) \tag{2-44}$$

式中，a和C_0为两个经验常数，与温度和吸附物系的性质有关。Temkin等温方程的适用范围是吸附覆盖度为中等程度。

③ Freundlich等温方程。Freundlich等温方程也是对Langmuir等温方程的一种修正形式。建立Freundlich等温方程的模型条件是假设吸附热随覆盖度θ的增加呈对数方式下降：

$Q = Q_0 - \xi \ln\theta$。

对于 $A_2 + S \longrightarrow A_2 \cdot S$ 单中心缔合吸附，Freundlich 等温方程为：

$$\theta = A p^{\frac{1}{n}} \tag{2-45}$$

$$V = k p^{\frac{1}{n}} \tag{2-46}$$

式中，A 和 n 为两个经验常数。A 与温度、吸附剂种类和表面积有关；n 是温度和吸附物系的函数。该方程适用于 θ 为 0.2～0.5 时的吸附体系。

④ BET 等温方程。BET 等温方程描述的是物理吸附的多分子层理论，是由 Brunauer、Emmett 和 Teller 三人在 1938 年提出的。建立 BET 等温方程的模型条件如下：吸附剂表面是理想的、均匀的；吸附是多层的。除第一层吸附物分子与吸附剂、催化剂作用外，其他层都为同种吸附物分子的相互作用，产生的吸附热为冷凝热；同层吸附物分子之间无作用力或可忽略；在平衡条件下，每层吸附物之间达到平衡，最后与气相达到平衡。

BET 等温方程如下：

$$\frac{p}{V(p_0 - p)} = \frac{1}{V_m C} + \frac{C-1}{V_m C} \times \frac{p}{p_0} \tag{2-47}$$

式中，V_m 是单层吸附饱和时吸附物气体体积，cm^3；V 是平衡压力 p 时的吸附量，cm^3；p 是吸附平衡时的压力，MPa；p_0 是吸附气体在给定温度下的饱和蒸气压，MPa；C 是与吸附热有关的常数：

$$C = A e^{\frac{q_1 - q_L}{RT}} \tag{2-48}$$

式中，A 为常数；q_1 为第一吸附层的吸附热，J/mol；q_L 为吸附质的凝聚热，J/mol；T 为热力学温度，K。

BET 等温方程是测定固体比表面积的必用方程，用 BET 方程测定催化剂比表面积是标准方法。

2.4 催化反应热力学及动力学

对于任何一个有潜在应用价值的催化反应过程，有两个问题需要考虑：一是该反应能进行到何种程度以及外界条件对平衡的影响，这个问题属于化学热力学研究的范畴；二是该反应的速率，这涉及反应动力学。体系的热力学决定了在特定反应条件下能达到的最大收率，而动力学决定了生产效率，二者对于化工生产都是至关重要的。

2.4.1 催化反应热力学

化学反应受反应物转化为产物过程中的能量变化控制。化学反应热力学描述反应过程中能量变化的规律，主要内容包含热力学第一定律和热力学第二定律。

(1) 热力学第一定律

热力学第一定律为能量守恒与转化定律，说明能量有不同形式，可以从一种形式转化为另一种形式，从一个物体传递给另一物体，但在转化和传递过程中，能量总量保持不变。假设反应开始和结束时某一体系的能量分别是 U_1 和 U_2，那么体系能量的变化 ΔU 为：

$$\Delta U = U_2 - U_1 \tag{2-49}$$

体系能量的变化取决于体系与环境之间交换的功 W 及热量 Q，因此体系的能量变化 ΔU 也可以表示为：

$$\Delta U = Q - W \text{ 或 } Q = \Delta U + W \tag{2-50}$$

当热是被体系吸收的，Q 为正值；当体系放热时热是损失的，Q 为负值。当体系对环境做功时，W 是正值；环境对体系做功时，W 是负值。体系能量的变化只和始态及终态有关，与转换途径无关。

当化学反应在恒压下进行，体系从环境吸收热量时伴随体积增大，亦即体系对环境做功：

$$W = p\Delta V \tag{2-51}$$

式中，ΔV 是始态和终态时体系的体积差，将式（2-51）代入式（2-50），则有：

$$Q = \Delta U + p\Delta V = (U_2 + pV_2) - (U_1 + pV_1) \tag{2-52}$$

（$U + pV$）的数值只由体系的状态决定，因此热力学上将（$U + pV$）称为焓或热焓，用 H 表示：

$$\Delta H = H_2 - H_1 = (U_2 + pV_2) - (U_1 + pV_1) = Q \tag{2-53}$$

也就是说恒压下操作的封闭体系，其与环境交换的热量 Q 等于体系的焓变 ΔH，因此有：

$$\Delta H = \Delta U + p\Delta V \tag{2-54}$$

ΔH 和 $p\Delta V$ 对描述非水溶液中进行的化学反应十分重要。

（2）热力学第二定律

热力学第一定律说明了一个体系从始态至终态的能量转换具有相应的当量关系，但能量转换过程中的方向、条件和限度问题则需要热力学第二定律来解答。

热力学第二定律认为所有体系都能自发地移向平衡状态，如果要使自发进行的过程逆向进行，则必须消耗由其他体系提供的能量。平衡状态时体系的熵函数达到最大值。

熵也是体系的状态函数，用符号 S 表示，它是一定温度下体系随机性或无序性的尺度。

当一个过程从始态到达终态时，体系的熵变为：

$$\Delta S \geqslant Q'/T \tag{2-55}$$

式中，Q'是过程热效应，J/mol；T 是环境温度，K。等式表示可逆过程的熵变，不等式表示不可逆过程的熵变。式（2-55）也称为克劳修斯不等式。

对于一个孤立体系，体系和环境之间没有功和热的交换，则：

$$\Delta S \geqslant 0 \tag{2-56}$$

即一个孤立体系的熵永不减少。但是通常体系与环境有相互作用，如果将与体系密切有关的部分（环境）包括在一起当作一个孤立体系，则有：

$$\Delta S_{体系} + \Delta S_{环境} \geqslant 0 \tag{2-57}$$

也就是说，所有体系都能自发地移向平衡状态，自发过程进行的方向是熵增大的方向，进行的限度就是熵达到最大值。因此熵增原理是热力学第二定律的又一种表述：一个自发过程，体系和环境（孤立体系或绝热体系）的熵的总和必须是增加的。

但是熵并不能作为决定过程能否自发发生的判据，并且也不容易测定。为解决这一困难，Gibbs引进了自由能G的概念，这个概念对判定过程能否自发进行非常有用。自由能的数学定义是：

$$G=H-TS \tag{2-58}$$

由于H、T、S都是体系的状态函数，因此G也是状态函数。

体系内的任何变化中，ΔH、ΔG和ΔS分别表示始态和终态之间的焓变、自由能变和熵变。因此对于恒温过程，自由能关系方程可表示为：

$$\Delta G=\Delta H-T\Delta S \tag{2-59}$$

用体系自由能的变化来判别反应自发性的判据是：在恒温恒压和只做体积功的条件下，体系的自由能$\Delta G<0$时，反应能自发进行；若体系$\Delta G=0$，反应处于平衡状态；若体系$\Delta G>0$，反应不能自发进行。

(3) 反应物和产物热力学参数差的计算

为了解催化剂对化学反应的影响过程，需要知道反应路径中各点间的焓、熵和自由能的变化情况，也就是需要测定反应物和产物之间的热力学参数差ΔH、ΔS和ΔG。

① ΔH。不可逆反应中反应物和产物之间的焓变用量热法可以测出。由于反应的焓变和其他热力学参数的改变值一样，都受反应条件的影响，所以最好在标准状态下测定这些值。标准状态下各种参数的变化用$\Delta H^{\ominus}$、$\Delta G^{\ominus}$、$\Delta S^{\ominus}$表示。对溶液中的物质，标准状态是指温度为25 ℃以及浓度（严格说来应是活度）为1 mol/L。

可逆反应的标准摩尔焓变$\Delta H^{\ominus}$可从该反应在不同温度下的平衡常数求出。根据van't Hoff方程可求出以温度为函数的平衡常数的变化与反应的标准焓变之间的关系：

$$\frac{\mathrm{d}\ln K}{\mathrm{d}T}=\frac{\Delta H^{\ominus}}{RT^2} \tag{2-60}$$

式中，R为理想气体常数，8.314 J/(mol·K)。将上式积分可得：

$$\ln K=C-\frac{\Delta H^{\ominus}}{RT} \tag{2-61}$$

变为常用对数则为：

$$\lg K=\frac{C}{2.303}-\frac{\Delta H^{\ominus}}{2.303RT} \tag{2-62}$$

可见，用$\lg K$对温度的倒数$1/T$作图，可得一直线，如图2-8所示。直线截距为积分常数C除以2.303，直线斜率为$-\Delta H^{\ominus}/(2.303R)$。

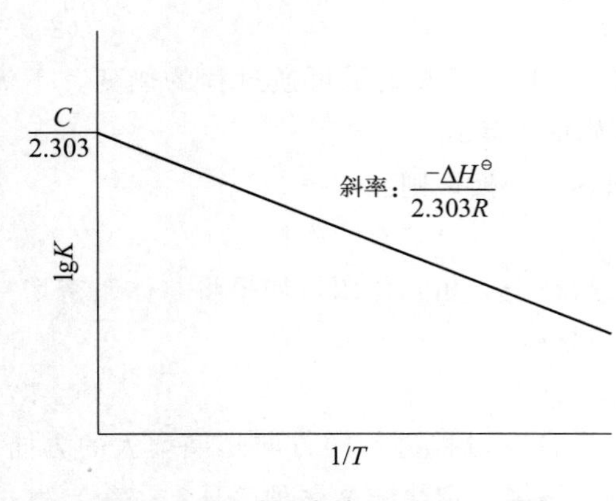

图2-8 可逆反应的van't Hoff图

② ΔG。可逆反应中反应物和产物的自由能之差也可基于平衡常数计算。已知溶液中任何物质在给定状态下的自由能G和标准状态下的自由能$G^{\ominus}$有如下关系：

$$G=G^{\ominus}+RT\ln C_{\mathrm{A}} \tag{2-63}$$

C_{A}是物质A的浓度（严格说应为活度），对可逆反应：

$$A+B \rightleftharpoons C+D$$

自由能的变化为：

$$\Delta G=\Delta G^{\ominus}+RT\ln\frac{C_C C_D}{C_A C_B} \tag{2-64}$$

式中 $\Delta G^{\ominus}=(G_C^{\ominus}+G_D^{\ominus})-(G_A^{\ominus}+G_B^{\ominus})$

上述反应达平衡时 $\Delta G=0$，因此式（2-64）可简化为：

$$\Delta G^{\ominus}=-RT\ln\frac{C_C C_D}{C_A C_B}=-RT\ln K \tag{2-65}$$

由式（2-65）可见，可逆反应的标准自由能变化值 $\Delta G^{\ominus}$ 可由平衡常数求算，其单位也是 kJ/mol。根据 $\Delta G^{\ominus}$ 值可判断各反应物和产物同时存在于标准状态时的反应方向，如 $\Delta G^{\ominus}$ 为负值，则反应可按正反应方向自发进行；如果 $\Delta G^{\ominus}$ 为正值，则正反应在标准状态时在热力学上是不能实现的，只有当自由能在环境对体系有利的情况下才能发生。

③ ΔS。因 $\Delta H=\Delta G+T\Delta S$，而反应的 ΔH 和 ΔG 都可由实验求出，所以在给定温度下的熵变可直接由此式算出。$\Delta S^{\ominus}$ 即在标准状态下反应的熵变，可查表求得，熵的单位是 J/(mol·K)。

(4) 热力学活化参数的计算

① 活化能 E_a。化学催化反应和酶催化反应的反应速率都随温度的变化而改变，表示反应速率和温度之间关系的 Arrhenius 方程如下：

$$\frac{d\ln k}{dT}=\frac{E_a}{RT^2} \tag{2-66}$$

式中，k 是所研究反应的速率常数；E_a 是该反应的活化能，J/mol；R 为理想气体常数，8.314 J/(mol·K)；T 为热力学温度，K。将式（2-66）积分，可得：

$$\ln k=-\frac{E_a}{RT}+\ln k_0 \tag{2-67}$$

或

$$\lg k=-\frac{E_a}{2.303RT}+\lg k_0 \tag{2-68}$$

如果用给定反应的 $\lg k$ 对热力学温度的倒数 $1/T$ 作图，则将得到一条直线，如图 2-9 所示。直线斜率为 $-E_a/(2.303R)$，直线截距为 $\lg k_0$（常数）。

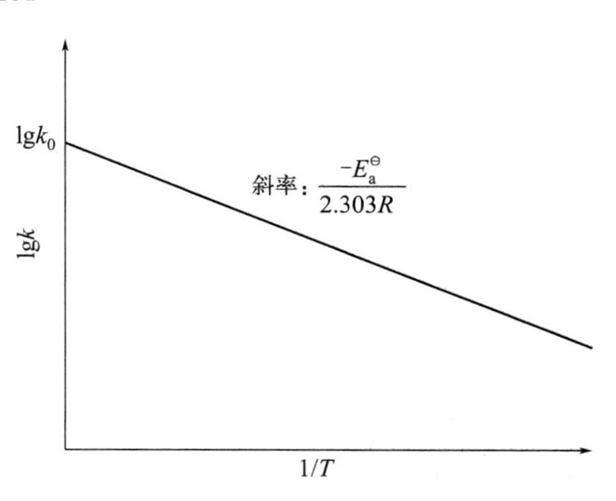

图 2-9 反应速率常数与温度的关系

从图 2-9 可见，当温度升高时，活化能较高的反应反应速率增加的倍数比活化能较低的反应反应速率增加的倍数大，即温度升高有利于活化能较大的反应。

② $\Delta H^{\ominus}$。由 Eyring 开创的过渡态理论可以更准确地以热力学项来描述反应的速率。过渡态理论认为，反应物必须先达到过渡态（或

活化配合物），且反应速率和过渡态的浓度成正比。Eyring 导出了计算反应速率常数的公式。

设反应为双分子反应：

$$A+B \underset{\text{过渡态}}{\overset{K_{\neq}}{\rightleftharpoons}} [AB]^{\neq} \longrightarrow \text{产物}$$

经推导可得：

$$k=\frac{RT}{N_0 h}K_{\neq} \tag{2-69}$$

式（2-69）为过渡态理论的基本公式。式中 N_0 为阿伏伽德罗常数，6.02×10^{23}；h 为普朗克常数，6.626×10^{-34} J·s；R 为理想气体常数，8.314 J/(mol·K)。如果再知道平衡常数 $K_{\neq}$，就能算出速率常数 k，而平衡常数 $K_{\neq}$ 可由热力学函数求得。

若以 $\Delta G_{\neq}^{\ominus}$、$\Delta H_{\neq}^{\ominus}$、$\Delta S_{\neq}^{\ominus}$ 分别代表形成活化配合物的平衡步骤中的标准自由能增量、标准焓增量和标准熵增量，通常简称为活化自由能、活化焓和活化熵，则有：

$$-RT\ln K_{\neq}^{\ominus}=\Delta G_{\neq}^{\ominus}=\Delta H_{\neq}^{\ominus}-T\Delta S_{\neq}^{\ominus}$$

或

$$K_{\neq}^{\ominus}=e^{\frac{\Delta S_{\neq}^{\ominus}}{R}}\cdot e^{-\frac{\Delta H_{\neq}^{\ominus}}{RT}} \tag{2-70}$$

将式（2-70）代入式（2-69）得：

$$k=\frac{RT}{N_0 h}e^{\frac{\Delta S_{\neq}^{\ominus}}{R}}\cdot e^{-\frac{\Delta H_{\neq}^{\ominus}}{RT}} \tag{2-71}$$

对于液体和固体，以活化能 E_a 代替 $\Delta H_{\neq}^{\ominus}$，误差不大，所以：

$$k=\frac{RT}{N_0 h}e^{\frac{\Delta S_{\neq}^{\ominus}}{R}}\cdot e^{-\frac{E_a}{RT}} \tag{2-72}$$

因此，只要知道活化配合物的结构，就可以根据光谱数据及统计力学方法，将 $\Delta S_{\neq}^{\ominus}$ 和 $\Delta H_{\neq}^{\ominus}$ 计算出来。这样，就有可能将反应的速率常数计算出来。

如果将式（2-72）写成对数形式并进行微分，可得：

$$\frac{d\ln k}{dT}=\frac{\Delta H_{\neq}^{\ominus}}{RT^2}+\frac{1}{T}$$

或

$$\frac{d\ln k}{dT}=\frac{\Delta H_{\neq}^{\ominus}+RT}{RT^2} \tag{2-73}$$

该方程在形式上与经验的 Arrhenius 方程式（2-66）类似，将二者对比可得：

$$E_a=\Delta H_{\neq}^{\ominus}+RT \text{ 或 } \Delta H_{\neq}^{\ominus}=E_a-RT \tag{2-74}$$

由此可见，过渡态理论将 Arrhenius 的经验公式和热力学函数联系了起来。

③ $\Delta G_{\neq}^{\ominus}$。根据过渡态理论：

$$A+B \rightleftharpoons AB^{\neq} \longrightarrow \text{产物}$$

其反应速率应为：

$$-\frac{dC_A}{dt}=kC_{AB^{\neq}}$$

可以看出化学反应速率是形成过渡态时反应达到平衡的函数。所以，活化自由能 $\Delta G_{\neq}^{\ominus}$

可以像可逆反应由平衡数据计算$\Delta G^{\ominus}$那样根据式（2-65）由速率数据计算出来。由方程（2-65）可解出：

$$K_{\neq}=\mathrm{e}^{-\Delta G_{\neq}^{\ominus}/RT}$$

则

$$\Delta G_{\neq}^{\ominus}=-RT\ln\frac{kh}{k_{B}T} \tag{2-75}$$

式中，k_B 为玻尔兹曼常数，1.380649×10^{-23} J/K。为保持单位的一致性，当从式（2-75）计算 $\Delta G_{\neq}^{\ominus}$ 时，速率常数 k 必须用时间的倒数（s^{-1}）来表示。在 25 ℃时，活化自由能（J/mol）可计算如下：

$$\Delta G_{\neq}^{\ominus}=-5.770\lg K_{\neq}+72.80$$

④ $\Delta S_{\neq}^{\ominus}$。给定反应的 $\Delta G_{\neq}^{\ominus}$ 和 $\Delta H_{\neq}^{\ominus}$ 都可由动力学数据求得，因此，只要利用方程（2-76）即可算出恒温下的活化熵 $\Delta S_{\neq}^{\ominus}$。

$$\Delta G_{\neq}^{\ominus}=\Delta H_{\neq}^{\ominus}-T\Delta S_{\neq}^{\ominus} \tag{2-76}$$

(5) 热力学活化参数的物理意义

热力学活化参数对了解反应进程中的能量变化及反应机理是很有意义的。例如，Arrhenius 活化能 E_a 对说明非催化反应、化学催化反应以及酶催化反应中，形成活化配合物时所需能量具有很强的说服力。

表 2-3 催化和非催化反应的活化能

反应	催化剂	活化能 E_a/(kJ/mol)
H_2O_2 分解	无	75.3
	胶态铂	49.0
	肝过氧化氢酶	23.0
$C_3H_7COOC_2H_5$ 水解	H^+	55.2
	胰脂肪酶	18.8
$CO(NH_2)_2$ 水解	H^+	102.9
	脲酶	52.3

由表 2-3 中的数据可见，相同的反应在催化剂存在下活化能都较小，尤其是在酶催化下活化能更小。活化能小的反应与相应的活化能高的反应相比，可在较低的温度下进行，这对催化反应的条件控制及工业化实施非常有利。

关于反应的自由能 ΔG 和活化自由能 $\Delta G_{\neq}^{\ominus}$，可由图 2-10 看出，$\Delta G_{\neq}^{\ominus}$ 是用以引发反应的附加能量。反应速率愈慢，$\Delta G_{\neq}^{\ominus}$ 愈大，反之亦然。非催化反应有一个相对较大的 $\Delta G_{\neq}^{\ominus}$，化学催化反应的速率比非催化反应的速率快，其 $\Delta G_{\neq}^{\ominus}$ 也较小，酶催化反应则比化学催化和非催化反应的速率都快，因为其 $\Delta G_{\neq}^{\ominus}$ 值最小。

活化自由能 $\Delta G_{\neq}^{\ominus}$ 和反应速率之间的定量关系，是由式（2-75）联系起来的，$\Delta G_{\neq}^{\ominus}$ 是影响反应速率能量因素的总和。活化焓 $\Delta H_{\neq}^{\ominus}$ 用于衡量反应物分子必须克服的能垒的尺度，可

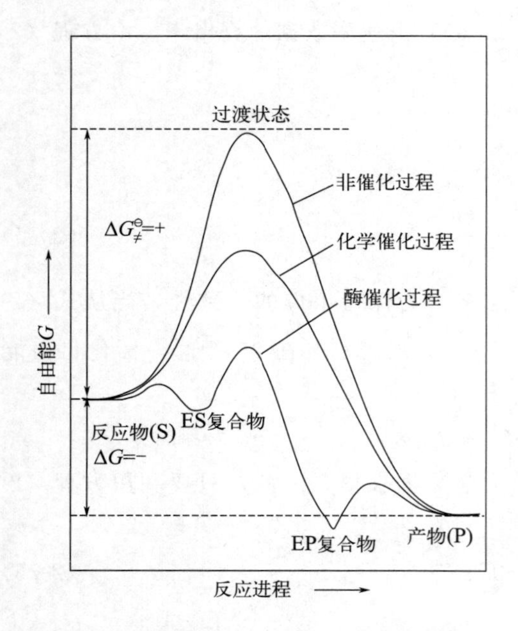

图 2-10 理想的非催化、化学催化及酶催化反应进程与自由能的关系

以定量描述反应物分子从反应物能级激发到过渡态能级时必须得到的热能。

活化熵 $\Delta S^{\ominus}_{\neq}$ 在判别反应机理时非常重要。例如，在单分子反应中，反应物分子无需在三维空间内取向，只要获得足以反应的能量（吸收了等于 $\Delta H^{\ominus}_{\neq}$ 的能量）即可反应，因此活化熵 $\Delta S^{\ominus}_{\neq}$ 通常接近于零或为正值。相反，多分子反应的 $\Delta S^{\ominus}_{\neq}$ 常常是负的。在其他因素相同的情况下，熵变化的负值表示反应物分子要求在三维空间中有一定的取向，或在发生反应之前完成适当的空间接近。简单说，负的熵变化包含着体系有序性的增大，当反应物分子在分解成产物之前已排列成具有一定构型的过渡态，也会使熵变化成为负值。

概括地说，催化反应的 $\Delta G^{\ominus}_{\neq}$ 比非催化反应的 $\Delta G^{\ominus}_{\neq}$ 小，其原因是活化焓 $\Delta H^{\ominus}_{\neq}$ 的减小，或活化熵 $\Delta S^{\ominus}_{\neq}$ 的增加，或二者兼而有之。

2.4.2 催化反应动力学

反应动力学是研究化学反应速率的科学。影响反应速率的因素除了有温度和压力等物理因素外，还包括催化剂、反应基质及溶剂等化学因素。研究反应动力学一方面是研究这些因素对反应速率的影响，更重要的目的是推断反应机理，阐明反应物转化为产物的历程。

(1) 反应速率的表示方法

对于一般的化学反应，例如单分子反应 $X \longrightarrow Y$，其反应速率可用 Arrhenius 方程表示：

$$v = A e^{-E_a/RT} \cdot c_x^n \tag{2-77}$$

式中，n 是反应级数。

对于有催化剂参加的催化反应，反映催化剂和反应物影响反应速率的经验规则并不多见，但对于简单的均相催化反应，例如研究酸、碱催化剂作用时曾得出 Brønsted 法则：

$$\begin{aligned} \lg k_A &= \lg G_A + \alpha \lg K_a \\ \lg k_B &= \lg G_B + \beta \lg(1/K_a) \end{aligned} \tag{2-78}$$

式中，下标 A、B 分别表示酸、碱，G_A、G_B 是与反应物有关的数值；K_a 是与催化剂有关的数值；α、β 为系数，$\alpha>0$、$\beta<1$。

(2) 单分子反应动力学

① 中间化合物。化学反应在催化剂作用下得以加速是由于催化剂参与了反应，且在反应生成产物的最后阶段催化剂并未消失而是重新复原。为说明这种构想，假设有如下反应：

$$A + B \rightleftharpoons AB$$

当反应处于平衡时，体系内主要产物是 AB，即逆反应可以忽略不计。如果该反应只有在催化剂 K 存在下才能发生，则上述的构想可设想按如下两个步骤进行，其中 AK 为中间化合物：

$$A+K \longrightarrow AK$$

$$AK+B \longrightarrow AB+K$$

如果分步反应的速率都比非催化自发反应快时，则在 K 参与下合成反应得以加速，同时 K 的量并未改变。一个最简单的例子就是用氧化氮作催化剂生产硫酸，反应为：

$$2SO_2+O_2 \rightleftharpoons 2SO_3$$

反应必须在催化剂参与下才能有效发生。事实证明，这个反应是按下列分步反应进行的：

$$O_2+2NO \longrightarrow 2NO_2$$

$$NO_2+SO_2 \longrightarrow SO_3+NO$$

如今，无论是均相催化、多相催化还是酶催化，都与中间化合物学说相吻合，因此在催化反应过程中，总包括一个由催化剂和反应物生成中间化合物的步骤，这已是普遍的规律。

② 动力学公式。以中间化合物理论为基础，可以导出多个单分子催化反应的动力学公式。

a. Michaelis-Menten 方程。早在 20 世纪初 Brown 和 Henri 相继提出酶和底物的作用是通过酶和底物生成配合物而进行的。

$$E+S \underset{K_s}{\rightleftharpoons} ES \xrightarrow{k} E+P$$

式中，E 表示自由酶；S 表示底物（酶催化反应中的反应物）；ES 表示酶-底物复合物；P 表示产物；K_s 是 ES 的解离常数，称为 Michaelis 常数，可以用来度量酶和底物之间的结合强度或亲和力；k 为 ES 复合物的分解反应速率常数。此后，Michaelis 和 Menten 在假设 E、S、ES 之间迅速达到平衡的前提下导出方程：

$$v=\frac{kC_{E_0}C_S}{K_s+C_S}=\frac{v_{max}C_S}{K_s+C_S} \tag{2-79}$$

式中，C_{E_0} 表示酶的总浓度；C_S 为底物的浓度；v_{max} 为最大反应速率（$v_{max}=kC_{E_0}$）。方程（2-79）被称为 Michaelis-Menten 方程。

由于在推导方程（2-79）时引用了一些假设，因此应用方程时应该注意以下条件：

Ⅰ. 式（2-79）中没有考虑逆反应 $E+P \longrightarrow ES$，要忽略该步反应，必须有 $P \rightarrow 0$，即 Michaelis-Menten 方程只适用于反应的初速率，因为在测定初速率时，P 的浓度很低，可以忽略。通常将底物浓度变化在 5%以内的速率作为初速率。

Ⅱ. 底物的浓度是以初始浓度 C_{S_0} 计算的，这就要求底物浓度远大于酶的浓度，否则由于 ES 的存在，C_S 就不能用 C_{S_0} 代替。

Ⅲ. E 和 ES 之间存在平衡，ES 分解生成产物的速率不足以破坏 E 和 S 之间的平衡。

Michaelis-Menten 方程和实验测定的酶反应速率与底物浓度关系在大多数情况下是相符的，如图 2-11 所示。

由于 K_s 是 ES 的解离常数，由式（2-79）可见，K_s 越小，酶对底物的亲和性越大，即酶为底物所饱和。ES 达到较高的浓度，即所有的酶都以中间复合物形式存在，此时，v 将有最大值 v_{max}：

$$v_{max}=kC_{E_0} \tag{2-80}$$

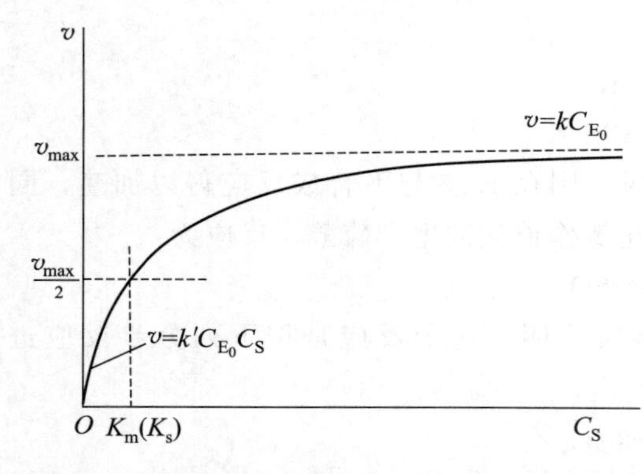

图 2-11 酶催化速率与底物浓度关系的典型曲线

在式（2-79）中，在给定的酶浓度下 v 恰好等于 v_{max} 的一半时，则可得：

$$K_s=C_S \tag{2-81}$$

即 K_s 等于反应速率为最大速率一半时的底物浓度，从图 2-11 也可推算出近似值。方程（2-80）是一个很重要的关系，是所有酶分析方法的基础。从图 2-11 还可看出，在 C_S 很低的区间曲线几乎成直线，反应速率和 C_S 成正比，反应对反应物是一级的。而当 C_S 较高时，反应速率达到了极限值 v_{max}，在此之后，反应速率和 C_S 无关，即反应变为零级。

b. Langmuir-Hinshelwood 方程。发生在固体催化剂表面的反应的速率取决于催化剂表面反应物的浓度。根据多相催化理论，催化剂表面反应物的浓度与表面覆盖度成正比。单分子反应 A ⟶ B 需通过如下步骤完成：

$$A+K \underset{k_{-1}}{\overset{k_{+1}}{\rightleftharpoons}} AK \xrightarrow{k_2} BK \underset{k_{-3}}{\overset{k_{+3}}{\rightleftharpoons}} B+K$$

式中，K 为固体催化剂表面上的活性中心；k_{+1} 为反应物吸附过程的速率常数；k_{-1} 为反应物解吸过程的速率常数；k_2 为表面反应的速率常数；k_{+3} 是产物解吸过程的速率常数；k_{-3} 是产物吸附过程的速率常数。在上述各步骤中吸附和解吸的速率都很快，但表面反应的速率较慢，k_2 是总反应速率的控制因素。因此，反应速率 v 为：

$$v=k_2\theta_A \tag{2-82}$$

但是，通常用 θ_A 表示的 A 在表面上的浓度是无法测定的，只能用某种吸附等温线，将反应物 A 的表面浓度用它在气相中的分压 p_A 来表示。例如用 Langmuir 等温线，可有如下关系：

$$\theta_A=\lambda_A p_A/(1+\lambda_A p_A) \tag{2-83}$$

将式（2-83）代入式（2-82）后可得：

$$v=k_2\lambda_A p_A/(1+\lambda_A p_A) \tag{2-84}$$

式中，k_2、λ_A 均为常数，p_A 是可以测定的，因此反应速率可由式（2-84）计算得到，式（2-84）根据具体情况可作如下简化。

Ⅰ. 如果反应物吸附很弱或压力很低，这时反应物表面覆盖度很低，$\lambda_A p_A \ll 1$，则：

$$v=-dp_A/dt=k_2\lambda_A p_A=kp_A \tag{2-85}$$

式中，$k = k_2\lambda_A$，此时反应为一级反应，反应速率与反应物压力成线性正比关系。

Ⅱ. 如果反应物吸附很强（或在反应开始时反应物的压力还相当大），$\lambda_A p_A \gg 1$，式（2-84）成为：

$$v=-dp_A/dt=k_2 \tag{2-86}$$

这时反应为零级反应，反应速率与反应物的气相压力无关，此时相当于表面完全为吸附的反应物分子所覆盖，或者说反应物分子在催化剂表面的覆盖度接近 1。此时总的反应速率只依赖于被吸附着的反应物分子的分解速率。

将反应速率 v 对气相中反应物 A 的分压作图，也可获得如图 2-11 所示的曲线。二者对比可见，反应物和催化剂作用生成的表面中间化合物（AK）和酶催化反应中的（ES）是相当的。由于在推导反应动力学方程时 Hinshelwood 首先引入了 Langmuir 等温线，所以将这类动力学表示式称为 Langmuir-Hinshelwood 方程，它适用于许多表面催化反应。

以上是单分子反应的动力学，实际上许多催化反应是双分子反应，如果两种反应物分子在催化剂活性中心吸附并发生反应，这种情况下，可用两种反应物分子的表面覆盖度来讨论反应动力学。例如，对于 $A+B \longrightarrow C$ 的反应速率，可进行如下推导。

根据 Langmuir 等温线：

$$\theta_A = \frac{\lambda_A p_A}{1+\lambda_A p_A + \lambda_B p_B}$$

$$\theta_B = \frac{\lambda_B p_B}{1+\lambda_A p_A + \lambda_B p_B}$$

$$v = k\theta_A\theta_B = \frac{k\lambda_A p_A \lambda_B p_B}{(1+\lambda_A p_A + \lambda_B p_B)^2} \tag{2-87}$$

当反应物 A 压力低或 A 是弱吸附而 B 是强吸附时，$\theta_B \gg \theta_A$，A 的表面浓度限制反应速率；而当反应物 A 压力高或 A 是强吸附而 B 是弱吸附时，$\theta_B \ll \theta_A$，这时 B 的表面浓度限制反应速率。初始反应速率随着 A 的覆盖度增大而增加而且反应速率随 A 的覆盖度变化存在最大值；当表面被 A 全部占据时，反应速率为零。

思考题

1. $Ru\text{-}K_2O/\gamma\text{-}Al_2O_3$ 催化剂可用于合成氨的反应中，Ru、K_2O 和 $\gamma\text{-}Al_2O_3$ 分别是什么组分？各自有哪些功能？

2. 影响催化剂性能的因素有哪些？

3. HZSM-5 是一类微孔分子筛，MCM-41 是一类典型的介孔分子筛，二者的吸附等温线各是哪一种？简述其吸附等温线的特点。

4. 物理吸附与化学吸附有哪些不同？

5. 举一例说明催化作用的本质。

第3章 催化的工程基础

大约 90%以上的化工产品都是借助催化剂生产的，不论是无机化工产品、有机化工产品，还是聚合物，从实验室催化剂及催化反应的研究成果到产业化，必须解决化学工程相关问题，才能使催化过程工业化。因此掌握催化的工程基础对催化剂的实际应用以及促进化学工业发展具有重要意义。

3.1 均相催化与多相催化

3.1.1 均相催化与多相催化的定义

根据体系中催化剂和反应物的“相”分类，可将催化反应分为均相催化反应与多相催化反应两大类。

在反应条件下，如果催化剂和反应物形成均一的相就是均相催化反应。其中，催化剂和反应物均为气相时，称为气相均相催化反应；催化剂和反应物均处于液相时，称为液相均相催化反应。例如，SO_2 与 O_2 在 NO 催化下生成 SO_3 为气相均相催化反应；乙酸和乙醇在硫酸催化下的酯化反应、Wacker 法乙烯合成乙醛、茂金属催化丙烯聚合以及羰基钴催化甲醇羰基合成制备乙酸均为液相均相催化反应。对于 Wacker 法乙烯氧化制乙醛，催化剂是 $PdCl_2$-$CuCl_2$，反应物有乙烯、氧和水。反应过程中，催化剂溶解于水，乙烯和氧是气体，体系中形成了气液两相，但反应是溶于水中的乙烯和氧与水中溶解的催化剂配位而发生的，因此是均相催化过程。

多相催化也称为非均相催化，该过程中催化剂和反应物处于不同相，反应在两相的界面进行。催化剂通常为固体，因此多相催化可分为气-固、液-固、气-液-固多相催化。气-固多相催化反应过程催化剂为固相而反应物为气相，如铁催化氮气和氢气反应合成氨的过程以及银催化乙烯的环氧化等；液-固多相催化反应过程催化剂为固相而反应物为液相，例如 Ziegler-Natta 催化丙烯液相本体聚合过程中，催化剂（$TiCl_4$-$AlEt_3$）/$MgCl_2$ 为固相，70 ℃及 3 MPa 的聚合条件下丙烯为液相。另外，多相催化也有液-液非均相催化，如水溶性铑膦配合物 $ClRh[P(m\text{-}C_6H_4SO_3Na)_3]_3$ 催化烯烃氢甲酰化反应过程就是一个典型的水/有机两相催化过程，反应条件下催化剂在水相，反应物烯烃处于与水不相溶的有机相，这样催化剂与原料处在两个“互不相溶”的液相中，于强烈搅拌下进行反应，相当于催化剂动态负载在与产物互不相溶的液相，反应结束后催化剂与产物分离容易，简单相分离即可。

3.1.2 均相催化与多相催化的特点

均相催化剂是以分子或离子水平独立起作用的，结构明确，活性中心性质比较均一，与反应物的暂时结合容易用光谱、波谱及同位素示踪法进行检测和跟踪，催化反应动力学一般也不太复杂，因而容易研究其反应机理；均相催化剂的位阻和电子因素容易通过调变配位体结构而改变，如茂金属催化剂可通过在茂环上引入取代基或将两个茂环桥联来改变其空间位阻和电子性质，从而调变其催化活性和选择性。另外，均相催化过程由于催化剂和反应物互溶形成均一的相，反应物分子或离子容易与催化剂活性中心结合形成不稳定的中间物即活化配合物，该过程的活化能比较低，反应速率快。因此催化活性和选择性高、反应条件温和、不存在扩散问题，但是催化剂难以分离回收，其循环使用存在难度。例如 Wilkinson 配合物铑催化剂催化烯烃或含双键的聚合物加氢过程是均相催化，铑催化剂溶于有机溶剂中，但是铑催化剂价格昂贵，反应结束需要进行回收，但难度相对较大，因而铑催化剂的回收一直是该领域一个研究重点。

非均相催化过程固体催化剂通常存在多种活性中心，如 Ziegler-Natta 催化剂，活性中心是二价、三价、四价的有机钛的混合物，无法对这些不同类型活性中心进行分离并检测其与反应物的结合态，因而难以研究其催化反应机理。固体催化剂的位阻和电子因素在一定程度上也可调控从而影响其活性和选择性，例如丙烯聚合第二代 Ziegler-Natta 催化剂，是通过加入醚类给电子体，提高了催化活性，第三代催化剂是通过加入硅烷作为给电子体，改变了催化剂的位阻和电子性质，使得催化活性和产物立体等规度均大幅度提高。固体催化剂表面的活性中心能吸附反应物分子并通过电子转移使其活化，从而降低了反应的活化能，使反应容易进行。催化剂比表面积越大，催化活性越高。另外，固体催化剂容易分离回收实现循环使用，但是非均相催化反应过程存在扩散问题。例如 HZSM-5 分子筛催化癸烷裂解，该分子筛是微孔结构，孔内活性中心催化裂解的产物在向孔外扩散过程中由于孔道长、孔径小，在孔内可能发生二次反应生成芳烃、稠环芳烃以致积炭，从而导致催化剂失活。

3.2 多相催化反应基础

3.2.1 多相催化反应步骤

对于多孔固体催化剂催化的多相催化反应过程，从反应物到产物一般要经历 7 个步骤，如图 3-1 所示。

① 反应物分子由气相主体扩散到催化剂颗粒外表面；

② 反应物分子由外表面向孔内扩散，达到可进行吸附/反应的活性中心；

③ 反应物分子在催化剂活性中心吸附；

④ 吸附的反应物分子在催化剂内表面上反应生成产物；

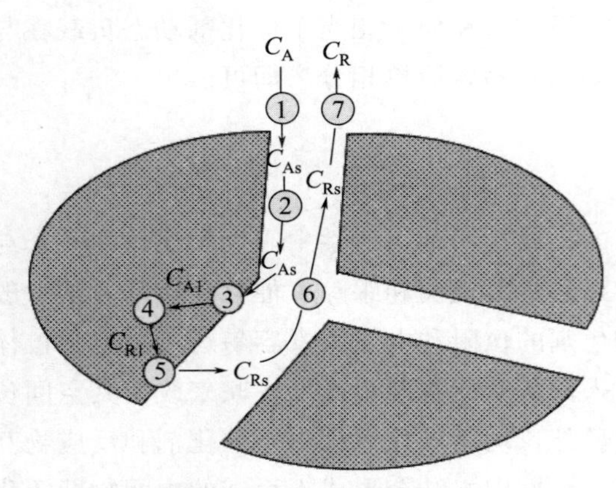

图 3-1 多相催化反应过程各步骤示意图

⑤ 产物分子自表面解吸，这总称为表面反应过程；

⑥ 产物分子由内表面扩散到外表面；

⑦ 产物分子由催化剂颗粒外表面扩散到气相主体。

可以看出，多相催化反应过程实际包括物理过程和化学过程两部分。其中，步骤③～⑤，吸附、表面反应与脱附均属于表面进行的化学过程，与催化剂的表面结构、性质和反应条件有关；步骤①和⑦的外扩散以及②和⑥的内扩散均属于物理过程，是传质过程，与催化剂的宏观结构和流体流型有关。

3.2.2 外扩散

反应物分子从流体体相通过吸附在气、固边界层的静止气膜（或液膜）到达催化剂颗粒外表面，或者产物分子从颗粒外表面通过静止层进入流体体相的过程，称为外扩散过程。

外扩散符合 Fick 定律：

$$传质通量 \propto D_E(C_g - C_s) \tag{3-1}$$

式中，D_E 是外扩散系数；C_g 是气相中反应物的浓度，mol/L；C_s 是反应物在催化剂外表面的浓度，mol/L。

外扩散速率与流体流速、介质密度和黏度等有关。外扩散的阻力是气-固（或液-固）边界的静止层，外扩散阻力的消除方法是提高空速。空速是规定条件下，单位时间单位体积催化剂处理的气体量，单位为 $m^3/(m^3$ 催化剂 · h)，可简化为 h^{-1}。反应器中催化剂装填数量的多少取决于设计原料的数量和质量以及所要求达到的转化率。通常将催化剂数量和应处理原料数量进行关联的参数是液体时空速度，其反映了装置的处理能力。

3.2.3 内扩散

反应物分子从颗粒外表面扩散进入到催化剂颗粒孔隙内部，或者产物分子从孔隙内部扩散到颗粒外表面的过程，称为内扩散过程。内扩散的传质通量也正比于反应物的浓度差：

$$传质通量 \propto D_I(C_s - C) \tag{3-2}$$

式中，D_I 是内扩散系数；C_s 是反应物在催化剂外表面的浓度，mol/L；C 是催化剂内孔中某一点反应物的浓度，mol/L。

内扩散系数与扩散方式有关，不同的扩散方式其内扩散系数计算公式不同。

容积扩散是催化剂孔径很大及反应物浓度也较大时，反应物分子之间的碰撞概率远大于反应物分子与催化剂孔壁的碰撞概率的一种扩散方式，扩散系数为：

$$D_B \propto \frac{T^{3/2}}{p_T} \tag{3-3}$$

式中，p_T 为总压，MPa。

努森扩散是催化剂孔径很小及反应物浓度较低时，反应物分子与催化剂孔壁碰撞概率远大于反应物分子之间碰撞概率的一种扩散方式，满足这种扩散的条件是催化剂孔径小于分子平均自由程。分子平均自由程是在一定的条件下，一个气体分子在连续两次碰撞之间可能通过的各段自由程的平均值。扩散系数为：

$$D_K \propto T^{1/2} r_p \tag{3-4}$$

式中，r_p 为孔半径，nm。

构型扩散指当反应物分子运动时的直径与催化剂孔径相当时，扩散系数受孔径的影响变化很大的一种扩散方式。孔径小于 1.5 nm 的微孔中的扩散如分子筛孔道内的扩散就属于此类型。反应物气体分子在该类孔道中的相互作用非常复杂。此种扩散对催化反应的速率和选择性影响较大，可利用构型扩散的特点来控制反应的选择性，属择形催化。

为充分发挥催化剂作用，应尽量消除扩散过程的影响。内扩散受催化剂颗粒孔隙内径和长度控制，因此可以通过减小催化剂颗粒尺寸及增大催化剂孔隙直径来消除内扩散的影响。

3.2.4 反应物分子的吸附、表面反应及产物脱附

多相催化的化学过程包括反应物分子的吸附、表面反应及产物脱附。反应物分子扩散到催化剂活性位点时，先发生物理吸附再转化为化学吸附从而被活化，被活化的反应物种一定温度下在二维的吸附层中发生表面迁移，随之接触并进行化学反应生成吸附的产物，然后产物发生脱附。

该化学过程可以用基元步骤表示，称为机理描述。以在 Pt 催化剂上低温下 $2H_2 + O_2 \longrightarrow 2H_2O$ 反应为例来说明，机理为：①H_2 在 Pt 表面活性中心发生物理吸附后转化为解离吸附的 H；②O_2 在 Pt 表面活性中心发生物理吸附后也转化为解离吸附的 O；③解离吸附的 H 和解离吸附的 O 在 Pt 表面发生反应生成吸附的 H_2O；④产物 H_2O 从 Pt 表面脱附。

$$H_2 + Pt \longrightarrow 2H\text{-}Pt \tag{3-5}$$

$$O_2 + Pt \longrightarrow 2O\text{-}Pt \tag{3-6}$$

$$2H\text{-}Pt + O\text{-}Pt \longrightarrow H_2O\text{-}Pt + Pt \tag{3-7}$$

$$H_2O\text{-}Pt \longrightarrow H_2O + Pt \tag{3-8}$$

脱附是吸附的逆过程，吸附的反应物和产物都有可能脱附。对于产物，不希望其在催化剂表面吸附过强，否则其占据活性位点阻碍反应物分子的吸附，使活性中心得不到再生，相当于产物成为催化剂的毒物亦即使催化剂中毒，活性下降。

3.3 催化反应器基础

均相催化是在单一介质中发生的催化反应，多相催化是在两相及两相以上的介质体系中发生的催化反应。不论是均相催化还是多相催化反应的实施，均离不开反应器。常用的催化反应器有釜式反应器、管式反应器、固定床反应器、流化床反应器、微通道反应器以及膜反应器。

催化反应过程复杂，特别像有机反应过程有平行反应、连串反应、可逆反应及链反应，这就对反应器的停留时间提出了要求；催化反应物料的相态多样化，可能涉及气、液、固非均相系统，这对催化反应器的传质提出了要求；许多催化反应过程热效应大，因而对反应器的传热有一定要求；催化工艺条件变化范围宽，可能涉及不同温度和压力的多步反应，这对反应器的耐热耐压有要求；催化反应介质如果腐蚀性强，则对反应器材质提出耐腐蚀要求。要想为特定的催化反应选择合适的反应器就需要了解各类反应器的结构及其特点。

3.3.1 理想反应器与非理想反应器

按照反应器内物料的流动模型可将反应器分为理想反应器和非理想反应器两大类。其中理想反应器又分为理想排挤反应器和理想混合反应器。

理想排挤反应器也称为理想置换反应器、平推流反应器或活塞流反应器。其特点在于：通过反应器的物料沿同一方向以相同速度向前流动，在流动方向上没有物料的返混，所有物料在反应器中的停留时间都相同，在稳定操作情况下同一截面上的物料组成不随时间变化，不同停留时间的物料粒子完全不混合，如图 3-2 所示。

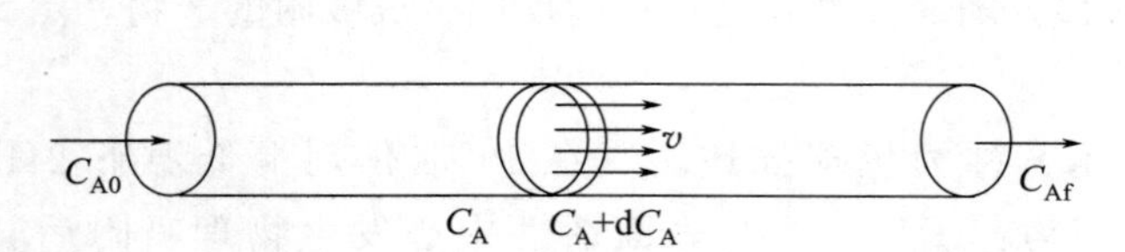

图 3-2 理想排挤反应器示意图

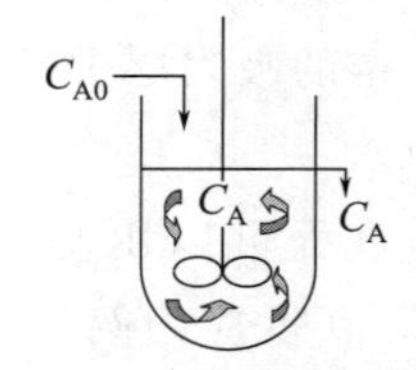

图 3-3 理想混合反应器示意图

理想混合反应器也称为完全混合反应器或全混流反应器。其特点如下：反应物料以稳定的流率进入反应器后能立即与存留在反应器中的物料发生瞬间的完全混合。在整个反应器中物料的浓度和温度均相同，且等于反应器出口物料的浓度和温度，在反应器内不同停留时间的物料粒子完全均匀混合，如图 3-3 所示。

理想排挤反应器和理想混合反应器是两种理想流动模型，是反应器内物料混合的两种极限情况，实际反应器中物料流动状态往往偏离这两种理想流动，这种反应器称为非理想反应器。例如搅拌反应釜，由于搅拌效果不好，或反应釜结构引起的死角，使得物料混合效果不好，偏离了理想混合。管式反应器，由于管壁粗糙和物料的黏滞力造成物料粒子在反应器中的停留时间不等，湍流状态的涡流扩散等因素引起不同停留时间的物料粒子相互混合（返混），都使物料流动状态偏离了理想排挤。

3.3.2 停留时间及其分布

反应器如果按照操作方式分类可以分为间歇反应器、连续反应器以及半连续反应器。间歇反应器操作时是将参与反应的物料一次性投入反应器，反应完毕后产物一次性卸出；连续反应器是反应物料连续通过反应器；半连续反应器是一部分物料一次性投入反应器内，另一部分物料则连续地加入或排出反应器，反应完毕后放料。

对于间歇反应器，反应器内所有物料的停留时间均相等，不存在停留时间分布的问题。而连续反应器操作过程中，由于反应器内部结构等影响使得反应器内存在沟流、环流或死角等，导致物料出现返混，在同一时刻进入反应器的各部分物料不是同时离开反应器，也就是说各物料微元体在反应器中停留的时间不同，因而反应物在反应器内进行催化反应的程度就不一样。物料微元体在反应器内的停留时间存在一定分布，导致反应器出口物料是不同停留时间物料的混合物，出口处物料的转化率实际是经历了不同反应时间的平均转化率。为了定量确定出口物料的转化率和产物分布，就需要定量描述出口物料的停留时间分布。

(1) 停留时间分布

停留时间指流体微元从反应器入口到出口经历的时间。物料在反应器内的转化率取决于其在反应器内的停留时间。物料在反应器内的停留时间是一个随机过程，按照概率论，可用停留时间分布密度函数 $E(t)$ 和停留时间分布函数 $F(t)$ 来定量描述物料在连续流动系统中的停留时间分布。

① 停留时间分布密度函数。对一稳定连续流动系统，某一时刻同时进入反应器的物料量 Q 中，停留时间为 $t \sim t+\mathrm{d}t$ 之间的那部分物料量 $\mathrm{d}Q$ 占总物料量 Q 的分率记作：

$$\frac{\mathrm{d}Q}{Q}=E(t)\,\mathrm{d}t \tag{3-9}$$

$E(t)$ 被称为停留时间分布密度函数，图 3-4 为常见的停留时间分布密度函数曲线的示意图。根据该定义，$E(t)$ 满足归一化条件：

$$\int_0^{\infty} E(t)\,\mathrm{d}t=1 \tag{3-10}$$

② 停留时间分布函数。对一稳定连续流动系统，某一时刻同时进入反应器的物料量 Q 中，停留时间小于 t 或者说停留时间介于 $0 \sim t$ 的那部分物料量所占的分率记作：

$$F(t)=\int_0^t \frac{\mathrm{d}Q}{Q}=\int_0^t E(t)\,\mathrm{d}t \tag{3-11}$$

$F(t)$ 被称为停留时间分布函数，图 3-5 为停留时间分布函数曲线的示意图。

$t=0$ 时，$F(0)=0$；$t\rightarrow\infty$时，$F(\infty)=\int_0^{\infty} E(t)\,\mathrm{d}t=1$。

由 $E(t)$ 与 $F(t)$ 的定义可知：

$$E(t)=\frac{\mathrm{d}F(t)}{\mathrm{d}t} \tag{3-12}$$

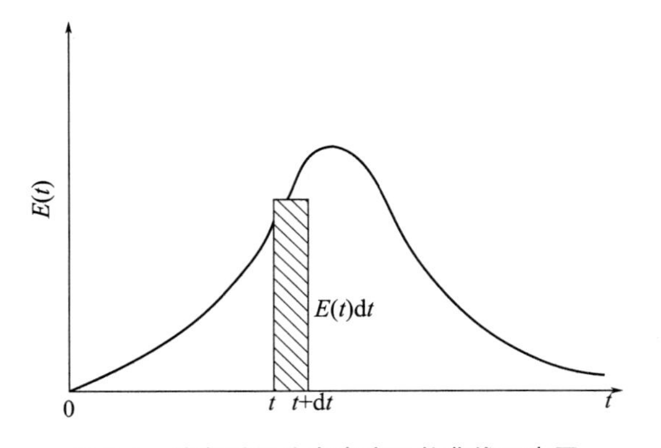

图 3-4 停留时间分布密度函数曲线示意图

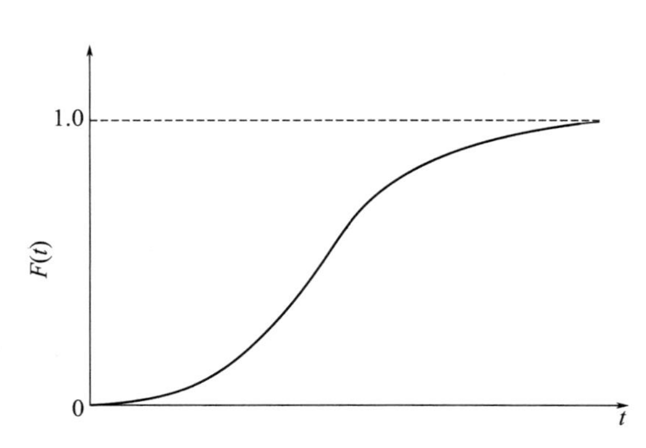

图 3-5 停留时间分布函数曲线示意图

(2) 停留时间分布的实验测定

通常采用示踪法测定停留时间分布，即向一稳定流动的系统中加入示踪剂，同时在出口检测示踪剂浓度的变化。所用示踪剂应不发生化学变化，不会被器壁或器内填充物所吸附并易于检测，具有与物料相似的物理性质，易与物料互溶且不影响装置内物料的流动状况。利用示踪剂的光、电、化学或放射等特性进行测定。根据示踪剂加入方式的不同，示踪法主要分为脉冲示踪法和阶跃示踪法。

① 脉冲示踪法。如图 3-6 所示，在稳定操作的系统中，某一瞬间 $t=0$ 时，在入口向物料中脉冲地注入浓度为 C_{A0} 的示踪剂 A，同时在出口测定示踪剂 A 的浓度 C_A 随时间 t 的变化，绘出 C_A-t 曲线。

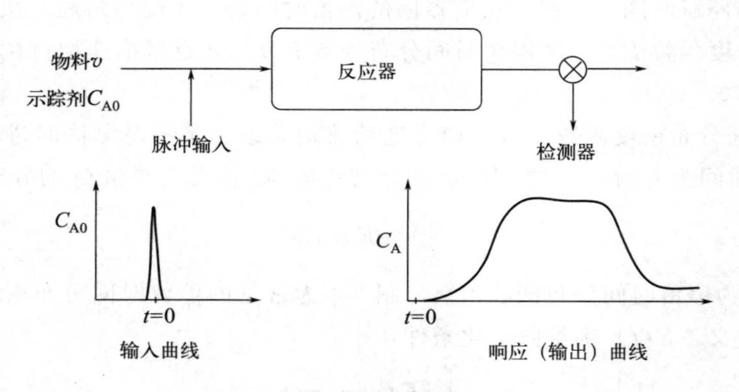

图 3-6 脉冲示踪法测定停留时间分布示意图

假定加入示踪剂 A 的量为 M，物料体积流率为 v，经过无限长的时间后加入的示踪剂一定会全部离开系统，即

$$M=\int_0^{\infty} vC_A \mathrm{d}t \text{ 或 } C_{A0}=\frac{M}{v}=\int_0^{\infty} C_A \mathrm{d}t \tag{3-13}$$

C_{A0} 等于 C_A-t 曲线所围的面积。

出口物料中在系统内停留了 $t \sim t+\mathrm{d}t$ 时间的示踪剂的量为 $vC_A\mathrm{d}t$，根据 $E(t)$ 定义：

$$E(t)\mathrm{d}t=\frac{vC_A\mathrm{d}t}{M}=\frac{C_A}{C_{A0}}\mathrm{d}t \tag{3-14}$$

$$E(t)=\frac{C_A}{C_{A0}} \tag{3-15}$$

用脉冲示踪法测得的停留时间分布是停留时间分布密度函数。

② 阶跃示踪法。如图 3-7 所示，在 $t=0$ 的瞬间，将系统中原来不含示踪剂的流体切换成流量相同的含示踪剂 A（物质的量浓度为 C_{A0}）的流体，并同时在系统出口检测示踪剂浓度 C_A 的变化。根据物料衡算，在切换流体后的 $t-\mathrm{d}t \sim t$ 时间内，示踪剂流入系统的量为 $vC_{A0}\mathrm{d}t$，示踪剂流出系统的量为 $vC_A\mathrm{d}t$，可得：

$$vC_A\mathrm{d}t=vC_{A0}\mathrm{d}t\int_0^t E(t)\mathrm{d}t=vC_{A0}F(t)\mathrm{d}t \tag{3-16}$$

因此：

$$F(t)=\frac{vC_A\mathrm{d}t}{vC_{A0}\mathrm{d}t}=\frac{C_A}{C_{A0}} \tag{3-17}$$

即由出口 C_A-t 曲线可获得 $F(t)$ 曲线。用阶跃示踪法测得的停留时间分布是停留时间分布函数。

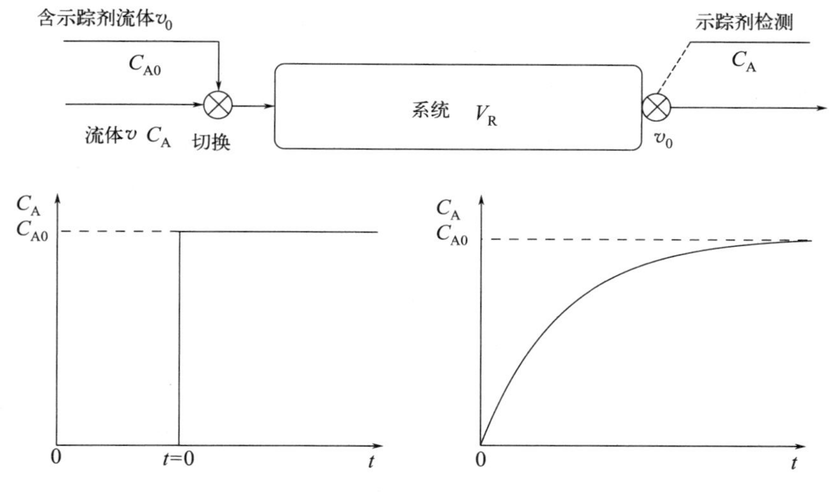

图 3-7 阶跃示踪法测定停留时间分布示意图

(3) 停留时间分布的数学特征

研究不同反应器的停留时间分布，通常是比较它们的统计特征值，常用的特征值有两个：数学期望和方差。

数学期望值表示物料的平均停留时间即各流体微元从反应器入口到出口所经历的平均时间，可通过停留时间分布密度函数计算：

$$\bar{t}=\frac{V}{v}=\frac{\int_0^{\infty} tE(t)\,\mathrm{d}t}{\int_0^{\infty} E(t)\,\mathrm{d}t}=\int_0^{\infty} tE(t)\,\mathrm{d}t \tag{3-18}$$

式中，$\bar{t}$ 为平均停留时间，min；V 为反应器有效容积，L；v 为物料的体积流率，L/min。不论反应器类型及物料流型有何不同，只要反应器有效容积及物料的体积流率相同，平均停留时间就相同，区别仅在于停留时间分布。

方差 σ^2 表示物料停留时间分布的离散程度，即各物料微元体的停留时间与平均停留时间的偏离程度：

$$\sigma^2=\frac{\int_0^{\infty}(t-\bar{t})^2E(t)\,\mathrm{d}t}{\int_0^{\infty} E(t)\,\mathrm{d}t}=\int_0^{\infty}(t-\bar{t})^2E(t)\,\mathrm{d}t=\int_0^{\infty} t^2E(t)\,\mathrm{d}t-\bar{t}^2 \tag{3-19}$$

方差越小，越接近平推流；方差越大，物料的停留时间分布离散程度越大，偏离平均停留时间的程度越大。对完全无返混的平推流，$\sigma^2=0$；而对全混流，$\sigma^2=\bar{t}^2$。

如果停留时间分布函数用无量纲对比时间 $\theta=\frac{t}{\bar{t}}$ 来表示，则：

$$F(\theta)=F(t) \tag{3-20}$$

$$E(\theta)=\frac{\mathrm{d}F(\theta)}{\mathrm{d}\theta}=\frac{\mathrm{d}F(t)}{\mathrm{d}(t/\bar{t})}=\bar{t}\,\frac{\mathrm{d}F(t)}{\mathrm{d}t}=\bar{t}E(t) \tag{3-21}$$

$$\sigma_\theta^2=\int_0^\infty(\theta-1)^2E(\theta)\,d\theta=\int_0^\infty(\theta-1)^2E(t)\,\bar{t}\,d\theta=\frac{1}{\bar{t}^2}\int_0^\infty(t-\bar{t})^2E(t)\,dt=\frac{\sigma^2}{\bar{t}^2} \tag{3-22}$$

对平推流，$\sigma_\theta^2=0$；对全混流，$\sigma_\theta^2=1$；对非理想流动 $0<\sigma_\theta^2<1$，接近于0时，可作平推流处理，接近于1时，可作全混流处理。

(4) 理想反应器的停留时间分布

① 平推流反应器：平推流反应器中，物料在反应器内无返混，因此停留时间都相等，且都等于平均停留时间，即 $t=\bar{t}=V/v$，其停留时间分布函数及密度函数如下：

当 $t=\bar{t}$ 时，$E(t)=\infty$；$t\neq\bar{t}$ 时，$E(t)=0$。

当 $t<\bar{t}$ 时，$F(t)=0$；$t\geqslant\bar{t}$ 时，$F(t)=1$。

当 $\theta=1$ 时，$E(\theta)=\infty$；$\theta\neq1$ 时，$E(\theta)=0$。

当 $\theta<1$ 时，$F(\theta)=0$；$\theta\geqslant1$ 时，$F(\theta)=1$。

方差 $\sigma^2=0$，$\sigma_\theta^2=0$。

图3-8为平推流反应器停留时间分布密度函数及停留时间分布函数曲线的示意图。

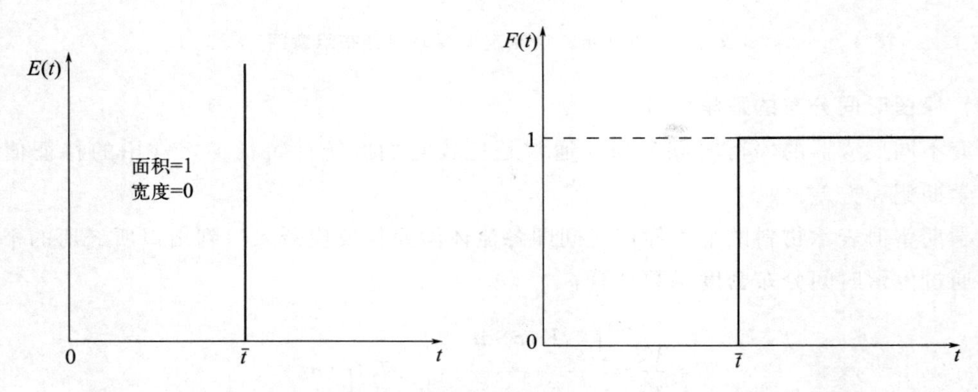

图3-8 平推流反应器的 $E(t)$ 和 $F(t)$ 曲线示意图

② 全混流反应器：全混流反应器中，物料的浓度处处相等，反应器内物料返混程度最大。采用阶跃法建立全混流的流动模型，反应器有效容积为 V，物料的体积流率为 v，从 $t=0$ 开始，将进料切换为示踪剂浓度为 C_{A0} 的物料，然后在某 dt 时间内将全釜作为控制体，对示踪剂作物料衡算：

进入系统的示踪剂量＝流出系统的示踪剂量＋示踪剂的积累量

$$vC_{A0}dt=vC_Adt+VdC_A \text{ 或 } vC_{A0}dt-vC_Adt=VdC_A \tag{3-23}$$

$$\frac{dC_A}{dt}=\frac{v}{V}(C_{A0}-C_A)=\frac{1}{\bar{t}}(C_{A0}-C_A) \tag{3-24}$$

$$\frac{dC_A}{C_{A0}-C_A}=\frac{1}{\bar{t}}dt \tag{3-25}$$

将上式积分得：

$$\ln\frac{C_{A0}-C_A}{C_{A0}}=-\frac{t}{\bar{t}} \tag{3-26}$$

则

$$\frac{C_A}{C_{A0}}=F(t)=1-e^{-t/\bar{t}} \tag{3-27}$$

或
$$F(\theta)=1-e^{-\theta} \tag{3-28}$$

因此
$$E(t)=\frac{dF(t)}{dt}=\frac{1}{\bar{t}}\exp\left(-\frac{t}{\bar{t}}\right) \tag{3-29}$$

或
$$E(\theta)=e^{-\theta} \tag{3-30}$$

方差为：$\sigma^2=\bar{t}^2$，$\sigma_\theta^2=1$。

如图 3-9 所示，当 $t=0$，$F(t)=0$，$E(t)$为最大值 $1/\bar{t}$；$t=\bar{t}$ 时，$F(t)=0.632$，表明有63.2%的物料在反应器内停留时间小于平均停留时间。

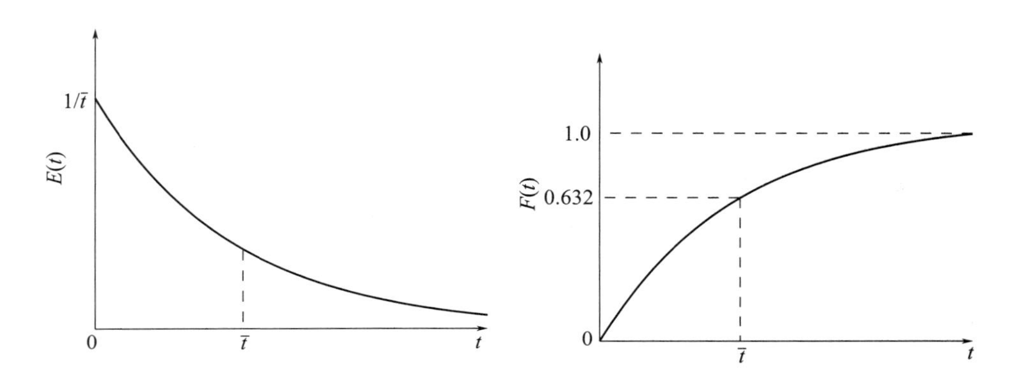

图 3-9 全混流反应器的 $E(t)$ 和 $F(t)$ 曲线示意图

实际反应器为非理想反应器，其物料流动状态往往偏离这两种理想流动。偏离程度较小时，可按理想流动模型计算，如搅拌良好的釜式反应器可按理想混合模型计算，层流状态的光滑管式反应器及气速较大的固定床反应器等可按理想排挤流动模型计算。偏离程度较大时，不能按理想模型计算，需用测定停留时间分布的方法确定流动模型，如通过偏离程度多大、相当于多少个理想混合模型等进行设计计算。

3.3.3 典型催化反应器

(1) 釜式反应器

釜式反应器是具有一定高径比的圆筒形反应器，用于实现液相均相催化反应过程和液-液、液-固、气-液-固等多相催化反应过程。

釜式反应器的基本结构主要包括反应器壳体、搅拌装置、换热装置、密封装置、传动装置，如图 3-10 所示。

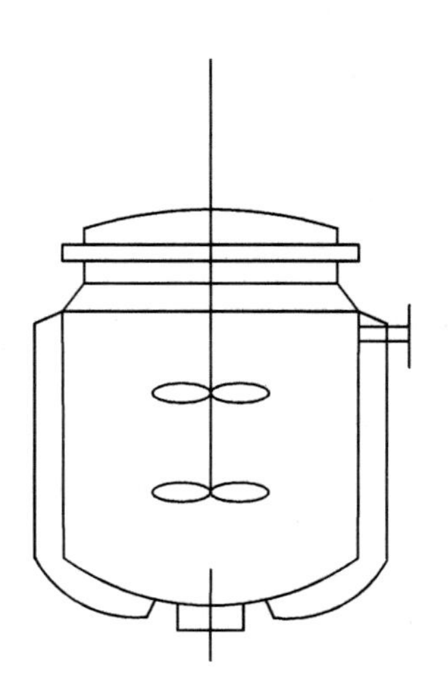

图 3-10 釜式反应器的结构示意图

① 反应器壳体。包括筒体和封头两部分，筒体为圆筒形，可为碳钢、不锈钢或搪玻璃等材质，平面形封头适用于常压或压力不高时，球形封头适用于高压场合，碟形和椭圆形封头应用较广。

② 搅拌装置。常用搅拌器有桨式、涡轮式、推进式、锚式（框式）和螺带式等。桨式搅拌器分为平桨和斜桨，搅拌器直径一般是反应釜内径的1/3～2/3，转速较低，一般为20～80 r/min，

适用于黏度小于15 Pa·s或固体悬浮物含量在5%以下的液体，及仅需保持缓和混合的场合。涡轮式搅拌器分为圆盘涡轮搅拌器和开启式涡轮搅拌器；叶轮有平直叶和弯曲叶两种。转速较大，为300～600 r/min，且径向流速较高。适用于黏度2～25 Pa·s、密度2000 kg/m^{3}的液体介质，混合黏度或密度相差较大的两种液体以及气体在液体中的扩散过程。推进式搅拌器直径是反应釜内径的1/4～1/3，搅拌时能使物料在反应釜内循环流动，容积循环效率高。当需要有更大的流速时，反应釜内可设导流筒，转速300～600 r/min。适用于低黏度（2 Pa·s）、高密度（2000 kg/m^3）液体。锚式（框式）搅拌器直径较大，一般取反应器内径的2/3～9/10，转速低，为30～60 r/min。这类搅拌器常用于传热、析晶操作和高黏度液体、高浓度淤浆与沉降性淤浆的搅拌，以及搅拌不必太强烈但必须及于全部液体，含有相当多固体的悬浮物但固体和液体比重相差不大的场合。螺带式搅拌器和螺杆式搅拌器主要产生轴向流，加上导流筒后，可形成筒内外的上下循环流动。转速都较低，通常不超过50 r/min，主要用于高黏度液体的搅拌。反应器高径比较大时，可用多层搅拌桨叶。

各种搅拌器的循环流量按从大到小顺序排列依次是推进式、涡轮式、桨式；各种搅拌器的剪切作用按从大到小的顺序排列依次是涡轮式、推进式、桨式。在工业上可根据物料的性质、搅拌目的、各种搅拌器的性能特征以及能耗等因素选择适宜的搅拌器。在一般情况下，对低黏性液相均相催化过程，主要考虑循环流量，优选小直径、高转速搅拌器，如推进式、涡轮式；对于物料黏稠性很大的液-液非均相催化过程，选用大直径、低转速搅拌器，如锚式搅拌器；对液-液非均相催化过程，首先考虑剪切作用，同时要求有较大的循环流量，选用涡轮式搅拌器为好；对液-固以及气-液-固非均相催化过程，因为固体催化剂悬浮，固液密度差较大时，选用涡轮式搅拌器，固液密度差较小时，选用桨式搅拌器；对需要更大搅拌强度或需使被搅拌液体做上下翻腾运动的情况，可根据需要在反应器内再装设横向或竖向挡板及导向筒等。

③ 换热装置。用来加热或冷却反应物料。主要有夹套式、蛇管式、列管式、外部循环式等。

夹套式换热器是套在反应器筒体外面形成密封空间的容器。夹套内通蒸汽时，其压力一般不超过0.6 MPa。当蒸汽压力较高时，须采用采取加强措施的夹套，如支撑短管加强的蜂窝夹套或冲压式蜂窝夹套等。

蛇管式换热器，当单靠夹套不能满足工艺需要的传热面积，或者是反应器内壁衬有橡胶、瓷砖等非金属材料时，可在反应器内设置蛇管、插入套管、插入D形管等进行传热。蛇管给热系数高，但是对于含有固体颗粒的物料及黏稠物料，容易引起挂料，影响传热效果。

需高速传热时，可在釜内安装列管式换热器。适用于反应物料容易在传热壁上结垢的场合，检修、除垢较容易进行。可分为垂直管束、指形管和D形管。

④ 传动装置及密封装置。传动装置包括电机、减速器、联轴节和搅拌轴。作用是使搅拌器获得动能以强化物料流动。

密封装置，即搅拌轴密封装置，简称轴封，设置于反应器封头和搅拌轴之间，防止反应器内物料泄漏。轴封主要有填料密封和机械密封两种。填料密封结构简单，填料装卸方便，但使用寿命较短，难免微量泄漏。机械密封（又称端面密封）依靠弹簧力的作用使动环紧紧压在静环上，动环与静环相接触的环形密封端面阻止了物料的泄漏。机械密封结构较复杂，但密封效果甚佳。

在化工生产中，釜式反应器既适用于间歇操作过程，又可用于连续操作过程；可单釜操作，也可多釜串联使用。釜式反应器用于连续操作时在强烈搅拌下可视为全混流反应器，反应物料连续进入和流出反应器，不存在间歇操作中的辅助时间问题。在定态操作中容易实现自动控制，操作简单，节省人力，产品质量稳定。釜式反应器用于间歇操作时，是将参与反应的物料一次性投入，反应完毕后产物一次性卸出，操作周期包括反应时间和加料、预热、冷却、卸料、洗涤、烘干等辅助过程时间。间歇操作反应釜通常用于规模小的精细化学品的工业催化生产过程。间歇操作可实现恒温操作，易于取热，可有效利用反应热，还可随时卸、补催化剂，利用机械搅拌强化气液传质，但釜式反应器难以放大。

实例 3-1

丙烯液相本体聚合生产聚丙烯是液-固多相催化反应，国内锦州石化公司锦州炼油厂、大连石化公司有机合成厂及武汉石油化工厂等不少厂家均是采用釜式反应器经间歇操作生产聚丙烯的。具体操作如下：助催化剂三乙基铝、给电子体和溶剂各自经由储罐打入配制罐，搅拌下混合均匀后打入计量罐。开启搅拌，利用氮气压力将计量罐内的三乙基铝溶液计量加入反应釜，在氮气保护下将定量的 Ziegler-Natta 催化剂由反应釜加料口加入，然后计量加入液相丙烯，体积不超过反应釜容积的 2/3，再通入一定量氢气，然后采用夹套通热水进行加热使体系升温，于 70～75 ℃及 3.2～3.5 MPa 条件下，釜内丙烯在催化剂及助催化剂作用下反应 3～6 h。反应过程中，催化剂是固体，丙烯主体是液相，该反应为液-固多相催化反应。接近“干锅”时，回收未反应的丙烯，并通入冷水冷却反应釜，待反应釜压力与冷凝器压力平衡后，反应釜内的聚丙烯粉料借泄压喷入闪蒸去活罐。夹带出来的丙烯气体经旋风分离器和袋式过滤器除去粉尘后排至气柜系统。分离下来的聚丙烯粉料收集至集尘罐，定期回收。闪蒸合格的聚丙烯通空气去活，并由下料口送至包装工序。

(2) 管式反应器

管式反应器是一种管状、长径比很大的连续操作反应器，如图 3-11 所示，可用于液-液均相以及液-固非均相催化反应过程。管式反应器主要包括水平管式反应器、立管式反应器、盘管式反应器以及 U 形管式反应器。对于连续管式反应器，在边界层中由于管壁粗糙和物料的黏滞力，与物料流动方向垂直的截面常呈现不均匀速度分布，产生了返混；当管式反应器的管长远大于管径且物料处于湍流状态时接近于平推流。通常，反应物料处于湍流状态，管式反应器的长径比大于 50 时，物料的流动可近似地视为平推流。

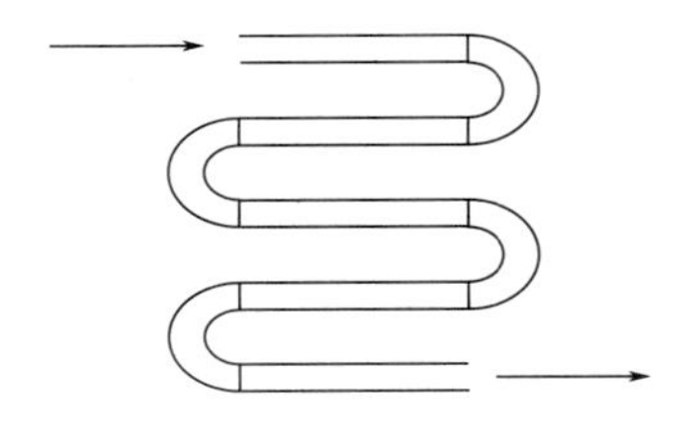

图 3-11 管式反应器示意图

总体来说，管式反应器返混小，因而容积效率高，对转化率要求较高或有串联副反应的场合尤为适用。另外，管式反应器传热面积大，传热效果好，适宜进行高温高压反应，且可实现温度分段控制。但其主要缺点是对反应速率很低的反应所需管道过长，可采用外循环的管式反应器解决这一问题。

实例 3-2

丙烯液相本体聚合大规模生产聚丙烯，就可采用连续管式反应器实施。上海石化公司和茂名石化公司等采用的进口Spheripol工艺以及甘肃兰港石化公司等采用的进口HypolⅡ工艺中，对于丙烯的均聚均采用连续环管反应器。在消化吸收引进技术的基础上，中国石化也成功开发了7万～10万t/a以及20万t/a的环管液相本体法聚丙烯成套工艺与工程技术。采用自主开发的Ziegler-Natta催化剂，单体丙烯经液-固多相催化配位聚合反应，生产等规聚丙烯或抗冲共聚产品。环管工艺主要操作如下：催化剂、助催化剂以及给电子体经计量系统进入预接触罐混合均匀后，与丙烯一起进入在线混合器，然后连续进入预聚合环管反应器，接着连续进入第一环管反应器和第二环管反应器，在第二环管反应器会连续补充丙烯单体，环管反应器出口的物料经闪蒸及丙烯回收系统，再经汽蒸和干燥系统后得到聚丙烯产品。丙烯环管聚合工艺的特点如下：全容积装料、反应器内物料高速循环、聚丙烯浆液浓度高、反应器时空产率高［>400 kg/(h・m^3)］、容易切换牌号。

(3) 固定床催化反应器

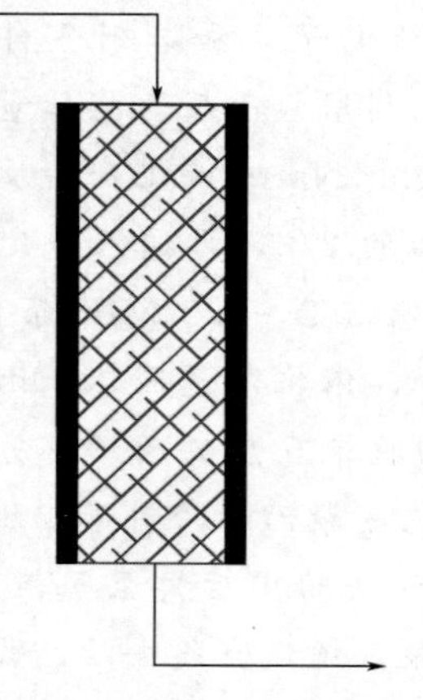

图3-12 固定床催化反应器示意图

如图3-12所示，固定床催化反应器是在管式反应器内填充一段催化剂颗粒而形成的静止固体颗粒床层，气体反应物料从催化剂颗粒间的间隙中通过，并在催化剂表面发生化学反应，因此固定床反应器用于气-固多相催化过程。用于固定床反应器的催化剂如果为球状，其合适的直径为1～20 mm，片状催化剂尺寸为2～10 mm，不规则颗粒尺寸为1.17～9.5 mm或为8～14目至2～4目。对于强放热或强吸热反应，催化剂需具有高导热性能，以便降低催化剂颗粒内的温度梯度和催化剂床层的温度梯度，这种情况下将催化剂设计成环状颗粒比球状颗粒床层有效热导率会提高70%。反应器的直径与催化剂粒径之比通常为（5～10）：1，反应器的长度与催化剂粒径之比通常为（50～100）：1，固定床反应器中填充催化剂颗粒的床层高度与催化剂粒径之比大于100时，可以略去轴向返混的影响，将其视作平推流。

固定床反应器主要分为绝热式和连续换热式两类。而绝热式固定床反应器又分为单段绝热式和多段绝热式。单段绝热固定床反应器适用于绝热温升较小的反应；多段绝热固定床反应器反应和冷却间隔进行，根据段间气体的冷却方式，多段绝热床又分为间接换热式和冷激式。连续换热式固定床反应器中反应与换热过程同时进行。

固定床催化反应器具有如下优点：固体颗粒状催化剂固定在反应器床层内，不易磨损，可长期使用；当高径比大时，床层内流体的流动接近于理想排挤，因此，反应速率较快，容积效率高；另外，固定床反应器物料停留时间可控，因此选择性高。但是，由于固定床中催化剂颗粒导热性差，床层温度分布不均，因此，对于热效应大的催化反应过程，传热与控温问题就成为固定床设计中的难点和关键。固定床反应器还有一个缺点就是不易更换催化剂。

固定床催化反应器广泛应用于石油炼制和石油化工等过程。

实例 3-3

低辛烷值石脑油经催化重整转化成高辛烷值的汽油掺合储料，可采用半再生、循环再生、连续再生三种工艺。其中半再生装置有 3 个或 4 个固定床反应器，固体催化剂装载到固定床床层，催化剂 $Pt\text{-}Re/Al_2O_3$ 颗粒尺寸不超过 0.16 cm。为了周期性再生，在 275～375 psig（1 psig=6895 Pa）和高氢浓度下操作。为获得更高辛烷值的产品，可采用循环再生和连续再生工艺，二者在低压 50～70 psig 下操作，热力学上有利于高辛烷值产品的生成，且可降低能耗。

实例 3-4

丁烷经催化反应生产顺丁烯二酸酐也可利用固定床反应器。催化剂为钒磷氧化物 $[(VO)_2P_2O_7]$，供料中丁烷浓度为 1.8%，该反应为放热反应，低浓度可保障反应热效应较低，使传热问题容易解决。该工艺顺丁烯二酸酐收率只有 35%，源于部分产物与过程中产生的水一起冷凝并转化成顺丁烯二酸，之后在高于 130 ℃再脱水。最后经分馏精制得到产物。

(4) 流化床反应器

流化床反应器是指气体在由固体催化剂构成的沸腾床层内进行化学反应的设备，用于气-固多相催化反应，如图 3-13 所示。气体在一定的流速范围内，将催化剂固体颗粒强烈搅动并悬浮，使颗粒之间脱离接触而具有类似于流体的特性。用于流化床反应器的催化剂为球状颗粒，合适的尺寸范围为 20～300 μm，一般小于 100 μm。反应器上部有扩大段，内装旋风分离器，用以回收被气体带走的催化剂；底部设置原料进口管和气体分布板；中部为反应段，装有冷却水管和导向挡板，用以控制反应温度和改善气-固接触条件。

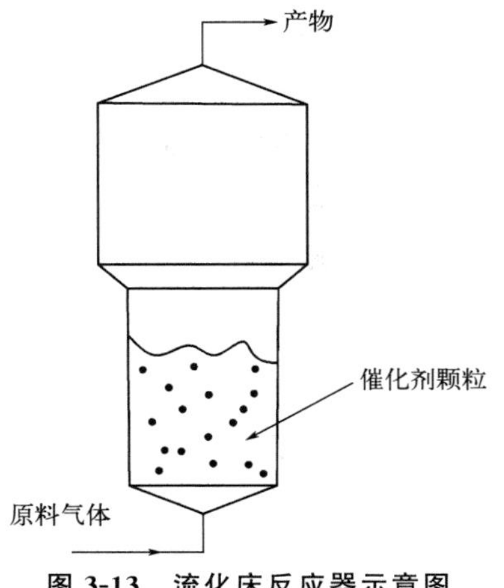

图 3-13 流化床反应器示意图

理想流态化是催化剂固体颗粒之间的距离随物料流速增大而均匀增大，颗粒均匀悬浮于流体中，所有的流体均流经相同厚度的颗粒床层，保证了全床中的传质、传热和物料停留时间都均匀，对化学反应和物理操作十分有利。在实际流化床中，会出现固体颗粒及流体在床层中的非均匀分布，从而导致产物分布宽。

与固定床反应器相比，流化床反应器具有如下优点：①可以实现固体催化剂的连续进料和出料；②物料和催化剂颗粒的运动使床层具有良好的传热性能，床层内部温度均一，且易于控制，适用于强放热反应；③便于进行催化剂的连续再生、循环和更换操作。但是，流化床反应器也有一些缺陷，如返混大，停留时间分布宽导致产物存在分布，使目标产物收率降低；催化剂和物料的剧烈撞击，使催化剂易磨损、粉化并流失。

流化床反应器广泛应用于石油催化裂化反应中。催化裂化是重油轻质化和改质的重要手段之一。目前我国流化催化裂化装置年加工能力超过 1 亿吨，装置平均规模为 900～1000 kt/a，流化催化裂化（FCC）汽油占成品汽油总组成 80%以上。

实例 3-5

分子筛催化的重油催化裂化过程。催化裂化装置包括反应-再生系统、分馏系统以及吸收-稳定系统。以减压馏分油、焦化柴油和蜡油等重质馏分油或渣油为原料，酸性微孔分子筛为催化剂。原料经换热后与回炼油混合进入加热炉预热到370 ℃左右，由原料喷嘴以雾化状态喷入提升管反应器下部，油浆不经加热直接进入流化床提升管，与来自再生器的高温催化剂（650～700 ℃）接触并立即气化，油气与雾化蒸汽以及预提升蒸汽一起携带着催化剂以7～8 m/s的线速通过提升管，经快速分离器分离后，大部分催化剂被分出落入沉降器下部，油气夹带少量催化剂经两级旋风分离器分出夹带的催化剂后进入分馏系统。分馏系统的作用是将反应-再生系统的产物进行分离，得到部分产品和半成品。从分馏塔顶部油气分离器出来的富气中带有汽油组分，而粗汽油中溶解有C_3和C_4甚至C_2组分，吸收-稳定系统的作用就是利用吸收和精馏的方法将富气和粗汽油分离成干气（$\leqslant C_2$）、液化气（C_3和C_4）和蒸气压合格的稳定汽油。

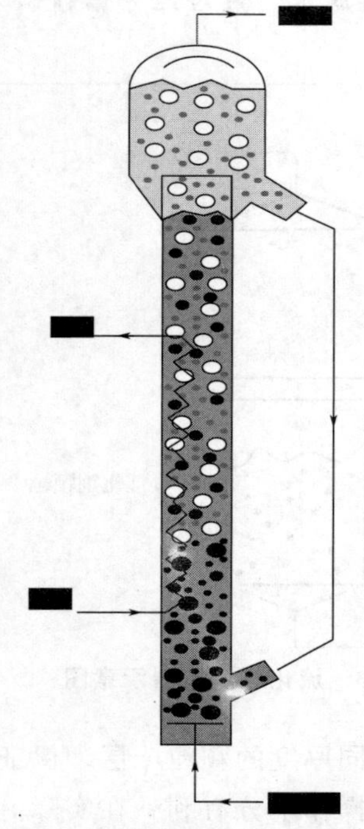

图 3-14 鼓泡式气液固三相反应器示意图

(5) 鼓泡式气液固三相反应器

鼓泡式气液固三相反应器是以液相为连续相，气相和固相为分散相的反应器，如图3-14所示。反应器内可设挡板，以减少液体返混；为加强液体循环和换热，可设外循环管和换热器。气体从塔底向上经多孔板分布器以气泡形式通过液层，气相中的反应物溶入液相并在固体催化剂作用下进行反应，气泡的搅拌作用可使液相和固相充分混合。该反应器可用于气液固多相催化反应。

鼓泡式气液固三相反应器具有如下优点：结构简单，没有运动部件，适用于高压反应或腐蚀性物系；操作稳定，投资和维修费用低；气体高度分散于液相中，具有大的相接触面，传质和传热效率较高；可实现恒温操作，且易于取热，可有效利用反应热；可随时卸、补催化剂。缺点是液相有较大的返混及气相有较大的压降。

鼓泡式气液固三相反应器已经在石油化工、有机化工等领域获得广泛应用，如各种有机物的氧化反应、不饱和烃的催化加氢、石蜡和芳烃的氯化反应等。

(6) 微通道反应器

微通道反应器是一种微型化的连续流动的管式反应器，由微管并联而成，其微管内径一般为10～1000 μm，如图3-15所示，主要用于均相催化过程。

与传统釜式反应器相比，微通道反应器的优势在于：①微通道直径小，比表面积大，传热、传质效率高，能避免局部过热，减少副反应的发生；②微通道反应器体积微小，微反应系统是呈模块结构的并行系统，具有便携、易操作等特点；③采用连续流技术，可精确控制物料停留时

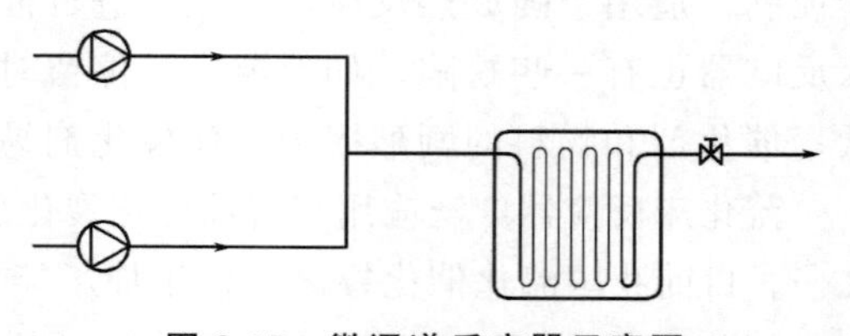

图 3-15 微通道反应器示意图

间，提高目标产物收率；④扩大生产时，不需要对设备进行尺度放大，只需增加微通道反应器的数量，即“数增放大”；⑤高效的传热效率和微小的持料量有利于进行链式反应，保证反应在爆炸极限内有效进行，大大降低了爆炸的可能性，提高了反应的安全性。微通道反应器的小直径通道和大比表面积，使光化学反应中光能够高效、准确地辐射到反应底物，使反应更平稳，选择性更高。另外，微通道反应器优异的传热传质性能、高安全性使其在强放热反应中更具优势。

微通道反应器作为一种新兴的工业生产设备，在催化领域可用于催化加氢、卤化反应、氧化反应、重氮化反应及硝化反应等，有利于解决这些反应潜在的放热、爆炸、腐蚀、有毒、易燃以及高温或高压等严苛的工艺条件等问题。其中，有机化合物经氧化反应生产醛、酮和酸等精细化工产品是一类重要的化学反应，但因氧化反应具有强放热效应以及分子氧与许多有机化合物形成爆炸混合物，使得氧化反应多具危险性。采用传统反应器实施以分子氧为氧化剂的反应过程时，通常用氮气等惰性气体对其稀释以避开爆炸极限，从而导致反应时效低。如果利用微通道反应器，则可以直接用纯氧或空气作为氧化剂，在高温、高压下强化反应过程，反应能够安全高效地进行。例如，利用微通道反应器使邻氯甲苯在 $Co(OAc)_2/Mn(OAc)_2/KBr$ 催化剂作用下选择性催化氧化制备邻氯苯甲醛，V_2O_5 和 $H_3PW_{12}O_{40}$ 催化丙烯酸氧化合成乙醛酸等。

（7）膜反应器

膜反应器是将膜分离过程和反应过程耦合于一体的反应器，同时具备反应和分离两种功能。通过及时有效移除反应产物或使反应过程与组分扩散同时进行，促进反应平衡的移动，提高反应转化率和产物选择性，主要用于非均相催化过程。

膜反应器可分为催化膜反应器、催化非渗透选择型膜反应器、固定床膜反应器、固定床催化膜反应器、流化床膜反应器以及流化床催化膜反应器，如图 3-16 所示。其中，固定床膜反应器和流化床膜反应器中膜仅仅提供分离功能；催化膜反应器、固定床催化膜反应器以及流化床催化膜反应器中，膜同时提供分离和反应两种功能；催化非渗透选择型膜反应器中，膜不具备选择渗透性，仅提供精确的反应界面。与固定床膜反应器相比，流化床膜反应器能更好地控制过程温度。

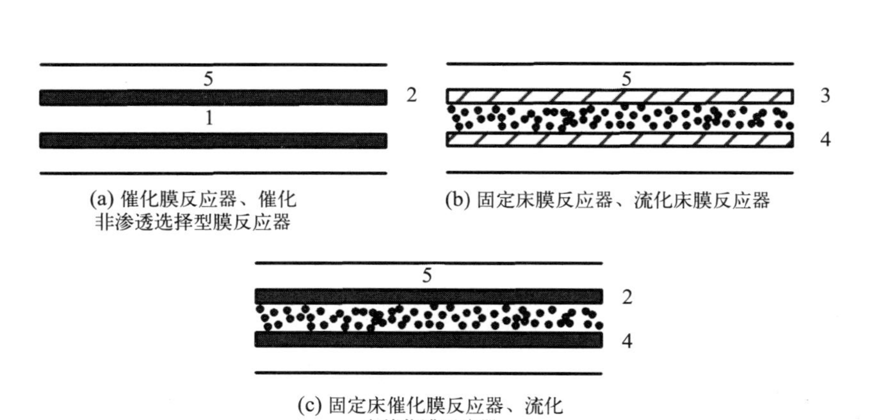

图 3-16 膜反应器结构示意图

1—管内侧；2—催化膜；3—惰性膜；4—催化床；5—壳程

膜反应器具有如下优点：将反应和分离组合成一个单元过程，投资少且操作费用低；对于可逆反应，采用膜反应器可突破热力学平衡限制，通过膜扩散过程即时移走产物，使转化率达到100%；通过调节反应过程参数，可提高产物选择性，减少副反应。

分子筛膜是分子筛在多孔载体表面生长的连续薄膜，孔径一般小于1 nm，分子筛膜用于溶剂脱水已经实现了工业应用。分子筛膜具有优异的分子分离性能和良好的热化学稳定性，且分子筛膜自身具有催化活性，因此可以构建催化膜反应器，如用于苯酚羟基化反应的钛硅分子筛催化膜反应器和用于选择性氧化反应的金属负载型八面沸石分子筛膜反应器等，催化膜中催化反应与产物扩散紧密结合，两者发挥协同效应促进了产物选择性的提升。

思考题

1. 水杨酸和乙醇经浓硫酸催化进行酯化反应合成水杨酸乙酯，属于均相催化还是非均相催化？有哪些特点？

2. 水杨酸和乙醇经HY型分子筛催化进行酯化反应合成水杨酸乙酯，属于均相催化还是非均相催化？有哪些特点？

3. 简述$Ni/\gamma\text{-}Al_2O_3$催化CO和H_2反应生成烃和水的步骤。

4. $Ni/\gamma\text{-}Al_2O_3$催化CO和H_2反应可以采用哪种反应器实施？

5. 某一气-固多相催化反应，如果分别用固定床反应器和流化床反应器实施，各自对催化剂有哪些要求？

第4章

酸碱催化剂与酸碱催化作用

酸和碱催化剂在酯化、酯交换、醚化、烯烃水合、烷基化、烃类异构化以及烃类裂解等反应中起着重要的催化作用。特别地，石油炼制和石油化工中酸催化占有重要地位，工业上应用的酸催化剂多是固体酸，也有液体酸催化反应的，如硫酸催化酯化反应，但液体酸存在腐蚀性强、催化剂难以回收重复使用的缺点，因此近年来固体酸的开发与应用吸引了研究人员的关注。

4.1 酸碱理论与催化

19 世纪后期酸碱电离理论产生后，才出现近代的酸碱理论，包括酸碱质子理论与酸碱电子理论。

4.1.1 酸碱电离理论

酸碱电离理论即 Arrhenius 电离理论，其对酸碱的定义是：在水中电离时产生的阳离子全部是 H^+ 的化合物叫酸；电离时生成的阴离子全部是 OH^- 的化合物叫碱。酸碱电离理论从物质的化学组成上揭露了酸碱的本质，明确指出 H^+ 是酸的特征及 OH^- 是碱的特征，且酸碱反应的实质是 H^+ 与 OH^- 反应生成水。酸碱电离理论还应用化学平衡原理找到了衡量酸、碱强度的定量指标，即水溶液的酸碱性是通过溶液中 H^+ 浓度和 OH^- 浓度衡量的：H^+ 浓度越大，酸性越强；OH^- 浓度越大，碱性越强。同时，295 K 下，稀溶液中始终存在：

$$K_W = [H^+][OH^-] = 10^{-14} \tag{4-1}$$

酸碱电离理论的局限性在于对非水溶液中的酸碱性问题无法解释，以及将碱限制为氢氧化物，因而对氨水表现碱性的事实也无法说明。

4.1.2 酸碱质子理论

酸碱质子理论即 Brønsted 酸碱理论，该理论对应的酸碱定义是：凡是能够给出质子（H^+）的物质都是酸；凡是能够接受质子的物质都是碱。酸碱质子理论中，酸和碱不局限于分子，还可以是阴、阳离子。通常，酸碱质子理论中的“酸”被称为 Brønsted 酸，“碱”

被称为 Brønsted 碱。根据该理论，酸和碱不是孤立的。酸给出质子后变成碱，碱接受质子后变成酸。

即酸（HA）和碱（A^-）之间存在如下关系：

$$HA \rightleftharpoons H^+ + A^- \tag{4-2}$$

一种酸与其释放质子后产生的碱称为共轭酸碱。式（4-2）中的酸 HA、碱 A^- 即为共轭酸碱，碱是酸的共轭碱，酸是碱的共轭酸，该式表明，酸和碱是相互依赖的。且酸越强，其共轭碱的碱性越弱，反之，酸越弱，其共轭碱的碱性越强。根据酸碱质子理论，酸碱反应的实质是共轭酸碱之间质子传递的反应，当一种分子或离子失去质子起着酸的作用的同时，一定有另一种分子或离子接受质子起着碱的作用。

酸碱质子理论扩大了酸碱的含义和酸碱反应的范围，摆脱了酸碱必须在水中发生反应的局限性，解决了一些非水溶剂或气体间的酸碱反应，并将水溶液中进行的各种离子反应系统地归纳为质子传递的酸碱反应，并应用平衡常数定量地衡量某溶剂中酸或碱的强度。但是酸碱质子理论的局限性在于对于不含氢的化合物如碱性氧化物和酸性氧化物反应生成盐等过程中无质子转移的反应无法解释。

4.1.3 酸碱电子理论

酸碱电子理论即 Lewis 酸碱理论，该理论认为：凡是能接受电子对的物质称为酸，凡是能给出电子对的物质称为碱。酸碱反应的实质是酸接受碱的一对电子，形成配位键，并生成酸碱配合物，其通式为：

$$A + B: \rightleftharpoons A:B \tag{4-3}$$

通常，酸碱电子理论中的“酸”被称为 Lewis 酸，“碱”被称为 Lewis 碱。

该理论认为许多有机反应也是酸碱反应，Lewis 酸是亲电试剂，Lewis 碱是亲核试剂。

由于化合物中配位键普遍存在，因此 Lewis 酸碱的范围极其广泛，其进一步扩大了酸与碱的范围，能说明不含质子的物质的酸碱性，包括金属阳离子、缺电子化合物、极性双键分子、具有孤对电子的中性分子、含有 C═C 键的分子等，应用最为广泛。

酸碱电子理论对酸碱的定义摆脱了体系必须具有某种离子或元素，也不受溶剂的限制，而立论于物质的普遍组分，以电子的给出和接受来说明酸碱的反应，故更能体现物质的本质属性。与酸碱电离理论和酸碱质子理论相比，酸碱电子理论更为全面和广泛。事实上，几乎现存其他所有理论概念均被包含其中，所有酸碱反应均可用酸碱电子理论处理。

基于此，酸碱催化反应实质就是酸或碱催化剂与反应物发生电子对转移从而使反应物分子被活化进而反应生成产物。如果催化剂是酸，则反应物是碱；如果催化剂是碱，则反应物是酸。

4.2 酸碱催化剂的定义、分类及其性质

4.2.1 酸碱催化剂的定义

基于前述酸碱理论，酸催化剂是能给出 H^+ 或接受电子对的物质，其中能给出 H^+ 的物

质为 Brønsted 酸，简称 B 酸；能接受电子对的物质为 Lewis 酸，简称 L 酸。碱催化剂是能接受 H^+ 或给出电子对的物质，其中能接受 H^+ 的物质为 Brønsted 碱，简称 B 碱；能给出电子对的物质为 Lewis 碱，简称 L 碱。

4.2.2 酸碱催化剂的分类

酸催化剂主要分为以下几类：

① 硫酸、盐酸、硝酸和磷酸等，这类酸是 B 酸。

② 分子筛。分子筛是一类结晶硅铝酸盐，既有 B 酸中心又有 L 酸中心，如 HZSM-5 分子筛、X 型和 Y 型分子筛等。

③ 负载酸。将硫酸、磷酸等液体酸负载于 SiO_2 或活性炭等载体上，该类固体酸是 B 酸，但如果载体是 Al_2O_3，因 Al_2O_3 是 L 酸，这种情况下该固体酸含有 B 酸和 L 酸两种酸中心。

④ 氧化物。包含单组分氧化物及复合氧化物，如具有 L 酸位的 Al_2O_3 和 TiO_2，兼具 L 酸和 B 酸中心的 SiO_2-Al_2O_3，以及 TiO_2-SiO_2 等。

⑤ 杂多酸。由杂原子（如 P、Si）与配位原子（即多原子如 Mo、W）按一定结构通过氧原子配位桥联组成的含氧多酸。如磷钨酸、磷钼酸以及硅钨酸等，具有 B 酸中心。

⑥ 阳离子交换树脂。该类树脂是交联二乙烯基苯的聚苯乙烯树脂，经磺化得强酸性阳离子交换树脂；引入羧基得弱酸性阳离子交换树脂。如全氟磺酸离子交换树脂，具有 B 酸中心。

⑦ 强酸弱碱盐。如 $TiCl_4$、$MgSO_4$、$Bi(NO_3)_3$、$AlPO_4$ 等。

碱催化剂主要有以下几类：NaOH、KOH 以及 NH_3 等；负载碱即将 NaOH、KOH 等碱负载于 SiO_2 或活性炭等载体上，具有 B 碱中心；氧化物如 MgO、Na_2O、SiO_2-MgO 等；阴离子交换树脂；弱酸强碱盐如 Na_2CO_3、$(NH_4)_2CO_3$ 等。

4.2.3 酸碱催化剂的性质

酸碱催化剂的性质主要包括酸、碱中心的类型，酸强度和碱强度，酸量和碱量。

(1) 酸、碱中心的类型

酸、碱中心的类型是指 B 酸、L 酸以及 B 碱、L 碱。可以采用碱性气体或酸性气体为探针分子的红外光谱法进行鉴定：对于固体酸，采用碱性气体如 NH_3 或吡啶在催化剂上吸附后，进行红外光谱检测；对于固体碱，则采用酸性气体如苯酚或 CO_2 吸附于催化剂后进行红外光谱检测。红外光谱特征吸收峰的振动频率反映酸、碱中心的类型，而红外光谱特征吸收峰的强度或面积反映相应酸碱的量。

例如，以 NH_3 为探针分子鉴别酸中心类型：NH_3 吸附在 B 酸中心上，接受质子形成的 NH_4^+ 吸收峰在 3120 cm^{-1} 及 1450 cm^{-1} 处；NH_3 吸附在 L 酸中心时，是氮的孤对电子配位到 L 酸中心上，其红外光谱类似于金属离子同 NH_3 的配合物，吸收峰在 3300 cm^{-1} 及 1640 cm^{-1} 处。如果以吡啶作为探针分子鉴别酸类型：吡啶吸附在 B 酸中心上形成吡啶离子，其红外特征吸收峰之一在 1540～1550 cm^{-1} 附近；吡啶吸附在 L 酸中心上形成配合物，特征吸收峰在 1447～1460 cm^{-1} 处，此外 1490 cm^{-1} 和 1610 cm^{-1} 处也出现吸收峰。图 4-1 为 HZSM-5 分子筛上吸附吡啶的红外谱图，由图可见，在 1540 cm^{-1} 和 1450 cm^{-1} 处均观察到了吸收峰，说明 HZSM-5 分子筛表面存在 B 酸和 L 酸两种酸中心。

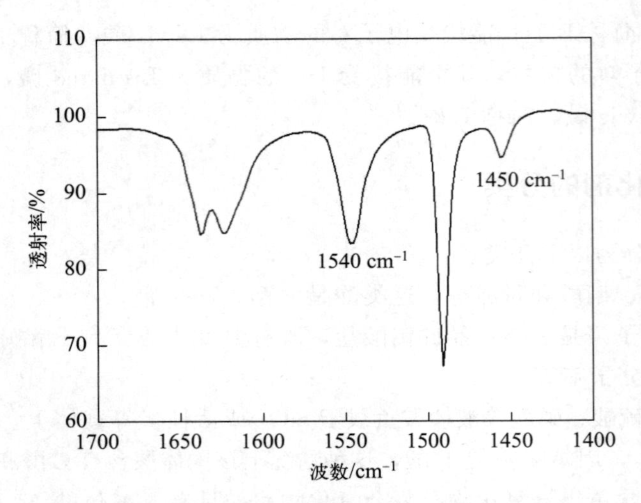

图 4-1　吡啶吸附于 HZSM-5 分子筛的红外谱图

（2）酸强度和碱强度

酸强度指 B 酸和 L 酸提供 H^+ 或接受电子对的能力，可用 Hammett 函数 H_0 表示，H_0 越小表示酸强度越大，如 HCl 比 NH_4^+ 给出 H^+ 能力强得多即 HCl 比 NH_4^+ 酸强度大得多，$H_0(\mathrm{HCl}) \ll H_0(NH_4^+)$；碱强度指 B 碱和 L 碱接受 H^+ 或提供电子对的能力。酸强度表示酸与碱作用的强弱，碱强度表示碱与酸作用的强弱，是一个相对量。下面重点了解一下酸强度。

水溶液中稀酸的强度可以用 pH 值表示，但对于浓酸和非水溶液中酸的强度不能用酸解离的程度来衡量。Hammett 和 Deyrup 采用活度来表示酸的解离程度，经过实验和推导提出了用酸函数来代替 pH 值表示酸溶液的酸强度，这即为 Hammett 指示剂法。

Hammett 指示剂是一类不带电荷的芳香胺类化合物，实际是一系列不同强度的碱，所以也称为 Hammett 碱；如果用 B 表示 Hammett 指示剂，H^+ 表示质子酸，则指示剂共轭酸的解离平衡为：

$$BH^+ \rightleftharpoons B + H^+ \tag{4-4}$$

指示剂与其共轭酸之间的平衡常数 K_a 用活度表示，则有：

$$K_a = \frac{\alpha_{H^+}\alpha_B}{\alpha_{BH^+}} \tag{4-5}$$

或

$$pK_a = \lg\frac{\alpha_{BH^+}}{\alpha_B} - \lg\alpha_{H^+} \tag{4-6}$$

当式中引入活度系数 γ 时，则有：

$$pK_a = \lg\frac{[BH^+]}{[B]} - \lg\frac{\alpha_{H^+}\gamma_B}{\gamma_{BH^+}} \tag{4-7}$$

式中，α 为活度，mol/L；γ 为活度系数。

对于任何溶剂，α_{H^+} 和 Hammett 碱的本质无关。当两种碱具有相同电荷和类似结构时，自由碱与其共轭酸的活度系数的比值相等，而 Hammett 碱皆可以满足，因此：

$$\frac{\gamma_B}{\gamma_{BH^+}} = \frac{\gamma_{B_1}}{\gamma_{B_1H^+}} = \frac{\gamma_{B_2}}{\gamma_{B_2H^+}} = \frac{\gamma_{B_3}}{\gamma_{B_3H^+}} = \cdots \tag{4-8}$$

令
$$H_0=-\lg\frac{\alpha_{H^+}\gamma_B}{\gamma_{BH^+}} \tag{4-9}$$

则有
$$pK_a=\lg\frac{[BH^+]}{[B]}+H_0 \tag{4-10}$$

亦即
$$H_0=pK_a-\lg\frac{[BH^+]}{[B]} \tag{4-11}$$

H_0 在任何溶液体系中均为定值，从式（4-11）可看出，其表示在碱的 pK_a 值一定时，溶液中 Hammett 碱以其共轭酸形式存在的量，也就是介质向 Hammett 碱提供质子能力的量度，亦即酸强度。具体来说，不同的 Hammett 指示剂给出电子对的能力不同，即碱性强弱不同，反映在其 pK_a 值有所不同。pK_a 取决于指示剂的本性，当指示剂种类确定后，其是个定值。H_0 只与 $[BH^+]/[B]$ 有关，$[BH^+]/[B]$ 代表共轭酸与碱的量的相对大小，反映了酸的转化能力，H_0 自然也反映了这种能力，即酸的强度。因此，选用一种合适的指示剂吸附于固体酸表面上，由于指示剂与其共轭酸的颜色不同，如果固体酸吸附指示剂刚好使之变色，即在等当点，此时 $[B]=[BH^+]$，得 $H_0=pK_a$，即由指示剂的 pK_a 可得到固体酸的酸强度函数。

利用各种不同 pK_a 值的指示剂，就可求得不同强度酸的 H_0。某种指示剂（pK_a）在固体酸表面呈酸式色，表明：

① 该固体酸表面上 $[BH^+]>[B]$；

② 该固体酸能与指示剂发生酸碱反应；

③ 该固体酸的酸性强于指示剂所指示的酸性即 $H_0\leqslant pK_a$。

如果指示剂加入到某一酸中仍显碱式色即不变色，说明该固体酸的酸强度低于指示剂所指示的酸强度，即 $H_0>pK_a$。酸的 H_0 值越小，酸强度越强。

将一系列指示剂按 pK_a 大小顺序排列，如表 4-1 所示，让其依次与某一固体酸反应，就可以找到该固体酸的酸强度范围。如某一固体酸能使二甲基黄（$pK_a=+3.3$）指示剂变色，而不能使苯偶氮二苯胺（$pK_a=+1.5$）变色，则该固体酸的酸强度为 $+1.5<H_0\leqslant+3.3$。H_0 同样可以表征 L 酸的强度，100%硫酸的 $H_0=-11.93$，$H_0<-11.93$ 的酸是超强酸。

表 4-1 Hammett 指示剂的 pK_a 值及其颜色

指示剂	pK_a	碱式色	酸式色	H_2SO_4 浓度/%
中性红	+6.8	黄	红	8×10^{-8}
对乙氧基橘红	+5.0	黄	红	—
苯偶氮萘胺	+4.0	黄	红	5×10^{-5}
二甲基黄	+3.3	黄	红	3×10^{-4}
2-氨基-5-偶氮甲苯	+2.0	黄	红	—
苯偶氮二苯胺	+1.5	黄	紫	2×10^{-2}
二肉桂丙酮	−3.0	黄	红	48
苯丙烯酰苯	−5.6	无	黄	71
蒽醌	−8.2	无	黄	90

(3) 酸量和碱量

酸量和碱量是指酸或碱催化剂表面上的酸位量和碱位量，单位为 mol/g 或 mol/m^2，表面酸量（碱量）有两种：总酸量（碱量）、一定范围 H_0 的酸量（碱量）。

采用胺滴定法可以测定催化剂酸量和酸强度分布：通常固体酸表面有不同强度的酸中心，选取一系列不同 pK_a 值的 Hammett 指示剂，其中要有一个不能使固体酸变色的指示剂，按照 pK_a 值由小到大的顺序依次分别加入含有一定量固体酸催化剂的苯悬浮液中，并分别用正丁胺滴定到等当点，记录消耗的正丁胺量，这样在测定酸强度的同时也可测出累积酸量，通过计算可以得到一定范围 H_0 的酸量、总酸量及酸强度分布。例如，选择表 4-1 中的部分 Hammett 指示剂包括蒽醌、苯丙烯酰苯、二肉桂丙酮、2-氨基-5-偶氮甲苯、二甲基黄、苯偶氮萘胺和对乙氧基橘红测定美国酸性白土酸量及酸强度分布，其中该固体酸不能使蒽醌（pK_a 值为 −8.2）变色，可使其他所选指示剂变色。首先称取 0.0650 g 的酸性白土悬浮于一定量的苯中，加入苯丙烯酰苯指示剂（pK_a 值为 −5.6），由于白土吸附该指示剂并将其转化为共轭酸因而呈黄色，此时开始用正丁胺滴定到等当点亦即使悬浮液刚好变为无色，记录消耗的正丁胺量为 0.7300 mL，换算后可得到该白土在 $-8.2 < H_0 \leqslant -5.6$ 的酸量为 1.0610 mmol/g。按照相同过程重复测定一次酸量为 1.0640 mmol/g，两次取平均为 1.0625 mmol/g。同理，如表 4-2 所示，分别加入二肉桂丙酮、2-氨基-5-偶氮甲苯、二甲基黄、苯偶氮萘胺和对乙氧基橘红进行正丁胺滴定，可计算得到 $-8.2 < H_0 \leqslant -3.0$、$-8.2 < H_0 \leqslant +2.0$、$-8.2 < H_0 \leqslant +3.3$、$-8.2 < H_0 \leqslant +4.0$、$-8.2 < H_0 \leqslant +5.0$ 范围的酸量即累积酸量分别为 1.1880 mmol/g、1.1605 mmol/g、1.1910 mmol/g、1.6040 mmol/g 和 1.8045 mmol/g，可知该酸性白土的总酸量为 1.8045 mmol/g，其累积酸量与酸强度之间的关系曲线如图 4-2 所示。再经过差减法计算可得到 $-8.2 < H_0 \leqslant -5.6$、$-5.6 < H_0 \leqslant -3.0$、$-3.0 < H_0 \leqslant +2.0$、$+2.0 < H_0 \leqslant +3.3$、$+3.3 < H_0 \leqslant +4.0$、$+4.0 < H_0 \leqslant +5.0$ 范围的酸量，如表 4-3 所示。

表 4-2 美国酸性白土酸量测定结果

pK_a	−8.2	−5.6	−3.0	+2.0	+3.3	+4.0	+5.0
W/g		0.0650	0.0706	0.0890	0.0776	0.0683	0.0865
		0.0693	0.0710	0.0820	0.0819	0.0770	0.0811
V/mL	0	0.7300	0.8900	1.0900	0.9800	1.1600	1.6500
		0.7800	0.8900	1.0100	1.0300	1.2200	1.5500
NV/W/(mmol/g)	0	1.0610	1.1910	1.1570	1.1930	1.6000	1.8030
		1.0640	1.1850	1.1640	1.1890	1.6080	1.8060
NV/W 平均值/(mmol/g)	0	1.0625	1.1880	1.1605	1.1910	1.6040	1.8045

表 4-3 美国酸性白土在不同酸强度区间的酸量

H_0	−8.2～−5.6	−5.6～−3.0	−3.0～+2.0	+2.0～+3.3	+3.3～+4.0	+4.0～+5.0
酸量/(mmol/g)	1.0625	0.1255	0	0.0305	0.4130	0.2005

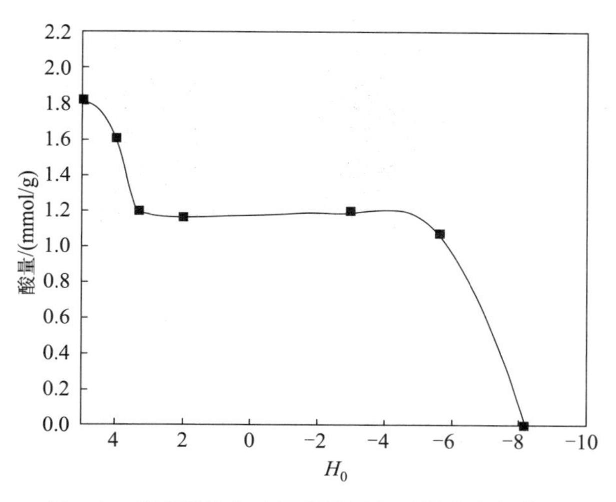

图 4-2 美国酸性白土累积酸量与酸强度之间关系

另外也可以采用程序升温脱附法（TPD）测定酸量及酸强度分布：以氨气、吡啶、正丁胺等碱作为探针分子，气态碱性分子吸附在固体酸位中心时，强酸位吸附的碱比弱酸位吸附的碱更牢固，使其脱附更困难，当升温脱附时，弱吸附的碱先脱附排出，故依据不同温度下脱附的碱量可以给出酸强度和酸量。例如，HZSM-5 是一类固体酸催化剂，其 NH_3-TPD 曲线［图 4-3(a)］上两个脱附峰对应两种不同强度的酸中心，195 ℃左右的脱附峰对应 HZSM-5 表面的弱酸位，而较高温度 480 ℃左右的脱附峰对应 HZSM-5 表面的强酸位，另外，两个脱附峰的面积反映出两个温度下脱附的 NH_3 量，即表示 HZSM-5 表面两种强度酸中心的酸量，显然 HZSM-5 具有较多的弱酸中心和较少的强酸中心。同理，采用苯甲酸滴定法和气态酸（二氧化碳、氧化氮）吸附的 TPD 法可测定碱催化剂的碱量和碱强度分布［图 4-3(b)］。

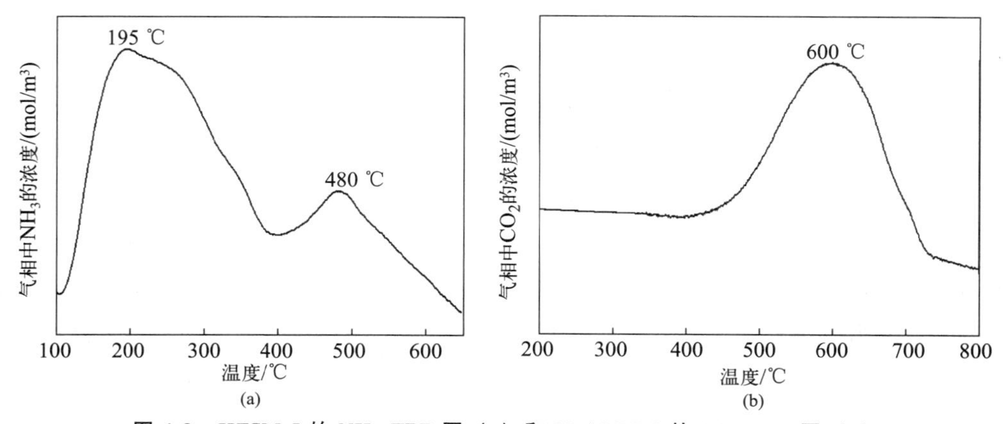

图 4-3 HZSM-5 的 NH_3-TPD 图（a）和 MgAl-LDO 的 CO_2-TPD 图（b）

4.3 酸碱中心的形成与结构

碱金属氢氧化物、碱土金属氧化物和氢氧化物是常见的碱催化剂。对于碱土金属氧化物，其表面存在强度不同的碱中心，这是由碱位中心氧原子配位金属原子数不同而导致的。

鉴于碱催化剂在工业中的应用较少，而酸催化剂特别是固体酸的应用非常广泛，本节重点讨论固体酸催化剂酸中心的形成与结构。

固体酸催化剂的酸有如下四种结构解释：

① 存在缺电子对的离子，如氧化铝；

② 混合物金属离子配位数和价态不同所带来的酸性，如 SiO_2-Al_2O_3 硅铝复合氧化物；

③ 离子交换造成的酸中心，如离子交换树脂和分子筛；

④ 无机酸处理后的氧化物上的酸中心，如磷酸/硅藻土。

其中①、②酸性是氧化物上固有的，称为结构型酸；③、④是外来物质带来的酸，称为外来酸位。

对于单一金属氧化物，其酸中心是由于金属原子的配位不足引起的。例如，氧化铝是广为使用的催化剂载体，它有多种不同的变体，其中最重要的是 γ-Al_2O_3 和 η-Al_2O_3。二者的表面既有酸中心，也有碱中心，如图 4-4 所示。其酸中心是由高温脱出羟基后形成的不完全配位的铝构成，即 Al^{3+} 能接受电子对，为 L 酸中心，该 L 酸中心吸附水后具有给出 H^+ 质子的能力，因此形成 B 酸中心，但后者的酸强度太弱，一般认为 Al_2O_3 不具有 B 酸性。另外，高温脱水过程表面出现裸露 Al 的同时也出现 O^-，O^- 为碱中心。Peri 认为氧化铝表面有五种不同的羟基位，且不同羟基位由于其邻近的 O^{2-} 诱导效应的差别，使得不同位 Al 的酸强度不一样，也就是说氧化铝表面有五种不同强度的酸中心，这是固体酸的特征之一（表面酸强度不均一）。从以上氧化铝固体酸的酸性结构中可以看出，固体酸催化剂有三个特点：表面酸强度的不均匀性；酸碱中心同时存在；在一定条件下，B 酸中心和 L 酸中心可以相互转化。

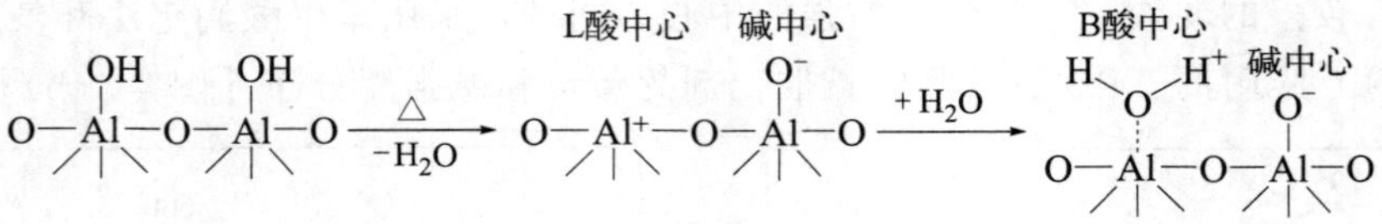

图 4-4　氧化铝表面酸中心的形成

对于复合金属氧化物如 SiO_2-Al_2O_3 硅铝复合氧化物，胶体混合物中铝的水合物和二氧化硅的表面羟基之间发生了消除水的反应，使 Al^{3+} 被引入到硅的氧化物中，相当于同晶取代。因此酸中心的形成是由于 Al^{3+} 对二氧化硅骨架中 Si^{4+} 的同晶取代，使得取代点产生了多余的负电荷，而 Al^{3+} 引入后水在 Al^{3+} 上解离吸附产生质子用于电荷平衡，这样起电荷平衡作用的 H^+ 成为 B 酸中心。另外 H^+ 也可以结合到氧上成为羟基，而该酸性羟基受热脱水又会形成三配位铝即 L 酸中心，如图 4-5 所示。因此 SiO_2-Al_2O_3 含有 B 酸和 L 酸两种酸中心。关于 SiO_2-Al_2O_3 酸中心的形成还有另外一种解释——源于 Al^{3+} 具有强亲电子性：铝的 p 轨道力图使自己充满电子，铝原子本身已具有相当强的亲电子性，加之硅氧四面体有较大的电负性，从 Al^{3+} 周围吸引电子，进一步增大了 Al^{3+} 的吸电子性，使铝有可能通过水裂解放出一个质子而获得羟基；当氧化物通过高温羟基脱水，这时裸露在外的 Al^{3+} 将具有接受电子对的能力，形成 L 酸中心。

离子交换造成的酸中心是由于市售的阳离子交换树脂或分子筛通常为钠盐型，经酸处理将 Na^+ 与 H^+ 进行交换，这样 H^+ 成为 B 酸中心。

无机酸处理后氧化物上酸中心的形成与液体酸相同，可以直接提供 H^+。这类酸实际是

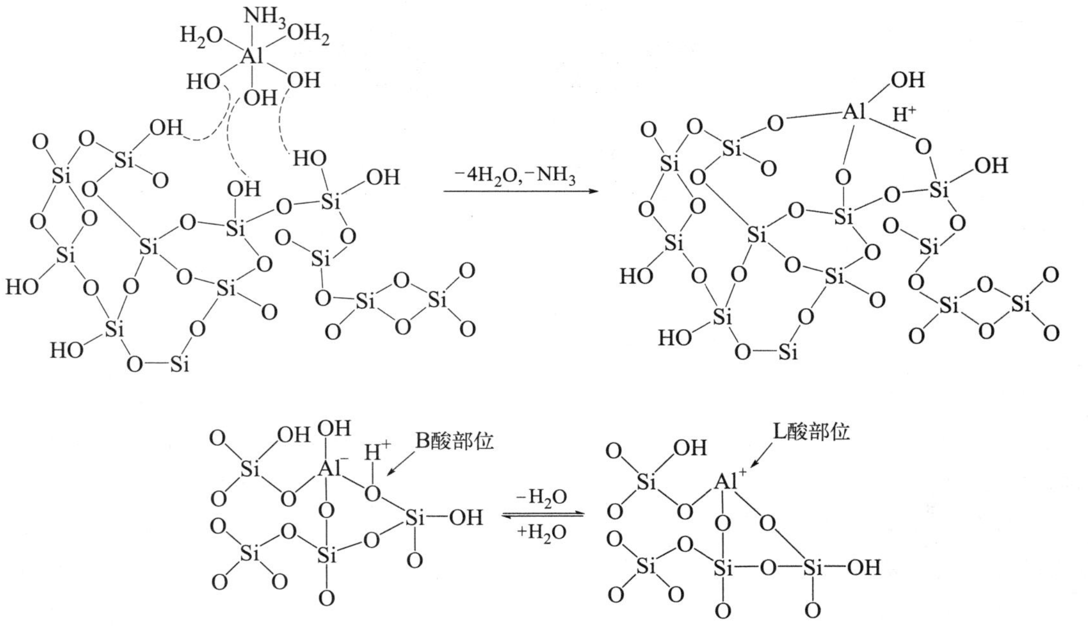

图 4-5 SiO_2-Al_2O_3 酸中心的形成

负载酸，通常以硅藻土、氧化铝或二氧化硅为载体，采用浸渍法将硫酸、磷酸、氢氟酸、硼酸等负载于载体上。但是该类负载酸稳定性差，因为负载的液体酸容易流失。为改善这一缺点，对于磷酸/硅藻土催化剂，将磷酸浸渍于硅藻土后于 300～400 ℃焙烧，使其缩合成焦磷酸，从而稳定负载于硅藻土上。

4.4 酸碱催化剂的催化作用

酸碱催化剂的类型、强度和量均对反应有影响。一般情况下，酸碱类型和强度会影响催化活性和选择性，酸碱量会影响催化活性。以酸催化剂为例具体了解一下。

4.4.1 酸类型与催化选择性的关系

酸催化剂有 B 酸和 L 酸两种酸中心。B 酸以 H^+ 活化反应物，L 酸以得电子对的方式活化反应物。一般情况下，L 酸对于烯烃的活化是采取 π 键活化模式，亦即烯烃作为 L 碱 π 配位于 L 酸中心，配位过程烯烃给出电子，使得烯烃 C═C 成键分子轨道中的部分电子被移去，使该化学键的电子云密度降低，也就是使该化学键松弛、削弱，容易发生键断裂，亦即被活化了。例如，L 酸对 2-丁烯的活化就是由于 2-丁烯的 C═C 以 π 键配位于 L 酸中心上，电子云密度降低而被活化，从而进一步完成异构化反应；B 酸对 2-丁烯的活化则是质子进攻其双键碳生成碳正离子后 C—C^+ 变为单键，可以自由旋转，当旋转到两个甲基处于反位或顺位时，脱去质子完成反应，从而得到异构化产物，如图 4-6 所示。

异丙苯裂解成苯和丙烯是一个典型的 B 酸催化的反应，SiO_2-Al_2O_3 既有 B 酸中心又有

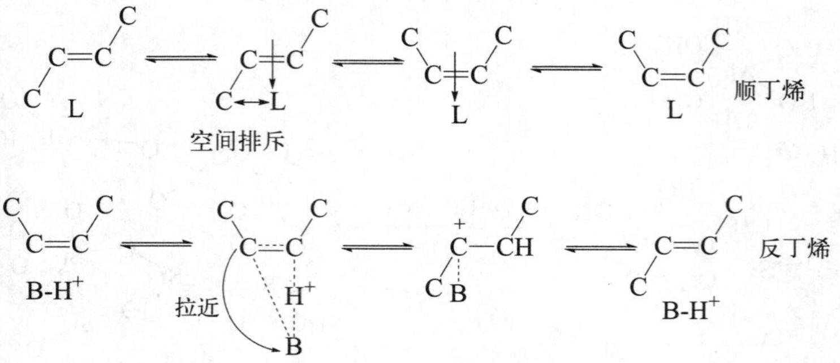

图 4-6 L酸和B酸催化 2-丁烯顺反异构

L酸中心，可用于催化异丙苯裂解，其B酸中心进攻异丙苯的苯基形成异丙苯碳正离子，然后C—C键断裂形成苯和丙基碳正离子，最后丙基碳正离子释放出质子生成丙烯。当用乙酸钠将其H^+进行离子交换后，其B酸量减少导致裂解异丙苯的活性降低。

不同的反应类型对酸催化剂酸位类型的要求不同。大多数酸催化反应如烃类骨架异构、苯类歧化、脱烷基化等反应是在B酸催化下进行的，特别像烷基芳烃的歧化反应不仅要求B酸且需要强的B酸（$H_0 \leqslant -8.2$）作用才发生，有些反应如有机物的乙酰化反应、涉及π重组的反应则需要L酸位，还有些反应需要L酸和B酸同时存在而且有协同效应。例如，重油的加氢裂化催化剂Co-MoO_3-Al_2O_3，Al_2O_3有L酸位，MoO_3的引入形成了B酸位，Co的引入阻止L强酸位的形成，这样中等强度的L酸与B酸的协同有利于重油的加氢裂化。

4.4.2 酸强度与催化活性及选择性的关系

对于酸催化的反应，酸是催化剂，则反应物可以看作是碱，酸催化剂的酸强度不同，其与反应物作用的程度就不同，亦即反应物被活化的程度不同，因而反应物只有在那些强度足够的酸的催化下才能反应。通常不同的反应对酸强度的要求大概有如表4-4所示的顺序。一般情况下，涉及C—C键断裂的反应如催化裂化、骨架异构、烷基转移和歧化反应要求强酸中心；涉及C—H键断裂的反应如顺反异构、双键异构、水合、环化等，需要弱酸中心。表4-5给出了部分复合氧化物的最大酸强度、酸类型和催化反应示例。从表中可以看出，1-丁烯异构化成异丁烯为骨架异构，需要强酸中心，可用酸强度$H_0 \leqslant -8.2$的SiO_2-TiO_2催化剂；而1-丁烯异构化成顺、反2-丁烯为双键异构，反应只涉及位于双键或邻近双键处C—H键的断裂和形成，因此要求酸催化剂的强度比较弱，$H_0 \leqslant -3.0$的SiO_2-ZnO（70%）即可满足要求。实验表明，1-丁烯异构化成顺、反2-丁烯的选择性明显与酸强度有关，异构化反应的速率和产物选择性随催化剂酸强度的增加而提高。

还需要注意的是，固体酸催化剂的特征是其表面存在不同强度的酸中心，而不同强度的酸中心可能有不同的催化活性。例如γ-Al_2O_3表面强酸位和弱酸位共存，强酸位是催化异构化反应的活性中心，而弱酸位是催化脱水反应的活性中心。固体酸催化剂表面存在一种以上的活性部位，是其催化选择性的特性所在。

总之，酸催化剂强度不同，催化活性不同，进而影响产物的选择性。特定的反应要求有一定的酸强度范围，并非酸强度越强越好。

表 4-4 酸强度与反应的关系

反应类型	顺反异构	双键异构	聚合	烷基化	裂化
酸强度	弱 ——→ 强 $H_0 < -8.2$				

表 4-5 部分复合氧化物的最大酸强度、酸类型和催化反应示例

复合氧化物	最大酸强度 H_0	酸类型	催化反应示例
SiO_2-Al_2O_3	≤−8.2	B 酸	丙烯聚合、邻二甲苯异构化
		L 酸	异丁烷裂解
SiO_2-TiO_2	≤−8.2	B 酸	1-丁烯异构化成异丁烯
SiO_2-MoO_3(10%)	≤−3.0	B 酸	顺式 2-丁烯异构化
SiO_2-ZnO(70%)	≤−3.0	L 酸	1-丁烯异构化成顺、反 2-丁烯
SiO_2-ZrO_2	−8.2	B 酸	三聚甲醛解聚
WO_3-ZrO_2	−14.5	B 酸	正丁烷骨架异构化
Al_2O_3-Cr_2O_3(17.5%)	≤−5.2	L 酸	加氢异构化

4.4.3 酸量与催化活性的关系

一般来说，在合适的酸类型和酸强度范围内，催化活性随着酸量的增加而增强，因为酸量越大，活性中心越多。对于分子筛催化剂，其酸量的多少与铝的含量有关，硅铝比越小，铝的含量越高，则酸量越大。如图 4-7 所示，采用不同硅铝比的 HZSM-5 分子筛催化苯胺与甲醇的烷基化反应，随催化剂硅铝比降低，苯胺的转化率显著增大，亦即分子筛的催化活性随酸量增加而显著提高。

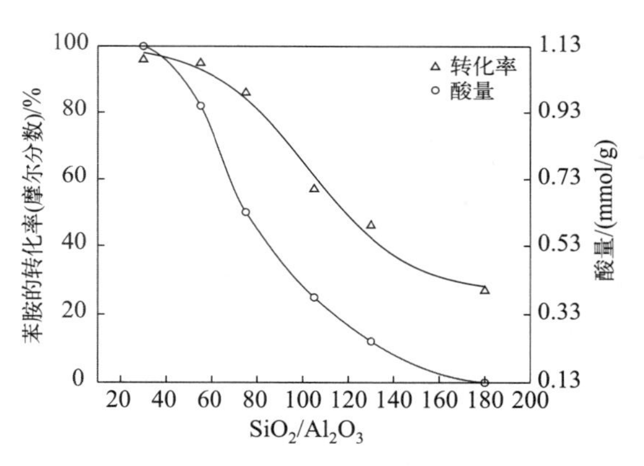

图 4-7 不同硅铝比的 HZSM-5 分子筛的酸量与苯胺转化率之间的关系

4.5 典型酸碱催化剂及其应用

酸碱催化剂是石油裂解和石油化工等工业催化过程重要的催化剂，如裂解、异构化、聚合、水合、水解等。不同种类的酸碱催化剂由于结构及酸碱性不同导致催化性能有差异。

4.5.1 均相酸碱催化剂

均相酸碱催化是酸碱催化剂与反应物同处于一均匀物相中的催化过程。液相酸碱催化是

均相催化的重要部分，在化工特别是石油化工中应用广泛。有机物的水解、水合、脱水、重排等反应均可采用均相酸碱催化过程，例如乙烯在硫酸催化下水合为乙醇，环氧乙烷在硫酸催化下水解为乙二醇，环氧氯丙烷在碱催化下水解为甘油，酯在硫酸催化下水解为羧酸和醇，水杨酸和乙醇经浓硫酸催化进行酯化反应合成水杨酸乙酯等。

三聚甲醛是一类重要的有机化工原料，其在较高温度下解聚生成甲醛，因此可用于各种使用甲醛的反应中，特别是可用于无水甲醛作反应原料的场合。工业上普遍以甲醛水溶液为原料并采用硫酸为催化剂来生产三聚甲醛，主要是由于硫酸活性高且价格低。但是，采用硫酸法合成三聚甲醛会产生大量副产物，如甲酸、甲缩醛、甲醇和甲酸甲酯等，分离这些副产物难度高、能耗大。尤其甲酸的生成给后续设备造成严重腐蚀，增加设备投资成本。目前硫酸法合成三聚甲醛工艺占合成三聚甲醛工艺的85%以上。

均相酸碱催化的特征是以离子型机理进行反应，反应速率快，且活性中心比较均一，选择性较高，副反应较少。简单来说，B酸催化过程是质子与反应物作用生成质子化中间产物，然后质子从质子化中间产物转移，重新得到质子及产物。碱催化过程是反应物将质子给碱催化剂，然后进一步反应得到产物，使催化剂碱复原。带正电荷的质子半径小且具有很强的电场强度，容易进攻反应物分子，有利于新键的形成，结果使质子化产物成为不稳定的中间配合物而具有较高的活性。

需要注意的是，均相酸碱催化过程会造成设备腐蚀并产生污染。因此非均相固体酸碱催化剂的开发是近年来工业催化研究的重点之一。

4.5.2 分子筛催化剂

分子筛是结晶硅铝酸盐，具有许多大小相同的空腔，空腔之间又有许多直径相同的微孔相连，形成均匀的、尺寸大小为分子直径数量级的孔道，因不同孔径的结晶硅铝酸盐能筛分大小不一的分子，故得名为分子筛（molecular sieve）。分子筛中含有大量结晶水，加热时可汽化除去。沸石（zeolite）是分子筛中的一种。辉沸石是1756年发现的第一个天然沸石，1954年沸石的人工合成实现了工业化，从而使其作为吸附剂在化学工业中广泛用于干燥、净化或分离气体及液体。1960年开始分子筛用作催化剂和催化剂载体，在石油化工中展现了无与伦比的作用，常用的有A型、X型、Y型、M型和ZSM型等。

(1) 分子筛的组成

分子筛是一类非常重要的固体酸，其化学组成可表示为：

$$M_{2/n}O \cdot Al_2O_3 \cdot xSiO_2 \cdot yH_2O$$

式中，M为金属离子，人工合成时通常为Na；n为金属离子的价数；x为SiO_2的分子数，也可称SiO_2/Al_2O_3的摩尔比，俗称硅铝比；y为H_2O分子的分子数。

也可用下式来表示：

$$M_{x/n}[(AlO_2)_x(SiO_2)_y] \cdot zH_2O$$

式中，x为铝氧四面体的数目；y为硅氧四面体的数目。因为铝氧四面体带负电荷，金属阳离子的存在可使分子筛保持电中性。由上式可以看出，每个铝原子和硅原子平均有两个氧原子，如果M的化合价$n=1$，则M的原子数等于铝原子数，如果$n=2$，则M的原子数只是铝原子数的一半。

(2) 分子筛的结构

分子筛的结构特征在于其由共同结构单元（环、β 笼、γ 笼、六方柱笼等）组成分子筛的最小重复单元（晶胞）。

分子筛有三个不同的结构层次：第一个结构层次即最基本的结构单元是 [SiO_4] 和 [AlO_4] 四面体，硅和铝位于四面体的中心，如图 4-8 所示，构成分子筛的骨架。

环是分子筛结构的第二层次。相邻的四面体 [SiO_4] 和 [AlO_4] 由氧桥联结成环，这些四面体联结时只能通过公用顶点，[SiO_4] 和 [AlO_4] 以及 [SiO_4] 和 [SiO_4] 之间均可由氧桥联结但两个 [AlO_4] 一般不直接相连，而由 [SiO_4] 四面体分隔开。按成环的氧原子数划分，有四元环、五元环、六元环、八元环、十元环和十二元环等，这些环围成的孔的有效直径分别为 0.1 nm、0.15 nm、0.22 nm、0.42 nm、0.63 nm、0.8～0.9 nm。环是分子筛的通道孔口，对通过的分子起筛分作用。

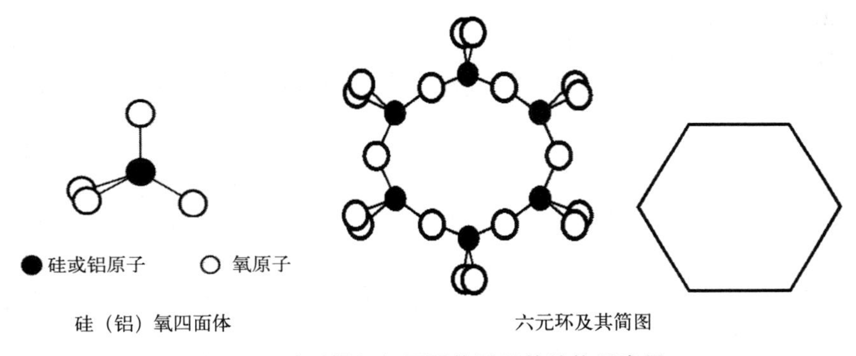

图 4-8 硅（铝）氧四面体及环的结构示意图

笼是分子筛结构的第三个结构层次。氧环通过氧桥相互联结，形成具有三维空间的多面体。常见的笼如图 4-9 所示。β 笼可看作是一个正八面体被削去了六个顶角后所留下的几何结构，也被称为削角八面体笼，是由 6 个四元环、8 个六元环组成的十四面体，空腔体积 0.160 nm^3，最大孔窗口为六元环，孔口最大直径 0.28 nm，是构成 A 型、X 型及 Y 型分子筛的基本结构单元，也是方钠石的主晶穴；α 笼是 12 个四元环、8 个六元环和 6 个八元环组成的二十六面体，空腔体积 0.760 nm^3，最大孔窗口是八元环，直径 0.41 nm，是 A 型沸石的主晶穴，外界分子可通过八元环进入笼中；八面沸石笼是相邻的 β 笼之间通过六元环用 6 个氧桥互相联结形成的结构，体积 0.850 nm^3，主孔道为直径为 0.8～0.9 nm 的十二元环，是 X 型、Y 型沸石的主晶穴；γ 笼（立方体笼）、六方柱笼和八方柱笼在分子筛结构中起着联结笼与笼的作用。

综合上述，第一结构层次 [SiO_4] 和 [AlO_4] 四面体通过氧桥联结成环即第二结构层次，氧环再通过氧桥相互联结形成笼即第三结构层次，然后笼与笼之间在空间有序联结形成分子筛的晶胞。不同类型的分子筛其晶体结构不同，孔道结构不一样，硅铝比也有差异。

A 型分子筛属于立方晶系结构，由 β 笼和 γ 笼联结形成：如图 4-10 所示，8 个 β 笼位于立方体顶点，相邻的 β 笼用 γ 笼联结，其中心有一个大的 α 笼，直径 1.14 nm。α 笼之间的通道有一个八元环窗口，孔径 0.42 nm 的八元环是 A 型分子筛的主要窗口，分子可以通过

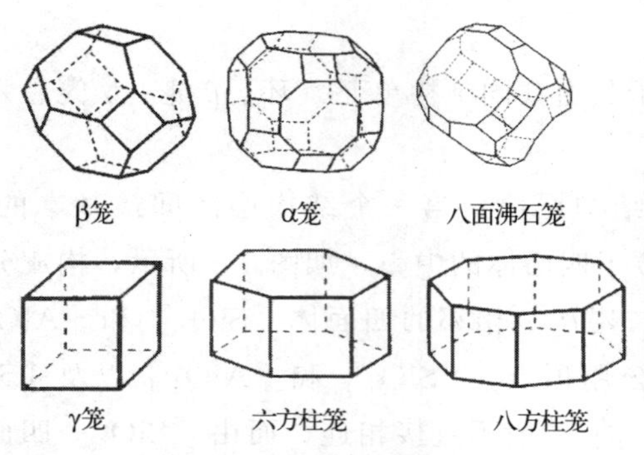

图 4-9 笼的结构示意图

八元环进入α笼内。A型分子筛硅铝比为2，其中4A分子筛的化学组成为$Na_2O \cdot Al_2O_3 \cdot 2SiO_2 \cdot 4.5H_2O$，有效孔径为0.4 nm。如果将4A分子筛中三分之二的钠离子用钾离子取代，则成为3A分子筛，有效孔径为0.3 nm；如果将4A分子筛中70%的钠离子用钙离子取代，则成为5A分子筛，有效孔径为0.5 nm。3A分子筛主要用于吸附水，不吸附直径大于0.3 nm的任何分子，适用于气体和液体的干燥及烃的脱水，广泛应用于石油裂解气、乙烯、丙烯及天然气的深度干燥。4A分子筛可吸附水、甲醇、乙醇、硫化氢、二氧化硫、二氧化碳、乙烯、丙烯，不吸附直径大于0.4 nm的任何分子（包括丙烷），对水的选择吸附性能高于任何其他分子，是工业上用量最大的分子筛品种之一，主要适用于气体、液体的干燥。

X型和Y型分子筛也属于立方晶系，由β笼和六方柱笼联结形成：如图4-10所示，β笼以金刚石晶体方式排布，相邻β笼通过六方柱笼联结，即用4个六方柱笼将5个β笼联结在一起形成与八面沸石结构相同的X型和Y型分子筛。二者晶体结构相同，孔径相似，均为0.9 nm左右；区别在于硅铝比不同，X型分子筛硅铝比为2.1～3.0，Y型分子筛硅铝比较高，为3.1～6.0。13X型分子筛的化学组成为$Na_2O \cdot Al_2O_3 \cdot 2.5SiO_2 \cdot 5.5H_2O$，10X型分子筛的化学组成为$0.8CaO \cdot 0.2Na_2O \cdot Al_2O_3 \cdot 2.5SiO_2 \cdot 5.5H_2O$，Y型分子筛的组成为$Na_2O \cdot Al_2O_3 \cdot 4.9SiO_2 \cdot 9.4H_2O$。

丝光沸石分子筛$Na_8[Al_8Si_{40}O_{96}] \cdot 24H_2O$属于正交晶系结构，大量的五元环成对联结，每对五元环通过氧桥与另一对五元环联结，联结处形成四元环，这样由一串五元环和四元环组成的链状结构围成八元环和十二元环的层状结构（如图4-10)，然后由许多层重叠在一起以适当的方式联结。该沸石结构无笼状空腔只有通道，且孔道是一维结构的直通道。十二元环为主孔道（孔径0.74 nm)，但因层与层之间堆叠时上下扭曲，平均孔径约为0.4 nm，八元环组成的孔道排列不规整且孔径只有0.28 nm，一般分子不易通过。

ZSM系列分子筛是一类高硅沸石分子筛，应用最广的为ZSM-5分子筛：$Na_n[Al_nSi_{96-n}O_{192}] \cdot 16H_2O$（$n=0 \sim 27$)。此外与ZSM-5结构相同的有ZSM-8和ZSM-11；另外一组为ZSM-21、ZSM-35和ZSM-38等。ZSM-5硅铝比可达50以上，为正交晶系结构，如图4-10所示，基本结构单元是8个五元环通过共边联结成链状结构，再围成层状结构，然后层与层之间通过二次螺旋轴联结成三维骨架孔道体系，其结构无笼状空腔只有通道，且是两组相互垂直交叉的通道，一组是直径为0.58 nm×0.52 nm的椭圆形直孔道，另一组是直径为0.54 nm的之字形圆孔道，均为十元环。这种特殊的孔道结构，使其具有优异的择形催化特性，广泛用于石油化工领域。

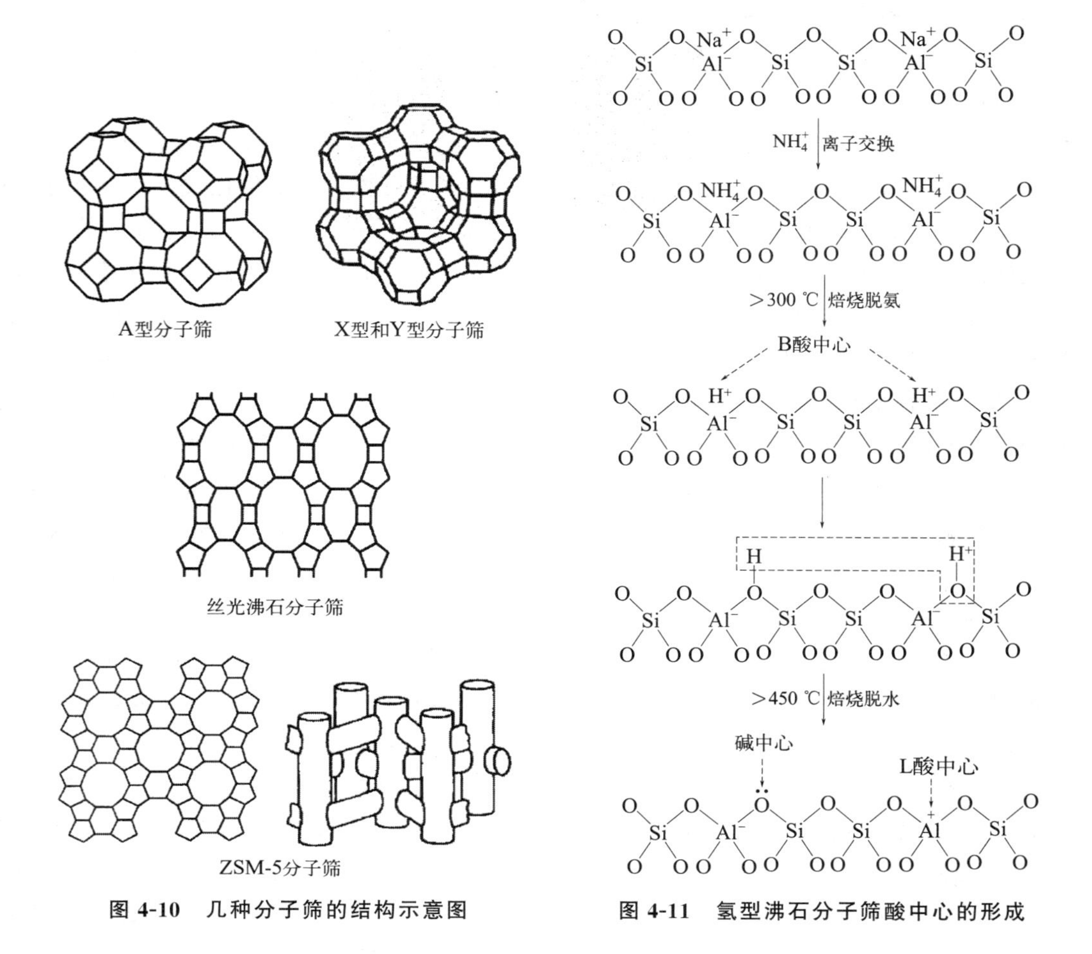

图 4-10　几种分子筛的结构示意图

图 4-11　氢型沸石分子筛酸中心的形成

(3) 分子筛的酸性质

氢型沸石分子筛酸中心的形成如图 4-11 所示，采用 Na 型分子筛为原料，用 NH_4^+ 交换 Na^+ 后 300 ℃以上焙烧释放出 NH_3，形成阳离子为 H^+ 的氢型分子筛，这时的 H^+ 就是氢型分子筛的 B 酸中心；该 H^+ 在室温下能和分子筛骨架 O 结合形成表面 OH，而表面 OH 在高于 450 ℃脱水露出 Al^{3+}，成为 L 酸中心。

由此可以看出，分子筛的酸中心有两类，既有 B 酸又有 L 酸，且两种酸性位都是由于铝的存在而产生的，铝的多少决定了分子筛中酸中心的多少，铝越多，酸密度越大。亦即分子筛的酸密度取决于其骨架铝的密度大小，纯硅分子筛不具备酸性，富铝的 Y 型分子筛酸密度较高，高硅的 ZSM 型分子筛酸密度较小。另外，酸性位的强度取决于骨架铝的周围环境，孤立的 [AlO_4] 上的酸强度最大，因为 [SiO_4] 四面体中四价的 Si 吸引电荷能力强，使 Al 表面羟基的氢容易电离出来，因而酸强度大；次邻位 [AlO_4] 的数目越多，酸性越弱，因此，通过限制 [AlO_4] 四面体周围次邻位 [AlO_4] 的数目来调节酸强度。例如 HY 分子筛可通过脱铝改性提高酸强度。分子筛中酸性位可处于不同位置，如分子筛外表面、大孔孔口附近、超笼笼壁以及小笼，酸性位不同，对反应物的可接近程度不同，催化作用完全不同。位于小孔道内的酸性位通常难以发挥作用，是由于孔道孔口的限制导致大多数反应物分子不能接近。

(4) 分子筛的择形催化特性及应用

沸石分子筛是一类微孔分子筛，具有明确的孔腔分布、极高的内表面积、良好的热稳定性，以及可调变的酸性能。其特殊的微孔结构以及酸性，赋予其特殊的择形催化效应。择形催化是指沸石分子筛作为酸催化剂应用于反应时，只有那些大小和形状与沸石孔道相匹配，能够扩散进出通道的分子才能成为反应物和产物。为了充分发挥择形催化效应，要求分子筛的活性部位尽可能在孔道内。分子筛的外表面积占总表面积的1%～2%，外表面的活性中心要设法毒化使其失活。择形催化最大的实用价值在于利用孔结构的不同，通过对分子运动和扩散的控制，提高产物收率。择形催化在石油化工领域获得了广泛应用，如分子筛脱蜡、择形异构化、择形重整、择形烷基化等。分子筛的择形催化有如下四种方式：

① 反应物的择形催化。反应混合物中某些能反应的分子因过大而不能扩散进入催化剂孔腔内，只有那些直径小于内孔孔径的分子才能进入内孔，在催化剂活性部位进行催化反应，如图4-12所示。例如，丁醇的三种异构体用择形催化剂CaA型分子筛催化脱水，正丁醇的分子线度恰好与CaA型分子筛的孔径相当，因此只有正丁醇能进入分子筛内孔发生反应转化成产物，2-丁醇及带支链的异丁醇由于孔口尺寸限制很难进入内孔发生反应，因此产物选择性高。

② 产物的择形催化。当产物混合物中的某些分子过大，难以从分子筛催化剂的内孔窗口扩散出来，就形成产物的择形效应。石化工业由甲醇和甲苯反应生产对二甲苯，正是利用了AP型分子筛的扩散效应，邻二甲苯和间二甲苯由于分子尺寸大难以从分子筛孔道窗口扩散出来，只有异构化成对二甲苯才能扩散出来，因此对二甲苯选择性高，如图4-13所示。

③ 过渡态限制的择形催化。某些反应，其反应物分子和产物分子都不受催化剂窗口孔径扩散的限制，只是需要内孔或笼腔有较大的空间才能形成相应的过渡态，不然就受到限制使该反应无法进行；相反，有些反应只需要较小空间的过渡态，就不受这种限制。例如，丝光沸石催化二烷基苯的烷基转移反应，对称的三烷基苯产量几乎为零，正是由于内孔无足够大的空间适应于体肥的过渡态。ZSM-5分子筛常用于这类过渡态选择性的催化反应，如其催化的低分子烃类的异构化、裂化等。ZSM-5的优点是阻止结焦，因其内孔尺寸小，不利于焦生成的前驱物聚合反应所需的大过渡态，因此比其他分子筛催化剂寿命长不易失活。

图4-12 反应物的择形催化示意图

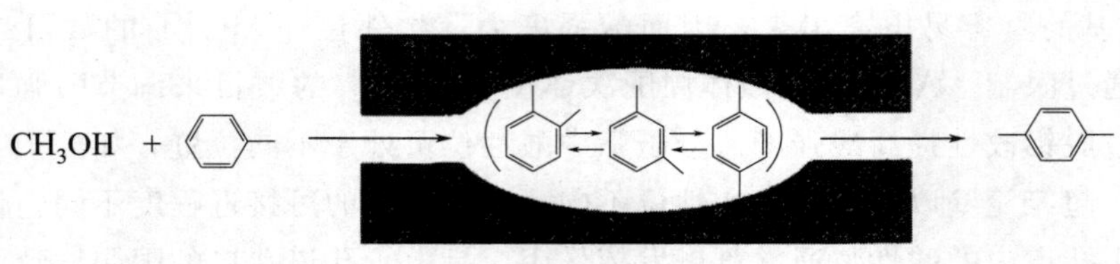

CH_3OH +

图4-13 择形催化生产对二甲苯示意图

④ 分子交通控制的择形催化。在具有两种不同形状和大小的孔道分子筛中，反应物分子可以容易地通过一种孔道进入到催化剂的活性部位进行催化反应，而产物分子则从另一孔道扩散出去，尽可能减少逆扩散，增大反应速率。ZSM-5 具有两类孔结构，是这类择形催化的一个代表，反应物分子从之字形孔道进入，较大的产物分子从直孔道逸出。

此外，沸石分子筛作为典型的固体酸催化剂，广泛用于石油裂解中，是工业上由石油原料制取低碳烃的重要催化剂。催化裂解主要是满足国防和国民经济对燃料油需求的裂解过程，也是生成有机合成原料的重要生产过程，是原油二次加工的一个重要环节。石油先经常压和减压分馏得到汽油、煤油、柴油等各种馏分油，再将某些馏分油如焦化柴油和蜡油送入流化床等催化裂解装置进行二次加工，裂解温度 733～773 K，压力 10×10^4～20×10^4 Pa。预热后的原料油和催化剂（超稳 Y 型分子筛、稀土交换 Y 型分子筛等）一起进入反应器，反应几分钟后生成的油与气体经二级旋风分离器导出。分子筛催化的特点是活性高、稳定性好、对生成汽油的选择性高。石油催化裂解实质上是分子筛催化下使具有长链分子的烃断裂成各种短链的气态烃和少量液态烃的过程。烯烃和芳烃比烷烃易裂解；支链烷烃比直链烷烃易裂解，即具有叔碳原子的烃类反应物易裂解，因为容易去氢直接形成稳定的叔碳阳离子。

烷烃裂解需先由 L 酸除去一个氢负离子，或者由气相中已有的烯烃先生成碳正离子后才能进行：反应开始阶段，原料烷烃根据碳正离子稳定性的要求，先从适当的碳原子上除去一个氢，而后再按照 β-断键的原则，生成新的碳正离子并依次继续去氢、断键完成裂解过程。直链烷烃的催化裂解反应过程中生成仲碳正离子，当烃类分解至四个碳的碳正离子时，进一步裂解就困难了，因此主要生成 C_3 和 C_4 的产物。需要注意的是，分子筛在催化石油裂解过程中不可避免地产生积炭，使催化剂失活。B 酸是积炭的活性中心，一般认为催化剂的强酸中心以及较高的酸密度导致积炭的生成，通过碳与氧/二氧化碳/水蒸气/氢的气化作用烧去积炭常常可以使分子筛再生，即活性得以恢复。

$$(CH_3)_3C-CH_2-\underset{\displaystyle CH_3}{\underset{|}{CH}}-CH_3 \xrightarrow[A]{-[H^-]} (CH_3)_3C \,\vdots\, CH_2-\underset{\displaystyle CH_3}{\underset{|}{\overset{+}{C}}}-CH_3 \xrightarrow{B} H_3C-\underset{\displaystyle CH_3}{\underset{|}{\overset{\displaystyle CH_3}{\overset{|}{C^+}}}} + H_2C=\underset{\displaystyle CH_3}{\underset{|}{C}}-CH_3 \tag{4-12}$$

β-断键

$$\begin{aligned}
&C-C-C-C-C-C-C \\
&\longrightarrow \overset{+}{C}-C-C-C-C-C-C \quad (\text{不能生成伯碳正离子}) \\
&\longrightarrow C-\overset{+}{C}-C \,\vdots\, C-C-C-C \\
&\qquad\longrightarrow C=C-C+C-\overset{+}{C}-C-C \\
&\longrightarrow C-C-\overset{+}{C}-C \,\vdots\, C-C-C \\
&\qquad\longrightarrow C-C=C-C+C-\overset{+}{C}-C
\end{aligned} \tag{4-13}$$

4.5.3 固体超强酸催化剂

固体超强酸是比 100％硫酸的酸强度还强的固体酸（硫酸 $H_0=-11.93$），亦即酸强度 $H_0<-11.93$ 的固体酸。超强酸包括卤素类和非卤素类，卤素类主要有 BF_3、$AlCl_3$、SbF_5 以及全氟磺酸树脂等，优点是催化活性高，但原料价格高、稳定性较差，且对设备有腐蚀

性。非卤素类主要是硫酸促进的氧化锆、氧化钛和氧化铁（SO_4^{2-}/M_xO_y）等，该类固体超强酸催化剂容易分离回收、不腐蚀设备、污染小、选择性高，可在较高温度范围内使用，近年来受到了广泛关注。

（1）固体超强酸的组成

SO_4^{2-}/M_xO_y 固体超强酸由 SO_4^{2-} 及载体（氧化物 M_xO_y）两部分组成。通常先采用氨水将可溶性金属盐沉淀制备无定形金属氢氧化物或氧化物如 $Zr(OH)_4$、$Fe(OH)_3$ 或 TiO_2 作为载体，然后用硫酸铵或硫酸浸渍负载，最后在 450～650 ℃高温焙烧得到相应的固体超强酸 SO_4^{2-}/ZrO_2、SO_4^{2-}/Fe_3O_4 或 SO_4^{2-}/TiO_2。

（2）固体超强酸的酸性质

以硫酸促进的氧化物超强酸为例来说明超强酸酸中心的形成，如图 4-14，在氧化物表面发生 SO_4^{2-} 的配位吸附，M-O 电子云强度偏移，使 L 酸中心有更强的接受电子对的能力。而在干燥和焙烧过程中，由于 SO_4^{2-} 的强吸电子能力，使得结构水给出质子的能力更强，即酸强度增强。可见，B 酸-L 酸可相互转化，且 SO_4^{2-} 使得 B 酸和 L 酸的酸强度均提高了。

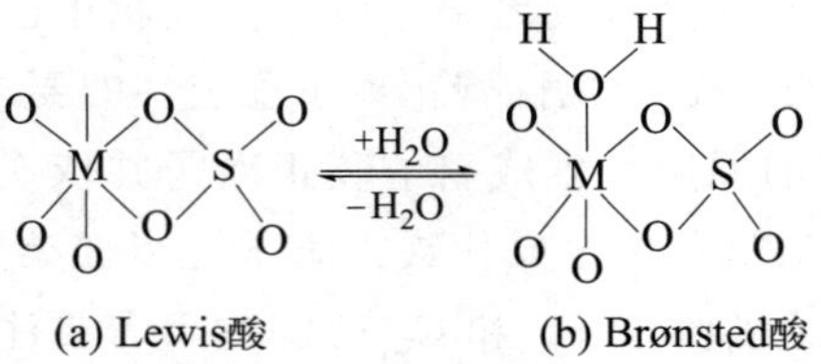

$+H_2O$ / $-H_2O$

(a) Lewis酸　　(b) Brønsted酸

图 4-14　SO_4^{2-}/M_xO_y 固体超强酸酸中心的形成

该类固体超强酸总酸量相对较小，且存在失活问题，失活原因主要有如下几种：

① 高价态的硫被还原：硫酸中的硫为＋6 价，在催化反应过程中如被还原成＋4 价，则使与金属结合的 S 的电负性下降、配位方式变化、吸电子能力下降，使得结构水给出质子的能力变差，因而酸强度减小；

② SO_4^{2-} 溶剂化流失：超强酸用于酯化、脱水、醚化等反应过程的催化剂时，该类反应过程产生的水或水蒸气使 SO_4^{2-} 溶解造成流失；

③ 催化剂表面结焦积炭：反应过程中反应物、中间产物、产物在催化剂表面积炭覆盖酸中心；

④ 亲核基团或分子进攻超强酸中心使得质子与亲核基团牢固结合而失去活性。

金属氧化物的电负性和配位数对与促进剂 SO_4^{2-} 形成的配位结构有影响，通过引入氧化物如氧化钼和氧化铝或稀土元素氧化物等对载体改性，提供适合的比表面积，增加酸量、酸种类，增强其抗毒物的能力。如 SO_4^{2-}/MoO_3-ZrO_2 寿命及活性优于 SO_4^{2-}/ZrO_2，SO_4^{2-} 与 MoO_3 存在协同效应；SO_4^{2-}/TiO_2-Al_2O_3-SnO_2 寿命是 SO_4^{2-}/TiO_2 的 3 倍。另外，还可通过添加金属助剂 Pt、Rh、Ni 等，利用这些金属的加氢活性，减少积炭从而延长催化剂寿命。

（3）固体超强酸的催化应用

固体超强酸作为酸催化剂可用于异构化、酯化、裂解、聚合、醚化以及酰化等反应。例如，C_5 及 C_6 烷烃的异构化反应是工业上生产高辛烷值清洁汽油调合组分的重要技术途径。其基本原理是将轻质直链烷烃通过催化转化工艺转变为异构烷烃，从而使油品的辛烷值提高、蒸气压力降低，最终达到提高汽油使用性能的目的。玉门炼油化工总厂 80 kt/a 的 C_5/C_6

烷烃异构化装置正是采用石油化工科学研究院开发的固体超强酸催化剂，即以硫酸根促进的纳米氧化锆为酸性组元，同时负载了少量金属 Pt 为加氢组元，该超强酸使 C_5 异构化率达到 71%，C_6 异构化率达到 85%，异构化油辛烷值达到 85 以上，显示了优异的催化性能。与之前采用分子筛催化剂的 C_5/C_6 烷烃异构技术相比，采用固体超强酸催化剂的异构化工艺反应温度降低了 70 ℃，异构化产品辛烷值提高了 2～3 个单位。同时固体超强酸催化剂由于不含卤素，因此不会产生装置腐蚀问题。

4.5.4 杂多酸催化剂

杂多酸是由杂原子（如 P、Si）与配位原子（即多原子如 Mo、W）按一定结构通过氧原子配位桥联组成的含氧多酸。具体来讲，以由杂原子（X）与氧形成的四面体（XO_4）或八面体（XO_6）为中心，与多个多原子即前过渡金属元素（Mo、W、V、Nb、Ta 等）和氧组成的 MO_6 八面体通过共角、共边（偶尔共面）氧联结缩聚成笼状结构多金属氧酸化合物，即多酸化合物，更广义地称为金属-氧簇化合物（metal-oxygen clusters）。其兼有配合物和氧化物的结构特征，又具有酸性和氧化还原性，是一类多功能催化剂。

(1) 杂多酸的结构

杂多酸由杂多阴离子、平衡阳离子 H^+ 以及水组成，而杂多阴离子是由两种以上不同含氧阴离子配合而成的聚合态阴离子。当杂多酸的 H^+ 被金属离子取代则形成杂多酸盐。杂多酸具有确定的结构，其结构可以分为三个层次，如图 4-15 所示。一级结构是杂多阴离子，二级结构是杂多阴离子以及平衡阳离子和结晶水的三维有序排布或者说是聚阴离子通过 $H^+(H_2O)_2$ 桥联并有序排布，三级结构是二级结构堆积成的多孔物质。杂多阴离子主要有 Keggin 结构、Dawson 结构、Silverton 结构、Anderson 结构、Waugh 结构等，如图 4-16 所示，主要差别在于中央离子的配位数和作为配位体的八面体单元（MO_6）的聚集态不同。如果杂原子是四面体配位的就形成 Keggin 结构及其衍生结构如 Dawson 结构；如果杂原子是八面体配位的则形成 Anderson 结构等。其中 Keggin 结构是最有代表性的杂多酸阴离子结构，它是由 12 个 MO_6（M=Mo、W）八面体围绕 1 个［PO_4］四面体构成。该类杂多酸是由磷酸根离子和钼酸根或钨酸根离子在酸性条件下缩合反应而生成，分别称为十二磷钼酸或十二磷钨酸杂多酸。

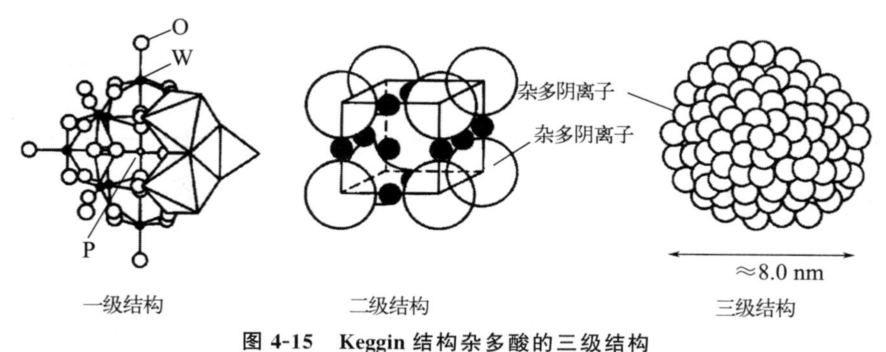

图 4-15 Keggin 结构杂多酸的三级结构

●平衡阳离子［$H^+(H_2O)_2$、Cs^+、NH_4^+ 等］

周期表中有 70 多种元素可以作为杂原子，表 4-6 给出了部分杂原子形成的杂多钨酸及杂多钼酸。

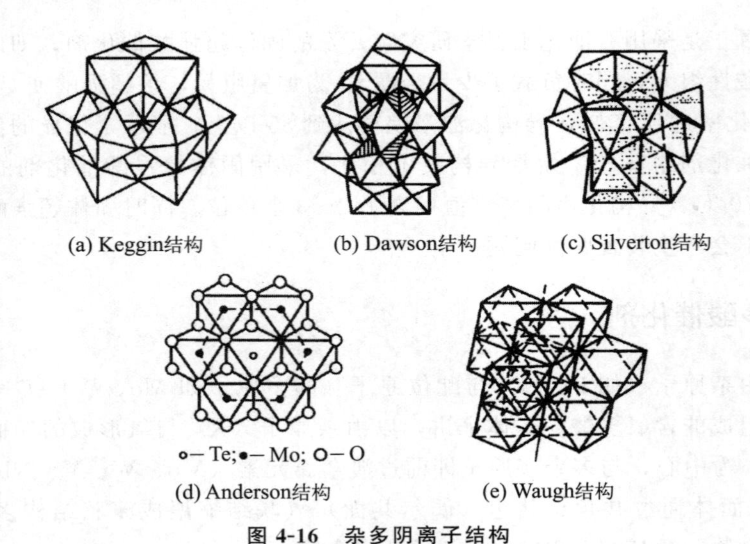

图 4-16 杂多阴离子结构

表 4-6 形成杂多钨酸和杂多钼酸的杂原子及杂多酸化学式

缩合比	杂原子(X)	杂多酸化学式
1∶12	P^{5+}，As^{5+}，Si^{4+}，Ti^{4+}，Co^{3+}，Fe^{3+}，Al^{3+}，Cr^{3+}，Ga^{3+}，Te^{4+}	$[X^{n+}W_{12}O_{40}]^{(8-n)-}$
1∶12(A)	P^{5+}，As^{5+}，Si^{4+}，Ti^{4+}，Zr^{4+}，Sn^{4+}，Ge^{4+}	$[X^{n+}Mo_{12}O_{40}]^{(8-n)-}$
1∶12(B)	Th^{4+}，Sn^{4+}，Ce^{4+}	$[X^{4+}Mo_{12}O_{40}]^{4-}$
1∶11	Si^{4+}，Pt^{4+}	$[X^{n+}W_{11}O_{36}]^{(6-n)-}$
1∶11	P^{5+}，As^{5+}，Ce^{4+}	$[X^{n+}Mo_{11}O_{39}]^{(12-n)-}$
1∶9	Be^{3+}	$[X^{2+}W_9O_{31}]^{6-}$
1∶9	Mn^{4+}，Ni^{4+}	$[X^{4+}Mo_9O_{32}]^{6-}$
1∶6	Te^{4+}，I^{7+}	$[X^{n+}W_6O_{24}]^{(12-n)-}$
1∶6	Te^{4+}，I^{7+}，Co^{3+}，Al^{3+}，Cr^{3+}	$[X^{n+}Mo_6O_{24}]^{(12-n)-}$
2∶18	P^{5+}，As^{5+}	$[X_2^{n+}W_{18}O_{62}]^{(12-n)-}$
2∶18	P^{5+}，As^{5+}	$[X_2^{10+}Mo_{18}O_{62}]^{6-}$
1*m*∶6*m*	P^{3+}，As^{5+}	$[X^{n+}W_6O_x]^{(2x-36-n)-}$
1*m*∶6*m*	Co^{2+}，As^{3+}，Mn^{2+}，Cu^{2+}，Se^{4+}	$[X^{n+}Mo_6O_x]^{(2x-36-n)-}$

（2）杂多酸的性质

杂多酸由杂多阴离子、平衡阳离子 H^+ 以及水组成，由此推断，杂多酸酸中心的形成机理大概有如下几种：

① 杂多酸及酸式盐中的质子，如 $H_3PW_{12}O_{40}$ 和 $H_{3-x}Cs_xPW_{12}O_{40}$；

② 制备过程中杂多阴离子部分水解产生质子，如

$$PW_{12}O_{40}^{3-}+3H_2O \longrightarrow PW_{11}O_{39}^{7-}+WO_4^{2-}+6H^+$$

③ 配位水酸解给出质子：$[Ni(H_2O)_m]^{2+} \longrightarrow [Ni(H_2O)_{m-1}(OH)]^+ + H^+$；

④ 金属离子的 L 酸性质，如 Al^{3+}；

⑤ 金属离子被还原时产生的质子。

可见，杂多酸具有 B 酸的特性，且由于杂多阴离子体积大、对称性好、电荷密度低，使得杂多酸分子中的质子容易解离，显示比相应中心原子或配位原子的无机酸如 H_3PO_4 更强的酸性。同时，由于杂多阴离子含有多个易于传递电子的过渡金属离子，随所含配位原子及中心原子性质的不同，可形成能接受多个电子的催化剂，亦即杂多酸具有氧化还原性。不同原子组成的杂多酸具有不同的酸性和氧化还原性，这为催化剂的结构设计及其催化性能调控奠定了基础。

杂多酸具有独特的“准液相”行为，源于它具有沸石一样的笼形结构，体相内的杂多酸阴离子间有一定的空隙，有些较小的极性分子（如水、醇、氨、吡啶等）可以进入杂多酸的体相内，在固体杂多酸表面发生变化，迅速地扩及体相内各处，从而在其体相内形成假液相，因此固体杂多酸具有均相催化反应的特点，反应速率与体相酸密度相关。杂多酸的这种特性，使其催化反应不仅发生在催化剂的表面上，而且发生在整个催化剂的体相，因而具有更高的催化活性和选择性。

(3) 杂多酸的催化应用

杂多酸兼具酸性及氧化还原性，又有独特的“准液相”行为，且稳定性好，可用于均相及非均相反应，也可作相转移催化剂，已经利用其酸催化特性在工业上用于催化烯烃水合反应制醇（包括丙烯、丁烯、异丁烯水合制取丙醇、丁醇和叔丁醇），利用其氧化还原特性用于甲基丙烯醛氧化制甲基丙烯酸。另外，杂多酸还可用于芳烃烷基化和脱烷基反应、酯化反应以及开环、缩合、加成和醚化反应等。例如，利用磷钨酸催化甲醇与异丁烯醚化反应合成配方汽油添加剂——甲基叔丁基醚，虽然磷钨酸 $H_6P_2W_{18}O_{62}$ 比表面积小，但由于其“准液相”特性显示了比 SiO_2-Al_2O_3、HZSM-5 以及超强酸 SO_4^{2-}/ZrO_2 高得多的活性。需要注意的是，杂多酸虽然催化活性高，但是其催化的均相反应过程仍存在设备腐蚀和污染的缺点，可通过负载化解决这一问题。

4.5.5 离子交换树脂催化剂

离子交换树脂是一类具有离子交换功能、网状交联结构的不溶性高分子化合物。根据交换离子的种类可分为阳离子交换树脂和阴离子交换树脂两大类。作为固体酸催化剂的阳离子交换树脂和固体碱的阴离子交换树脂由于容易分离回收以及不腐蚀设备等优点在化学工业中广为应用。

(1) 离子交换树脂的结构

根据树脂骨架材料主要可分为聚苯乙烯系和聚丙烯酸系离子交换树脂。聚苯乙烯系离子交换树脂是苯乙烯与二乙烯基苯共聚得到，由于二乙烯基苯的引入使得共聚物具有交联的三维空间立体网络结构骨架，骨架苯基经磺化得强酸性阳离子交换树脂，引入羧基得弱酸性阳离子交换树脂，引入氨基则得到阴离子交换树脂。聚丙烯酸系离子交换树脂是丙烯酸（酯）与交联剂二乙烯基苯共聚合所制得。二乙烯基苯的用量决定树脂的交联度，交联度高的树脂密度较高，孔隙率较低，对离子的选择性较强，而交联度低的树脂孔隙较大，机械强度低。如果在聚合反应过程中加入造孔剂，则会形成多孔海绵状构造的骨架，兼有微孔和大孔，孔径大到 100～500 nm，比表面积可以增大到超过 1000 m^2/g，这种离子交换树脂称为大孔离子交换树脂。

另外，还有其他聚合物树脂的离子交换树脂，如Dupont公司的全氟磺酸离子交换树脂。

$$-\!\!\left(CF_2-CF_2\right)_m\!\!-CF-CF_2- \\ \qquad\qquad | \\ \qquad\qquad O(CF_2\underset{\underset{CF_3}{|}}{C}FO)_nCF_2CF_2SO_3H$$

(2) 离子交换树脂的性质

阳离子交换树脂是固体酸催化剂，阴离子交换树脂是固体碱催化剂。

阳离子交换树脂酸中心的形成是由于市售的阳离子交换树脂为钠盐，用盐酸处理将 Na^+ 与 H^+ 进行交换，这样 H^+ 成为B酸中心。其中磺酸基—SO_3H 离子交换树脂容易在溶液中解离出 H^+，呈强酸性。如Dupont公司的全氟磺酸离子交换树脂 $H_0=-12\sim-10$，相当于96%～100%的 H_2SO_4。羧基—COOH离子交换树脂由于羧基给出 H^+ 的能力弱而呈弱酸性。

阴离子交换树脂碱中心的形成是由于氨基在水中解离给出 OH^-。其中季铵基离子交换树脂在水中解离出 OH^- 的能力强而呈强碱性；伯氨基、仲氨基或叔氨基离子交换树脂在水中解离出 OH^- 的能力弱而呈弱碱性。

另外，大孔离子交换树脂孔隙率高、孔径大、表面积也大、活性中心多、离子扩散速率和交换速率快，且容易再生。

(3) 离子交换树脂催化剂的应用

离子交换树脂作为固体酸碱催化剂，可用于醚化、酯化、烷基化、缩合等反应中。如大孔磺酸树脂已经用于催化甲醇与异丁烯醚化反应大规模生产汽油添加剂甲基叔丁基醚，离子交换树脂催化顺酐与甲醇、乙醇、丁醇酯化生产相应的马来酸二烷基酯也由BASF等公司实现了工业化。意大利Montedipe公司开发了环己酮肟化工艺，以环己酮、氨和 H_2O_2 为原料，在60～100 ℃、0.15～0.5 MPa条件下经离子交换树脂催化作用，选择性地生成环己酮肟。

三聚甲醛是生产工程塑料聚甲醛（POM）的重要原料，也是生产杀虫剂、黏结剂、消毒剂、抗菌药等精细化工产品的重要原料。在三聚甲醛的合成工艺中最关键的核心是催化剂。现在工业上除用硫酸为催化剂生产三聚甲醛外，还使用固体酸为催化剂。日本Polyplastics公司的三聚甲醛合成工艺，使用强酸性阳离子交换树脂DIAION PK216为催化剂，使原料甲醛在酸催化下反应生成三聚甲醛。日本旭化成公司以带有磺酸基的大孔阳离子交换树脂作催化剂，含67%（质量分数）甲醛、3%（质量分数）甲醇和30%（质量分数）水的混合物为原料分别进入精馏塔的中部和底部，甲醛溶液在塔釜加热反应生成三聚甲醛，塔顶馏出液中三聚甲醛含量达48.2%（质量分数）。

4.6 酸碱催化剂新进展

由于不腐蚀设备及易于分离回收和重复使用，固体酸碱催化剂的开发及应用受到研究人员的重点关注。影响固体酸碱催化剂性能的因素主要包括酸碱性和孔结构两个方面。因此对固体酸碱催化剂的改性或者新型固体酸碱催化剂的开发均是从这两个方面着手进行的。

工业上应用最广的分子筛均是微孔分子筛，孔口均小于或等于12元环（如NaY、NaA、

ZSM-5、SAPO-34 等）。该类分子筛无法催化大分子的反应。为解决该问题，研究人员开发了系列分子筛催化剂，包括介孔分子筛、微介复合分子筛（微孔＜2 nm，介孔 2～50 nm）、分子筛纳米片以及超大孔沸石分子筛。铝、钛改性的酸性介孔分子筛 MCM-41 孔径比沸石分子筛大，一定程度上解决了孔道限制的问题，但是其无定形孔壁导致酸强度太弱。微介复合分子筛同时具有微孔和介孔，兼具沸石分子筛的强酸催化活性和介孔分子筛的低传质阻力优点，对于大分子多级反应的催化应用具有十分广阔的应用前景。分子筛纳米片是一类具有超短微孔孔道、独特的多级孔结构、开放性晶体结构的二维层状结构催化剂，因而具有优异的扩散能力。其独特的形貌结构为大分子催化提供了一种消除反应过程中分子筛扩散限制的新方法。另外，采用较大刚性有机结构导向剂合成 14 元环～22 元环孔道结构的超大孔沸石分子筛近年来也有诸多报道，进一步丰富了沸石结构的多样性，展现了广阔的应用前景。

杂多酸催化剂具有催化活性高、结构稳定等优点，但其比表面积小等不足限制了其工业化发展。因此杂多酸的负载化近年来获得了长足进展，可使用的载体包括活性炭、氧化铝、二氧化硅、二氧化钛、分子筛等。特别是将杂多酸（盐）负载在比表面积大的介孔分子筛 MCM-41 及 MCM-48 上能有效改善杂多酸（盐）催化剂的催化性能。另外，采用两种以上前过渡金属酸根离子开发多组分杂多酸催化剂如 $H_4PMo_{11}V_1O_{40}$ 和 $H_3PW_6Mo_6O_{40}$ 以调控其酸性和氧化还原性也是一个研究方向。

离子交换树脂作为固体酸碱催化剂，在酯化、脱水、缩合等反应中表现出良好的催化性能。但是，由于树脂类催化剂耐高温性能差，因此其应用受到一定限制。改善离子交换树脂的耐热性是近年来的一个研究热点。研究人员通过在树脂骨架的苯环上引入一些吸电子的基团，如卤素、硝基、乙酰基等提高磺酸基的耐热性。另外，采用化学键联方式将助催化剂接枝到树脂催化剂的某些部位，对现有的树脂类催化剂进行改性，增强其酸/碱强度，以提高活性。例如，将含羟基的巯基化合物与离子交换树脂中磺酸基进行酯化反应，通过共价键或离子键将巯基附加到树脂的骨架上，得到巯基改性的阳离子交换树脂。

综上所述，固体酸碱催化剂由于容易分离回收及不腐蚀设备等优点已在逐步取代传统液相酸碱催化剂，在石油化工行业得到了广泛应用。随着其应用领域的不断发展，实际生产过程中对催化剂的性能提出了更高的要求，对固体酸碱催化剂结构进行设计，开发结构可控的高活性、高选择性、高稳定性固体酸碱催化剂以进一步扩大其应用范围一直是催化领域的发展方向。

思考题

1. SiO_2-Al_2O_3 表面有哪类酸中心，用什么手段可以判断？其酸强度可用哪些方法测定？

2. 如某一固体酸不能使二肉桂丙酮（$pK_a=-3.0$）变色，其酸强度为多少？另一固体酸能使二肉桂丙酮（$pK_a=-3.0$）指示剂变色，而不能使苯丙烯酰苯（$pK_a=-5.6$）变色，则该固体酸的酸强度为多少？

3. 简述 TPD 测定 HX 型分子筛酸强度的原理。

4. 4A 分子筛组成 $x\mathrm{Na_2O}\cdot\mathrm{Al_2O_3}\cdot2\mathrm{SiO_2}\cdot4.5\mathrm{H_2O}$ 中 x 的值是多少？

5. 分析 HY 型分子筛表面存在酸中心的种类，并指出其产生以上酸中心的原因。

6. 简述 HZSM-5 分子筛的结构特点。

第5章

金属催化剂与金属催化作用

金属催化剂是固体催化剂的一大门类，其种类繁多，包含贵金属、过渡金属、稀土金属等类型；应用范围广，可以用于加氢、脱氢、氧化、异构、环化、氢解等多种反应；也是工业过程中最常见的一类催化剂，如催化重整的铂催化剂、天然气水蒸气转化的镍催化剂、合成氨的熔铁催化剂、乙烯环氧化的银催化剂等。

5.1 金属化学键理论与催化

金属键（metallic bond）是一种化学键，主要存在于金属中，由自由电子及排列成晶格状的金属离子之间的静电吸引力组合而成。由于金属元素的电离能较小，原子核对外层价电子的束缚力较弱，价电子容易脱离金属原子核的束缚，成为整个凝聚状态原子基体的共有电子，在金属晶体中自由运动。这些共有化的电子也称为“自由电子”或“离域电子”，自由电子组成所谓的电子云或电子气。而失去了价电子的金属原子成为正离子，嵌镶在这种电子云中，并依靠与这些共有化的电子的静电作用而相互结合，这种结合方式就称为金属键。

(1) 价键理论模型

金属的化学性质与其d轨道电子特性密切相关。d轨道参与形成的金属键对金属的催化活性具有显著的影响。根据价键理论，金属晶体是由金属原子的价电子通过共价键结合形成的，而共价键由nd、$(n+1)$s和$(n+1)$p等轨道形成的杂化轨道组成，金属中的电子构型取决于所有可能的成键方式的共振，而dsp杂化轨道中的d轨道特征百分数（%）是表征金属电子结构的重要参数，如表5-1所示，其与金属的催化活性有一定的关系。因此，也可以用“d-空穴”的概念来描述过渡金属的d状态。d轨道特征百分数越大，“d-空穴”越少。

表5-1 部分过渡金属杂化轨道d轨道特征百分数

族	ⅢB			ⅣB			ⅤB			ⅥB			ⅦB			Ⅷ$_1$			Ⅷ$_2$			Ⅷ$_3$			ⅠB		
过渡金属	Sc	Y	La	Ti	Zr	Hf	V	Nb	Ta	Cr	Mo	W	Mn	Tc	Re	Fe	Ru	Os	Co	Rh	Ir	Ni	Pd	Pt	Cu	Ag	Au
杂化轨道d轨道特征百分数	20	19	19	27	31	29	35	39	39	39	43	43	40.1	46	46	39.7	50	49	39.5	50	49	40	46	44	36	36	—

系列研究显示，部分金属对某些反应的催化活性与其 d 轨道特征百分数具有一定的相关性。如：不同金属表面的乙烯加氢活性与 d 轨道特征百分数的变化具有一定的规律性；NH_3 与 D_2 的 H-D 交换反应速率与多种金属的 d 轨道特征百分数具有良好的对应关系。这可能与未成键 d 轨道对反应物的吸附影响相关。化学吸附主要发生于反应物与未参与金属键形成的 d 轨道间。d 轨道特征百分数越大，能够参与吸附的 d 轨道越少，从而影响了金属的催化活性。

(2) 能带理论模型

能带理论认为金属原子间的相互作用来源于带正电的离子与价电子间的静电作用，价电子为金属原子共有，形成一个巨大的共轭体系，电子云高度离域，形成分子轨道。相邻的分子轨道间能级差很小，形成一个能带（图 5-1）。某些能带相互重叠，而价电子根据能级的高低，在各能带中重新分布。

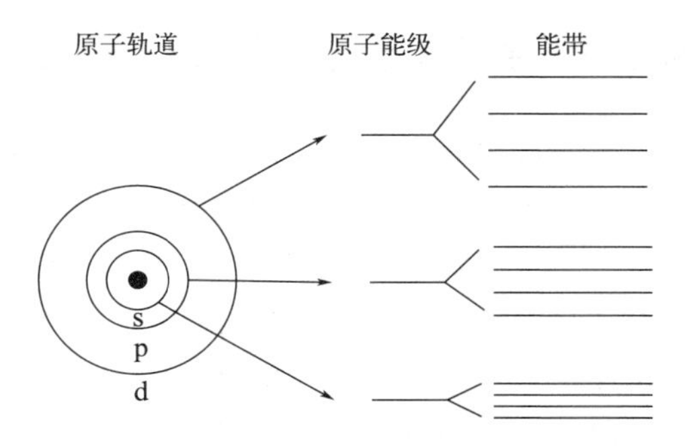

图 5-1 原子能级、能带示意图

5.2 金属催化剂的定义和分类

金属催化剂是以金属为主要活性组分的固体催化剂。主要活性物质为钯、铂、钌、铱等贵金属及铁、钴、镍等过渡金属元素或多种金属复合物。

金属催化剂有如下两种分类方式：

① 按有无载体分类可分为体相催化剂和负载型催化剂。

体相催化剂是不含载体的催化剂。金属体相催化剂通常包括金属骨架、金属丝网、金属颗粒、金属粉末等类型。如骨架镍催化剂，又称雷尼镍，是一种由带有多孔结构的镍铝合金的细小晶粒组成的固态异相催化剂。

负载型催化剂是指将金属组分负载在载体上的催化剂。采用负载的方法可以提高金属组分的分散度和热稳定性，另外，载体还使催化剂有合适的孔结构、形状和机械强度。大多数负载型金属催化剂采用浸渍法制备，将金属盐类溶液浸渍在载体上，经沉淀转化或热分解后，再还原制得负载型金属催化剂。

② 按活性组分金属元素的种数分类可分为单金属催化剂和多金属催化剂。

单金属催化剂指只含一种金属活性组分的催化剂。例如铂重整催化剂，其结构为单一活性组分铂金属负载在含氟或氯的 η-Al_2O_3 上。

多金属催化剂的活性组分由两种或两种以上的金属组成。例如负载在含氯的 γ-Al_2O_3 上的铂-铼等双（多）金属重整催化剂。它们比前述仅含铂的重整催化剂有更优越的性能，在这类催化剂中，负载在载体上的多种金属可形成二元或多元的金属原子簇，使活性组分的有效分散度大大提高。

5.3 金属催化剂的结构

5.3.1 金属（合金）的晶体结构

金属键没有方向性和饱和性，导致金属原子最大限度地重叠而形成紧密堆积结构，不同金属晶体中原子的堆积方式虽有所不同，但具有相似的内部结构。金属晶体的基本结构为金属阳离子整齐地排列形成晶格，离域的外层价电子在整个晶体中自由运动，成为整个晶体共有的“自由电子”，通过“自由电子”的“黏合作用”使金属原子稳定形成能量较低的紧密堆积体系。典型的金属晶格有：体心立方、面心立方和六方密堆结构。

两种或两种以上金属间可以通过混合熔融、冷却凝固得到具有金属特性的固体合金。根据组成元素种类的不同，合金可分为二元合金、三元合金和多元合金。固态下，合金既可能呈单相，也可能为复相的混合物，可能为晶态，也可能为准晶状态或非晶状态。晶态合金中依其组成元素的原子半径、负电性以及电子浓度等不同，可能出现的相有保持与基底纯元素相同结构的固溶体（solid solution）以及不和任何组成元素结构相同的中间相（inter-mediate phases）。中间相包括正常价化合物、电子化合物、Laves 相、σ 相、间隙相和复杂结构的间隙式化合物等等。

5.3.2 金属（合金）的电子结构

自由电子模型、价键理论模型、能带理论模型、晶体场理论模型都可用于金属（合金）的电子结构的描述。

(1) 自由电子理论

金属的自由电子模型认为：在金属晶体中，外层电子离域形成自由电子，自由电子在整个金属晶体中作穿梭运动，为整个晶体共用。

(2) 价键理论

金属价键理论认为，形成金属键的价电子具有高度离域性，与金属原子之间通过共价键相互作用。共价键是原子最外层的 nd 轨道、$(n+1)$s 轨道和 $(n+1)$p 轨道杂化形成。根据能级的高低，外层电子将在杂化轨道中重新分布。

(3) 能带理论

金属键的能带理论是利用量子力学的观点来说明金属键的形成。因此，能带理论也称为金属键的量子力学模型，它有5个基本观点：

① 金属晶体中成键的价电子“离域”（不再固定于某一特定的原子），而为整个金属晶格中所有原子共有。

② 金属晶格中原子密集，组成大量分子轨道，相邻分子轨道间能量差很小，各能级间的能量连续变化。

③ 在整个金属晶体中，由各金属原子的电子能级堆叠形成分子轨道和能带。例如，大量锂原子的 1s 能级互相重叠形成了金属锂晶格中的 1s 能带。每个能带可能包含许多相近的

能级，因此每个能带的能量范围较大。

④ 按轨道能级的不同，金属晶体中的分子轨道分成不同的能带（如上述金属锂中的 1s 能带和 2s 能带），由充满电子的轨道所形成的低能量能带为“满带”；由未充满电子的轨道所形成的高能量能带为“导带”。“满带”与“导带”间能量差大，电子几乎不可能在这两类能带间跃迁，所以把这两类能级间的能量间隔叫做“禁带”。例如，金属锂（电子层结构为 $1s^22s^1$）的 1s 轨道已充满电子，2s 轨道未充满电子，1s 能带是个满带，2s 能带是个导带，二者的能量悬殊，形成禁带，电子不能逾越（即电子不能从锂的 1s 能带跃迁到 2s 能带）。

⑤ 金属中相邻近的能带也可以互相重叠，如铍（电子层结构为 $1s^22s^2$）的 2s 轨道已充满电子，2s 能带应该是个满带，但由于铍的 2s 能带和空的 2p 能带能量很接近而可以重叠，2s 能带中的电子可以跃迁进入 2p 能带。

5.3.3 金属（合金）的表面结构

表面是指固体表层一个或数个原子层的区域（0.5～2.0 nm）。由于表面粒子（分子或原子）没有邻居粒子，使其物理和化学性质与固体内部明显不同。金属（合金）表面是指金属（合金）晶体三维周期结构同真空之间的过渡区，它包括不具备三维结构特征的最外原子层（通常约为 1～10 个单原子层厚度）。与体相内原子具有三维连续周期性配位不同，在金属（合金）表面不同部位的原子，其最近邻原子的数目减少，配位不饱和程度增大，电荷分布改变，也具有不同的力场。其结构特点主要表现为：表面弛豫、表面重构、表面台阶、表面缺陷等。

（1）表面弛豫

表面弛豫是指由于表面原子的受力情况和体相不同，为了使体系能量降低，表面原子层相对于体内原子层上下整体移动，使表面相中原子层间距偏离体相内的层间距，发生压缩或膨胀，而表面原子的近邻数和旋转对称性均不改变的现象。

表面弛豫并不限于表面层，还会波及下面几层，但越向下弛豫效应越弱。图 5-2 显示了一个与晶体表面垂直的切面图（a）和体心立方（bcc）结构 Mo 中（110）晶面的（001）表面的侧视图（b），表明了 Mo 金属表面原子向体相收缩的趋势。

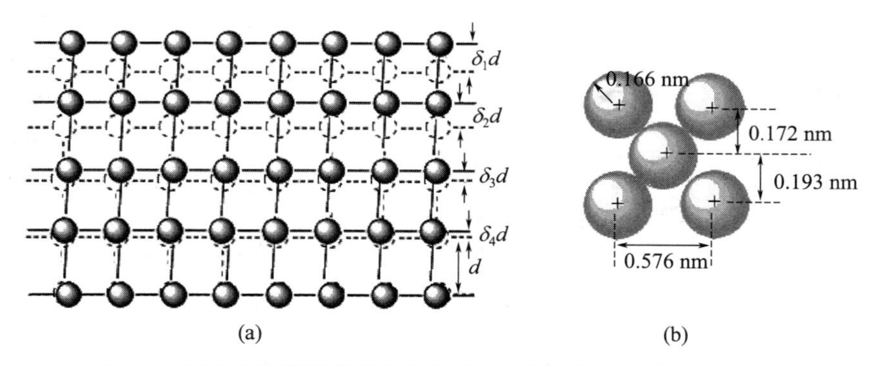

图 5-2 晶体表面附近原子的位移（a）（点划线表示原来位置）和体心立方（bcc）结构 Mo 中（110）晶面的（001）表面的侧视图（b）

（2）表面重构

表面重构是指表面原子层在垂直方向上的层间距与体相相同，而在水平方向上的对称性与体相不同的现象。图5-3显示表面重构原子间距相比于体相原子间距发生明显变化。表面重构由表面弛豫导致，此外，相变、组成变化也可导致重构现象。

(3) 表面台阶

表面台阶是指由规则或不规则的台阶结构构成的表面，其结构通常包括台面、台阶和扭折。图5-4是面心立方金属Pt［557］表面台阶结构示意图，其台阶结构包括台面、台阶和扭折。台面指标为（111），有6个原子列宽，台阶侧面指标为（100），高度为1个原子层，台面与台阶相交的晶列方向为（110）。在表面台阶结构中，最上层的原子还可能发生表面弛豫现象，位于台阶和扭折位置的原子具有较大的价键不饱和性，通常为晶体的生长点，也是优先吸附位点和催化活性位。

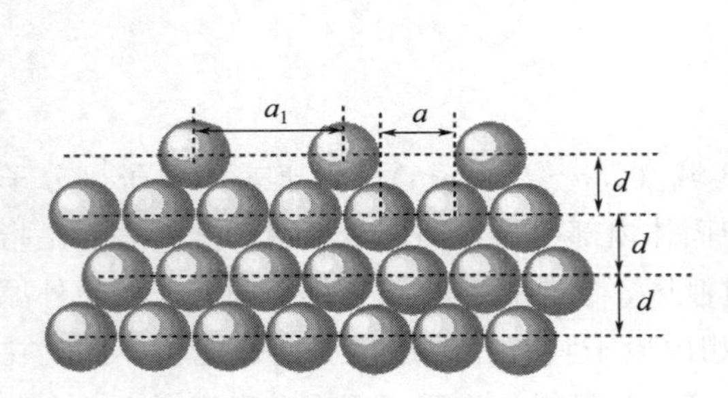

图5-3 晶体表面原子重构示意图

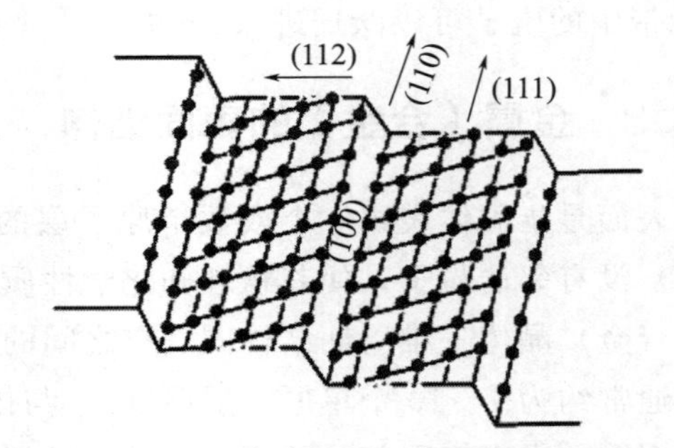

图5-4 面心立方金属Pt［557］表面台阶示意图

(4) 表面缺陷

在实际表面上，总是存在多种缺陷，导致表面的不平整，如点缺陷、线缺陷、面缺陷。

① 点缺陷。晶格中的离子迁移至表面，在原来晶格的位置上会留下一个空位形成缺陷，这种缺陷被称为Schottky缺陷，如图5-5(a)所示。若正常晶格处的离子迁移到晶格间隙中，原晶格处会产生空位，晶格间隙中的离子与对应的空位共同构成Frenkel缺陷，如图5-5(b)所示。

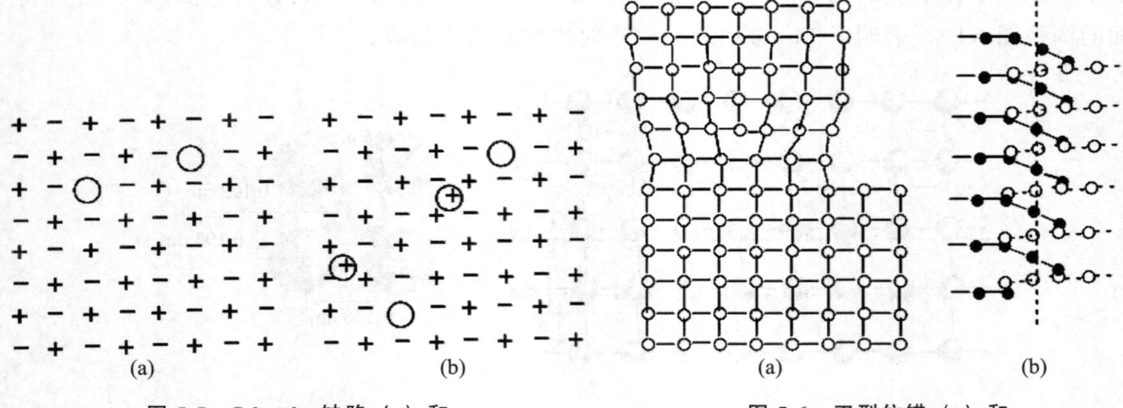

图5-5 Schottky缺陷（a）和Frenkel缺陷（b）示意图

图5-6 刃型位错（a）和螺旋位错（b）示意图

② 线缺陷。晶体内沿某条线排列的原子出现与完美晶格不同的缺陷，就形成线缺陷。常见的线缺陷是位错，包括刃型位错和螺旋位错（图5-6）。在位错位置附近会产生应力

集中，形成应力场，因此位错线上的原子平均能量大于正常晶格处的原子，有利于化学吸附。

③ 面缺陷。面缺陷是二维表面上的结构缺陷。常见类型包括堆垛层错（stacking faults）和晶粒边界（crystal grain boundaries）。

堆垛层错是指晶面堆垛中出现错配（mismatch）和误位（misplacing）而形成的缺陷。如图 5-7 所示，在一个理想晶体结构中 ABCABC 规则层中缺少了 A 晶面（a），ABCABC 规则层中多出了 1 个 A 晶面（b），ABCABC 规则层中出现局部位错（c）。

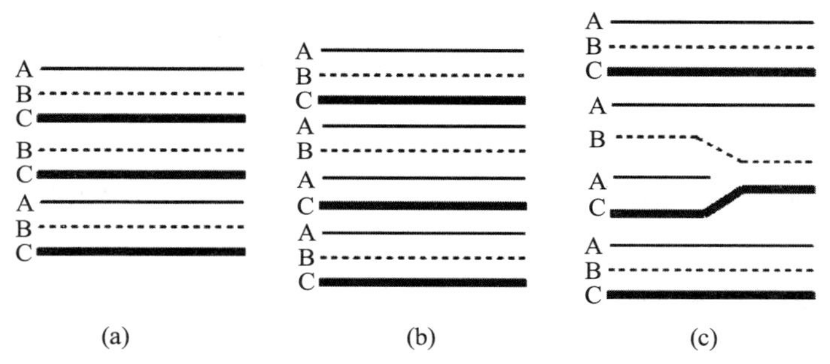

图 5-7 堆垛层错示意图：ABCABC 规则层中缺少了 A 晶面（a）；ABCABC 规则层中多出了 1 个 A 晶面（b）；ABCABC 规则层中出现局部位错（c）

常用的固体材料是由许多晶体组成的多晶材料，其晶粒之间的交界处称为晶粒边界。如图 5-8 所示，晶粒 A、晶粒 C 区域的原子排列完整、规则，B 为边界区，原子排列无规则。

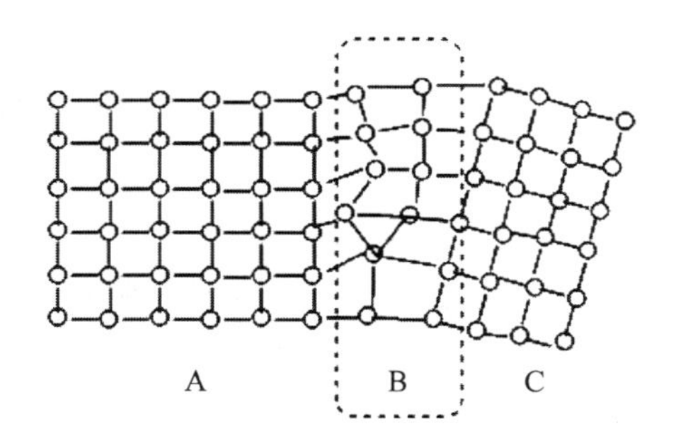

图 5-8 晶粒边界示意图

5.4 金属催化剂的特征及其催化作用

5.4.1 金属催化剂的特征

金属催化剂在进行催化反应过程中具有的一些特点：

(1) 表面存在“裸露”金属原子

如图 5-9 所示，在金属（合金）表面存在部分金属原子，由于其最近邻原子的数目减少，存在配位不饱和性和电荷不均匀性，容易发生吸附和催化作用。这些“裸露”的金属原子对金属催化剂的催化作用至关重要。

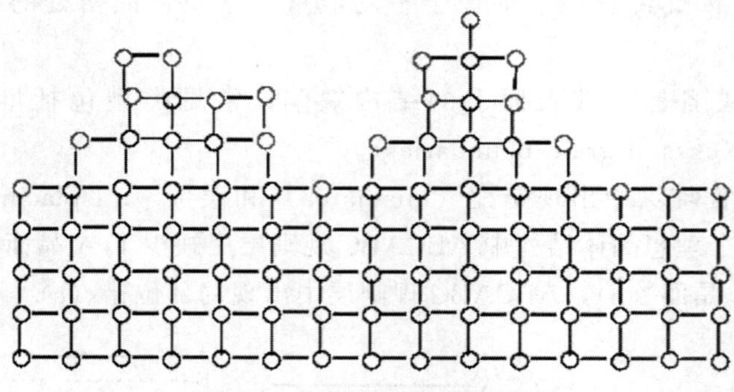

图 5-9　金属表面模型示意图

(2) 金属原子间的“凝聚”作用

金属键的非定域特性，使得金属原子呈现凝聚现象，获得了额外的稳定性，在热力学上具有较高的稳定性。

(3) 以“相”的形式参与反应

当金属参与催化反应时，总是以较大的集团形式出现，也就是热力学上的“相”参与过程。因此，在金属催化过程中，金属颗粒大小、晶面取向、晶相类型等与金属“相”相关的特性，都对其催化特性产生影响。

5.4.2　金属催化剂的催化作用原理

多位理论是基于几何因素在催化作用中的影响而形成的催化理论模型。多位理论认为：金属催化剂的吸附活性中心，必须在几何构型上与反应物分子相匹配；另外，化学吸附的能量也要与催化反应的要求相适应。

多位理论的基本要点包括：

① 反应物分子的反应基团与催化活性中心进行化学吸附，形成表面中间体；

② 形成表面中间体的过程中，反应物分子可以适当变形，为了变形过程所需能量最低，吸附中心与吸附分子间应有一定的结构适应性；

③ 上述化学吸附强度要适宜，不能太强或太弱，需要有适合的吸附、脱附速率，所以需要一定的能量适应性。

a. 几何结构适应原则。在多相催化反应中，反应物发生反应的部分通常只涉及几个原子，而催化剂的活性中心也仅由数量不多的几个原子构成。催化反应过程实际为反应物分子中的部分原子与催化活性中心的少数几个原子间的相互作用。这个过程中，形成具有一定空间结构的表面中间体是其中的关键环节，而反应物的反应基团与活性中心的几何结构对表面中间体的形成影响显著。常见的催化活性中心结构可采用二位体、三位体、四位体、六位体等模型进行描述。

醇类脱氢可采用二位体模型描述反应过程。醇类脱氢反应的催化活性中心存在两个活性位 K，醇分子中的羟基、亚甲基为反应基团。反应过程中，首先，C—O 键与其中一个催化活性位结合，C—H 键、O—H 键与另一活性位结合，形成中间配合物（Ⅰ），然后再进一步发生化学键断裂形成产物醛和氢气（Ⅱ）。具体过程如下：

$$\mathrm{R{-}CH(OH)H} \ (\mathrm{K},\ \mathrm{K}) \longrightarrow \underset{(\mathrm{I})}{\mathrm{R{-}C(H)\cdots O}\ (\mathrm{H\ K},\ \mathrm{H\ H},\ \mathrm{K})} \longrightarrow \underset{(\mathrm{II})}{\mathrm{R{-}C(H){=}O}\ \ \mathrm{K},\ \mathrm{H_2/K}} \tag{5-1}$$

乙醇脱水也可采用二位体模型描述，但其过程与脱氢过程有所不同。乙醇脱水过程涉及三类化学键 C—C 键、C—H 键和 C—O 键，其中 C—C 键与一个催化活性位结合，C—H 键、C—O 键与另一活性位结合，进而反应形成产物乙烯和水。

$$\mathrm{H{-}CH(H){-}CH(OH){-}H}\ (\mathrm{K},\ \mathrm{K}) \longrightarrow \underset{(\mathrm{III})}{\mathrm{H{-}C\cdots C{-}H}\ (\mathrm{H\ K\ H},\ \mathrm{H\ OH},\ \mathrm{K})} \longrightarrow \underset{(\mathrm{IV})}{\mathrm{H{-}C(H){=}C(H){-}H}\ \ \mathrm{K},\ \mathrm{H{-}OH/K}} \tag{5-2}$$

醇脱氢、脱水反应过程均可用二位体模型很好地模拟，但由于反应基团的结构、尺寸不同，所适宜的催化活性位的尺寸（K-K 间距）也有所不同。研究发现醇脱氢催化剂和醇脱水催化剂的几何结构存在不同，脱氢催化剂二位原子间距要小于脱水催化剂活性位原子间距，这可能与 O—H 键的键长（0.101 nm）小于 C—O 键长（0.148 nm）有一定的关系。

同理可知，乙醇分子间脱水形成乙醚的反应（见下式）催化剂活性位尺寸会与上述两反应的有所不同。可以通过计算预测反应方向的选择性和适宜的催化剂活性位结构与尺寸。

$$\begin{matrix}\mathrm{H_3C{-}CH_2{-}O{-}H}\\ \mathrm{K\quad K}\\ \mathrm{H_3C{-}CH_2{-}O{-}H}\end{matrix} \longrightarrow \underset{(\mathrm{V})}{\begin{matrix}\mathrm{H_3C{-}C(H)(H)\cdots O{-}H}\\ \mathrm{K\qquad\quad K}\\ \mathrm{H_3C{-}CH_2{-}O\cdots H}\end{matrix}} \longrightarrow \underset{(\mathrm{VI})}{\begin{matrix}\mathrm{K}\\ \mathrm{C_2H_5{-}O{-}C_2H_5}\\ \mathrm{H{-}OH}\\ \mathrm{K}\end{matrix}} \tag{5-3}$$

b. 能量适应原则。能量适应原则指反应物反应基团（原子）与催化活性位间具有某种能量上的适应。以二位体催化反应为例，反应基团（原子）与催化活性位间的作用如下：

$$\begin{matrix}\mathrm{K}\\ \mathrm{A\quad C}\\ \mathrm{B\quad D}\\ \mathrm{K}\end{matrix} \xrightarrow{E'} \begin{matrix}\mathrm{K}\\ \mathrm{A\cdots C}\\ \mathrm{B\cdots D}\\ \mathrm{K}\end{matrix} \xrightarrow{E''} \begin{matrix}\mathrm{K}\\ \mathrm{A{-}C}\\ \mathrm{B{-}D}\\ \mathrm{K}\end{matrix} \tag{5-4}$$

第一步，反应基团（原子）吸附在催化活性位形成表面配合物，能量变化为 E'；第二步形成新键并解吸为产物，能量变化为 E''。两步过程中能量释放少的那一步为速率控制步骤。若希望反应快速发生，两步过程的能量应相对适宜。上述步骤涉及吸附活化、解吸脱附等过程，所以反应物在活性位的吸附不能太弱，也不能过强。

5.4.3 金属催化剂表面的吸附

分子在金属表面的吸附有两种类型：物理吸附、化学吸附。物理吸附是指吸附分子因范德华力分散在固体表面，吸附物种与固体表面间没有电子迁移的吸附。化学吸附是吸附质分子与固体表面原子（或分子）发生电子的转移、交换或共有，形成吸附化学键的吸附。

物理吸附过程中的引力是由分子或原子中电子云的瞬间不对称性（偶极）导致，存在于任何两分子间，所以物理吸附可以发生在任何固体表面上，具有普遍性，即便是惰性气体、低温条件也能发生物理吸附。物理吸附时，吸附物分子的电子状态和分子结构不发生改变，并可在固体表面上形成具有一定二维结构的多层分子或原子的集合体。物理吸附结合力较弱，吸附热较小，吸附和解吸速率也都较快，在一定程度上物理吸附是可逆的。物理吸附的特点是：不能导致表面反应，吸附热小，吸附速率快，无选择性，可逆，一般是多层吸附。

化学吸附分子的分子轨道与固体表面原子轨道重叠，形成表面化学键。由于固体表面存在不均匀力场，表面上的原子往往还有剩余的成键能力，当气体分子碰撞到固体表面上时便与表面原子间发生电子的交换、转移或共有，形成吸附化学键。化学吸附的主要特点是：仅发生单分子层吸附，有选择性，大多为不可逆吸附，吸附形成的化学键强度远远大于范德华力，吸附层能在较高温度下保持稳定等。化学吸附又可分为非活化吸附（non-activated adsorption）和活化吸附（activated adsorption），前者强度较低，不能引发吸附分子的解离，吸附速率较快；后者强度大，会导致吸附分子的解离，但吸附速率较慢。

5.5 典型金属催化剂及其应用

在设计和使用金属催化剂时，需要考虑金属活性组分与反应物分子间应有合适的能量适应性和几何结构适应性，以利于反应物分子的吸附、活化。还需选择合适的催化剂结构（包括助催化剂和催化剂载体）以及所需的制备工艺，并严格控制制备条件，以满足所需的化学组成和物理结构（包括金属晶粒大小和分布等）。

金属催化剂常用于和氢转移有关的烃类转化反应，如烷烃脱氢、烷烃异构化、链状烷烃芳构化等；另外，金属催化剂还可用于氨的合成、天然气水蒸气转化以及费托合成等化工行业。

5.5.1 体相金属催化剂

体相金属催化剂是指催化剂整体的金属结构均具有催化活性的一类金属催化剂，通常以金属骨架、金属丝网、金属粉末、金属颗粒、金属屑片和金属蒸发膜等形式应用。金属骨架催化剂是一种常见体相金属催化剂，其具有特殊的多孔性骨架结构、特定的晶体结构和优异的催化性能，在加氢、还原、脱氧、脱硫等反应过程应用广泛。金属骨架催化剂的制备过程通常包括合金制备、粉碎、碱溶等步骤，制备时先把镍、钴等活性金属与能溶于碱的铝、镁、锡、锌、硅等按一定的比例混合熔融制得合金，再用氢氧化钠溶液将铝、硅等元素溶解掉，形成活性金属骨架。工业上最常用的金属骨架催化剂是骨架镍（又称雷尼镍），骨架镍催化剂广泛应用于各类加氢反应中。其他骨架催化剂还有骨架铜和骨架铁等。金属丝网催化剂是另一类常见的金属体相催化剂，典型的金属丝网催化剂铂网和铂-铑合金网，应用在氨氧化生产硝酸的工艺上。金属颗粒催化剂结构通常为具有一定粒径大小的金属颗粒，其制备可采用沉淀-还原法，向含金属盐类的（水）溶液中加入沉淀剂（碱、氢氧化铵、碳酸盐溶液），通过复分解反应生成难溶盐或金属氢氧（氧）化物，经分离、洗涤、干燥、煅烧及还原等得到具有一定尺寸分布、晶体结构的金属颗粒催化剂。金属颗粒催化剂可应用于催化氧化、催化燃烧等领域。

氨是关系国计民生的氮肥，也是重要的化工原料。氨合成反应是最为重要的金属催化反应之一。合成氨过程中使用的铁基催化剂也是典型的体相金属催化剂。传统的合成氨 Fe 系催化剂，采用精选磁铁矿经熔融法制备，在制备中添加了 Al_2O_3、K_2O、CaO、BaO 等助催化剂，利用这些高熔点难还原的氧化物作为间隔体，阻止 α-Fe 微晶的互相接触、烧结，增强催化剂的活性及热稳定性。Fe 系催化剂结构中通常还含有少量 SiO_2，可以提高 α-Fe 的耐热及耐水特性。另外，催化剂的孔结构、比表面积、α-Fe 晶粒大小对催化剂活性和稳定性起着决定作用。由于 N≡N 键的解离能高（946 kJ/mol），导致氨合成过程条件苛刻。采用 Haber-Bosch 合成氨工艺时，通常要在 Fe 催化剂作用下，673～873 K 的高温和 20～40 MPa 的高压，才能实现氨的工业制备。氨合成过程能耗大、效率低，需要发展温和条件的氨合成技术，这其中低温、高活性催化剂的开发是关键。

5.5.2 负载金属催化剂

负载金属催化剂是一类将金属组分负载在载体上的催化剂。适宜的载体会对活性金属的结构、性能产生一系列促进作用，如：载体可以提高金属组分的分散度和热稳定性，减少金属用量、提高其使用寿命；具有大比表面积和特殊孔道结构的载体使金属催化剂有合适的孔结构和更大的比表面积，提高了反应物的吸附性能，并使催化剂具备一定的分子体积选择性；载体有时还能提供附加的活性中心，通过活性组分与载体之间的溢流和强相互作用，可具有不同的反应活性；另外，载体还能赋予金属催化剂特定的形状和机械强度，提高其工业应用性能。大多数负载金属催化剂的制备是将金属盐类溶液浸渍在载体上，经沉淀转化或热分解后还原制得。

天然气水蒸气转化（重整）反应是天然气转化的主要方式，是制备合成气（氢气＋一氧化碳）的重要工业方法，也是大宗制氢的有效途径。工业上常采用负载镍基催化剂作为天然气水蒸气转化的催化剂，该过程的常见流程为：天然气的净化，天然气中一般含有极少量的有机、无机硫化物，先加入少量的氢气进行加氢反应，使有机硫转变成为 H_2S，然后进入 ZnO 脱硫槽进行脱硫；按水碳比（H_2O 和 CH_4 摩尔比）为 2～6 加入水蒸气，混合后进入转化炉内进行反应，在温度 650～1000 ℃、压力 1.6～2.0 MPa、镍基催化剂作用下，生成 H_2、CO、CO_2 等的混合物。天然气水蒸气转化的反应如下：

$$CH_4 + H_2O \longrightarrow CO + 3H_2 \tag{5-5}$$

烃类水蒸气转化是吸热可逆反应，高温对反应有利。但即使在 1000 ℃的温度下反应速率也很慢，必须用催化剂来加快反应。迄今为止，负载镍是最有效的催化剂，其中常见的一类催化剂是采用耐高温 α-Al_2O_3 或 $MgAl_2O_4$ 尖晶石为载体，将镍盐与促进剂溶液浸渍到预先成型的载体上，再经热分解、煅烧制得含 10%～15%氧化镍的催化剂前驱体，使用前采用氢气加水蒸气或甲烷加水蒸气进行还原得到负载型活性镍基催化剂。催化剂活性又取决于活性比表面积的大小，所以必须把镍制备成细小分散的颗粒。由于转化反应温度高，催化剂在高氢分压和高水分压下操作，反应管内气体空速大，催化剂晶粒容易长大。这就要求烃类水蒸气转化催化剂耐高温性能好、活性高、强度大。为防止微晶增长，要把活性成分分散在耐热载体上。为使镍晶体尽量分散、防止镍晶体的烧结，常用 Al_2O_3、MgO 等作为载体，并添加 CaO、K_2O、Cr_2O_3、TiO_2、La_2O_3 等助催化剂。这些助催化剂可提高镍金属的催化活性，抑制烧结过程、防止镍晶粒长大、延长使用寿命并提高抗硫抗积炭能力。镍催化剂对硫、卤素和砷等毒物很敏感。镍的硫中毒属于可逆的暂时性中毒，只要使原料中含硫量降到规定的标准以下，中毒催化剂的活性就可以完全恢复。卤素对镍催化剂的毒害作用与硫相似，也是属于可逆性中毒。但砷中毒属不可逆的永久性中毒，在砷中毒严重时必须更换催化剂。通常要求原料气中硫、卤素和砷的含量小于 0.5×10^{-6}。

5.5.3 合金催化剂

在负载型和非负载型多金属催化剂中，若金属组分之间形成合金，称为合金催化剂。研究和应用较多的是二元合金催化剂，如铜-镍、铜-钯、钯-银、钯-金、铂-金、铂-铜、铂-铑等。可以通过调整合金的组成来调节催化剂的活性。合金催化剂一般由活泼金属与另一些金属元素组成，它能够显示一种金属被另一种金属稀释的几何或集团效应，以及电子相互影响的“配位体”效应。合金催化剂在加氢、脱氢、氧化等方面均有应用。如铂催化剂加入锡或铼合金化后，可以提高烷烃脱氢环化和芳构化的活性和稳定性。铂中加铱催化剂使石脑油重整在较低压力下进行，且使较重的馏分油生成量增加。铜中加镍的合金化使环己烷的脱氢活性不变，但可显著降低乙烷的氢解活性。某些合金催化剂的表面和体相内的组成有着明显的差异，如在镍催化剂中加入少量铜后，由于铜在表面富集，使镍催化剂原有表面构造发生变化，从而使乙烷加氢裂解活性迅速降低。

氢的燃烧焓高（142 MJ/kg），排放清洁，是最具发展前景的新能源材料。但氢气的体积密度低、难以液化、易燃易爆，在存储、运输过程中存在一系列安全、成本、能耗等技术和工程问题，限制了氢能的推广。储氢体现场制氢避免了氢气储运的各类问题，适用于一些难以直接获得氢气，或对安全问题关注度比较高的氢能应用场合。与其他储氢技术相比，化学储氢具有储氢量大、安全可靠、成本低廉等优点，成为储氢领域中最具应用前景的技术之一。氨是一种高效的化学储氢体，具有氢含量高（17.75%）、能量密度高（3000 W·h/kg）、易液化（0.8 MPa，298 K）、供应量大、成本低廉等优点。氨分解制氢过程原理明确、产物简单、不生成 CO_x 产物、适用于多种氢能应用领域且易于工程放大，是一种高效、清洁的便携式、原位制氢技术。氨的分解反应如下所示：

$$2NH_3 \rightleftharpoons N_2 + 3H_2 \qquad \Delta H = +46\ \text{kJ/mol} \tag{5-6}$$

热力学计算发现，反应温度为 700 K 时，氨分解为 N_2、H_2 的平衡转化率为 99.85%。从热力学角度判断，氨可以在较低的温度下完全分解，但实际应用时，由于催化剂活性的限制，低温条件下氨分解难以充分进行。解决氨低温分解制氢问题的关键是开发低温活性优异的催化剂。Ni、Fe、Ru 等金属都具有催化氨分解制氢的活性，其中 Ru 基催化剂具有优异的中、低温活性，是最常用的氨分解催化剂，其催化活性的关键影响因素包括：Ru 粒子形貌、尺寸，载体结构与性质，助剂的添加等方面。金属 Ni 是 Ru 基催化剂常见的第二金属助剂，以其作为第二金属加入到 Ru 基催化剂中，需要合理调控 Ni/Ru 原子比，使 Ni-Ru 与载体之间存在适宜的相互作用力，才可以制备出催化性能优异的双金属 Ni-Ru 催化剂。$Ni_{2.5}Ru_{0.5}/CeO_2$ 催化剂氨分解性能显著优于 Ru/CeO_2 催化剂，450 ℃的 TOF 为 $2.0\ s^{-1}$，是迄今为止文献报道的相同反应条件下的最佳 TOF 值。

5.5.4 金属团簇催化剂

团簇是由几个乃至上千个原子、分子或离子通过物理或化学结合力组成的相对稳定的微观或亚微观聚集体，其物理和化学性质随所含的原子数目而变化。团簇的空间尺度是几埃至几百埃的范围，用无机分子来描述显得太小，用小块固体描述又显得太大，许多性质既不同于单个原子分子，又不同于固体和液体，也不能用两者性质的简单线性外延或内插得到。团簇是介于原子、分子与宏观固体物质之间的物质结构的新层次，是各种物质由原子、分子向大块物质转变的过渡状态，或者说，代表了凝聚态物质的初始状态。

团簇颗粒大小在纳米量级，必会伴随很强的量子限制效应，产生许多新现象和新性质。金属原子团簇化合物的概念最早是从络合催化剂中来的，将其应用到固体金属催化剂中，可以认为金属表面也有几个、几十个或更多个金属原子聚集成簇。20 世纪 70 年代以来，根据这一概念，提出了金属原子团簇活性中心的模型，用来解释一些反应的机理。金属原子团簇独特的性质源于其结构上的特点，因其尺寸小，处于表面的原子比例极高，而表面原子的几何构型、自旋状态以及原子间作用力都完全不同于体相内的原子，所以金属团簇在催化性能上表现出许多独特的优异特性。例如仅仅通过调节 Fe 团簇的大小，其催化特性就发生巨大变化，10 个铁原子的团簇在催化氨合成时要比 17 个铁原子的团簇效能高出 1000 倍。

5.6 金属催化剂新进展

金属催化剂出现了一些极具发展前景的新方向、新领域，如单原子催化剂、高熵合金催化剂、核壳型催化材料等。这些领域中关键技术、理论的迅速发展，为今后高效催化剂的开发、利用，催化过程节能、降耗等方面提供了新的动力。

5.6.1 单原子催化剂

金属催化剂的催化活性位点存在于金属表面，金属内部大量原子不与反应物接触，并不参与反应过程，导致催化剂中具有催化作用的原子比率低。而为了提高催化剂金属利用率，就需要提高活性金属表面原子的比例，而提高金属的分散性可以显著提高金属颗粒上的表面原子数量。理论上来说，负载型金属催化剂的分散极限是以单原子的形式均匀分布在载体上，每个单独的金属原子都是一个活性位点，催化效率得到大大提高。在此基础上发展出的单原子催化技术，目前已成为催化科学高速发展的一个新领域。

单原子催化剂即活性金属以单个原子的形式负载于载体表面，并主要是通过与异原子键合方式联接在载体表面，金属原子的配位环境可能不完全一致。单原子催化剂并不是指单金属原子是活性中心，单原子也与载体的其他原子发生电子转移等配位作用，往往呈现一定的电荷性，金属原子与周边配位原子协同作用是催化剂高活性的主要原因。单原子催化剂继承了非均相催化剂和均相催化剂的优点，既有均相催化剂高效的特点，又兼顾了多相催化剂易于回收的优势。研究发现采用低负载量制备的单分散 Au/ZrO_2 催化剂催化 1,3-丁二烯选择性加氢，其 TOF 值相比于高负载量催化剂更高，证明了催化活性中心是原子级分散的 Au 离子。

单原子分散的 $Fe(OH)_x$ 沉积在 SiO_2 负载的 Pt 纳米粒子上，可以实现富氢条件下 CO 的 100%转化，同时温度宽度覆盖 198～380 K，其单位质量比活性是传统 Pt/Fe_2O_3 催化剂的 30 倍。可见，单原子催化具有节约金属资源、催化效率高等显著优势，极具发展潜力。

5.6.2 高熵合金催化剂

高熵合金（high-entropy alloy，HEA）由于其巨大的多元素组成空间和独特的高熵混合结构而备受关注。高熵合金通常由五种或五种以上元素以等原子比或近等原子比组成，每种元素的含量为 5%～35%。近年来，高熵合金的定义越来越宽泛。从组成成分来看，包含四种或四种以上组成元素，元素之间按照非等原子比组成的新型合金都可称为高熵合金。典型高熵合金有：以 CoCrCuFeNi 为代表的面心立方固溶体结构的合金；以 AlCoCrFeNi 为代表的体心立方固溶体结构的合金等。高熵态产生了多种优异功能，如热电性能、磁热效应、催化效应等。与纯金属和少元素合金相比，HEA 是通过多元成分设计和元素调控，同时实现高活性、高选择性、稳定且成本低的新型多元催化剂，因此被广泛用于各类催化过程中，具有广阔的应用前景。低成本的高熵合金 $Co_{55}Mo_{15}Fe_{10}Ni_{10}Cu_{10}$ 在氨催化分解中表现出了优异的催化活性和稳定性，其 TOF 值高达 25209，与贵金属 Ru 催化剂相比，提高了 20 倍。

5.6.3 核壳催化剂

核壳结构呈现出多种优异的功能特性，广泛应用于光学、电学、生物医学、化学中的催化、药物控释、分子识别、酶固定、化学传感等诸多领域。某些典型核壳型结构催化材料由具有催化活性的内核材料及化学惰性的壳层材料构成（图 5-10）。这类催化剂不但表现出良好的耐化学侵蚀特性还能有效减少纳米粒子的团聚、烧结等问题。核壳结构金属催化剂具有耐高温、抗烧结和抗积炭等特性，使用寿命长；另外，大比表面的壳层材料可以充当富集反应物分子的微反应器，以此来提高催化反应速率。研究发现核壳型金属催化剂 $M@SiO_2$、Al_2O_3、MgO（M＝Fe、Co、Ni、Ru）的氨分解反应活性及稳定性均优于裸金属纳米颗粒或负载型催化剂，这是因为核壳型催化剂具有一定的“限域作用”，有利于反应物分子的富集并能够有效防止内核金属在反应过程中聚集。

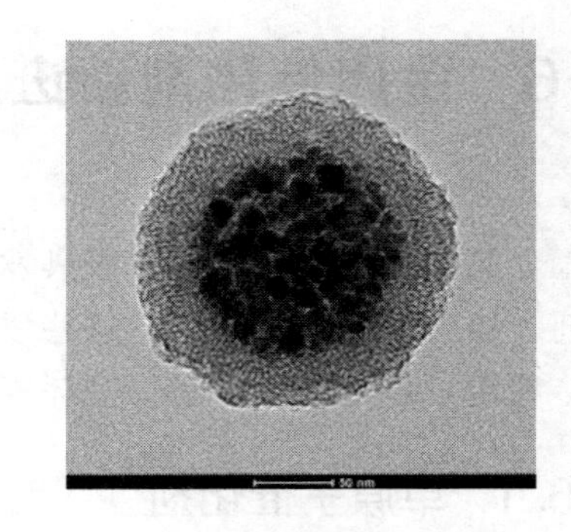

图 5-10 $Ni@SiO_2$ 核壳结构的 TEM 图

思考题

1. 金属催化剂的结构类型有哪些？各类金属催化剂都有哪些结构特点？
2. 与金属催化活性相关的重要表面结构有哪些？
3. 气体分子在金属表面的吸附类型有哪些？吸附是如何影响催化反应过程的？
4. 负载型金属催化剂相较于体相催化剂有何结构优势和性能优势？
5. 氨合成与氨分解催化剂的金属活性物质具有相似性，为什么？

第6章 过渡金属氧化物催化剂与催化氧化作用

金属氧化物催化剂广泛地应用于多种反应类型，如烃类的选择性氧化、NO_x 还原、烷烃脱氢、烯烃歧化与聚合等。由于多相催化中所用的过渡金属氧化物很多都是半导体，并且半导体的电子能带结构比较清楚，因此，本章运用能带理论分析半导体过渡金属氧化物催化剂的催化机理，阐述催化剂的电导率、脱出功与催化活性的关系。以典型的过渡金属氧化物催化剂为例，介绍其在实际生产中的应用。最后介绍过渡金属氧化物催化剂的研究进展。

6.1 半导体的能带理论

6.1.1 非计量化合物的类型

过渡金属氧化物形成半导体，与其化学组成有关。很多半导体金属氧化物的化学组成是非计量的，即元素组成并不符合正常分子式的化学计量，而是其中某一元素按化学计量衡量，或多一些或少一些。例如 ZnO 中 Zn 和 O 原子个数比不等于 1，Zn 比 O 多一些。

按照形成方式不同，非计量化合物可分为五类。

(1) 阳离子过量（n 型半导体）

第一种是含有过量阳离子的非计量化合物。以 ZnO 为例，一定量的晶格氧转移到气相，导致微量过剩的 Zn^{2+} 存在于晶格间隙中，为保持晶体的电中性，此 Zn^{2+} 吸引电子在其周围形成间隙锌原子 eZn^{+}（即电中性的锌原子）。这个电子基本上属于间隙离子 Zn^{+}，不需要太高的温度，被吸引的电子即可脱离 Zn^{+}，在晶体中成为较自由的电子，称为准自由电子，见图 6-1(a)。温度升高时，准自由电子数量增加，使得 ZnO 具有导电性，这种导体称为 n 型半导体。间隙原子“eZn^{+}”能提供准自由电子，称为施主。

(2) 阳离子缺位（p 型半导体）

阳离子缺位的非计量化合物，依靠准自由空穴导电，称为 p 型半导体。以 NiO 为例，一定数量的氧渗入晶格，导致晶格中缺少 Ni^{2+}，每出现一个 Ni^{2+} 缺位相当于缺少两个单位正电荷。为保持电中性，在缺位附近会有两个 Ni^{2+} 的价态升高为 Ni^{3+}，Ni^{3+} 可以看作 Ni^{2+} 束缚住一个单位的正电荷空穴“⊕”，即 $Ni^{3+}=Ni^{2+\oplus}$，见图 6-1(b)。当温度不太高时，被束缚的空穴可以脱离 Ni^{2+} 形成较自由的空穴，称为准自由空穴。$Ni^{2+\oplus}$ 能提供准自由空穴，称为受主。

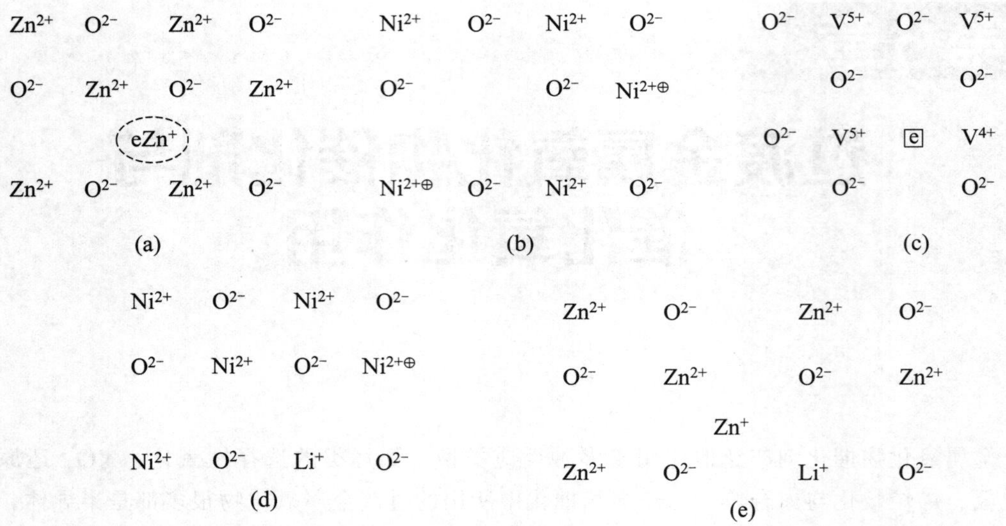

Zn^{2+}　O^{2-}　Zn^{2+}　O^{2-}
O^{2-}　Zn^{2+}　O^{2-}　Zn^{2+}
eZn^{+}
Zn^{2+}　O^{2-}　Zn^{2+}　O^{2-}
(a)

Ni^{2+}　O^{2-}　Ni^{2+}　O^{2-}
O^{2-}　O^{2-}　$Ni^{2+\oplus}$
$Ni^{2+\oplus}$　O^{2-}　Ni^{2+}　O^{2-}
(b)

O^{2-}　V^{5+}　O^{2-}　V^{5+}
O^{2-}　O^{2-}
O^{2-}　V^{5+}　e　V^{4+}
O^{2-}　O^{2-}
(c)

Ni^{2+}　O^{2-}　Ni^{2+}　O^{2-}
O^{2-}　Ni^{2+}　O^{2-}　$Ni^{2+\oplus}$
Ni^{2+}　O^{2-}　Li^{+}　O^{2-}
(d)

Zn^{2+}　O^{2-}　Zn^{2+}　O^{2-}
O^{2-}　Zn^{2+}　O^{2-}　Zn^{2+}
Zn^{+}
Zn^{2+}　O^{2-}　Li^{+}　O^{2-}
(e)

图 6-1　非计量化合物的成因

当温度升高时，准自由空穴数量增加，使 NiO 具有导电性，成为 p 型半导体。

(3) 阴离子缺位

当过渡金属氧化物晶体中一定数量的 O^{2-} 从晶体转到气相可能形成 O^{2-} 缺位。以 V_2O_5 为例，当出现 O^{2-} 缺位时，为保持晶体的电中性，O^{2-} 缺位（符号□）束缚电子形成[e]，其附近的 V^{5+} 变成 V^{4+}，[e]称为 F 中心，见图 6-1(c)。F 中心束缚的电子随温度升高可变为准自由电子，产生导电性，因此 V_2O_5 是 n 型半导体。F 中心提供准自由电子，称为施主。

(4) 阴离子过量

含过量阴离子的金属氧化物比较少见，因为负离子的半径比较大，金属氧化物晶体中的空隙不易容纳一个较大的负离子，间隙负离子出现的机会很小，非化学计量的 UO_2 属于此类。

(5) 含杂质的非计量化合物

过渡金属氧化物晶格结点上阳离子被其他异价杂质阳离子取代可以形成杂质非计量化合物或杂质半导体。掺入的杂质阳离子价态比金属氧化物中金属离子价态高或低，对导电性产生不同影响。以 NiO 为例，当掺入 Li_2O 时，低价的 Li^+ 取代晶格上的部分 Ni^{2+}，使取代位置附近的 Ni^{2+} 发生氧化而增高价数成为 Ni^{3+}（$Ni^{2+\oplus}$），以保持电中性，如式(6-1) 所示。相当于增加了 $Ni^{2+\oplus}$ 的数量，导致准自由空穴数增加，p 型半导体 NiO 导电性增强，如图 6-1(d) 所示。

$$2Ni^{2+}O^{2-}+Li_2^{+}O^{2-}+\frac{1}{2}O_2 \longrightarrow 2Ni^{3+}+2Li^{+}+4O^{2-} \tag{6-1}$$

如果在 NiO 中引入高价的 La^{3+}，则效果相反，La^{3+} 取代晶格上的部分 Ni^{2+}，使得邻近的 $Ni^{2+\oplus}$ 变成 Ni^{2+}，减少了空穴数，导致 p 型半导体 NiO 导电性减弱，如式(6-2) 所示。

$$O^{2-}+2Ni^{3+}+La_2^{3+}O_3^{2-} \longrightarrow 2Ni^{2+}+2La^{3+}+3O^{2-}+\frac{1}{2}O_2 \tag{6-2}$$

对于 n 型半导体，如 ZnO，当加入低价的 Li_2O 时，Li^+ 导致间隙锌原子（eZn^+）中的 e 消失，变为 Zn^+，造成准自由电子数减少，导电性下降，如式(6-3) 和图 6-1(e) 所示。类似地，引入高价杂质时，造成准自由电子数增多，导电性提高。

$$2eZn^{+}+Li_2^{+}O^{2-}+\frac{1}{2}O_2 \longrightarrow 2Li^{+}+2Zn^{+}+2O^{2-} \tag{6-3}$$

总而言之，过渡金属氧化物晶格结点上的阳离子被异价杂质离子取代可形成杂质半导体；若被比母晶离子价数高的杂质取代，则促进电子导电；若被价数低者取代，则促进空穴导电。

6.1.2 半导体的能带结构

固体是由许多原子组成的，这些原子彼此紧密相连，且周期性地排列，因此固体中的电子状态和原子中的不同。在固体中，由于原子靠得很近，不同原子间的轨道发生重叠，电子不再局限于一个原子内运动，可由一个原子转移到相邻的原子上，进而电子在整个固体中运动，称为电子共有化［图 6-2(a)］。一般地，原子外层电子共有化特征显著，而内层电子的情况基本不变。图中圆圈代表原子中的电子轨道。在固体中，原子挨得很近，电子轨道发生重叠，电子不再局限于一个原子的 3s、2p…轨道上运动，可由一个原子转移至相邻的原子上去，相应地，3s、2p 等能级也发生了变化。

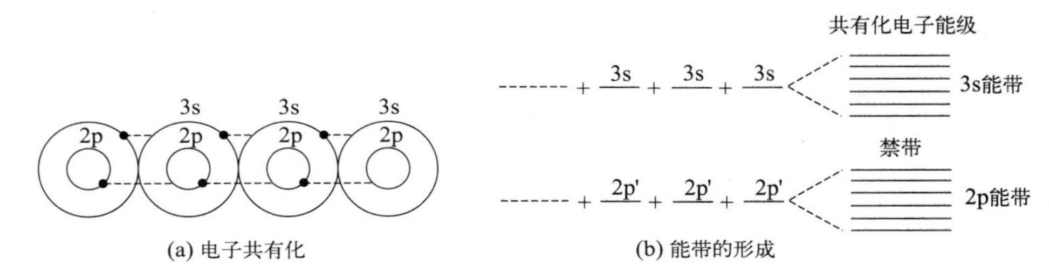

图 6-2 半导体的能带结构

图 6-2(b) 表示 n 个 3s 能级形成了 n 个 3s 共有化能级，这一组能级的总体称为 3s 能带。3s 能带中每一个 3s 共有化电子能级对应一个共有化轨道，每一个共有化轨道最多容纳两个电子，因此 3s 能带最多容纳 $2n$ 个电子。2p 能带的情况稍有不同，由于原子的 2p 轨道对应 3 个 p 状态，因此 n 个 2p 原子能级形成 n 个 2p 共有化电子能级，每一个 2p 共有化电子能级对应 3 个共有化轨道，因此 2p 能带最多容纳 $6n$ 个电子。3s 能带和 2p 能带之间存在间隔，无填充电子，此间隔叫做禁带。

凡是没有被电子全充满的能带叫做导带。在外电场的作用下，电子可以从导带的一个能级跃迁到另一个能级，成为准自由电子，这是导带中电子导电的原因，具有此种性质的固体称为导体。凡是被电子全充满的能带叫做满带。满带中的电子不能从一个能级跃迁到另一个能级，因此满带中的电子不能导电，绝缘体内的能带都是满带。

半导体是介于导体和绝缘体之间的一种固体。在绝对零度附近，半导体中能量较低的能带被电子完全充满，这时导体与绝缘体没有区别。半导体的禁带较窄，约 1 eV。在有限温度时，热运动的能量使其从满带激发到空带，成为准自由电子。空带是没有填充电子的能带，见图 6-3。当电子从满带激发到空带后，空带中有了准自由电子，空带变成导带，这是半导体导电的一个原因。从图 6-4 还可以看出，每当一个电子从满带激发到空带后，满带就出现一个空穴，用符号“○”表示，该空穴是准自由空穴。当外电场存在时，空穴可从能带中的一个能级跃迁至另外一个能级，实际上是和电子交换位置（图 6-4)，这是半导体导电的另一个原因。靠准自由电子导电的是 n 型半导体，靠准自由空穴导电的是 p 型半导体。

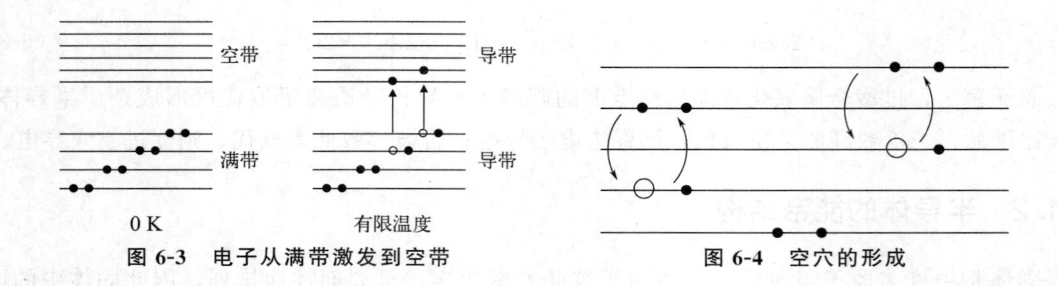

图 6-3 电子从满带激发到空带

图 6-4 空穴的形成

6.2 过渡金属氧化物催化剂的组成与结构

6.2.1 过渡金属氧化物催化剂的组成

根据催化作用与功能，过渡金属氧化物组分在催化剂中可发挥不同的作用与功能。如 MoO_3-Bi_2O_3 中的 MoO_3 作为主催化剂存在，其单独存在就有催化活性，而 Bi_2O_3 作为助催化剂组分，其单独存在无活性或有很低的活性，加入到主催化剂中可使活性增强。助催化剂的功能，可以是调变生成新相，或调控电子迁移速率，或促进活性相的形成等。过渡金属氧化物也可作为载体材料，如常用的载体材料 CeO_2。

工业用过渡金属氧化物催化剂，单组分的一般不多见，通常都是在主催化剂中加入多种添加剂，制成多组分复合金属氧化物催化剂。这些复合金属氧化物的存在形式有三种：

① 复合氧化物，如尖晶石型氧化物、含氧酸盐、杂多酸等；

② 固溶体，如 NiO 或 ZnO 与 Li_2O 或 Cr_2O_3、Fe_2O_3 与 Cr_2O_3 生成固溶体；

③ 各成分独立的混合物，即使在这种情况下，由于晶粒界面上的相互作用，也必然会引起催化剂性能的改变，因而也不能以单独混合物来看待，而要注意它们的复合效应。

6.2.2 单一过渡金属氧化物的结构

按照过渡金属原子与氧原子的比例分配，单一金属氧化物有六种类型：①M_2O 型，有反萤石型、Cu_2O 型和反碘化镉型；②MO 型，有岩盐型和纤锌矿型；③M_2O_3 型，有刚玉型和倍半氧化物型，Fe_2O_3、Al_2O_3、V_2O_3 都是此类；④MO_2 型，有萤石型、金红石型和硅石型，如 ZrO_2、TiO_2 和 SiO_2；⑤M_2O_5 型，如 V_2O_5、Nb_2O_5；⑥MO_3 型，如 ReO_3、MoO_3 和 WO_3。

(1) M_2O 型过渡金属氧化物

该类过渡金属氧化物的结构特点是：对于金属来说，是直线型 sp 杂化配位结构，而氧原子是四面体型 sp^3 杂化四配位结构。如 Cu_2O，其结构见图 6-5，图中大圆代表氧原子，小圆代表金属原子。

(2) MO 型过渡金属氧化物

MO 型过渡金属氧化物的典型结构有两种：一种是 NaCl 型，以离子键结合。M^{2+} 和 O^{2-} 的配位数都是 6，为正八面体结构，如 TiO、VO、MnO、FeO，其结构如图 6-6(a) 所示。另一种是纤锌矿型，金属氧化物中的 M^{2+} 和 O^{2-} 为四面体型的四配位结构，4 个 M^{2+}-O^{2-} 不一定等价，M^{2+} 为 dsp^2 杂化轨道，可形成平面正方形结构，O^{2-} 位于正方形的四个角上，这种类型的化合物有 ZnO、PdO、PtO、CuO 等，如图 6-6(b) 所示。

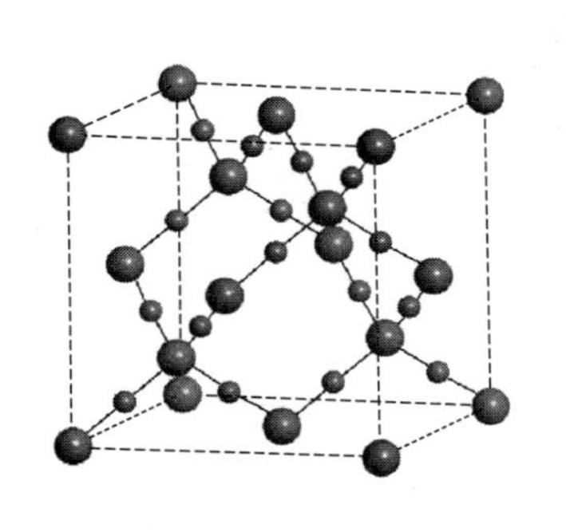

图 6-5 M_2O 型晶体骨架结构

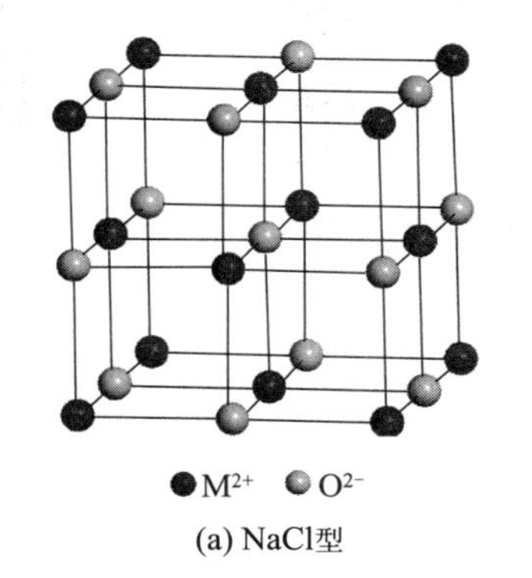

(a) NaCl型

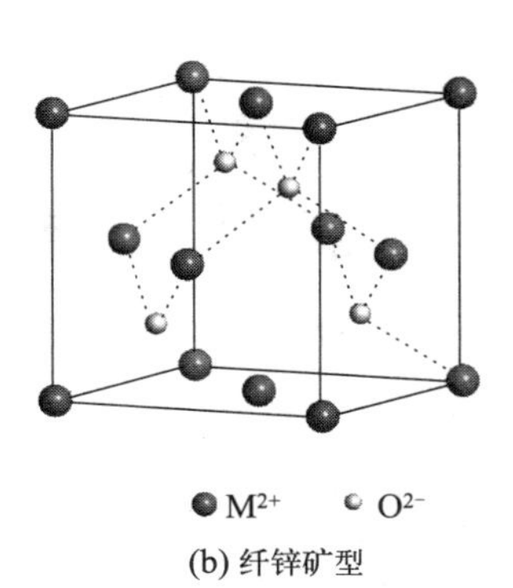

(b) 纤锌矿型

图 6-6 MO 型晶体骨架结构

(3) M_2O_3 型过渡金属氧化物

这类氧化物也分为两种：一种是刚玉型，其结构（图 6-7）中氧原子为六方密堆排布，氧原子形成的八面体间隙有 2/3 被 M^{3+} 占据，M^{3+} 的配位数是 6，O^{2-} 的配位数是 4，这种类型金属氧化物有 Fe_2O_3、Ti_2O_3、Cr_2O_3 等。另一种为 C-M_2O_3 型，与萤石结构类似，取走其中 $1/4O^{2-}$，配位数为 6，典型的氧化物有 Mn_2O_3、Sc_2O_3、Y_2O_3 等。

(4) MO_2 型过渡金属氧化物

这类金属氧化物包括萤石、金红石和硅石三种结构。萤石晶体结构如图 6-8 所示。M^{4+} 位于立方晶胞的顶点及面心位置，形成面心立方堆积，氧原子填充在八个小立方体的体心。三种结构中，萤石结构的阳离子与氧离子的半径比较大，其次是金红石型，小的为硅石型结构。萤石型包括 ZrO_2、CeO_2、ThO_2 等，金红石型包括 TiO_2、VO_2、CrO_2、MoO_2、WO_2 和 MnO_2 等。

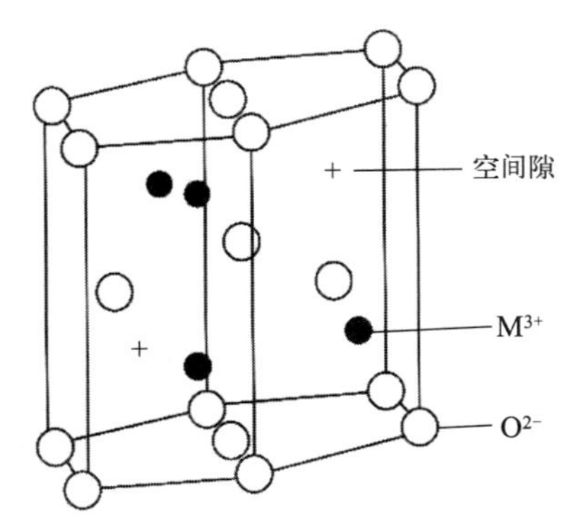

图 6-7 刚玉型金属氧化物骨架结构

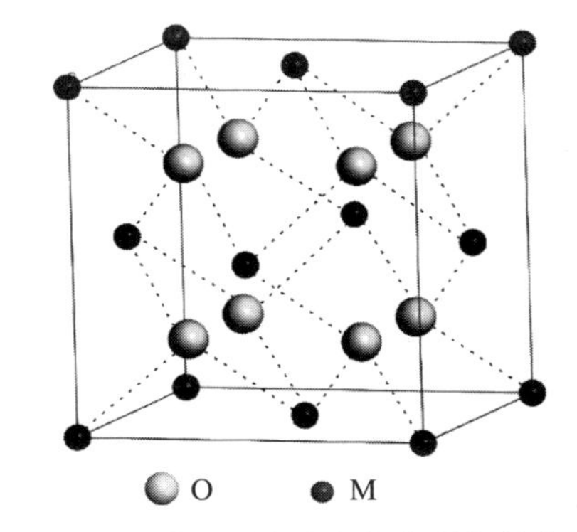

图 6-8 萤石型金属氧化物骨架结构

(5) M_2O_5 型过渡金属氧化物

M^{5+} 被 6 个 O^{2-} 包围，但并非正八面体，而是一种层状结构，实际上只与 5 个 O^{2-} 结合，形成扭曲式三角双锥，其中 V_2O_5 最为典型（图 6-9）。

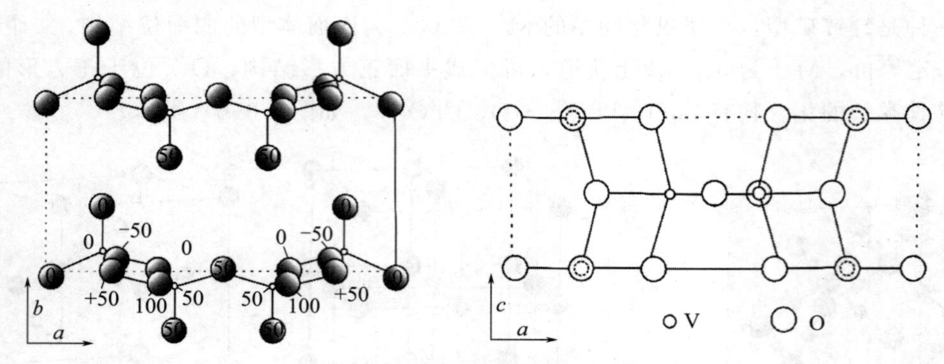

图 6-9 V_2O_5 金属氧化物骨架结构

(6) MO_3 型过渡金属氧化物

这种类型的过渡金属氧化物最简单的空间晶格是 ReO_3 结构，如图 6-10 所示。M^{6+} 与 6 个 O^{2-} 形成六配位的八面体，八面体通过共点与周围 6 个八面体连接起来。金属氧化物的晶体结构和配位数如表 6-1 所示。

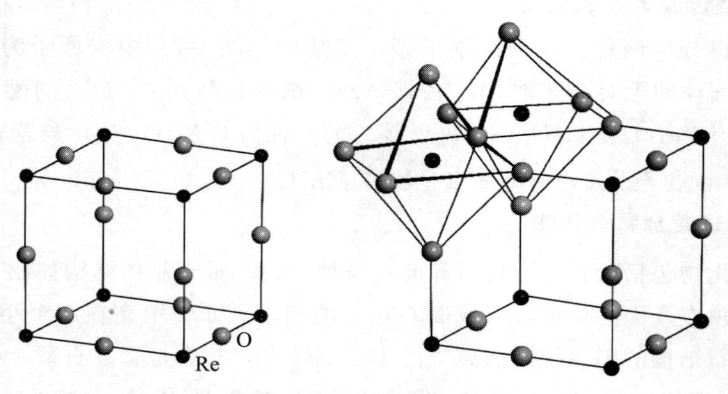

图 6-10 ReO_3 金属氧化物的晶体结构和八面体单元

表 6-1 过渡金属氧化物的晶体结构和配位数

结构类型	组成	配位数		晶体结构	示例
		M	O		
三维晶格	M_2O	4	8	反萤石型	Li_2O,Na_2O,K_2O,Pb_2O
		2	4	Cu_2O 型	Cu_2O,Ag_2O
	MO	6	6	岩盐型	MgO,CaO,SrO,BaO,TiO,VO,MnO,FeO,CoO,NiO
		4①	4	纤锌矿型	BeO,ZnO
	M_2O_3	6	4	刚玉型	Al_2O_3,Ti_2O_3,V_2O_3,Fe_2O_3,Cr_2O_3,Rh_2O_3,Ga_2O_3
		7	4	A-M_2O_3 型	4f,5f 氧化物
		7.6	4	B-M_2O_3 型	4f,5f 氧化物
		6	4	C-M_2O_3 型	Mn_2O_3,Sc_2O_3,Y_2O_3,In_2O_3,Tl_2O_3

续表

结构类型	组成	配位数		晶体结构	示例
		M	O		
三维晶格	MO_2	8	4	萤石型	ZrO_2，HfO_2，CeO_2，ThO_2，UO_2
		6	3	金红石型	TiO_2，VO_2，CrO_2，MoO_2，WO_2，MnO_2，GeO_2，SnO_2
	MO_3	6	2	ReO_3 型	ReO_3，WO_3
	M_2O	3②	6	反碘化镉型	Cs_2O
	MO	4③	4	PbO(红)型	PbO，SnO
	M_2O_3	3	2	AS_2O_3 型	As_2O_3
	M_2O_5	5	1,2,3		V_2O_5
	MO_3	6	1,2,3		MoO_3
分子格					RuO_4，OsO_4，Te_2O_7，Sb_4O_6

①平面 4 配位；②三角锥 3 配位；③正方锥 4 配位。

6.2.3 复合过渡金属氧化物的结构

复合过渡金属氧化物是由两种或两种以上金属氧化物复合而成的多元复杂氧化物，其中至少有一种是过渡金属氧化物。它与单一氧化物相比有更好的性质，在电学、光学、磁学方面性能优异，还具有稳定性好、耐腐蚀、耐高温、硬度高等特点。复合金属氧化物有多种分类方法：按照晶型结构，可以分为钙钛矿型、烧绿石型、尖晶石型、萤石型、白钨矿型和岩盐型等；按照组成中金属元素与非金属元素的化学计量比，可分为整比和非整比复合氧化物；按照化学组成的不同，可分为前过渡元素复合氧化物、稀土复合氧化物、铁基复合氧化物等。在复合金属氧化物中，尖晶石和钙钛矿由于其结构组成多变、性质可调，是两类最受关注的催化材料。

(1) 尖晶石结构

具有尖晶石结构的金属氧化物，其结构通式可写成 AB_2O_4，其单位晶胞含有 32 个 O^{2-}，组成立方紧密堆积，对应于式 $A_8B_{16}O_{32}$。正常的晶格中，8 个 A 原子各以 4 个氧原子以正四面体配位；16 个 B 原子各以 6 个氧原子以正八面体配位。图 6-11 所示为正常尖晶石结构的单元晶胞。A 原子占据正四面体位，B 原子占据正八面体位。有些尖晶石结构的化合物具有反常的结构，其中一半 B 原子占据正四面体位，另一半 B 原子与所有的 A 原子占据正八面体位。还有 A 原子与 B 原子完全混乱分布的尖晶石型化合物。

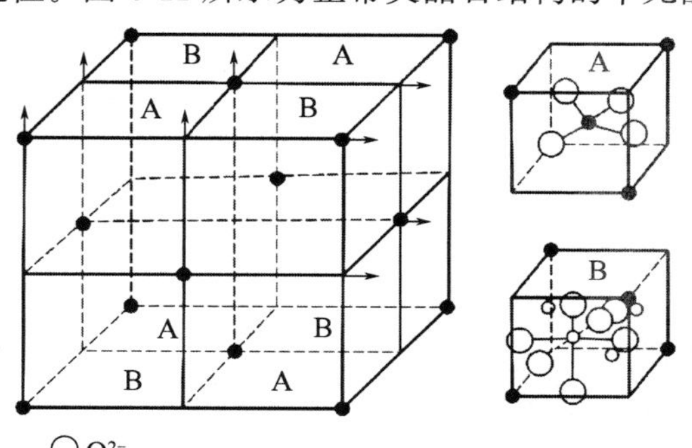

图 6-11 尖晶石结构

尖晶石型氧化物 AB_2O_4，8 个负电荷可用三种不同方式与阳离子结合获得电价平衡：$(A^{2+}+2B^{3+})$、$(A^{4+}+2B^{2+})$ 和 $(A^{6+}+2B^{+})$。A^{2+}、B^{3+} 结合的尖晶石结构占据大多数，约为 80%，阴离子除 O^{2-} 外还可以是 S^{2-}、Se^{2-} 或

Te^{2-}。A^{2+}可以是Mg^{2+}、Ca^{2+}、Cr^{2+}、Mn^{2+}、Fe^{2+}、Co^{2+}、Ni^{2+}、Cu^{2+}、Zn^{2+}、Cd^{2+}、Hg^{2+}或Sn^{2+}；B^{3+}可以是Al^{3+}、Ga^{3+}、In^{3+}、Ti^{3+}、V^{3+}、Cr^{3+}、Mn^{3+}、Fe^{3+}、Co^{3+}、Ni^{3+}或Rh^{3+}。其次是A^{4+}、B^{2+}结合的尖晶石结构，约占15%，阴离子主要是O^{2-}或S^{2-}。A^{6+}、B^{+}结合的只有少数几种氧化物系，如$MoAg_2O_4$、$MoLi_2O_4$以及WLi_2O_4。

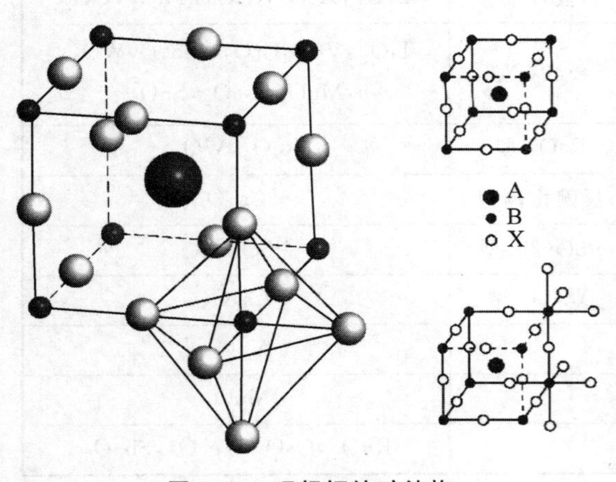

图 6-12 理想钙钛矿结构

(2) 钙钛矿结构

这类化合物的晶体结构类似于矿物$CaTiO_3$，可用通式ABX_3表示，此处X为O^{2-}，属立方晶系。A是一个大阳离子，B位于正立方体的顶点。实际上，极少的钙钛矿型氧化物在室温下有准确的理想型正立方结构（图6-12），但在高温下可能是这种结构。此处A的配位数为12(O^{2-})，B的配位数为6(O^{2-})，基于电中性原理，阳离子的电荷之和应为+6，故其计量数要求为[1+5]=$A^{I}B^{V}O_3$；[2+4]=$A^{II}B^{IV}O_3$；[3+3]=$A^{III}B^{III}O_3$。

具有这三类计量关系的钙钛矿型化合物有300多种，覆盖了很大的范围。此外，还有各种复杂取代的结构以及因阳、阴离子大小不匹配而形成其他晶型结构的实体物，再加上阳离子和阴离子缺陷的物相组成，总共有300多种。表6-2列出了用于催化氧化的钙钛矿型氧化物催化剂。

表 6-2 钙钛矿型氧化物催化剂

催化反应	催化剂
$CO+O_2 \longrightarrow CO_2$	$LaBO_3$(B=3d过渡金属)
	$LnCoO_3$(Ln=稀有金属)
	$BaTiO_3$
	$La_{1-x}A_xCoO_3$(A=Sr,Ce)
	$La_{1-x}A_xMnO_3$(A=Pb,Sr,K,Ce)
	$La_{0.7}A_{0.3}MnO_3$+Pt(A=Sr,Pb)
	$LaMn_{1-y}B_yO_3$ (B=Co,Ni,Mg,Li)
	$LaMn_{1-x}Cu_xO_3$
	$LaFe_{0.9}B_{0.1}O_3$ (B=Cr,Mn,Fe,Co,Ni)
	Ba_2CoWO_6,Ba_2FeNbO_6
$CH_4+O_2 \longrightarrow CO_2+H_2O$	$LaBO_3$(B=3d过渡金属)
	$La_{1-x}A_xCoO_3$(A=Ca,Sr,Ba,Ce)
$C_3H_6+O_2 \longrightarrow CO_2+H_2O$	$LaBO_3$(B=Cr,Co,Mn,Fe,Ni)
	$La_{0.7}Pb_{0.3}MnO_3$+Pt

催化反应	催化剂
$C_3H_8+O_2 \longrightarrow CO_2+H_2O$	$LnBO_3$ (Ln=稀有金属;B=Co,Mn,Fe)
	$La_{1-x}Sr_xBO_3$(B=3d过渡金属)
	$Ln_{0.8}Sr_{0.2}CoO_3$(Ln=稀有金属)
	$La_{1-x}A_xCoO_3$(A=Sr,Ce)
	$La_{1-x}A_xMnO_3$(A=Sr,Ce,Hf)
	$La_{2-x}Sr_xBO_4$(B=Co,Ni)
$i\text{-}C_4H_8+O_2 \longrightarrow CO_2+H_2O$	$LaBO_3$(B=Cr,Fe,Ni,Co,Mn)
$n\text{-}C_4H_{10}+O_2 \longrightarrow CO_2+H_2O$	$La_{1-x}Sr_xCoO_3$
	$La_{1-x}Sr_xCo_{1-y}B_yO_3$(B=Fe,Mn)
$CH_3OH+O_2 \longrightarrow CO_2+H_2O$	$LnBO_3$(Ln=稀有金属; B=Cr,Co,Mn,Fe)
	$Ln_{0.8}Sr_{0.2}CoO_3$(Ln=稀有金属)
$NH_3+O_2 \longrightarrow N_2+N_2O_2+NO$	$La_{1-x}Ca_xMnO_3$

6.3 过渡金属氧化物催化剂的催化氧化作用

过渡金属氧化物催化剂是工业催化剂中应用最广泛的一种，它们大多是一些复合金属氧化物。在催化反应过程中，催化剂从反应物分子得到电子，或将电子给予反应物分子，是烃类选择性氧化的重要催化剂。下面就氧化-还原催化剂及其催化作用的一些关键问题展开论述。

6.3.1 过渡金属氧化物催化剂的作用机理

1954 年，Mars 和 van Krevelen 根据萘在 V_2O_5 催化剂上氧化动力学的研究结果，认为萘氧化反应分两步进行：①萘与氧化物催化剂反应，萘被氧化，氧化物催化剂被还原；②还原了的氧化物催化剂与氧反应恢复到初始状态。在反应过程中催化剂经历了还原-氧化循环过程。假定直接与氧化相关的氧物种是氧化物催化剂表面上的 O^{2-}，这个催化过程按下列反应机理进行：

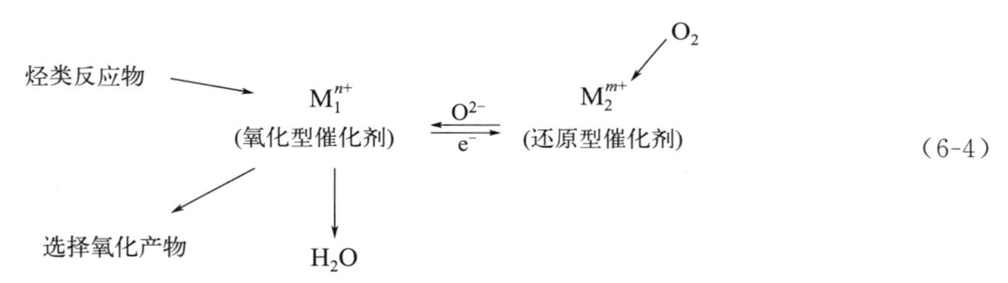

(6-4)

这个机理被称为 Mars-van Krevelen 氧化还原机理。上述反应过程中，萘首先吸附在 M_1^{n+} 活性中心上，形成一个化学吸附物种，该吸附物种与同 M_1^{n+} 相关联的晶格氧反应，得到一个部分氧化产物。由相邻的 M_2^{m+} 中心转移一个晶格氧到 M_1^{n+} 中心上补偿失去的氧，同时在 M_1^{n+} 中心上产生的电子传递给 M_2^{m+}，晶格氧从 M_2^{m+} 转移到 M_1^{n+}（M_1 位氧化，M_2 位还原）。这样，还原-氧化无限重复，使反应进行下去。

从上述过程还可以看出，萘在吸附中心上释放出的电子传递到相邻中心上去，使相邻中心上的氧分子转变为晶格氧，这就要求在催化剂上有两类可利用的中心，其中之一能吸附反应物分子，而另一中心必须转变气相氧分子为晶格氧。通常这类氧化物催化剂由双金属氧化物组成，有时也可由可变价态的单组分氧化物构成，在选择性氧化的条件下，它具有混合氧化物的特征。

现已有许多实验结果表明，氧化-还原循环模式对许多烃类催化氧化反应都是适用的，如在 MoO_3-Bi_2O_3 金属氧化物催化剂上烯烃的氧化。所以，Mars-van Krevelen 氧化-还原机理对烃类在氧化物催化剂上的氧化反应具有较普遍的适用性。

6.3.2 过渡金属氧化物催化剂的酸碱行为

在催化氧化中，表面还原-氧化反应与催化剂接受或给出电子的能力有关。按 Lewis 酸碱概念，Lewis 酸是从 Lewis 碱的非键轨道接受电子对，可类似地想象，催化氧化反应与催化剂表面的酸碱性质也有一定的关系，因为按 Walling 的说法，催化剂的 L 酸强度是它转变碱性分子为其相应共轭酸的能力，即催化剂表面从吸附分子取得电子对的能力。催化剂的 L 碱强度是其表面把电子对给予酸性分子使其转变为相应的共轭碱的能力。然而，如同选择氧化与反应物性质及反应物-催化剂间的电子传递难易有关一样，特定产物的活性和选择性也必然受反应物和催化剂的酸碱性质的支配。所以可以预言，一些可以提供电子的反应物，如烯烃、芳烃等，它们的氧化与催化剂表面的酸性质有关，同样，像羧酸这样的酸性物质，其氧化反应可能与催化剂的碱性相联系。

一个典型的例子是 C_4 烃类选择性氧化中反应物、产物和催化剂酸碱性质关系的研究，其催化剂是 Bi_2O_3-MoO_3-P_2O_5 体系。氨吸附与脱附表明，随着 MoO_3-P_2O_5 中加入少量 Bi_2O_3，催化剂酸性迅速增加，并达到极大值，然后随着 Bi_2O_3 量的进一步增多而降低。CO_2 吸附表明，随着 Bi_2O_3 的逐渐加入，催化剂的碱性持续增加（图 6-13）。在丁烯氧化为丁二烯、丁二烯氧化为顺丁烯二酸酐（MA）的动力学研究中发现，在 Bi_2O_3-MoO_3-P_2O_5 催化剂的酸性最大时，丁二烯氧化为顺丁烯二酸酐的选择性最高，而丁烯转化为丁二烯的选择性曲线在酸性最大处有一个最小值，接着随催化剂的碱性增加而增加，在酸碱性曲线的交点达到最大，此后选择性随碱性的增加而降低。

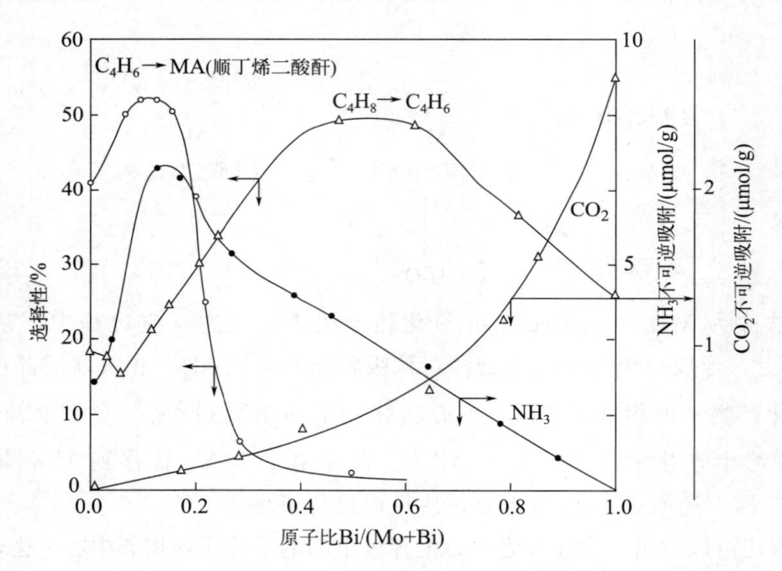

图 6-13 烃部分氧化选择性与催化剂酸碱性质的关系

注：加 Bi_2O_3 到 MoO_3-P_2O_5 中改变组成，P/Mo＝0.2，以 NH_3、CO_2 分别吸附测催化剂酸碱性。

这些实验结果可以进行如下的定性解释：通常，从一个碱性分子移走一个电子所需的能量（离子化电位）小于从酸性分子移走一个电子所需的能量，这样，C_4 烃选择性氧化反应可按反应物和产物的离子化电位高低分成不同的类型，如丁二烯→MA 是 B→A 类；丁烯→丁二烯是 B→B 类（A、B 分别表示酸和碱）。在酸性催化剂上，B→A 类反应有较高的选择性，这可能是由于催化剂的酸性质使碱性反应物容易吸附，而对酸性产物吸附较弱，相对容易脱附，这样就避免了它进一步被氧化为 CO_2 和水。反之，对于碱性催化剂，更有利于从离子化电位较高的反应物到离子化电位较低产物的选择性氧化反应，如 A→B 类反应。此时，反应必须在催化剂的酸性和碱性两种活性中心协同作用下进行，碱性反应物分子在酸性中心上解离吸附，脱掉一个氢，并产生一个烯丙基，这个烯丙基再转移到相邻的碱性中心上去，失去第二个氢，并被选择性氧化为产物。由于产物呈碱性，容易从碱性中心上脱附，并且靠近碱中心的氧可由靠近酸中心的晶格氧取代，气相氧再补充晶格氧。因此，对 B→B 类反应，若想产物有较高的选择性，则要求催化剂具有酸性和碱性两种活性中心。

最后应指出，催化剂的酸碱性质变化对催化反应选择性的影响常常不是通过改变分子中官能团的反应能力，而仅仅是单纯地改变吸附性质，即改变反应物或产物分子在催化剂表面上的停留时间实现。如有机分子在表面上停留时间越长，则可能造成部分氧化产物在脱附之前进一步深度氧化为 CO_2 和 H_2O。选择性氧化的催化剂常常是双组分氧化物或多组分氧化物体系，但这时催化剂的酸碱性质完全不同于单个组分的固有性质。如上例中，在 MoO_3-P_2O_5（P 与 Mo 的原子比为 0.2）中加入 Bi_2O_3，开始体系酸性增加，在 Bi/(Bi+Mo) 原子比为 0.1 时，酸性达到最大，再增加 Bi_2O_3，则酸性下降。又如，添加 P_2O_5 到 V_2O_5 催化剂中，可同时降低酸性和碱性。而添加 SnO_2、P_2O_5、V_2O_5 或 TiO_2 到 MoO_3 催化剂中，当掺入量在 20%～60%时，MoO_3 酸性增加，当掺入量进一步增加时，酸性则降低。较系统地研究催化剂、反应物、产物的酸性性质可以为确定选择性氧化反应的最佳催化剂提供依据。

6.3.3 过渡金属氧化物催化剂表面的氧物种及其作用

(1) 表面氧物种的形式及转换

在氧化-还原催化剂中，催化剂表面的氧物种在反应中起着关键的作用。人们采用电导、功函、电子自旋共振（ESR）测定和化学方法对氧化-还原催化剂表面氧物种进行了深入的研究，普遍认为催化剂表面上氧物种主要有电中性的氧分子物种（O_2）和带负电荷的氧离子物种（O_2^-、O^-、O^{2-}）等。

在以分子氧进行化学吸附时，氧化物的电导不变，而以离子氧形式进行化学吸附时，常常会伴以很明显的电导变化，并且在表面上形成一个负电荷层，在靠近晶体表面层形成正的空间电荷，使功函随之增加。所以可借电导和功函的测量区别可逆吸附的分子氧和不可逆吸附的离子氧。对于离子氧 O^-、O^{2-}，可借助两者在 ESR 谱上的不同位置而相互区别。一个确切的方法是，使用核自旋 $I=5/2$ 的 ^{17}O 同位素，在吸附时，ESR 谱有精细结构。如吸附态为 O^- 物种，其精细结构由 6 条线组成；吸附态为 O_2^- 物种时，由于未成对电子和两个 ^{17}O 核作用，精细结构由 11 条线组成，而离子氧 O^{2-} 可根据吸附时计算的平均电荷数，即化学法确定。

目前，表面吸附氧物种的精确热力学数据还不能给出，但对气相中产生各种氧离子所需的能量做一些粗略的比较还是可以的。气相中形成 O^- 和 O^{2-} 的过程可假定由以下各步实现：

$$\begin{aligned} &1/2O_2(g) \longrightarrow O(g) && \Delta H_1 = 248\ \text{kJ/mol} \\ &O(g) + e \longrightarrow O^-(g) && \Delta H_2 = -148\ \text{kJ/mol} \\ &O^-(g) + e \longrightarrow O^{2-}(g) && \Delta H_3 = 844\ \text{kJ/mol} \\ &1/2O_2(g) + 2e \longrightarrow O^{2-}(g) && \Delta H_4 = 944\ \text{kJ/mol} \end{aligned} \tag{6-5}$$

氧分子首先解离为氧原子，这是一个吸热过程。由于氧具有较高的亲电能力，第一个电子加到中性氧原子上时放出能量，而由 O_2 分子产生两个 O^- 是吸热过程。但由上式看出，由氧分子形成两个 O^{2-} 是一个需要很高能量的过程，这是因为解离氧需要很高的解离能。另外，氧离子 O^- 有很强的电子亲和能，加上第二个电子需要更高的能量，总过程还是一个吸热过程，所以 O^{2-} 在气相中是最不稳定的形式。只有当它存在于相邻的阳离子形成的晶格中才是稳定的，通常不把它看成表面吸附物种，而作为晶格氧。氧在表面上能稳定存在的吸附物种主要有 O^-、O_2^-。

简单的过渡金属氧化物是非计量的化合物，它们的组成与氧的分压有关。在气相中有氧存在时，确定了一系列的平衡，其中形成了各种类型的吸附氧物种，各物种的转换如图 6-14 所示。

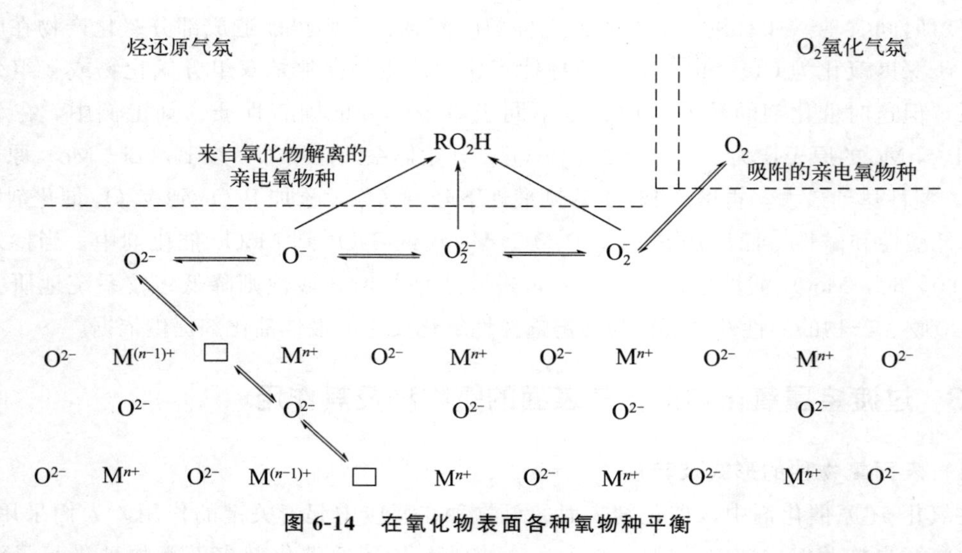

图 6-14 在氧化物表面各种氧物种平衡

可以看出，在转换过程中，氧所带的负电荷逐渐富集，一直到形成 O^{2-} 进入到固体的最表层。由氧分子变为 O^- 和 O^{2-} 所需的能量也逐渐增加，在气相中有氧时，表面上可能形成 O^{2-} 和 O^- 等氧物种。然而在气相中无氧存在时，在表面上也可以形成同样的吸附氧物种，它可能是从固体解离出的晶格氧在转换或还原（如烃类）过程中的中间物。这样，不仅是气相氧，氧化物中的晶格氧也可作为吸附氧物种的来源。

(2) 氧物种在催化反应中的应用

大量实验表明，各种氧物种在催化氧化反应中的反应性能是不一样的，根据氧物种反应性能的不同，可将催化氧化分为两类，一类是经过氧活化的亲电氧化，另一类是以烃的活化为第一步的亲核氧化，如图 6-15 所示。在第一类中，O_2^- 和 O^- 物种是强亲电反应物种，它们进攻有机分子中电子密度最高的部分。对于烯烃，这种亲电加成导致形成过氧化物或环氧化物中间物。在多相氧化条件下，烯烃首先形成饱和醛，芳烃氧化形成相应的酐，在较高的温度下，饱和醛进一步完全氧化。在第二类中，晶格氧离子 O^{2-} 是亲核试剂，它通过亲核加成插入由活化而引起的烃分子缺电子的位置上，达到选择性氧化。

在不同的氧化物表面常常形成不同的氧物种。根据形成的氧物种，可把氧化物分为三类。第一类氧化物的特点主要是具有较多的能提供电子给吸附氧的中心，使吸附氧带较多的电荷呈 O^- 形式。属于此类的过渡金属氧化物为多数，其中的阳离子易于增加氧化度，或是具有低离子化电位的过渡金属阳离子，通常是一些 p 型半导体氧化物，如 NiO、MnO、CoO、Co_3O_4 等。第二类氧化物的特点在于电子给体中心的浓度较低，使吸附氧带较少的负电荷呈 O_2^- 形式，这类氧化物包括一些 n 型半导体，如 ZnO、SnO_2、TiO_2，负载的 V_2O_5 以及一些低价过渡金属阳离子分散在抗磁或非导体物质中形成的固体溶液，如 CoO-MgO 和 MnO-MgO 等。第三类是不吸附氧和具有盐特征的混合物，其中氧与具有高氧化态

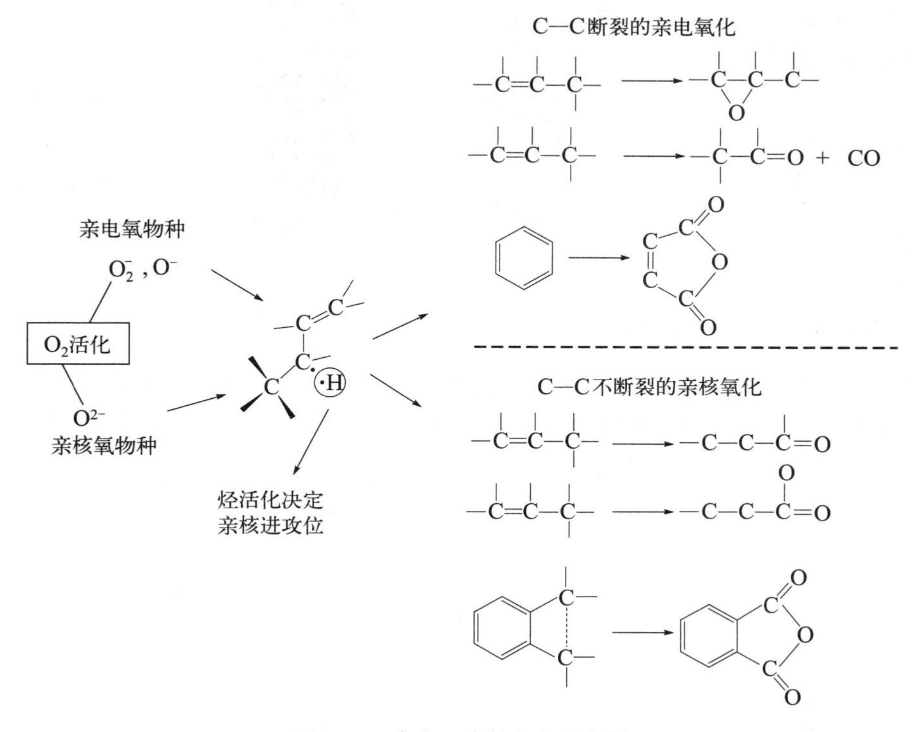

图 6-15　亲电、亲核氧化示意图

的过渡金属中心离子组成具有确定结构的阴离子形式，属于这类的氧化物有 MoO_3、WO_3、Nb_2O_3 和一些钼酸盐、钨酸盐等。不同氧化物上不同的氧物种显示的催化性质列于表 6-3。在氧化物表面上有亲电氧物种 O_2^- 和 O^- 存在时，烃类将发生完全氧化，而在表面上有亲核氧物种 O^{2-} 存在时，则引起选择性氧化。

表 6-3　各种氧化物表面上的氧物种

催化剂	温度范围/K	氧物种
Co_3O_4	293～623	O_2^-
	573～673	O^-
V_2O_5 及 V_2O_5/TiO_2	293～393	O_2^-
	533～653	O^-
	653	O^{2-}
$Bi_2Mo_3O_{12}$	538～673	O^{2-}

6.4 过渡金属氧化物催化剂对反应物分子的吸附和活化

6.4.1 烃类分子的吸附和活化

烃类分子在氧化-还原型金属氧化物催化剂上的键合和活化方式在选择性氧化过程中具有重要的作用。但由于有机分子的复杂性和多样性，相应的键合和活化方式也比较复杂，目前还没有对所有烃类都比较适合的活化模式。这里仅以烯烃为例简单地讨论一下氧化-还原催化剂对烃类的活化方式。

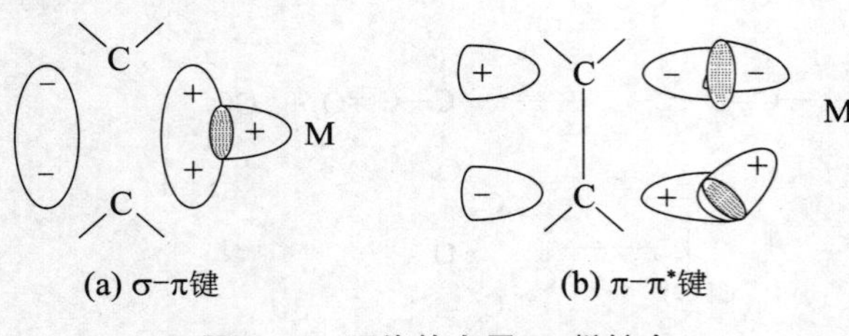

图 6-16　可能的金属 M-烯键合

一般情况下，较简单的烯烃与金属中心形成的表面化学键主要包括两种，一种是烯烃的最高占据 π 轨道和金属的 σ 受体轨道重叠，这些受体轨道可以是 $d_{x^2-y^2}$、d_{z^2}、s、p_z 等，由此形成烯烃-金属原子内的 σ-π 分子轨道，如图 6-16(a) 所示；另一种是充满的金属 π 轨道 d_{xy}、d_{yz}、d_{zx} 的电子给予烯烃最低空 π^* 反键轨道，形成烯烃-金属原子内的 π-π^* 分子轨道，如图 6-16(b) 所示。

烯烃在金属氧化物表面上的吸附，是电子给予体吸附在过渡金属离子上，由于金属离子的 π 反馈能力小于金属，金属氧化物上的吸附比在金属表面上的要弱。

通常，乙烯在金属氧化物上的吸附是 π 配位吸附，如下所示：

$$
\begin{array}{c}
\rangle C{=}C\langle \\
\downarrow \\
-O-M-O- \\
/\,/\,/\,/\,/\,/\,/\,/\,/
\end{array}
$$

π配位吸附

而丙烯、丁烯等还可以发生 H 解离形成 π 烯丙基型吸附。如丙烯在 ZnO 上吸附时，ZnO 中的 O 可从丙烯的甲基中脱去 1 个 α-氢，形成 π 烯丙基型吸附态，如式(6-6) 所示。

$$
CH_3-CH{=}CH_2 + -\overset{|}{O}-Zn-\overset{|}{O}- \rightleftharpoons -\overset{H}{\overset{|}{O}}-\overset{\overset{CH_2\cdots\overset{H}{C}\cdots CH_2}{\downarrow}}{Zn}-O- \tag{6-6}
$$

并且丁烯在氧化物表面上的吸附要复杂得多，因为各种吸附态之间会发生相互转化，如 1-丁烯就有 5 种吸附态，如式(6-7) 所示。

$$
\begin{array}{ccc}
 & \text{1-丁烯（气）} & \\
 & \Updownarrow & \\
 & \underset{*}{\overset{\downarrow}{H_2C{=}CH}}-CH_2-CH_3 & \\
\swarrow\!\nearrow\ (-*,\ +*) & & (+*,\ -*)\ \searrow\!\nwarrow \\
\underset{*}{H} + H_3C\overset{CH-CH}{\cdots}CH_2\ (*) & & \overset{CH_3}{CH-CH}\cdots CH_2\ (*) + \underset{*}{H} \\
\text{对式1-甲基-π烯丙基} & & \text{同式1-甲基-π烯丙基} \\
\Updownarrow\ (+*,\ -*) & & \Updownarrow\ (+*,\ -*) \\
H_3C-\underset{*}{CH{=}CH}-CH_3 & & CH_3-\underset{*}{CH{=}CH}-CH_3 \\
\Updownarrow & & \Updownarrow \\
\text{顺式2-丁烯（气）} & & \text{反式2-丁烯（气）}
\end{array} \tag{6-7}
$$

炔烃在金属氧化物上的吸附有：

$$\begin{array}{c}CH\equiv CH\\ \downarrow\\ O-M-O\end{array},\ \begin{array}{c}H-C\equiv CH\\ |\\ O-M-O\end{array} \rightleftharpoons \begin{array}{c}H\\ C\\ |||\\ C\quad H\\ |\quad |\\ O-M-O\end{array} \tag{6-8}$$

为了确定金属阳离子性质与其活化烯烃能力间的相互关系，人们对各种金属离子烯丙基配合体（类似于丙烯在催化剂上选择性氧化过程中可能形成的中间体）的电荷分布、电子组态、轨道能量进行了计算，结果表明，对 Co^{2+}、Ni^{2+}、Fe^{2+}、Mo^{6+} 这些阳离子，π 烯丙基的电子向金属有相当大的转移，在烯丙基的配位体上显示正电荷；而在 Mg^{2+} 烯丙基配合物中，烯丙基保持中性，表明是一个很弱的键。

不同的金属对烯烃有不同的活化能力，在烯烃选择性氧化中，金属与 π 烯丙基配位体成键的能力是影响催化剂活性的重要因素。然而，烯烃分子活化的另一个必要条件是烯丙基必须找到一个空配位点（即阴离子缺位），使它可能与阳离子相互作用，这样才能较好地活化烃分子。

一个较好的例子是钼酸铋（$Bi_2Mo_3O_{12}$）和钼酸铁（$Fe_2Mo_3O_{12}$）催化性能差异的对比。在钼酸铋和钼酸铁中，金属-晶格氧键强相似，然而钼酸铋是对烯烃氧化具有活性和选择性的催化剂，钼酸铁的催化性能较差。两者在催化行为上的差别可能是由于烯烃与 Bi^{3+} 和 Fe^{3+} 键合方式上的差别。Fe^{3+} 有一个未完全充满的 d 壳层，Fe^{3+} 的 t_{2g} 轨道 d_{xy}、d_{yz}、d_{zx} 仅是部分被填充，而 e_g 的 $d_{x^2-y^2}$、d_{z^2} 轨道是空的，使 Fe^{3+} 容易和烯烃形成图 6-16 所示的 σ-π 键和 π-π* 键。Bi^{3+} 有一个完全充满电子的 d 壳层，在这种情况下，只形成 σ-π 键，这个 σ-π 键是由烯烃充满电子的 π 轨道和 Bi^{3+} 的 s 轨道或 p 轨道所构成，如果金属离子提供的轨道能级高于烯烃 π 轨道能级，这个 σ-π 键可能会使烯烃在催化剂表面上产生适中强度的吸附，使氧化反应容易发生。

Matuura 的研究工作表明，在催化氧化反应中，反应物和催化剂表面间的键强是影响反应的主要因素。图 6-17 是 1-丁烯在各种催化剂上的吸附热与吸附熵的关系。

当烯烃吸附在氧化物表面上的吸附热增加时，即烯烃很强地吸附在催化剂表面上，吸附物种的吸附熵降低，这时吸附物种在催化剂表面上的可动性降低。由吸附熵数据可以看出，吸附在 $Fe_4Bi_2O_9$ 和 Fe_3O_4 上的 1-丁烯是完全非动性的，它们是高转化性但非选择性的催化剂。在 Bi_2MoO_6、USb_2O_{10}、$FeSbO_4$、$FeAsO_4$、Sb_2O_4/SnO_2 等催化剂上吸附的 1-丁烯是中等可动的，这些催化剂具有活性并是选择性的。对于 $FePO_4$，吸附的 1-丁烯在催化剂表面上是非常动性的，这个催化剂的活性较低，但具有选择性。

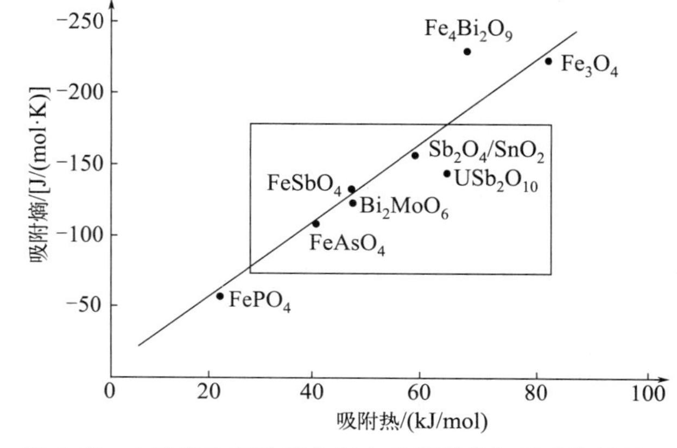

图 6-17 1-丁烯在各种催化剂上的吸附热与吸附熵的关系

（键强用吸附热表示，可动性用吸附熵表示）

6.4.2 H_2 的吸附和反应性

通常情况下，H_2 在过渡金属氧化物上室温下就能发生活化吸附，H_2 在 ZnO 上的吸附如式(6-9) 所示。

$$\begin{matrix} & | & & | \\ — & Zn & — & O & — \end{matrix} \xrightarrow{H_2} \begin{matrix} & H & & H \\ & | & & | \\ — & Zn & — & O & — \end{matrix} \quad (6\text{-}9)$$

在 IR（红外光谱）3489 cm^{-1} 和 1709 cm^{-1} 处分别观察到表面 OH 基和 ZnH 的振动频率，可见这种吸附是 H_2 解离吸附形成的。

与 H_2 解离吸附有关的最基本的反应是 H_2-D_2 交换，在过渡金属氧化物上，H_2-D_2 交换是在解离吸附物种和气相中的 D_2 和 H_2 之间进行的，并且吸附分子在表面上发生迁移。

6.4.3 CO 的吸附和反应性

CO 在过渡金属氧化物表面有可逆和不可逆两种吸附态：可逆吸附的 CO 会以 CO 的形式脱附；不可逆吸附的 CO 以 CO_2 的形式脱附。如室温下 CO 在 ZnO 上的吸附是完全可逆的。一般来说吸附的比例随温度的降低而增大，并且低温下的可逆吸附是快而弱的，而高温下的不可逆吸附则是慢而强的。

过渡金属氧化物表面和吸附 CO 之间的键的性质有如下特点：

① CO 吸附是碳原子一侧与金属氧化物的吸附。从 CO 的分子轨道可知，异核双原子分子 CO 的最高占据分子轨道（HOMO）是由碳原子的 2s 轨道和 $2p_x$ 原子轨道所组成。而这个轨道则被碳原子上原来的孤对电子所占有，因此当 CO 在金属氧化物表面吸附时，只能是碳原子与金属离子之间发生吸附。

② 在金属氧化物表面，由吸附 CO 的碳原子和金属离子成键时，几乎都是由 CO 向金属离子提供电子（σ 键），没有由金属离子向 CO 反键 π^* 轨道反馈电子（π 键）的。这与金属表面吸附 CO 以及金属羰基配合物不同。金属表面吸附 CO 或在金属羰基配合物中，除了和电子给体 CO 形成 σ 键之外，还向 CO 反键 π^* 轨道反馈电子。因此它们的金属-碳键的强度较大，从而使碳-氧键削弱，表现在 CO 碳-氧键的 IR 伸缩频率向低波数一侧位移。通常都低于气相 CO 碳-氧键 IR 伸缩频率 2143 cm^{-1}，而金属氧化物表面吸附 CO 时，由于只有表面 σ 键不涉及 CO 的反键 π^* 轨道，其 CO 碳-氧键 IR 伸缩频率一般出现在 2200 cm^{-1} 附近的高波数处。

③ 金属氧化物表面吸附 CO 时，CO 是电子给体，因此，当 CO 在 n 型半导体吸附时，电导率将有所增大，在 p 型半导体上吸附时则相反，电导率会减小。

关于金属氧化物表面 CO 的反应，以 CO 的催化氧化最具代表性，在这个反应中，金属氧化物表面吸附 CO 和表面氧物种 O^- 的反应性最高，其反应可表示为：

$$CO + O^- \longrightarrow CO_2 + e \quad (6\text{-}10)$$

该反应已在由 N_2O 分解生成的 O^- 氧化时得到确证。有研究表明，在 MoO_3/SiO_2 催化剂上用 N_2O 氧化 CO 时，在 0～120 ℃下即发生反应。MoO_3/SiO_2 催化剂在低温下就有氧化活性是由于 N_2O 生成的 O^- 与 CO 反应的结果。

6.4.4 NO 的吸附和反应性

NO 比 CO 多一个价电子，存在于反键轨道 π^* 上，因此 NO 在过渡金属氧化物上的吸附及其与金属离子的配位比 CO 复杂。可以因 π^* 电子的转移而形成 NO^+（三重键）、NO^-（二重键）等多电子状态。同时，NO 中的 N 原子一侧还存在高轨道能的孤对电子，这样的电子对可以作为电子的给体，与金属离子配位也相当容易。所以，它们可以和金属离子形成

诸如 $M^{(n-1)+} \longleftarrow NO^+$、$M^{n+} \longleftarrow NO$、$M^{(n+1)+} \longleftarrow NO^-$ 等多种配合物，并且从金属离子向 NO 反馈电子。

在 NO 作为配位体时，NO^+ 型配位为线性的 M—N—O，N—O 键的 IR 伸缩频率为 1900～1700 cm^{-1}，而 NO^- 型配位则为弯曲的 M—N—O，键角为 120°，N—O 键的 IR 伸缩频率为 1720～1520 cm^{-1}，因此，NO^- 型吸附中 N—O 键较弱，易发生断裂。

关于 NO 的反应性，已知它在分解、氧化、还原等反应中都有活性，其中从催化消除 NO_x 来看，最理想的是 NO 分解成 N_2 和 O_2。这个反应在热力学上是可行的，但目前尚未开发出在温和条件下对该反应有实用价值的催化剂，在还原的催化剂表面上，NO 发生分解生成 N_2 和 N_2O，而氧残留在催化剂上则使表面氧化而失活。由于 NO 在还原表面上的分解反应通常在 100 ℃左右就能发生（如在 Ni、Ru 表面），所以，为了在还原状态下使其分解，就必须将残留在表面上的氧除尽，然而这又要在相当高的温度下进行，因此在实际反应中常采用和 H_2、NH_3、CO 等还原剂共存，在催化剂表面保持还原状态的条件下让 NO 分解。

6.5 典型过渡金属氧化物催化剂及其应用

6.5.1 V_2O_5 催化氧化制邻苯二甲酸酐

(1) 邻苯二甲酸酐制备工艺简介

邻苯二甲酸酐，俗称苯酐、酞酸酐、1,3-异苯并呋喃二酮。苯酐属芳香族羧酸，可代替邻苯二甲酸使用，是一种重要的基本有机化工原料，用途十分广泛，主要用于制造增塑剂、聚酯树脂和醇酸树脂。国内苯酐最主要的用途是生产邻苯二甲酸酯类增塑剂，如邻苯二甲酸二辛酯、邻苯二甲酸二丁酯、异辛酯、环己酯和混合酯等，该类增塑剂大量用于聚氯乙烯塑料制品的加工；苯酐还可以用于不饱和聚酯的生产，在染料工业中用以合成蒽醌。

苯酐的生产有萘氧化法和邻二甲苯氧化法两种工艺路线。20 世纪 80 年代以前，萘氧化法占主导地位，但由于萘原料的来源受到限制，从而影响苯酐工业的正常发展。随着我国石油化学工业的发展，目前大都采用邻二甲苯氧化法。

邻二甲苯固定床催化氧化法制备邻苯二甲酸酐技术具有原料易得的特点，现正向低温、高收率、高负荷、高选择性和低空烃比方向发展。催化剂负荷已达到 200 g/(Lcat·h)；进料气浓度从 60 g/m^3 提高到 75～85 g/m^3，Lurgi 公司开发了进料浓度为 100 g/m^3 工艺，采用 Wacker 公司高效催化剂，并于 1996 年进行工业化生产；BASF 公司正在开发进料浓度 105 g/m^3 的催化剂。国内从 20 世纪 50 年代中期开始生产苯酐，直至 20 世纪 80 年代仍以萘氧化法工艺为主。从“七五”开始，先后引进了国外邻二甲苯氧化法固定床工艺，自行研制的苯酐催化剂已用于万吨级大生产装置。

此外，副反应生成苯甲酸、顺丁烯二酸酐等。该反应为强放热反应，因此选择适宜的催化剂（高活性和高选择性）和移出反应热以抑制深度氧化反应是工艺过程的关键，该反应一般采用的是以五氧化二钒为主的钒系催化剂，由此开发了多种不同的生产方法。

工业上由邻二甲苯制苯酐主要有 3 条工艺路线，即固定床气相氧化法、流化床气相氧化法和固定床液相氧化法。其中，固定床气相氧化法根据采用的催化剂和反应条件的不同，又分低温低空速法、高温高空速法和低温高空速法。目前苯酐生产工艺中，主要采用低温高空速法，以BASF法的应用最为广泛；其次是流化床气相氧化法。新建工厂大都采用固定床低温高空速法节能新工艺。国内引进的邻二甲苯法装置，也都是采用BASF公司低温高空速法，此法系德国BASF公司开发的技术，最初为低温低空速法；1968年改为低温高空速法；近年来，又开发成功60 g苯酐新工艺。

低温高空速法工艺过程为：将已过滤净化的空气压缩预热后，与经预热并借助热空气喷射而汽化的邻二甲苯混合，通入内装有活性组分为V_2O_5/TiO_2的环状高负荷型催化剂的列管式反应器中，在催化剂作用下，邻二甲苯被空气氧化为苯酐气体。苯酐和空气的混合气经冷凝器冷凝后送到分离系统，使合成的粗苯酐经高效热熔冷凝器冷凝、热熔后进入贮槽，然后由贮槽泵入预分解器，在分解器内被溶解的少量邻苯二甲酸经脱水转化为苯酐，用泵将其打到连续蒸馏系统，在第一蒸馏塔内使顺酐和邻苯二甲酸在减压下从塔顶馏出，塔底物再经蒸发器进入第二蒸馏塔，经减压蒸馏、冷凝而得苯酐成品，含量≥99.3%。

(2) V_2O_5催化剂结构和催化机理

邻二甲苯制苯酐的催化反应如下：

$$C_6H_4(CH_3)_2 \xrightarrow[360\sim390\ ℃]{3O_2} C_6H_4(CO)_2O + 3H_2O + 1108.7\ kJ/mol \tag{6-11}$$

$$C_6H_4(CH_3)_2 \xrightarrow[360\sim390\ ℃]{5O_2} 8CO_2 + 5H_2O + 4379.4\ kJ/mol \tag{6-12}$$

邻二甲苯完全氧化的反应热为邻二甲苯部分氧化成苯酐的反应热的4倍左右，而在列管式反应器内氧化反应所产生的反应热在1300～1800 kJ/mol。

总体上可接受的催化氧化制苯酐的反应机理是“Redox”机理：

① 氧化态的催化剂（Cat-O）与烃类（R）之间发生反应，氧化态的催化剂被还原：

$$\text{Cat-O} + R \longrightarrow \text{Cat} \tag{6-13}$$

② 还原态的催化剂（Cat）与气相中的氧反应，还原态的催化剂被氧化：

$$2\text{Cat} + O_2 \longrightarrow 2\text{Cat-O} \tag{6-14}$$

在稳定状态下，这两步反应的速率是一样的。芳烃的催化氧化是利用空气中的氧进行反应的，属于气-固相催化反应。因此要求催化剂能同时吸附芳烃和氧，且具有将气态氧转化为晶格氧的能力。芳烃的结构特征是苯环比较稳定，一般不易氧化。但若在环上引入一个支链后其氧化倾向性增大，且随着支链的碳链增长、支链数增加，特别当链在环上不对称时，其氧化速率增大。由于苯环具有共轭体系特征，要求催化剂必须能削弱芳烃中的共轭体系的活性中心，通过对反应物的吸附，催化剂表面的活性中心与反应物络合，削弱芳环的共轭体系，才有利于邻二甲苯的氧化。

从络合催化理论可知，具有前沿d轨道的过渡金属离子能接受电子进行络合而削弱共轭体系，这类催化剂为具有前沿d轨道的过渡金属化合物的固体盐或氧化物，它们的晶体结构一般存在着表面缺位（空配位），反应物分子能络合于缺位上并被活化，可适应芳烃氧化制苯酐对催化剂的要求。

最初用于邻二甲苯氧化制苯酐的催化剂是以 V_2O_5 为基础的，但由于该催化剂在邻二甲苯高浓度的情况下效率较低，因此，随后又开发了以 V_2O_5/TiO_2 为基础的球状载体催化剂。随着邻二甲苯氧化工艺中邻二甲苯处理量从“40 g”向“60～100 g”转移，对催化剂性能提出了更高的要求。因此，现在邻二甲苯氧化制苯酐的工业化催化剂的制备方法是在惰性、无孔的载体上（球状或环状）涂一薄层催化剂，催化剂层的组成为 V_2O_5/TiO_2。

V_2O_5 被广泛应用在催化氧化反应中，特别是不饱和键的氧化，这是因为 V_2O_5 是一种缺少负离子的非化学计量化合物。V_2O_5 中的 V∶O 原子比不是 2∶5，而是氧缺少些，如图 6-18 所示。

当 V_2O_5 中 O^{2-} 缺位出现时，由于晶体要保持电中性，O^{2-} 缺位（符号□）束缚电子形成[e]，同时[e]附近的 V^{5+} 变为 V^{4+}，[e]称为 F 中心。随着温度的升高，F 中心被束缚的电子更多地变为准自由电子，因此 V_2O_5 是 n 型半导体。在反应过程中，V_2O_5 供［O］后，变为 V_2O_4。

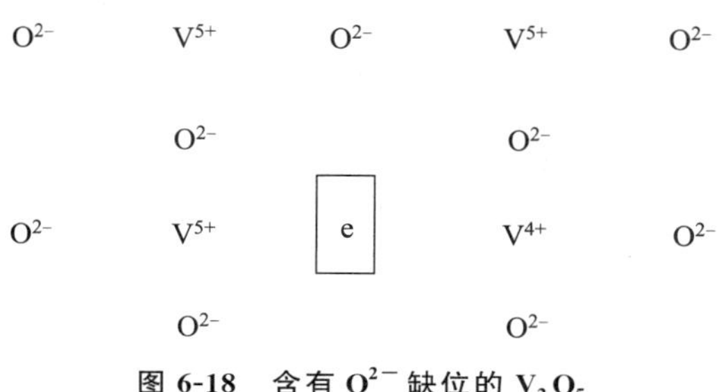

图 6-18 含有 O^{2-} 缺位的 V_2O_5

V_2O_4 的次外层有一个未成对的 3d 电子，在含有氧的气氛中，它很容易捕获氧分子而氧化成 V_2O_5，即 V_2O_4 有“抓氧”的能力。通过 V^{5+} 供［O］和 V^{4+} 对氧的吸附，达到氧化还原平衡，使催化剂的活性得以实现。

由于 V_2O_5 是一种非计量化合物，表面存在缺位（空配位），反应物分子被配位于缺位上，并被活化。V^{5+} 的空 d 轨道具有拉电子能力，通过络合作用对苯环的 π 键产生络合而使苯环化学松弛，进而发生氧化反应。

V_2O_5 晶体属斜方晶系，每个钒原子与六个氧原子配位，晶体中每个 V^{5+} 周围有六个氧负离子 O^{2-} 构成畸变形八面体，如图 6-19 所示。六个氧原子中，有四个平行于（001）晶面，并通过氧原子相互联成网状结构。六个 V—O 键分成 O_0、O_{I}、O_{II} 三种，其中 V—O_{I} 键具有双键的性质，可表示为 V═O，这种以双键联结的氧原子，具有较大的氧化能力，容易参与表面上的催化反应，体现了 V_2O_5 的供氧能力。当 V_2O_5 变为 V_2O_4 后，失去晶格氧的 V_2O_4 以其强还原性吸附空气中的氧分子又被氧化为 V_2O_5，如此交替进行。V_2O_5 既提供了强的供［O］中心，又提供了 O_2 的吸附中心，故 V_2O_5 是具有良好选择性的催化剂。

6.5.2 Bi_2O_3-MoO_3 催化丙烯氧化制丙烯酸

(1) 丙烯酸制备工艺简介

丙烯酸是最简单的不饱和羧酸，是重要的有机化工中间体，主要用于生产丙烯酸酯类化合物和共聚物，广泛应用于建筑、造纸、皮革、纺织、塑料加工、包装材料、日用化工、水处理、采油和冶金等领域，还应用于石油开采助剂、油品添加剂、塑料和橡胶的改性剂等方面。丙烯酸的工业生产经历了多个阶段，目前基本采用丙烯氧化法。由于丙烯廉价易得，两步氧化法工艺很快为工业界所接受，其主要反应方程式如下：

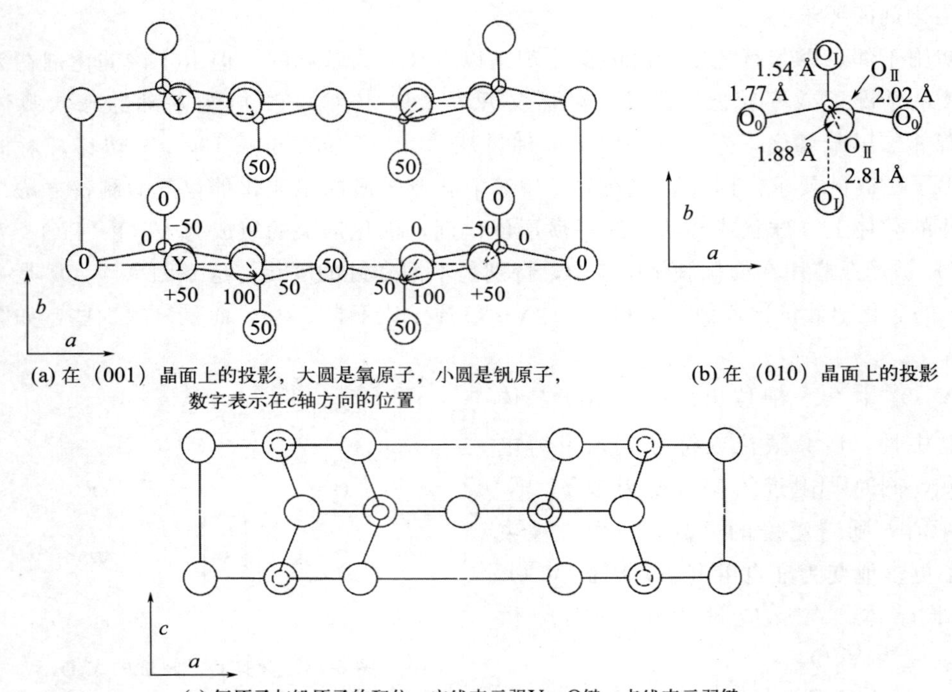

(a) 在（001）晶面上的投影，大圆是氧原子，小圆是钒原子，数字表示在c轴方向的位置

(b) 在（010）晶面上的投影

(c) 氧原子与钒原子的配位，实线表示强V—O键，点线表示弱键

图 6-19　V_2O_5 的晶体结构

注：1 Å＝0.1 nm。

第一步的主反应为：

$$CH_2{=}CHCH_3 + O_2 \longrightarrow CH_2{=}CHCHO + H_2O \tag{6-15}$$

第一步的副反应为：

$$2CH_2{=}CHCH_3 + 7.5O_2 \longrightarrow 3CO_2 + 3CO + 6H_2O \tag{6-16}$$

$$CH_2{=}CHCH_3 + 2.5O_2 \longrightarrow CH_3COOH + CO_2 + H_2O \tag{6-17}$$

第二步的主反应为：

$$CH_2{=}CHCHO + 0.5O_2 \longrightarrow CH_2{=}CHCOOH \tag{6-18}$$

第二步的副反应为：

$$2CH_2{=}CHCHO + 5.5O_2 \longrightarrow 3CO_2 + 3CO + 4H_2O \tag{6-19}$$

$$4CH_2{=}CHCHO + 4H_2O + O_2 \longrightarrow 8HCHO + 2CH_3CHO \tag{6-20}$$

1969 年美国 UCC 首先从英国 BP 公司引进技术建厂生产。国内目前的丙烯催化氧化法制丙烯酸工艺水平已经达到国际先进水平。目前工业生产中应用的丙烯两步氧化技术主要有：日本触媒技术、三菱化学技术、日本化药技术、BASF 技术等。最早开发丙烯两步氧化成套工艺的是 Sohio 公司，之后日本 Nippon Shokubai 公司和三菱化学公司开发的工艺技术水平超过 Sohio 工艺。三菱化学技术的工艺特点是以高浓度丙烯为原料，丙烯酸单程收率高于 87%，未反应的丙烯或丙烯醛不循环使用。两台串联的固定床反应器中分别采用 Mo-Bi 系和 Mo-V 系催化剂。第一步丙烯氧化为丙烯醛的催化剂主要为含有 Mo 和 Bi 等元素的复合氧化物催化剂；第二步丙烯醛氧化为丙烯酸的催化剂主要为含有 Mo 和 V 等元素的复合氧化物催化剂。在粗丙烯酸的精制工艺中，该公司提出通过控制精馏塔底部产物中水的质量

分数为0.05%～0.30%和共沸剂的质量分数为6%～15%，来避免丙烯酸在共沸精馏塔中发生聚合。

典型的循环法丙烯氧化反应工艺流程如图6-20所示，来自吸收塔顶部的定量循环气体与定量新鲜空气（需加热）在混合器1混合后进入压缩机，经压缩机送至混合器2，与丙烯混合成反应原料气。经过一段反应器，生成丙烯醛及少量丙烯酸和乙酸、碳化物 CO_x 等副产物，再经急冷后进入二段反应器，丙烯醛进一步氧化生成丙烯酸，同时伴有多种副产物生成。二段反应后的气体，经冷却器降温后进入吸收塔进行吸收处理。反应热由热载体带出，经过循环泵送至废热锅炉，降温后返回反应器，热量在废热锅炉中以水蒸气的形式被回收。热载体流量由反应温度控制系统根据反应温度要求进行调节。

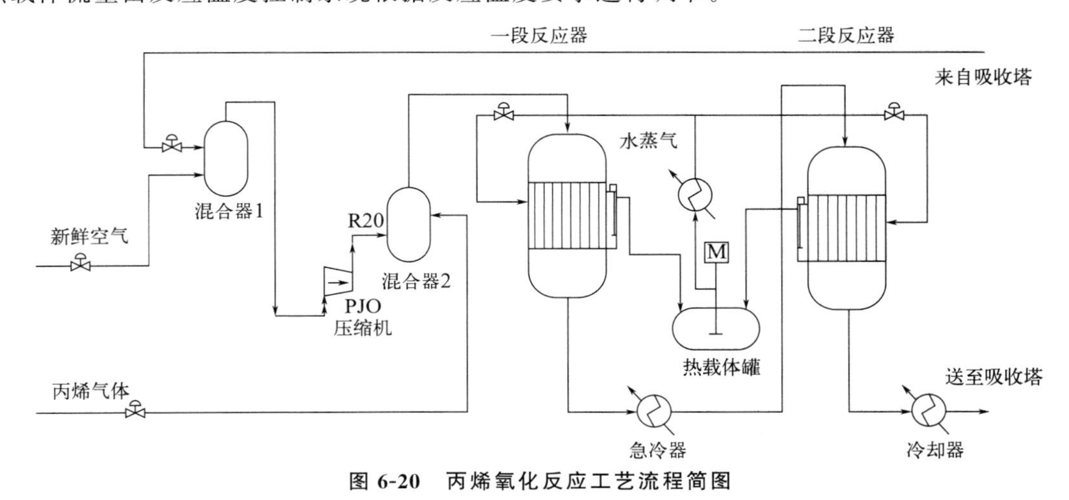

图6-20 丙烯氧化反应工艺流程简图

工业上主要采用两步反应法，以便于优化催化剂组成和条件，提高催化剂选择性。丙烯转化为丙烯醛的副产物有丙烯酸、CO_2 及少量乙醛、乙酸等；丙烯醛氧化为丙烯酸的副产物有乙酸、甲醛、丙烯醛、丙酸、丙烯酸二聚体等。丙烯酸的分离工艺流程中，经过两段反应后的丙烯酸气体一般采用吸收的方法来进行收集，然后经过精馏提纯。

（2）催化剂结构及催化机理

丙烯氧化制丙烯醛的 Bi_2O_3-MoO_3 催化剂有三种变体：Bi_2MoO_6（$Bi_2O_3 \cdot MoO_3$，γ相），其中Mo为八面体；$Bi_2Mo_2O_9$（$Bi_2O_3 \cdot 2MoO_3$，β相），其中Mo有八面体和四面体两种；$Bi_2Mo_3O_{12}$（$Bi_2O_3 \cdot 3MoO_3$，α相），其中Mo只有四面体。它们中活性最高、选择性最好的是八面体结构的钼酸盐离子 $[MoO_6]^{6-}$，具有Mo═O键。当钼酸铋或 MoO_3，在300～500 ℃与丙烯接触时，产生由还原形成的 Mo^{5+} 引起的电子自旋共振信号，但丙烯和氧分子两者都存在时，则不出现这种信号。铋有双重功能，首先它能被还原，使Mo再氧化成 Mo^{6+}，其次可保持Mo对氧原子的结构状况，有利于Mo离子的催化作用。

Bi_2O_3-MoO_3 催化剂的结构特征是由 Bi_2O_3（用B表示）与 MoO_3（用A表示），通过 nO^{2-}（用O表示）连接起来的层状结构。在 MoO_3 层面中，Mo^{6+} 是六配位。α、β、γ各相的层面叠构是：

α BOAOAOAOBOAOAOAO…

β BOAOAOBOAOAO…

γ BOAOBOAO…

丙烯氧化生成丙烯酸的催化反应机理目前尚在研究，一般认为，丙烯氧化过程中，丙烯先脱掉一个氢原子而形成烯丙基，然后烯丙基继续脱掉一个氢原子并与催化剂晶格氧作用而生成丙烯醛，即：

$$CH_2{=}CHCH_3 \xrightarrow{-H} CH_2{=}CHCH_2\cdot \xrightarrow{[O]} CH_2{=}CHCHO \tag{6-21}$$

以 Mo-V 体系为催化剂的反应历程首先是丙烯醛羰基氧上的孤对电子与催化剂 Mo^{6+} 配位，这个步骤活化能几乎为零，钼-丙烯醛配合物形成的同时，丙烯醛醛基上的 C—H 键因电子的迁移形成氢的质子化，然后羰基碳与催化剂氧发生作用生成一种不稳定的丙烯酸盐类负离子 $\left[H_2C{=}CH{-}C{\genfrac{}{}{0pt}{}{O}{O}}\right]^-$。

这种丙烯酸盐类负离子的稳定化中心为催化剂的 V^{4+}，丙烯酸盐类负离子解离成丙烯酸的过程为反应的控制步骤。所以要使丙烯酸收率高，必须注意严格控制反应条件及进料组成。丙烯氧化制丙烯醛的反应机理是自由基的反应过程，首先丙烯与 Mo-Bi 系催化剂接触形成 π 键；然后丙烯上的甲基氢吸引 Bi 原子上的氧形成羟基，丙烯甲基上的碳吸引 Mo 原子上的氧，形成丙烯醛；最后，还原后的 Mo-Bi 系催化剂与氧气发生氧化反应，Mo-Bi 系催化剂恢复活性。整个过程的反应方程式如式(6-22) 所示。

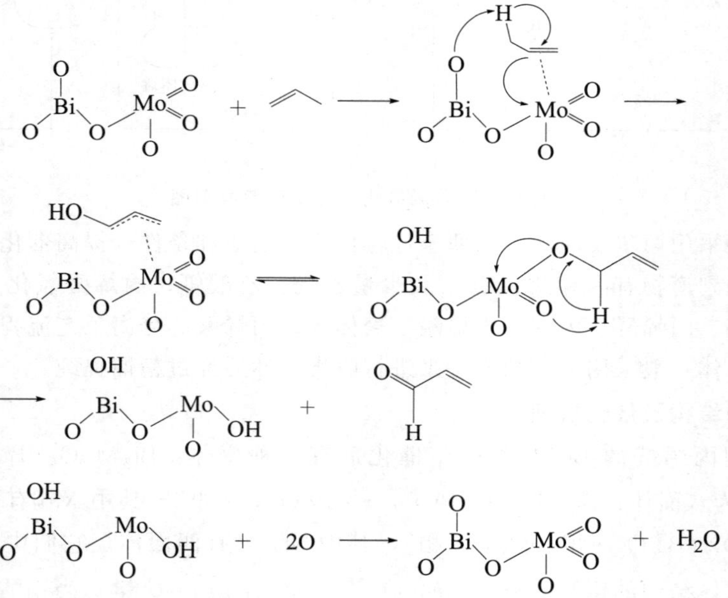

(6-22)

丙烯醛氧化制丙烯酸的反应机理也属于自由基过程，化学反应过程如下：

$$CH_2{=}CHCH_3 \longrightarrow CH_2{=}CHCH_2\cdot + H\cdot \tag{6-23}$$

$$H_2O \longrightarrow OH\cdot + H\cdot \tag{6-24}$$

$$O_2 \longrightarrow 2O\cdot \tag{6-25}$$

$$CH_2{=}CHCHO + OH\cdot \longrightarrow CH_2{=}CH\overset{\overset{O}{\|}}{C}{-}OH + H\cdot \tag{6-26}$$

6.5.3 MO_3 基双金属氧化物催化丙烯氧化制丙酮——双功能催化作用

丙烯除了经过烯丙基中间体氧化为丙烯醛外，在低温和水蒸气存在下，在一些催化剂上还发生另外一种类型的氧化反应生成丙酮。生成该产物的催化剂主要是 MoO_3 和另一种金属氧化物如 Co_3O_4、TiO_2、Fe_2O_3、Cr_2O_3 和 SnO_2 等组成的双金属氧化物催化剂，其中以 SnO_2-MoO_3（Sn 与 Mo 之比为 9）催化剂的性能最佳，在 388～408 K 之间，催化剂将 3%～9%的丙烯转化为丙酮，选择性约为 90%。这种催化剂也可使 1-丁烯和 2-丁烯选择性地转化为甲乙酮，异丁烯转化为叔丁醇，2-戊烯转化为甲基异丁基酮与二乙基酮的混合物。

上述一些催化剂，如富钼的 SnO_2-MoO_3 和 Fe_2O_3-MoO_3 等，可作为烯丙基氧化催化剂，然而在低温和水存在下，却没有发现烯丙基氧化产物——丙烯醛，而发现了丙酮，由此得出在不同条件下两类氧化反应的机理不同。

丙烯在双氧化物催化剂上，特别是在 TiO_2-MoO_3 上，产生相当量的异丙醇，反应温度越低，得到的醇也越多。另外，一些醇在这些催化剂上能形成烯，说明这些催化剂是有水合能力的。Ozaki 的研究工作表明，丙酮生成速率和表面酸浓度成线性关系（图 6-21），这与烯烃水合是由酸催化的公认看法相一致。

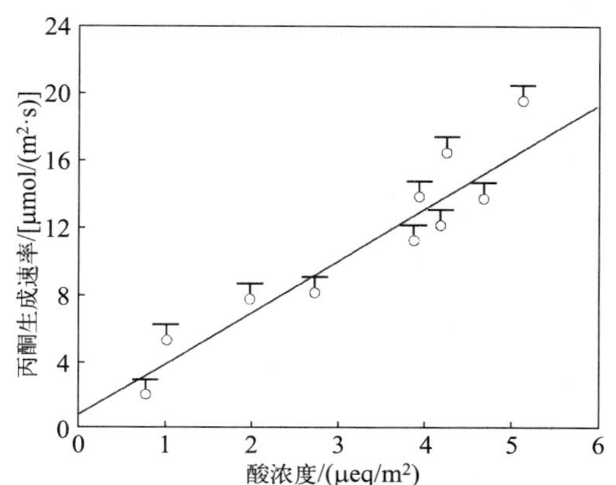

图 6-21 丙酮生成速率与酸浓度的关系

注：本图源自文献，原文献中酸浓度单位使用 μeq/m²，故本书中不作修改。

同时，在这些催化剂上以及与烯烃氧化相同的条件下，醇易氧化为醛和酮，说明这些催化剂也具有氧化能力。Ozaki 进一步研究了在 SnO_2-MoO_3 催化剂上，有 $H_2{}^{18}O$ 存在时，丙烯氧化过程中氧进入产物的途径。通常的氧化反应中，氧原子进入氧化产物有两种不同的途径，一种是从气相的氧分子进入反应产物，另一种是从 H_2O 分子进入反应产物。

$$R+1/2O_2 \longrightarrow RO \tag{6-27}$$

$$R+1/2O_2+H_2O^* \longrightarrow RO^*+H_2O \tag{6-28}$$

实验结果是，标记的氧加到产物酮上，生成 $CH_3C^{18}OCH_3$，而没有加到与酮同时产生的丙烯醛上。这些结果说明，在催化剂表面上存在两种不同类型的活性氧，一种来自水分子，一种来自分子氧。丙酮分子中的氧是来自 H_2O，不是来自分子氧，而丙烯醛中的氧是来自后者。由于在水存在下，分子氧在氧化物催化剂表面解离吸附后容易形成羟基：

$$1/2O_2+H_2O \xrightarrow{\text{氧化物催化剂}} 2—OH \tag{6-29}$$

—OH 提供质子，使催化剂表面具有 B 酸性，—OH 与烯作用形成加成产物，并由此引起进一步的反应：

$$CH_2=CH-CH_3 + \underset{\text{////}}{\overset{H}{\overset{|}{O}}} \rightleftharpoons \left[CH_3-\underset{\underset{\text{////}}{O}}{\underset{|}{C}H}-CH_3\right] \tag{6-30}$$

$$\left[CH_3-\underset{\underset{\text{////}}{O}}{\underset{|}{C}H}-CH_3\right] + H_2O \rightleftharpoons \left[CH_3-\underset{OH}{\underset{|}{C}H}-CH_3\right] + \underset{\text{////}}{\overset{H}{\overset{|}{O}}} \tag{6-31}$$

$$\left[\begin{matrix}CH_3-\underset{\displaystyle OH}{\underset{|}{CH}}-CH_3\end{matrix}\right] + O \longrightarrow CH_3-\underset{\displaystyle O}{\underset{\|}{C}}-CH_3 + H_2O \tag{6-32}$$

这是一个与α-H氧化完全不同的机理，这里假定反应是由水合和氧化脱氢两步完成。第一步是酸催化形成碳正离子，后者水合形成醇中间物；第二步是醇氧化脱氢形成酮。有的作者认为，酸催化的活性中心是由两个氧化物结合形成的酸中心，该催化剂具有双功能催化作用。

6.6 过渡金属氧化物催化剂新进展

过渡金属氧化物催化剂在实际生产中扮演着重要的角色，可用作主催化剂、助催化剂和载体。在清洁能源转化与存储方面，例如氢气生产装置、超级电容器、二次离子电池等，过渡金属氧化物因其具有高的电化学活性、低成本、环境友好、安全等优势而广泛地应用于多种电催化和电极材料中，并且可以通过多种改性方法，例如形貌控制、缺陷工程、材料复合等方法对过渡金属氧化物的电化学活性进行调控。在挥发性有机污染物去除方面也发挥着重要的作用，挥发性有机污染物具有较高的蒸气压、低的水溶性、高毒性，且可作为臭氧或光化学烟雾的前驱体。过渡金属氧化物作为催化剂，可将挥发性有机污染物氧化成CO_2和H_2O。为提高该过程的催化效率，大量的研究集中在过渡金属氧化物催化剂比表面积、孔结构、氧空位和还原性等方面。在烷烃高效催化转化生产高附加值产品方面，过渡金属氧化物催化剂也展现出良好的应用前景。

烷烃分子的极性较弱，具有较强内结合力的饱和烃类与许多催化剂表面的相互作用弱，导致初始C—H键断裂的能垒较高，需要较高的温度才能实现可观的反应速率。具有不饱和配位的过渡金属氧化物及其氧原子可高效活化烷烃中的C—H键。不饱和金属原子使烷烃分子具有较强的化学吸附，而不饱和配位的O原子作为H原子的受体。IrO_2表面因具有高的C—H键断裂能力而被广泛关注。实际上，IrO_2是已知唯一能在室温以下（约100 K）活化CH_4和其他轻质烷烃分子并产生高覆盖度C_xH_y物种的金属氧化物。重要的是在烃类选择性转化生产高附加值产品中，这些烃类中间体在较宽温度范围（100～400 K）内可保持稳定。因此，研究IrO_2基催化剂材料结构调控对烷烃分子中C—H键断裂能力的影响是当下的研究热点。一般研究者采用实验与DFT计算相结合的方法从分子尺度上理解烷烃分子C—H键活化机制。

燃料电池因其清洁无污染以及能源转换效率高等优点，被认为是最有前景的未来新型能源转换装置。其中，质子交换膜燃料电池的核心部件——电堆的功率仍然受到极大限制。在电堆中，氧气和氢气分别在阴阳极两端发生还原和氧化反应。其中，氧气发生还原反应生成水的反应即氧还原反应（ORR），由于其复杂的多电子得失以及耦合质子转移过程，电极反应动力学缓慢，成为制约电堆功率提升的关键因素。因此，开发高性能的ORR催化剂意义重大。这类非贵金属过渡金属氧化物催化剂已被广泛地研究和开发用于取代铂基催化剂，然而，这些非贵金属催化剂由于其稳定性问题，很难在具有严酷的酸性环境的质子交换膜燃料电池（PEMFC）中被充分利用，使得它们的活性以及耐久性仍远低于铂基催化剂。需要注意的是，由于大多数过渡金属氧化物都是半导体，因此作为电化学反应催化剂时，还需要提高其电导率，增强电子的传输能力。一方面通过将过渡金属氧化物与金属纳米颗粒、碳基材料和导电聚合物等导电材料复合来提高催化剂整体的导电性。另一方面，过渡金属氧化物自身的禁带宽度也不宜太宽，其能级结构也需要与 ORR 反应中的相关物种包括中间体相匹配，通过掺杂和引入氧空位等原子层面上的调控方式可有效地调控过渡金属氧化物本身的导电性。

思考题

1. 列举常见的 n 型半导体和 p 型半导体催化剂种类，并简述其工业应用现状。
2. 阐述过渡金属氧化物的表面与体相组成不一样的原因。
3. 简述半导体掺杂原则。
4. 简述氧物种在催化氧化反应中的作用。
5. 简述 d 电子构型、金属-氧键和晶格氧与催化活性的关系。

第7章 过渡金属有机配合物催化剂与配位催化作用

过渡金属有机化学经历了漫长而曲折的发展道路，金属有机化学历史上第一个金属有机化合物是1827年发现的Zeise盐，它是过渡金属有机配合物，但是直到1951年二茂铁发现后，研究人员才开始积极从事过渡金属有机化学的基本理论和应用研究。其后的研究表明过渡金属有机配合物在有机合成、烯烃聚合、功能材料制备及生物学等方面起着至关重要的作用。

7.1 过渡金属有机配合物理论与催化

用于说明和解释过渡金属有机配合物结构和性能的理论主要是晶体场理论和分子轨道理论，其中分子轨道理论是在晶体场理论的基础上结合分子轨道法而发展起来的。

7.1.1 晶体场理论

在有些配合物中，中心金属周围被按照一定对称性分布的配位体包围形成一个结构单元。配位场就是配位体对中心离子作用的静电势场。配位体有各种对称性排布，遂有各种类型的配位场，如四面体配位化合物形成的四面体场、八面体配位化合物形成的八面体场等。

晶体场理论的要点如下：

① 晶体场理论是静电作用模型，配合物的中心金属（M）和配位体（L）的相互作用类似离子晶体中正负离子的静电作用。

② 中心金属价层中能量相等的5个d轨道，受到配位体所产生的晶体场影响而发生能级分裂。例如，对于八面体场，由于配位体静电场的作用，中心金属原来能量相同的5个d轨道分裂为两组，一组为能量较高的$d_{x^2-y^2}$、d_{z^2}轨道，称为e_g轨道，另一组为能量较低的d_{xy}、d_{xz}、d_{yz}轨道，称为t_{2g}轨道。这两组能级间差值称为晶体场分裂能Δ_0，如图7-1所示。d轨道能级分裂的结果及分裂能的

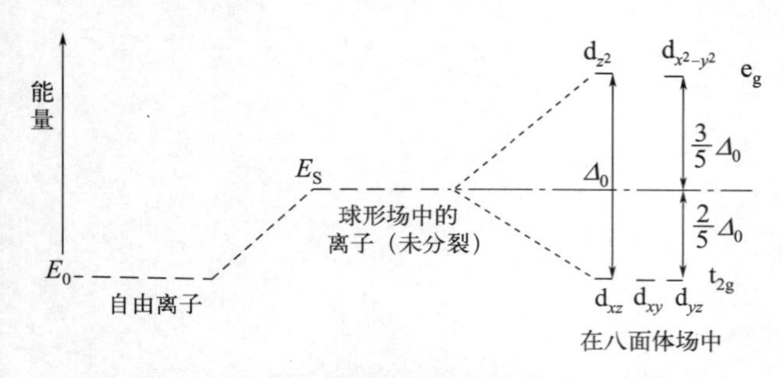

图7-1 中心金属在八面体场中的能级分裂

大小与配合物的几何构型密切相关。

③ d轨道能级的分裂导致d轨道上的电子重新排布，从而使整个体系总能量降低，配合物稳定。

晶体场理论可解释过渡金属有机配合物的结构、光谱、稳定性及磁性等，但不能解释结构复杂的过渡金属有机配合物的形成与性质，原因在于它未考虑过渡金属的原子轨道与配位体轨道之间重叠形成的共价键。因此对于中心金属和配位体之间有显著重叠的共价配合物，要更真实地反映其化学键性质、解释结构复杂的过渡金属有机配合物的形成与性质，必须采用分子轨道理论。

7.1.2 分子轨道理论

分子轨道是由原子轨道线性组合而成，电子在整个分子空间内运动。原子轨道有效组成分子轨道须符合三个成键原则：能量近似、轨道最大重叠及对称性匹配。当两个 φ 符号相同的原子轨道重叠时，形成成键和反键分子轨道。分子轨道分两类：一类是 σ 分子轨道，原子轨道沿着连接两个核的轴线发生重叠，具有圆柱对称性；另一类是 π 分子轨道，原子轨道从侧面发生平行重叠形成的分子轨道，处在通过两核连接的对称面上。

过渡金属有机配合物的分子轨道是由过渡金属的价原子轨道与配位体的分子轨道即 σ 或 π 两种价轨道相互作用而形成。以八面体配合物为例，配合物金属离子或原子的9个原子轨道（1个s轨道、3个p轨道、5个d轨道）中，具有 σ 对称性的轨道有1个s轨道、3个p轨道、2个d轨道（$d_{x^2-y^2}$、d_{z^2} 轨道），这几个原子轨道可与配位体的 σ 分子轨道相互作用形成配合物的 σ 分子轨道，即金属-碳 σ 键，而金属的其他3个原子轨道即 d_{xy}、d_{yz} 及 d_{xz} 可与配位体的 π 分子轨道相互作用形成配合物的 π 分子轨道，即金属-碳 π 键。

八面体配合物中金属与配位体间的 σ 键如图7-2所示。

① 金属的s原子轨道与配位体 σ 轨道生成成键 a_{1g} 分子轨道与反键 a_{1g}^* 分子轨道；

② 金属的3个p原子轨道与配位体 σ 轨道生成成键三重简并的 t_{1u} 分子轨道与反键 t_{1u}^* 分子轨道；

③ 金属在配位体作用下发生能级分裂后的 e_g（$d_{x^2-y^2}$、d_{z^2}）原子轨道与配位体 σ 轨道生成二重简并的成键 e_g 分子轨道与反键 e_g^* 分子轨道。

如图7-2所示，配位体的 σ 分子轨道能级比金属的d轨道能级低。金属的 ns和 np原子轨道与配位体 σ 轨道重叠程度较大，形成的成键和反键分子轨道能级分裂程度也较大。成键分子轨道 a_{1g}、t_{1u} 能级最低，反键分子轨道 a_{1g}^*、t_{1u}^* 能级最高。金属的 e_g 原子轨道与配位体轨道重叠程度较小，二者相互作用形成的 e_g 与 e_g^* 轨道能级分裂程度较小。

在双原子分子轨道中，两个不同能级的原子轨道组成分子轨道时，一个分子轨道的能级接近于其中一个原子轨道的能级，则此分子轨道含有该原子轨道的成分较多。因此，6个成键分子轨道含配位体轨道的成分较多，6个配位体的12个电子进入这些成键分子轨道中，相当于形成共价配键。金属的d电子进入非键 t_{2g} 和反键 e_g^* 分子轨道，e_g^* 反键分子轨道较接近金属的 e_g 轨道，因此含较多的 e_g 轨道成分。e_g^* 和 t_{2g} 轨道的能级差相当于晶体场理论中的分裂能，金属的d电子如何在 t_{2g} 和 e_g^* 轨道中排布取决于该分裂能。

过渡金属 t_{2g}（d_{xy}、d_{yz} 及 d_{xz}）原子轨道不指向配位体，因此不能与配位体形成 σ 键。

但是，如果配位体具有 π 对称轨道，就能和金属的 t_{2g} 轨道重叠形成成键 π 分子轨道和反键 $π^*$ 分子轨道。例如，CO 和烯烃均具有反键 $π^*$ 分子轨道，与过渡金属的 t_{2g} 轨道能量相当且对称性匹配，可以相互作用形成羰基配合物或烯烃配合物的 π 键。在该键形成过程中，由于金属 t_{2g} 轨道能量低有电子，因此电子从金属流向配位体。

过渡金属有机配合物的催化作用正是反应物分子作为配位体与过渡金属之间形成 σ 或 π 键而发生电子转移，使反应物分子参与化学反应的化学键被削弱而活化从而发生一系列反应。

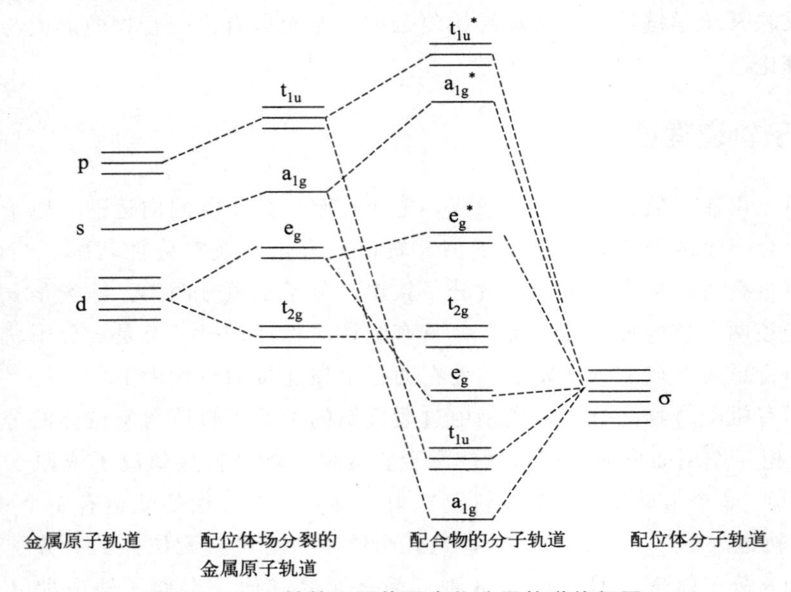

图 7-2 无 π 键的八面体配合物分子轨道能级图

7.2 过渡金属有机配合物的定义、结构及分类

7.2.1 过渡金属有机配合物的定义

过渡金属有机配合物是过渡金属与有机基团之间至少含有一个金属-碳键的配合物。金属-碳键可以是 σ 键、π 键等，与配位体性质有关系。烷基过渡金属配合物中金属-碳键是 σ 键，如 $W(CH_3)_6$ 的 W—C 键和 $Ti(CH_2CH_3)_4$ 中的 Ti—C 键；过渡金属羰基配合物中金属与 CO 配位体形成的金属-碳键以及茂金属中金属与环戊二烯配位体之间的金属-碳键均为 π 键。过渡金属有机配合物是许多配位催化过程重要的催化剂，可用于催化加氢、催化氧化、烯烃聚合、羰基合成、烯烃复分解、交叉偶联反应等。从 1938 年鲁尔公司发明了氢甲酰化反应，开创了以过渡金属有机配合物为基础的配位催化学科至今才 80 多年，已有 14 位从事配位催化研究的科学家获诺贝尔化学奖，充分说明了过渡金属有机配合物及配位催化的重要性。

7.2.2 过渡金属有机配合物的结构

(1) 18 电子规则或有效原子序数规则

过渡金属有机配合物由中心金属以及围绕它的原子、离子或小分子等配位体组成。过渡金属原子的外层包括 s、p、d 三个电子层，共 9 个轨道，完全填满应有 18 个电子。当过渡金属的价层电子与配位体提供的电子的总和为 18 时，该过渡金属有机配合物是热力学稳定的，这就是有效原子序数规则（effective atom number rule）或 18 电子规则（eighteen electron rule）。满足 18 电子规则的过渡金属有机配合物称为配位饱和配合物。$Ni(CO)_4$、$Fe(C_5H_5)_2$、$Cr(C_6H_6)_2$ 等都是有效原子序数为 18 的配位饱和配合物，均是热力学稳定的。不满足 18 电子规则的配合物不一定不稳定，如 16 电子也是一种稳定的电子构型，前过渡金属有机配合物的配位数达不到饱和，如 $(C_5H_5)_2TiCl_2$ 为 16 电子构型，另外 Ni、Pd、Pt 的平面四配位配合物也是 16 电子构型。超过 18 电子的配合物很少，如 $(C_5H_5)_2Ni$ 中 Ni 外层电子为 20 个。在研究反应历程时，可以认为配位不饱和配合物有形成配位饱和配合物的倾向，如遇到超过 18 电子的中间态的情况时，要慎重考虑该历程是否合理。

过渡金属有机配合物中心金属外层电子数的计算通常采用共价模型算法，即不考虑金属的氧化态，将金属当成零价，配位体也看成中性。金属价电子总数通过下式计算：

金属价电子总数＝自由金属原子的价电子数＋所有配位体提供的电子数

① 过渡金属原子的价电子数。过渡金属原子的价电子数与过渡金属所在族数（外层电子数）有关，如表 7-1 所示。

表 7-1 第 4、5、6 周期过渡金属元素的外层电子数

外层电子数	4	5	6	7	8	9	10
第 4 周期元素	Ti*	V	Cr	Mn	Fe	Co	Ni*
第 5 周期元素	Zr*	Nb	Mo	Tc	Ru	Rh	Pd*
第 6 周期元素	Hf	Ta	W	Re	Os	Ir	Pt*

* 由于轨道组成的特殊原因，最大容量是 16 电子，除这些元素以外，都是 18 电子。

② 配位体的种类及电子数。

非烃基配位体：

0e：路易斯酸 AlX_3、BX_3 等，X＝卤素、CN 等，不供给电子；

1e：—X、—H、—NO，亚硝基—NO 一般提供 3 个电子，但也可供给 1 个电子；

2e：路易斯碱 PR_3、$P(OR)_3$、CO、RCN、RNC、NR_3、R_2O、R_2S 等，R 是烷基、芳基；

3e：NO。

烃基配位体：以 η 表示烃基为配位体的结合形式，在右上角标电子数。

η^1：烷基、芳基、σ-烯丙基；

η^2：烯（或多烯中的一个烯）、卡宾；

η^3：π-烯丙基；

η^4：共轭双键；

η^5：共轭双烯基、环戊二烯基；

η^6：三烯、苯；

η^7：三烯基、环庚三烯基；

η^8：环辛四烯。

注意：环戊二烯基也可以提供 3、1 个电子；环辛四烯也可以提供 6、4、2 个电子。

例如，如下三个过渡金属有机配合物的有效原子序数均为 18。

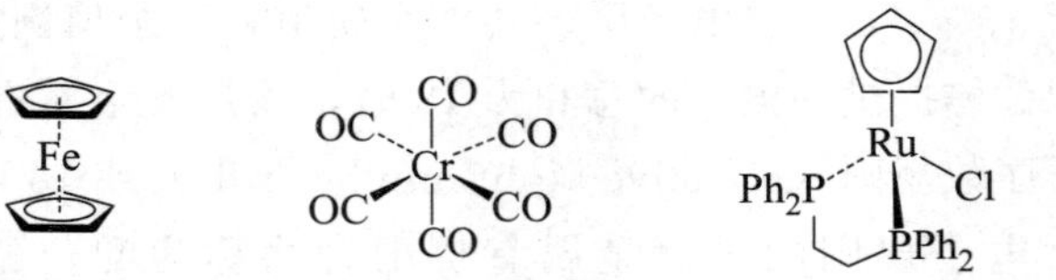

Fe　　　OC, CO, Cr, CO, OC, CO　　　Ru, Ph_2P, Cl, PPh_2

2*C_5H_5	2*5e	6*CO	6*2e	C_5H_5	5e
Fe	8e	Cr	6e	2*PPh_2R	2*2e
				Cl	1e
				Ru	8e
	18e		18e		18e

(2) 过渡金属有机配合物的成键特征

由于过渡金属d轨道参与与有机配位体的成键，过渡金属有机配合物中金属-碳键的种类复杂多样。除了常见的σ键外，还有π键（从金属原子到配位体的反馈键）及多中心键，配位体不仅能以一个碳与金属原子结合，还可以多个碳同时和一个金属原子相结合，金属与金属之间除单键相连外，还能以重键相连。过渡金属有机配合物中金属-碳键的性质主要与配位体的种类有关，例如烷基配位体和氢配位体与过渡金属之间形成σ键，羰基配位体、烯烃配位体与过渡金属之间常形成π键。

① 过渡金属与CO的成键方式。CO作为一类常见配位体能与多数过渡金属原子配位形成羰基金属配合物是因为过渡金属有适宜成键的d轨道。CO与过渡金属的键合方式可用分子轨道理论来描述。CO的6个分子轨道中，能与过渡金属的d轨道相互作用的对称性轨道有2个，一个轨道是CO的充满电子的σ_{2p}成键分子轨道，即C的p_x轨道与O的p_x轨道头对头重叠形成的轨道，且该轨道的电子为C上的非共有电子对；另外一个轨道是CO空的π_{2p}^*反键分子轨道，即p_y或p_z原子轨道肩并肩重叠形成的轨道。图7-3给出了CO的这两个分子轨道与过渡金属的原子轨道相互作用形成过渡金属有机配合物的分子轨道的情况。根据分子轨道理论，过渡金属价层中原先能量相等的5个d轨道，与配位体配位后受到配位体的影响发生能级分裂，形成不同能级的d轨道。d轨道能级的分裂导致d轨道上电子发生重排，d电子优先进入低能级轨道，而高能级轨道根据d电子的多少很可能成为空轨道。图7-3(a)表明金属-碳σ键是过渡金属空的d轨道与充满电子的CO的成键σ_{2p}分子轨道交盖形成的。该键形成过程中，由于电子从CO流向金属导致金属带过多的电荷，因此金属有一种将电子推回给配位体的倾向。另外，过渡金属充满电子的低能级轨道在能量上与CO的π_{2p}^*反键空轨道相当，且对称性匹配，它们相互交盖形成π键［图7-3(b)］，这样一来将由于σ授予而积累在金属原子上的电子反馈给CO。对于六羰基铬这类八面体配合物，CO配位体的充满电子的σ_{2p}成键分子轨道与过渡金属空的e_g轨道（$d_{x^2-y^2}$、d_{z^2}）作用形成σ授予，过渡金属的充满电子的t_{2g}(d_{xy}、d_{yz}、d_{xz}）轨道与CO的反键π_{2p}^*空轨道作用形成π反馈。这种σ授予和π反馈双重作用加强了金属与碳的结合从而降低了碳-氧键的键序，即CO的碳氧三键被削弱，接近于双键性质；而金属-碳键加强，也接近于双键。像异腈、三烃基膦和三卤化磷等分子以一端和金属配位成键的方式都属于这种情况。

② 过渡金属与单烯的成键方式。金属-烯烃键与金属-羰基的成键情况类似，也可以看作是烯烃向金属授予电子以及金属向烯烃反馈电子两部分形成：一是烯烃充满电子的成键π分子轨道与金属的高能级空d轨道重叠，电子由烯烃流向金属［图7-4(a)］；二是金属充满电子的低能级d轨道与烯烃的反键π^*轨道重叠，电子由金属流向烯烃，即由金属向烯烃反馈

电子［图 7-4(b)］。金属的四叶形 d 轨道的对称性与烯烃的 π^* 轨道对称性一致，因此形成了金属-烯烃 π 键。成键过程中，一方面烯烃 π 成键分子轨道电子云密度降低，另一方面烯烃的反键 π^* 轨道上因填充了部分电子而使能量升高，二者均导致烯烃 C═C 双键被削弱。换句话说，由于授予和反馈双重作用加强了金属与碳的结合从而降低了 C═C 双键的键序，即烯烃的 C═C 双键被削弱。配位的烯烃 C═C 双键键长从正常的 134 pm 伸长到 139～148 pm，且红外光谱测得的 C═C 双键伸缩振动频率也降低了 140～160 cm^{-1}，均说明 C═C 双键被削弱了，即 C═C 双键被活化了。烯烃配位于金属后，其化学性质发生了变化，配位于金属的烯烃由于接受了金属反馈的电子而在其 π^* 轨道上流入了电子，烯烃在一定程度上处于活化状态，烯烃的聚合反应、氢甲酰化反应等都是与这种活化的双键有关的反应。

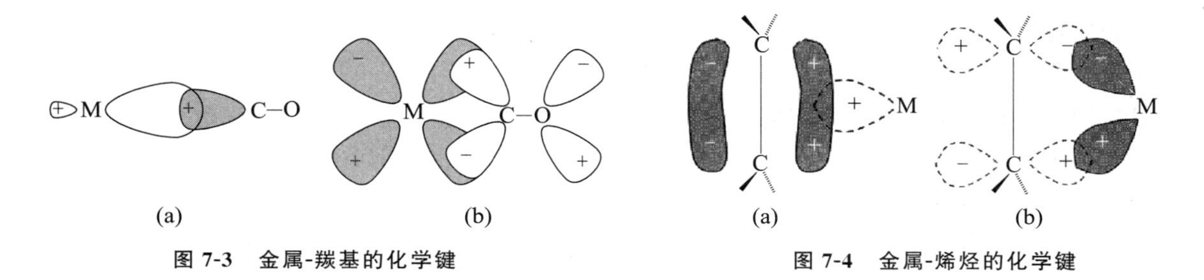

图 7-3 金属-羰基的化学键

图 7-4 金属-烯烃的化学键

7.2.3 过渡金属有机配合物的分类

过渡金属有机配合物按照金属-碳键的类型及配位体种类可以分成如下几类：σ 烃基过渡金属有机配合物、过渡金属羰基配合物、卡宾/卡拜配合物、茂金属及 π 烯烃配合物。

(1) σ 烃基过渡金属有机配合物

σ 烃基过渡金属有机配合物指烃基配位体与过渡金属之间为金属-碳 σ 键的配合物，包括 σ 烷基过渡金属有机配合物、σ 芳基过渡金属有机配合物、σ 烯基过渡金属有机配合物及 σ 炔基过渡金属有机配合物。最重要的一类是 σ 烷基过渡金属有机配合物，例如用于烯烃聚合的催化剂 $EtTiCl_3$ 就是一类非常重要的 σ 烷基配合物。

(2) 过渡金属羰基配合物

过渡金属羰基配合物是 CO 配位体与过渡金属之间以 π 键键合的一类配合物。d 电子是偶数的过渡金属可与 CO 形成单核全羰基配合物，如 $Ni(CO)_4$、$Fe(CO)_5$、$Cr(CO)_6$。奇数 d 电子的金属，只带有 CO 配位体不能使其满足 18 电子规则，所以常形成混合配位体羰基配合物如 $MeMn(CO)_5$ 或含有金属-金属键的羰基簇合物如 $Co_2(CO)_8$。

过渡金属羰基配合物中的 CO 配位体很容易被其他中性配位体如 RCN、烯烃、炔烃、苯、膦等分别置换而得到各种金属有机配合物，因此过渡金属羰基配合物是合成其他过渡金属有机配合物的常用原料。

(3) 卡宾/卡拜配合物

过渡金属卡宾配合物是含有二价碳（卡宾）并以双键与过渡金属键合的配合物；过渡金属卡拜配合物是含有一价碳（卡拜）并以三键与过渡金属键合的配合物。其中卡宾配合物研究较多、应用较广。卡宾配合物分为 Fischer 卡宾配合物和 Schrock 卡宾配合物两类。

Fischer 卡宾配合物是含杂原子的低价配合物，与卡宾碳原子相连的除碳原子外还有一个杂原子，常见的是氧原子或氮原子。

Schrock 卡宾配合物是不含杂原子的配合物，与卡宾碳原子相连的仅有碳、氢原子。

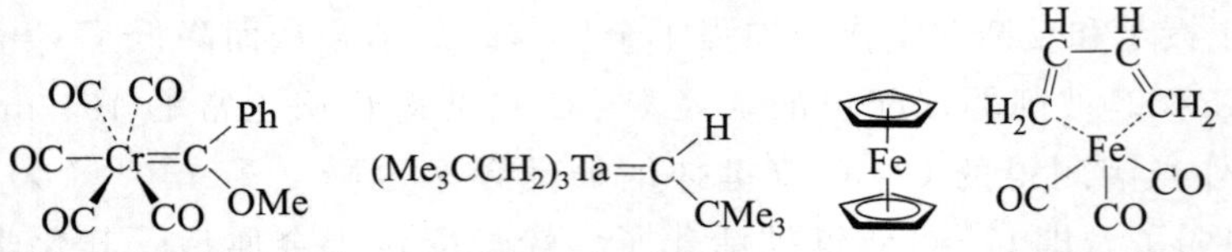

Fischer卡宾配合物　　Schrock卡宾配合物　　二茂铁　　π烯烃配合物

(4) 茂金属

1951 年二茂铁的发现是过渡金属有机化学发展的里程碑。Wilkinson 小组和 Fischer 小组根据 X 射线衍射分析以及红外吸收光谱和偶极矩的研究，并从二茂铁具有芳香性这一性质考虑，大胆地提出二茂铁是一类夹心面包结构化合物，即两个平行的环戊二烯负离子与二价铁正离子用 d 轨道重叠而形成的一个对称的“特殊共价化合物”。他们提出的二茂铁夹心面包结构是对化学界的一个划时代贡献。自此以后，茂金属以及过渡金属有机化学蓬勃发展。茂金属是指环戊二烯基配位体与过渡金属以 π 键结合的配合物。如二茂铁 Cp_2Fe 和 Cp_2TiCl_2 都是茂金属。

(5) π 烯烃配合物

π 烯烃配合物是一类烯烃配位体与过渡金属之间以 π 键键合的配合物，丁二烯配位的铁配合物就是 π 烯烃配合物。

7.3 过渡金属有机配合物的催化作用

过渡金属有机配合物在结构上的特异性导致其化学性质也具有独特性。例如，过渡金属有机配合物对小分子如 CO、烯烃具有很强的活化作用，而这种活化是通过配位作用形成金属-碳键实现的。配位的小分子在配合物中经一定化学变化后可离开中心金属，即金属有机配合物起了催化作用，这种配位-反应-再生的循环反应是过渡金属有机配合物所具有的特色。过渡金属有机配合物的催化作用是通过如下几个基元反应实现的，正是这些基元反应构成了配位催化反应机理的框架。

① 配位体取代反应；

② 氧化加成和还原消除反应；

③ 插入和脱出反应；

④ 配位体的反应。

7.3.1 配位体取代反应

过渡金属有机配合物的配位体被体系中其他配位体所取代的反应，称为配位体取代反应。过渡金属有机配合物的配位体取代反应是其实现催化作用的先决条件。原有配位体被反应底物取代后，反应底物由于配位在中心金属上被活化，从而可以发生反应。亦即配位体取代反应是过渡金属有机配合物活化反应底物的基础。过渡金属有机配合物的配位体取代反应分为亲核取代 S_N 反应和亲电取代 S_E 反应两类，其中亲核取代反应又分为 S_N1 及 S_N2 反应。配位饱和的配合物遵循 S_N1 反应即原配位体先解离新配位体再配位。配位不饱和的配合物遵循 S_N2 反应即原有配位体的离去与新配位体的配位同时发生。

S_N2 反应：

$$L'+M—L \longrightarrow [L'\cdots M\cdots L] \longrightarrow L'—M+L \tag{7-1}$$

S_N1 反应：

$$M—L_n \xrightleftharpoons{k_1} M—L_{n-1}+L \tag{7-2}$$

$$M—L_{n-1}+L' \xrightarrow[快]{k_2} M—L_{n-1}L' \tag{7-3}$$

例如：处于 d^8（Ni^{2+}、Pd^{2+}、Pt^{2+}、Rh^+、Ir^+、Au^{3+}）状态下的过渡金属，容易形成平面四配位的 16 电子构型的配位不饱和配合物，其亲核取代反应为 S_N2 反应：

$$trans\text{-}M(PEt_3)_2(o\text{-}Tol)Cl+py \longrightarrow trans\text{-}[M(PEt_3)_2(o\text{-}Tol)py]Cl^- \tag{7-4}$$

式中，M＝Ni(Ⅱ)、Pd(Ⅱ)、Pt(Ⅱ)；*o*-Tol：邻甲苯基。

其反应机理如图 7-5 所示。

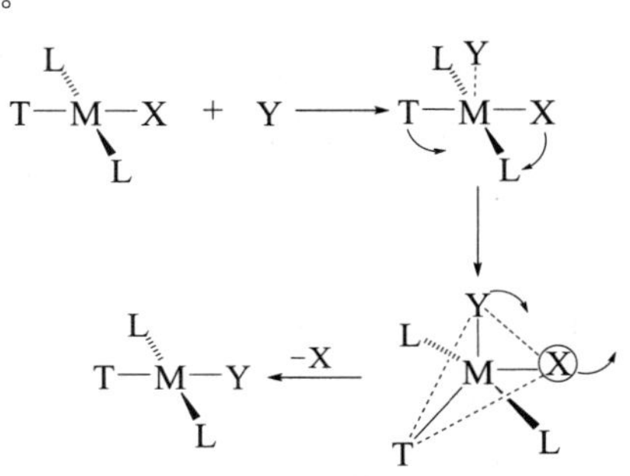

图 7-5 S_N2 取代反应机理

该反应的特点是立体专一性，即产物保持原料的立体构型。另外，这类配合物中的一个配位体在发生取代或置换反应时，其对位配位体的性质对反应有明显影响，这一现象称为反位影响或反位效应，即指过渡金属有机配合物处在基态时一个配位体削弱其对位配位体与金属之间键强的程度。C_2H_4、CO、CN 及 PR_3 等能产生强烈反位影响，是由于它们与过渡金属形成了反馈键而削弱了对位配位体与金属之间的作用。

$Ni(CO)_4$ 为配位饱和配合物，其配位体取代反应是 S_N1 反应，具体过程是配位饱和的 $Ni(CO)_4$ 先解离掉一个配位体 CO 形成配位不饱和的 $Ni(CO)_3$，然后配位不饱和的 $Ni(CO)_3$ 再与新配位体 PPh_3 配位形成配位饱和的稳定的配合物 $Ni(CO)_3PPh_3$。

$$Ni(CO)_4 \longrightarrow CO+Ni(CO)_3 \tag{7-5}$$

$$Ni(CO)_3+PPh_3 \longrightarrow Ni(CO)_3PPh_3 \tag{7-6}$$

7.3.2 氧化加成和还原消除反应

中性分子 A—B 加成到有效原子序数小于 18 的配位不饱和过渡金属有机配合物的中心金属上，使过渡金属的氧化态和配位数均升高的反应称为氧化加成反应，其逆反应称为还原消除反应。氧化态指配位体带着其正常的闭合层电子离去时，中心金属所具有的电荷数；或当每一对共享电子分配给电负性更大的配位体后，中心金属所呈现的电荷数。氧化加成要求金属有空配位且金属有不同的氧化态。下述反应中 A—B 键断裂后加成到同一个金属原子上，氧化态、配位数以及有效原子序数均升高了 2。

$$L_nM + A—B \xrightleftharpoons[还原消除]{氧化加成} L_nM\langle^{A}_{B} \tag{7-7}$$

氧化加成反应过程也可能是中性分子 A—B 键断裂后，A 和 B 分别加成到两个金属原子上，使得氧化态、配位数以及有效原子序数均升高1，如下式：

$$2L_nM+A—B \rightleftharpoons L_nM—A+L_nM—B \tag{7-8}$$

氧化加成反应是过渡金属有机配合物活化反应底物的基础，是生成金属-氢键和金属-碳键的主要方法。如氢分子对配合物$IrX(CO)(PL_3)_2$（16电子构型）的氧化加成是顺式加成，且生成了金属-氢键，氧化加成的结果是Ir的氧化态从Ⅰ升到Ⅲ，配位数从4增大到6，Ir的有效原子序数从16增大到18，且几何形状从平面正方形变为八面体。而卤代烃的氧化加成是反式加成，生成了金属-碳键。

$$IrCl(CO)(PPhMe_2)_2 + H_2 \longrightarrow IrClH_2(CO)(PPhMe_2)_2 \tag{7-9}$$

$$IrY(CO)L_2 + CH_3—X \longrightarrow Ir(CH_3)XY(CO)L_2 \tag{7-10}$$

还原消除反应是氧化加成反应的逆反应，还原消除反应过程中过渡金属的氧化态和配位数均降低。通过还原消除反应生成了A—B键，是有机合成中重要的反应。A、B都为烷基或芳基时，是C—C键的形成反应；一方为氢时，相当于烯烃的氢化、氢甲酰化等催化反应的最后阶段的反应。平面四边形结构的配合物中两个顺式的烷基很易还原消除，得到烷烃，形成C—C键；如果这两个烷基处于反位，则不能发生还原消除反应。如式(7-11)所示，二（三烃基膦）二甲基铂两个顺式的甲基还原消除得到乙烷，且Pt的氧化态、配位数以及有效原子序数均降低2。

$$(R_3P)_2Pt(CH_3)_2 \longrightarrow [Pt(PR_3)_2] + CH_3CH_3 \tag{7-11}$$

7.3.3 插入和脱出反应

不饱和烃或含有孤对电子的化合物插入到过渡金属有机配合物的M—C、M—H的反应称为插入反应，其逆反应称为脱出反应：

$$M—R \xrightarrow{A=B} M—A—B—R \quad (a)$$
$$M—R \xrightarrow{:A—B} M—A(—B)—R \quad (b) \tag{7-12}$$

这里，R为烷基、芳基或氢基配位体，A═B为C═C、C═O及C═N等，:A—B为:CO、:CNR、:CR_2等，其中，CO和烯烃的插入反应尤为重要。

CO的插入反应也称为羰基化反应，羰基化反应的结果是生成酰基过渡金属有机配合物。该反应是通过烷基移动机理实现的：CO配位于金属上之后，羰基邻位的烷基移动到羰基碳上形成酰基，原先烷基的位置成为空配位。同理，脱羰基化反应也经过烷基移动机理完成，酰基的R基移动到酰基的顺位生成羰基配合物。

$$L_nM(R)(CO) \rightleftharpoons [L_nM(R)(CO)]^{\neq} \rightleftharpoons L_nM-C(=O)-R \quad (7\text{-}13)$$

烯烃对 M—H 键的插入反应是催化加氢、金属氢化反应的基元反应，烯烃对 M—C 键的插入反应是聚合等反应的基元反应，也是烯烃插入 M—H 键的连串反应。烯烃插入反应的前提是烯烃必须先配位到过渡金属上，通过和金属形成授予-反馈键而活化，经过一个环状活性配合物，按顺式插入而完成反应。与 CO 的插入反应类似，也是氢基配位体或烷基配位体向配位的烯烃迁移。

$$\text{H–M} + \text{C=C} \rightleftharpoons \text{H–M}\cdots(\text{C=C}) \rightleftharpoons [\text{H}\cdots\text{M}\cdots\text{C–C}] \rightleftharpoons \text{M}\overset{\sigma}{-}\text{C–}\overset{\beta}{\text{C}}\text{–H} \quad (7\text{-}14)$$

烯烃插入反应的逆反应是 β-H 消除反应，σ 烷基过渡金属配合物的烷基 β 位碳原子上如果有氢，且金属有空配位时，β-H 很容易在过渡金属的空位上配位，从而被金属攫取，形成金属-氢键，同时形成末端双键的消除产物——烯烃。

7.3.4 配位体的反应

过渡金属有机配合物成键配位体的反应主要包括配位烯烃的反应和配位芳烃的反应。配位在过渡金属上的烯烃和芳烃，电子云密度降低，因而能被亲核试剂进攻发生反应。

对配位烯烃的反应，亲核试剂是从配位烯烃的外侧进攻双键碳，进行反式加成，转变成 σ 烷基配位体。

$$\text{M}\cdots(\text{C=C}) + :\text{Nu} \rightleftharpoons \text{M–C–C–Nu} \quad (7\text{-}15)$$

若配合物有多个不同的烯烃配位体，亲核反应有如下规则：

① 亲核进攻优先发生在偶数多烯上；

② 亲核进攻优先发生在开式配位的多烯上；

③ 亲核试剂优先进攻偶数开式多烯的末端碳原子，只有当过渡金属有机配合物的吸电子能力很强时，才进攻奇数开式的多烯末端碳原子。

对配位芳烃的反应，如苯基三羰基铬上的苯基，因为有三个 CO 配位体和 Cr 键合，从苯环上拉走电子，即 $Cr(CO)_3$ 具有与硝基相匹敌的强吸电子效应，使配位在 Cr 上的芳烃电子云密度降低，因而能发生通常芳香族化合物很少发生的亲核取代反应，为芳烃的烷基化提供了一条新途径。

$$C_6H_6Cr(CO)_3 + R' \xrightarrow[(2)\ I_2]{(1)\ -H^+} C_6H_5-R \quad (7\text{-}16)$$

$R'=CMe_2CN, CPh(OR)CN, CMe_2CO_2, CHMeCO_2{}^tBu, CH_2CO_2{}^tBu$, 1,3-二噻烷基, ^tBu

$$(\eta^6\text{-}C_6H_5Cl)Cr(CO)_3 + NaOMe \xrightarrow{MeOH} (\eta^6\text{-}C_6H_5OMe)Cr(CO)_3 \qquad (7\text{-}17)$$

7.4 典型过渡金属有机配合物催化剂及其应用

过渡金属有机配合物是许多配位催化过程重要的催化剂，不同种类的过渡金属有机配合物结构不同、性能不同，因此其催化的反应及应用领域也有差异。

7.4.1 铑/钌配合物催化不饱和化合物加氢反应

氢分子解离能很大，为 436 kJ/mol，无催化剂存在下不易参加反应。但是氢分子可以与配位不饱和的过渡金属有机配合物发生氧化加成反应，生成金属-氢 σ 配合物，而 M—H 键键能只有 200～300 kJ/mol，它们很容易与不饱和有机化合物反应，这样过渡金属有机配合物起到了催化的作用或者说氢分子通过与过渡金属有机配合物发生氧化加成而被活化了。按照量子化学和结构化学的理论，有两条途径可以使分子中参与化学反应的化学键得到活化：一是设法移去该化学键成键分子轨道中的部分电子，使该化学键的电子云密度降低，也就是使该化学键松弛、削弱，容易发生键断裂而生成新的化学键；二是设法在该键的反键轨道中填充电子，使能量迅速上升抵消成键效应，也能达到同样目的。过渡金属有机配合物对氢分子的活化，是氢分子的反键空轨道与过渡金属填充了电子的 d 轨道相互作用，过渡金属的电子进入了氢的反键轨道而削弱了氢分子的化学键，使其断裂形成了 M—H 的 σ 键。过渡金属有机配合物催化加氢必定包含氢的氧化加成反应过程。

Wilkinson 配合物 $Rh(PPh_3)_3Cl$ 是著名的烯烃加氢催化剂，具有选择性高及反应条件温和等优点，其高选择性体现在具有良好的区域选择性及化学选择性，只催化烯烃 C═C 加氢，而不催化芳烃、醛、酮、酯、酰胺和硝基化合物等还原，也就是说 Wilkinson 配合物催化剂耐官能团的性能良好，反应底物中可以含有苯环取代基、羰基及硝基等。如图 7-6 所示，以 $Rh(PPh_3)_3Cl$ 为例，来了解烯烃加氢的配位催化机理。

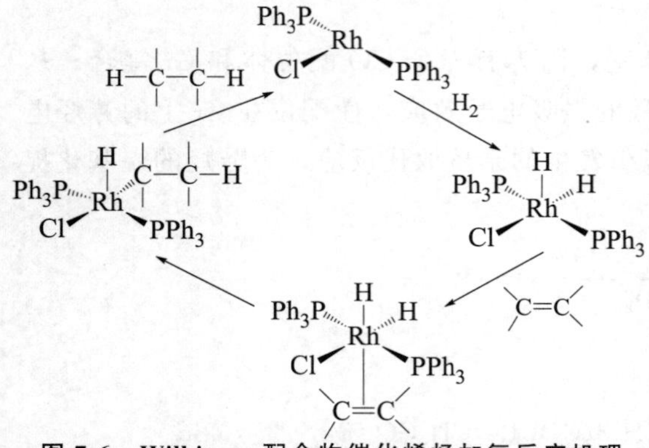

图 7-6 Wilkinson 配合物催化烯烃加氢反应机理

首先，Wilkinson 配合物先解离出一个三苯基膦配位体生成 $Rh(PPh_3)_2Cl$，再开始催化循环。

① 氢分子氧化加成，生成四面体结构二氢基配合物 $(H)_2Rh(PPh_3)_2Cl$；

② 烯烃配位，且配位的烯烃与 Rh 之间形成 σ 授予和 π 反馈键而被活化（简称 σ-π 活化）；

③ 活化的烯烃插入其邻位的 Rh—H 键，生成烷基氢基铑配合物，该步是速度控制步骤；

④ 顺位的烷基和氢基配位体发生还原消除反应生成加氢产物烷烃，同时催化剂恢复原样，完成催化循环。

不对称加氢：将 Wilkinson 配合物中三苯基膦配位体用手性膦代替，则得到手性铑催化剂，可用于不对称加氢。不对称催化加氢在合成手性药物和手性材料方面起着非常重要的作用。2001 年诺贝尔化学奖授予了美国科学家 Knowles、日本科学家 Noyori 和美国科学家 Sharpless，以表彰他们在不对称合成方面所取得的成绩。

Knowles 的贡献是采用手性铑催化剂催化 C═C 不对称加氢，合成了治疗帕金森病的特效药 L-多巴。

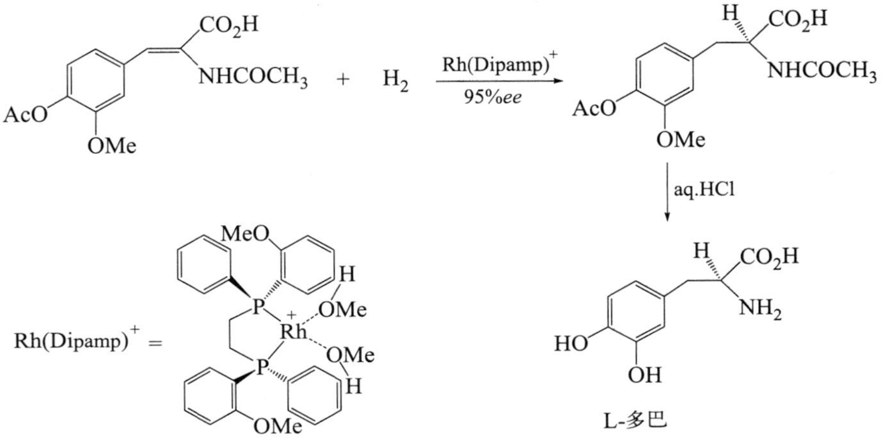

(7-18)

L-多巴生产中最关键的一步是 *α*-*N*-乙酰基丙烯酸衍生物的不对称加氢，其机理如图 7-7 所示。

① Rh(Ⅰ) 与手性双膦及两个溶剂分子配位，形成平面四配位结构的铑配合物；

② 反应底物取代溶剂分子并以双键和酰基中的氧原子与铑螯合配位；

③ 氢分子的氧化加成，使平面四边形配合物转变成八面体结构的二氢配合物，该步是反应速率控制步骤；

④ 配位着的 C═C 双键由于 *σ*-*π* 活化插入到 Rh—H 中，形成 *σ* 烷基配合物；

⑤ 顺位的烷基和氢配位体发生还原消除反应，得到加氢产物 (*R*)-产物，完成催化循环。

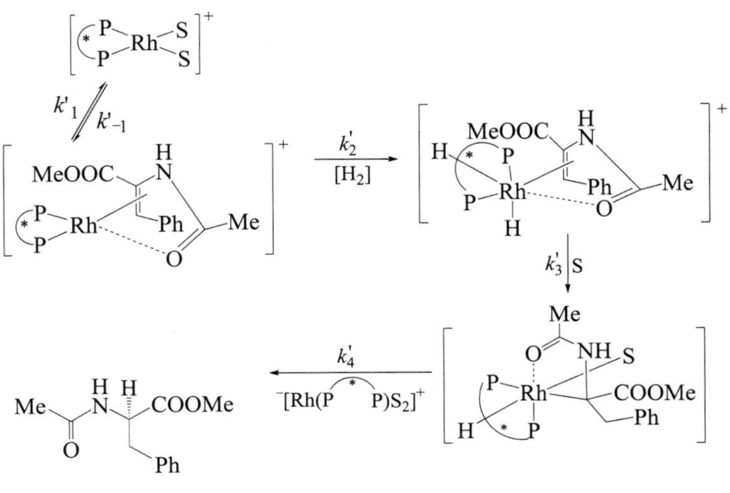

图 7-7 手性铑催化 *α*-*N*-乙酰基丙烯酸衍生物的不对称加氢反应机理

该反应机理中，反应底物以 C═C 双键和乙酰基中的氧原子与铑螯合配位，是该反应光学选择性高的原因。

钌催化加氢：铑配合物是优良的加氢催化剂且已经广泛用于工业催化加氢过程，但铑的产量小，价格昂贵。因此开发廉价的加氢催化剂一直是催化领域的研究重点，其中用同族的钌配合物代替铑配合物作为不对称加氢催化剂引起许多研究人员的关注。日本科学家 Noyori 的贡献正是开发了手性钌催化剂 Ru-BINAP，并用于药物中间体 (*R*)-1,2-丙二醇的合成。

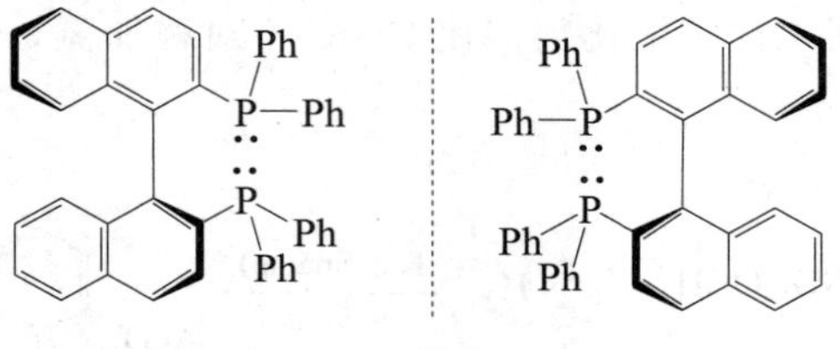

(*S*)-BINAP　　镜面　　(*R*)-BINAP

美国科学家 Sharpless 的贡献是开发了用于烯烃不对称环氧化反应的手性催化剂，该环氧化合物是许多有机合成包括合成降压药的重要中间体。

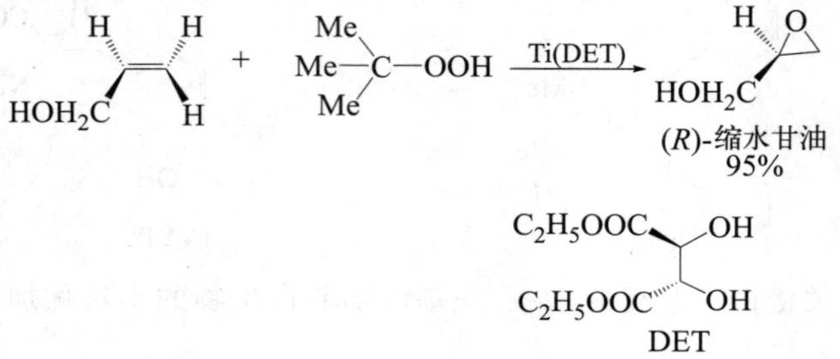

$$HOH_2C-CH=CH_2 + Me_3C-OOH \xrightarrow{Ti(DET)} (R)\text{-缩水甘油 } 95\% \tag{7-19}$$

DET: $C_2H_5OOC-CH(OH)-CH(OH)-COOC_2H_5$

7.4.2 Ziegler-Natta 催化剂及茂金属催化烯烃聚合反应

如今聚乙烯和聚丙烯等聚烯烃年产量高达上亿吨，广泛应用于家电、仪表、仪器壳体、零部件、管材、日用盆桶器皿等，已经成为人类社会不可缺少的组成部分。聚烯烃工业的迅速发展取决于烯烃聚合催化剂的更新换代。烯烃聚合催化剂均为过渡金属有机配合物。

(1) Ziegler-Natta 催化剂催化烯烃聚合反应

Ziegler-Natta 催化剂是最早发现的烯烃配位聚合催化剂，是由第四族过渡金属盐——卤化钛与烷基铝组成的催化体系。烷基铝是作为过渡金属化合物的烷基化试剂而起作用，卤化钛与烷基铝反应生成的烷基钛是活性组分，如式(7-20) 所示。催化剂体系是由 A、B 等复核配合物以及 $EtTiCl_3$ 等单核配合物组成的混合物。

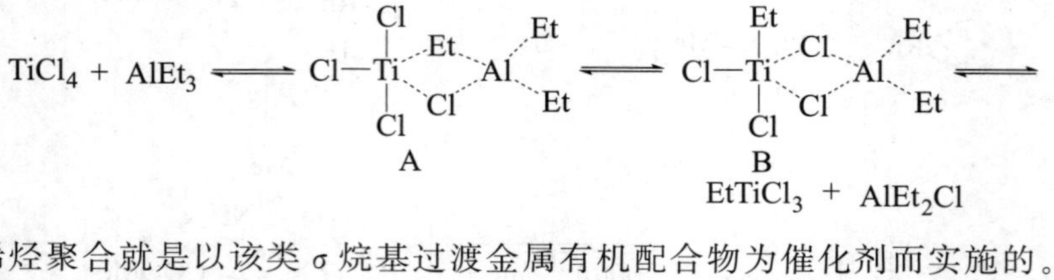

$$TiCl_4 + AlEt_3 \rightleftharpoons \underset{A}{Cl_3Ti(\mu\text{-}Et)(\mu\text{-}Cl)AlEt_2} \rightleftharpoons \underset{B}{EtTiCl_2(\mu\text{-}Cl)_2AlEt_2} \rightleftharpoons EtTiCl_3 + AlEt_2Cl \tag{7-20}$$

传统的烯烃聚合就是以该类 σ 烷基过渡金属有机配合物为催化剂而实施的。其催化烯烃聚合机理分为以下几步反应：

① 链引发：乙烯配位到乙基钛的中心金属钛上，乙烯与钛之间形成 σ 授予和 π 反馈键而活化，活化的乙烯插入到乙基钛的 Ti—C 键中，形成丁基钛。此处，过渡金属有机配合物

对乙烯 C═C 双键的 σ-π 活化，具体来讲，是由于 σ 授予使得乙烯分子的成键轨道移走了部分电子，同时由于 π 反馈其反键轨道中填充了电子，使得 C═C 双键被削弱而发生插入反应。

$$\text{Et-Ti}\cdots(\text{CH}_2{=}\text{CH}_2)\ (\text{乙烯配位}) \longrightarrow \text{Et}\cdots\text{Ti}\cdots\text{CH}_2\text{-CH}_2\ (\text{活化状态}) \longrightarrow \text{Ti-CH}_2\text{-CH}_2\text{-Et}\ (\text{插入}) \tag{7-21}$$

② 链增长：丁基钛与乙基钛一样是活性组分，乙烯在丁基钛的钛上配位活化并插入得到己基钛，重复进行乙烯的配位和插入反应，得到长链烷基钛。

$$[\text{Ti}]\text{—CH}_2\text{CH}_2\text{Et} \xrightarrow[\text{配位}]{C_2H_4} \underset{[\text{Ti}]\text{—CH}_2\text{CH}_2\text{Et}}{\text{H}_2\text{C}{=}\text{CH}_2} \xrightarrow{\text{插入}} \underset{[\text{Ti}]}{(\text{H}_2\text{C—CH}_2)_2\text{Et}} \xrightarrow[\text{插入反应的重复}]{C_2H_4} [\text{Ti}]\text{—(CH}_2\text{CH}_2)_n\text{—Et} \tag{7-22}$$

③ 链终止及链转移：长链烷基钛烷基的 β-C 上有氢，发生 β-H 消除反应，得到长链聚乙烯，同时生成氢基钛。而乙烯配位于氢基钛并插入 Ti—H 键得到乙基钛，完成催化循环。乙基钛可以再次引发乙烯的配位聚合反应。

$$[\text{Ti}]\text{—(CH}_2\text{CH}_2)_n\text{—Et} \xrightarrow{\beta\text{-消除}} [\text{Ti}]\text{—H} + \text{H}_2\text{C}{=}\text{CH(CH}_2\text{CH}_2)_{n-1}\text{Et};\quad [\text{Ti}]\text{—H} \xrightarrow[\text{插入}]{C_2H_4} [\text{Ti}]\text{—Et} \xrightarrow{n\,C_2H_4} [\text{Ti}]\text{—(CH}_2\text{CH}_2)_n\text{Et} \tag{7-23}$$

(2) 茂金属催化烯烃聚合反应

茂金属催化剂是 20 世纪 80 年代发现的烯烃聚合催化剂，其由第四族茂锆或茂钛主催化剂与助催化剂——甲基铝氧烷（MAO）组成，$[\text{—Al(CH}_3\text{)O—}]_n$（$n$ 约为 10～20）为线形或环状低聚物的混合物，由三甲基铝与水反应而来。MAO 是作为烷基化试剂使主催化剂烷基化生成甲基化的茂锆阳离子活性物种，然后烯烃在锆上重复进行配位活化以及插入 Zr—C 键的反应，最终长链烷基锆发生链转移使活性物种再生，同时得到长链聚乙烯，完成催化循环，如图 7-8 所示。还有一种方式是长链烷基锆发生 β-H 消除反应生成氢基锆阳离子，同时得到长链聚乙烯，而乙烯配位于氢基锆并插入 Zr—H 键得到乙基化茂锆阳离子，而乙基化茂锆阳离子作为活性中心再次引发乙烯的配位聚合反应。

$$\text{L}_2\text{ZrCl}_2 + \text{MAO} \xrightleftharpoons{\text{配合作用}} \text{L}_2\text{ZrCl}_2\text{MAO} \xrightleftharpoons{\text{甲基化}} \text{L}_2\text{Zr(CH}_3\text{)Cl} + \text{CH}_3\text{—}\underset{\text{Cl}}{\text{Al}}\text{—O—} \xrightleftharpoons{\text{MAO}} \text{L}_2\text{Zr(CH}_3\text{)ClMAO}$$

与传统的 Ziegler-Natta 催化剂相比，茂金属催化烯烃聚合具有如下特点：

① 催化活性高：比传统 Ziegler-Natta 催化剂的活性高出两个数量级。

② 催化剂结构明确，具有单一的活性中心：茂金属催化剂具有稳定的夹心结构，催化剂结构明确，容易调变，且聚合物产品具有很好的均一性，分子量分布较窄，共聚单体在聚合物主链中分布均匀。

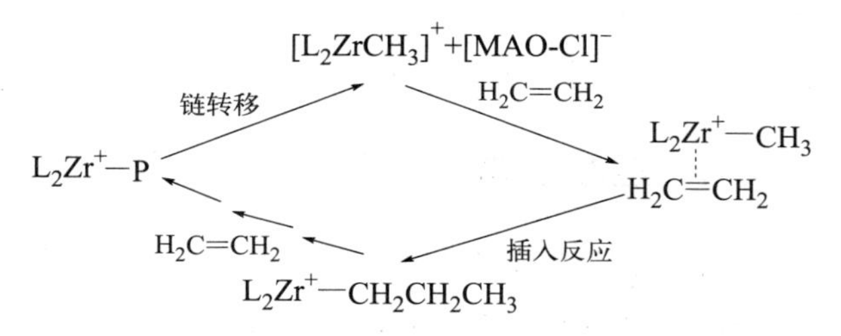

图 7-8　茂金属催化乙烯聚合反应机理

③ 适用范围广，具有优异的共聚能力：可用于丙烯间规聚合、环烯烃非开环

聚合、非共轭二烯烃成环聚合、含官能团烯烃的聚合等，且几乎能使大多数共聚单体与乙烯共聚合，可以获得许多新型聚烯烃材料。

④ 均相催化剂：茂金属可溶于烃类溶剂，但源于不同聚合功能催化剂的专一性和来自配位体结构变化的制约性，在均相条件下即可实现丙烯等的全同和间同立构聚合。茂金属配合物中配位体有精确的刚性手性立体构型及适宜的电子环境，决定了单体在活性中心的配位、活化及插入聚合链的方式，因此通过变化中心金属配位体的空间及立体结构，可分别制备出立体结构纯一的无规、等规、间规、半等规等聚烯烃品种。

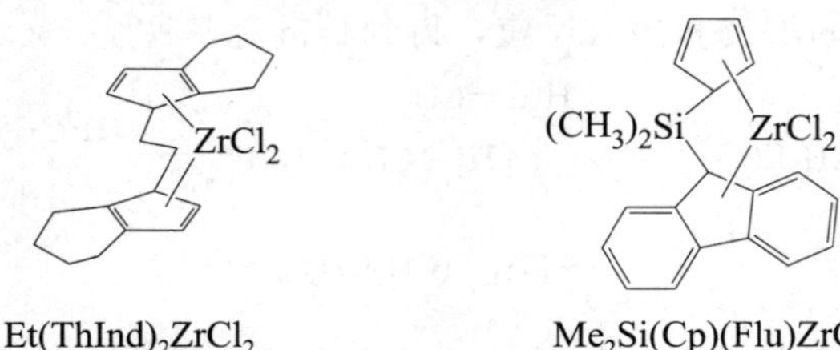

Et(ThInd)$_2$ZrCl$_2$ 全同聚丙烯催化剂　　Me$_2$Si(Cp)(Flu)ZrCl$_2$ 间同聚丙烯催化剂

7.4.3 钯催化烯烃氧化反应

钯催化下由乙烯氧化制乙醛是典型的配位催化氧化过程，称为 Wacker 过程。但该过程催化剂对设备有强腐蚀性，曾作为配位催化缺点的典型例子，现已被甲醇羰基化制醋酸法所淘汰，但是 Wacker 法在合成其他类似化合物方面具有启发意义。

Wacker Chemie 公司的 Smidt 将 $PdCl_2$ 存在下乙烯氧化成乙醛的反应与 $CuCl_2$ 存在下零价钯氧化成 Pd^{2+} 的已知反应巧妙结合，实现了氧化反应的催化循环，这是组合已知反应而形成新技术非常成功的一个例子，反应如下：

$$H_2C{=\!=}CH_2+PdCl_2+H_2O \longrightarrow CH_3CHO+Pd(0)+2HCl \tag{7-24}$$

$$Pd(0)+2CuCl_2 \longrightarrow PdCl_2+2CuCl \tag{7-25}$$

$$2CuCl+2HCl+0.5O_2 \longrightarrow 2CuCl_2+H_2O \tag{7-26}$$

总反应：

$$H_2C{=\!=}CH_2+0.5O_2 \longrightarrow CH_3CHO \quad \Delta H=-221\ kJ/mol \tag{7-27}$$

该反应机理如图 7-9 所示。

① 乙烯配位于 Pd(Ⅱ) 上；

② 配位于 Pd(Ⅱ) 的乙烯受到水分子或者说 OH^- 的亲核进攻，OH^- 从外侧进攻乙烯发生反式加成生成羟乙基钯；

③ 羟乙基钯经 1,2-位移并发生羟基 β-H 消除生成乙醛，同时得到零价钯 Pd(0)；

④ Pd(0) 被二价铜离子氧化成 Pd(Ⅱ)，同时二价铜被还原成一价铜离子，体系中的 O_2 将一价铜离子氧化成二价铜离子，完成了催化循环。其中，羟乙基钯的 1,2-位移实际是 β-H 消除及消除产物乙烯醇经旋转重插入实现的。

7.4.4 过渡金属卡宾配合物催化烯烃复分解反应

碳-碳键的切断与重组是有机合成的基础，烯烃复分解反应作为一种强大有效的合成方法现被广泛应用于构造碳链骨架的反应中，在聚合以及现代有机合成领域起着重要作用。2005 年诺贝尔化学奖授予了在烯烃复分解反应研究方面做出突出贡献的三位科学家：Chanvin、

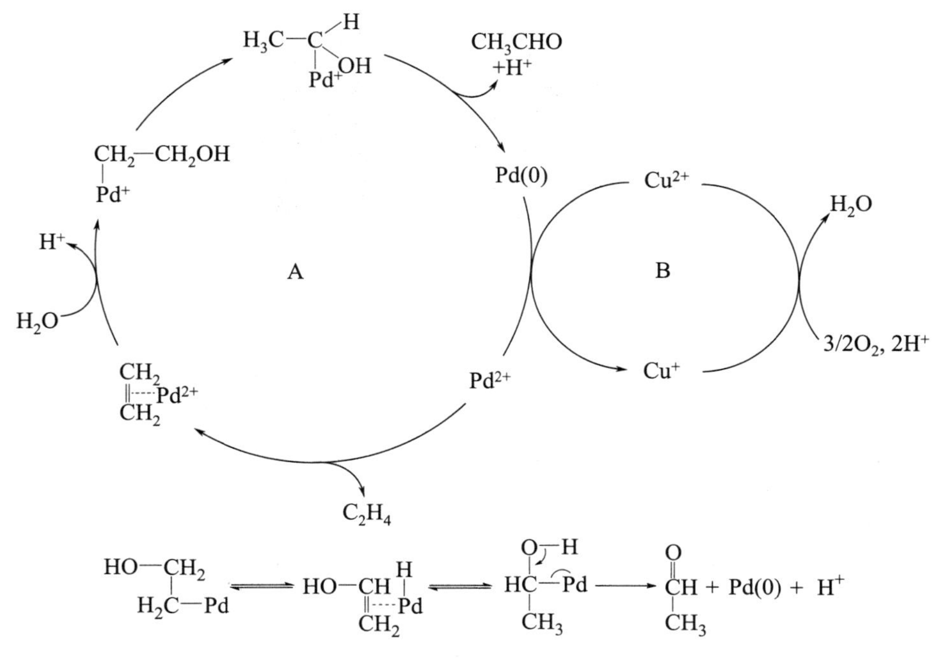

图 7-9 $PdCl_2/CuCl_2$ 催化乙烯氧化反应机理

Grubbs、Schrock。因此化学中古老的交换反应——复分解反应再一次吸引了人们的注意。在催化剂作用下，烯烃的碳-碳双键会被拆散、重组，形成新分子，这种过程被命名为烯烃复分解反应。烯烃复分解反应的催化剂是金属卡宾配合物。第二代 Grubbs 催化剂即含二取代二氢咪唑配位体及三环己基膦配位体的钌卡宾配合物具有广泛的官能团适用性，反应活性高，稳定，催化活性不受空气、水汽及溶剂中痕量杂质的影响，可催化关环复分解反应得到 2-、3-、4-取代环烯化合物，是一类非常实用的烯烃复分解反应催化剂。

EtOOC COOEt（二烯底物） —[PCy_3, Cl, Cl, Ru=CHPh, R—N N—R（咪唑啉卡宾）, R=2,4,6-三甲苯基；甲苯]→ EtOOC COOEt（环己烯产物） 98% (7-28)

其催化机理是交换舞伴的“肖万机理”：催化剂金属-碳烯先与一个端烯发生复分解反应，生成乙烯和一个金属端烯，金属端烯再和另一分子端烯发生复分解，生成内烯和金属-碳烯，完成催化循环，如图 7-10 所示。金属-碳烯与端烯的复分解以及金属端烯与端烯的复分解反应均是由于端烯配位于金属上经 σ-π 活化形成包含金属的四元杂环过渡态而完成的。

7.4.5 过渡金属羰基配合物催化烯烃氢甲酰化反应

氢甲酰化反应指在催化剂作用下一氧化碳、氢与不饱和烃生成醛的反应，是羰基化反应的一种。该反应是 1938 年德国的 Rolen 发现的，这一发现使得配位催化首次在工业上得到应用，从而开创了配位催化的新纪元，促进了羰基合成的工业化。氢甲酰化反应是一个具有很大工业意义的反应，该反应的产物为醛，而醛加氢得醇，醇可用作溶剂或进一步加工成增塑剂和洗涤剂。例如工业上丙烯氢甲酰化反应的产物丁醛，其重要用途就是通过醇醛缩合制

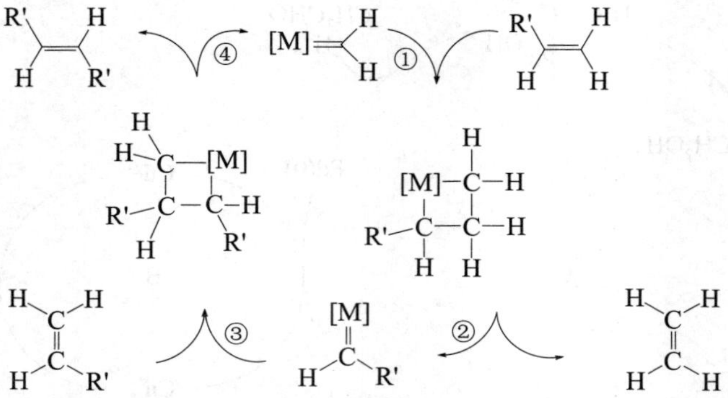

图 7-10　过渡金属卡宾配合物催化烯烃复分解反应机理

备 2-乙基己醇，再与邻苯二甲酸经酯化反应制备增塑剂——邻苯二甲酸-二-2-乙基己酯。氢甲酰化反应的催化剂是过渡金属羰基配合物。

(1) 均相氢甲酰化反应

传统的烯烃氢甲酰化反应是首次使用羰基簇合物作为催化剂的反应，是均相催化过程。

烯烃氢甲酰化反应生成醛的反应式如下：

$$CH_3HC{=}CH_2+CO+H_2 \longrightarrow CH_3CH_2CH_2CHO \tag{7-29}$$

$$CH_3HC{=}CH_2+CO+H_2 \longrightarrow CH_3\underset{\displaystyle CH_3}{\underset{|}{C}}HCHO \tag{7-30}$$

烯烃氢甲酰化反应的催化剂从第一代 $Co_2(CO)_8$ 发展到第三代 Wilkinson 配合物 $ClRh(R_3P)_3$，反应速率及反应选择性均显著提高。第三代催化剂的催化活性物种是 $HRh(CO)_2(R_3P)_2$，以 $HRh(CO)_2(Ph_3P)_2$ 为例，其合成反应及催化烯烃氢甲酰化反应机理分别见式(7-31) 与图 7-11。

① $HRh(CO)_2(Ph_3P)_2$ 配位饱和配合物先解离出一个 CO，生成配位不饱和的 16 电子平面四配位配合物 $HRh(CO)(Ph_3P)_2$；

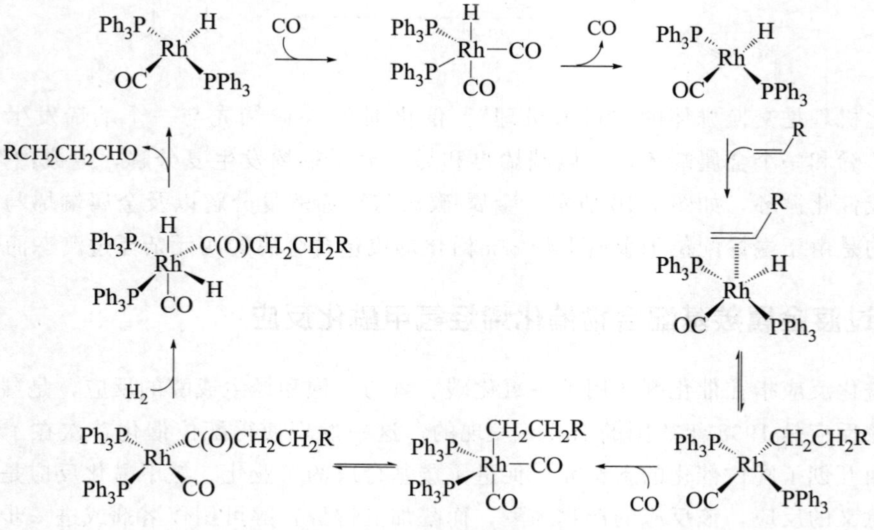

图 7-11　Wilkinson 配合物催化烯烃氢甲酰化反应机理

② 原料烯烃与铑配位得到18电子构型配位饱和配合物并由于σ授予及π反馈从而被活化；

③ 活化的烯烃插入Rh—H键，生成16电子的烷基羰基铑$RCH_2CH_2Rh(CO)(Ph_3P)_2$；

④ CO配位生成18电子配位饱和配合物$RCH_2CH_2Rh(CO)_2(Ph_3P)_2$，且CO被σ-π活化；

⑤ 活化的CO插入$Rh—CH_2CH_2R$键，生成16电子酰基羰基铑配合物$RCH_2CH_2C(O)Rh(CO)(Ph_3P)_2$；

⑥ 氢的氧化加成，得到六配位八面体18电子构型配合物$RCH_2CH_2C(O)RhH_2(CO)(Ph_3P)_2$；

⑦ 酰基与一个氢基配位体还原消除得到醛，同时生成16电子平面四配位配合物$HRh(CO)(Ph_3P)_2$；

⑧ CO再配位完成催化循环。

$$ClRh(Ph_3P)_3 + CO \longrightarrow ClRh(CO)(Ph_3P)_2 \xrightarrow{H_2/CO} HRh(CO)_2(Ph_3P)_2 \quad (7\text{-}31)$$

(2) 非均相烯烃氢甲酰化反应

铑催化剂是性能优良的氢甲酰化反应催化剂，活性比羰基钴高2～3个数量级，反应压力也较低。但是该反应体系是均相催化过程，催化剂不易分离，而铑价格昂贵，解决其回收问题成为关键。有效的解决办法就是采用非均相催化工艺，包括液-固非均相以及液-液非均相催化工艺。对于液-固非均相催化工艺，需要将过渡金属有机配合物负载到硅胶、分子筛、聚苯乙烯等固相载体上以便于催化剂的分离回收，但是有些配合物固载化后，存在贵金属流失的问题，导致催化活性降低；而液-液非均相催化工艺由于催化剂与原料及产物处在两个“互不相溶”的液相中，很好地解决了均相催化剂与产物的分离问题，同时还保留了均相催化剂的高催化活性，易于实现工业化。

① 水/有机溶剂两相工艺。液-液非均相催化工艺中最常见的就是水/有机溶剂两相工艺，采用该工艺的前提是将催化剂制备成水溶性金属有机配合物。采用水溶性膦配位体如磺化三苯基膦替代Wilkinson配合物的三苯基膦配位体则可制得水溶性铑-膦配合物催化剂。Ruhrehemie公司最先使用间三苯基膦三磺酸钠铑于1984年在水/有机溶剂两相工艺实现了丙烯氢甲酰化制丁醛的工业化，称为RCH/RP工艺。反应过程采用连续釜式反应器，催化剂与原料处在两个“互不相溶”的液相中，强烈搅拌下进行反应，即催化剂动态负载在与产物互不相溶的液相，实现了均相反应的多相化。由于催化剂在水相，产物醛在油相，催化剂与产物通过简单相分离即可分离。

② 离子液体/有机溶剂两相工艺。多数过渡金属有机配合物催化剂对水敏感，不能采用水/有机溶剂两相工艺，因此研究人员开发了非水介质的液-液两相工艺。离子液体是一类在室温附近或在100℃以下为液体的离子化合物，由大阳离子如N,N-二烷基咪唑离子、N-烷基吡啶离子等与无机大阴离子如Cl^-、$AlCl_4^-$、BF_4^-或金属有机离子如$Co(CO)_4^-$等组成。离子液体对较多的无机化合物、金属有机化合物、有机物和高分子表现出较好的溶解性，无可测蒸气压。这两个特点使得离子液体可与有机溶剂形成两相工艺用于氢甲酰化反应体系。

离子型的或强极性的金属有机配合物能溶于离子液体且稳定，而极性不强的有机化合物则不溶，为配位催化的复相化创造了条件；且离子液体对H_2、CO有较好的溶解性，对催化氢甲酰化、氢化、羰基化等反应有利；离子液体的蒸气压很低，也未发现与有机化合物形成共沸物，给反应和分离带来方便。

如果氢甲酰化反应采用离子液体/有机溶剂两相体系，反应物烯烃和产物醛在有机溶剂相，而催化剂在离子液体相，反应物与产物从离子液体和催化剂中分离出来，离子液体和催化剂可循环利用。如离子液体/有机两相工艺中 1-辛烯的氢甲酰化反应，钴与铑的配合物在离子液体相，而原料烯烃和产物醛在有机相，没有观察到铑流失，为高碳烯烃氢甲酰化开辟了一条新路。

③ 全氟烃/有机溶剂两相工艺。由全氟化和未氟化的烃、醚、胺组成“互不相溶”的两相体系：催化剂在全氟化的有机溶剂中，底物、产物在未氟化的有机溶剂中，如在全氟甲基环己烷与甲苯的混合体系中，氟化烷基膦配位的铑催化剂 $Rh/P[(CH_2)_x(CF_2)_yCF_3]_3$ 催化 1-癸烯的羰基合成反应，产物醛收率在 98% 以上，催化剂与产物分离容易且可循环使用；全氟甲苯/甲苯体系中，$ClRhP[CH_2CH_2(CF_2)CF_3]_3$ 催化 1-癸烯的氢甲酰化反应，1-癸烯的转化率达 98%。这些催化剂有个共同特点，就是氟化烷基膦配位体并非全氟化，因为强极性的氟化烷基可溶于全氟烃，但氟的强吸引电子能力会降低叔膦的配位能力，用几个亚甲基隔开使得叔膦保持强极性的同时仍具备良好的配位能力。

7.4.6　钯配合物催化交叉偶联反应

2010 年诺贝尔化学奖授予了三位在交叉偶联反应方面做出突出贡献的科学家：Suzuki、Negishi 及 Heck。在过渡金属有机配合物催化下，RX 与非过渡金属有机化合物 R′M′形成碳-碳键（R—R′）的反应称为交叉偶联反应。交叉偶联反应由于直接高效的 C—C 键构筑而具有很高的研究价值与广阔的应用前景。该反应选择性好、反应条件温和，是现代有机合成的有效手段。

$$R—X + R'—M' \xrightarrow{[M]} R—R' \tag{7-32}$$

X＝I、Br、Cl、OTf（三氟甲磺酸酯）……

R＝烯基、芳基、联烯基、烯丙基、苄基、炔基等

M＝Pd、Ni、Fe、Rh……

M′＝Mg、B、Sn、Zn……

(1) Heck 偶联反应

Heck 偶联反应是三乙胺存在下，醋酸钯催化卤代芳烃与烯烃反应生成苯乙烯型化合物的反应。

$$PhX + CH_2{=}CHCO_2Me \xrightarrow[Et_3N]{10\ mmol/mol\ Pd(OAc)_2} PhCH{=}CHCO_2Me + Et_3N\cdot HCl \tag{7-33}$$

其反应机理如图 7-12 所示，二价钯首先被体系中的三乙胺或烯烃还原成零价钯然后开始催化循环。

① 卤代芳烃对零价钯氧化加成，生成二价的芳基卤化钯；

② 烯烃配位并被活化；

③ 活化的烯烃插入到 PdAr 的 Pd—C 键中；

④ β-H 消除得到烯基化的偶联产物及氢基卤化钯；

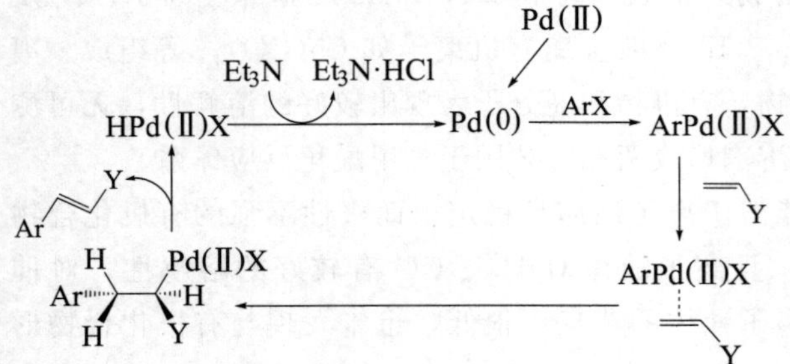

图 7-12　Heck 偶联反应机理

⑤ 三乙胺促使氢基和卤素配位体还原消除，同时生成零价钯完成催化循环。

（2）Negishi 偶联反应

Negishi 偶联反应是在零价镍、钯配合物催化下，铝、锌、锆有机化合物与卤代烃、三氟甲磺酸酯等之间的偶联反应。铝、锌、锆有机化合物在 Negishi 偶联反应中，都不会与卤代烃发生烃基交换，也不会与酮、酯、酰胺的羰基发生加成反应而导致选择性下降，故该反应的官能团兼容性好。但铝、锌、锆有机化合物对空气敏感，操作过程需要无水无氧，比较麻烦，故应用较少。

$$\text{Et(H)C=C(Et)ZrCp}_2\text{Cl} + \text{Br(H)C=C(Me)CO}_2\text{Me} \xrightarrow[\text{ZnCl}_2]{\text{Pd(PPh}_3)_4} \text{Et(H)C=C(Et)–C(Me)=C(H)CO}_2\text{Me} \tag{7-34}$$

$$\text{RZnX} + \text{R'COCl} \xrightarrow{\text{Pd(0)}} \text{RCOR'} \tag{7-35}$$

（3）Suzuki 偶联反应

Suzuki 偶联反应是在零价钯配合物作用下，卤代烃与有机硼酸的交叉偶联反应。该反应有如下优点：有机硼酸稳定、无毒、经济易得；反应条件温和、官能团兼容性好；空间位阻影响不大、产率高、选择性好。

$$\text{R—X} + \text{R}'\text{B(OH)}_2 \xrightarrow[\text{碱}]{[\text{Pd}]} \text{R—R}' + \text{XB(OH)}_2 \tag{7-36}$$

其催化机理如图 7-13 所示。

① 卤代芳烃对零价钯氧化加成，生成二价的芳基卤化钯；

② 碱 NaOR 一方面与芳基硼酸反应，生成具有更强亲核置换能力的阴离子 $Ar'B^{-}(OH)_2OR$；同时使 ArPd(Ⅱ)X 变成 ArPd(Ⅱ)OR，使得随后的亲核置换反应更容易；

③ 芳基硼酸 $Ar'B(OH)_2$ 的芳基 Ar′ 对 ArPd(Ⅱ)OR 的 OR 进行亲核取代反应，生成二芳基钯 ArPdAr′；

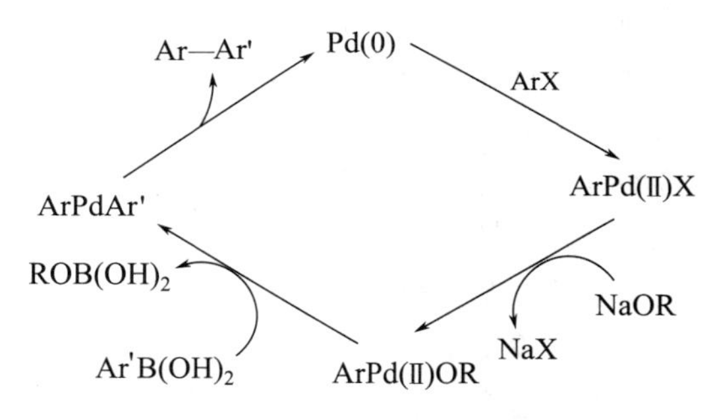

图 7-13 Suzuki 偶联反应机理

④ ArPdAr′的两个芳基还原消除得到偶联产物 Ar—Ar′并生成零价钯完成催化循环。

7.5 过渡金属有机配合物催化剂新进展

过渡金属有机配合物广泛应用于催化加氢、烯烃聚合、烯烃复分解、羰基合成及交叉偶联反应等化工、材料及制药等领域，而催化剂的更新换代正是这些化工、材料等产品升级换代的核心。因此新型催化剂的不断开发一直是这些领域发展的动力。

7.5.1 氢化反应催化剂

铑、钯、铱、铂和钌等贵金属的配合物催化剂常用于催化氢化反应，且有些已实现工业化，但这类催化剂成本高而回收率又低，因此开发储量丰富、廉价的 3d 金属配合物代替贵金属配合物一直是该领域的研究热点。许多铁、锰及钴的配合物催化体系相继报道用于氢化反应，如图 7-14 所示，[P,N,P] 三齿配位的钴（Ⅱ）配合物、联苯芳烃配位的钴（Ⅰ）配合物、[P,N,P] 三齿铁配合物以及双咪唑卡宾（NHC）配位的钴催化剂都可用于氢化反应。

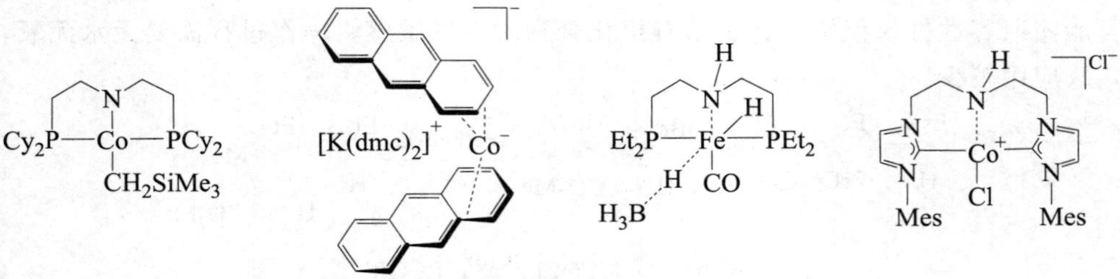

图 7-14 用于氢化反应的钴、铁配合物

7.5.2 烯烃聚合反应催化剂

对于烯烃聚合催化剂，继茂金属被发现及应用于烯烃聚合工业以后，不含环戊二烯基的杂原子多齿配位体非茂金属有机配合物也获得了关注和发展。这类催化剂最具代表性的就是日本三井化学株式会社开发的不对称酚亚胺螯合配位的第ⅣB 族过渡金属配合物——FI 催化剂，其通式见图 7-15。基于对该系列催化剂的研究结果，研究人员提出了"配位体导向设计"的催化剂设计理念，通过改变苯氧基亚胺配位体上的取代基团，构建不同的空间位阻和电子效应，用于乙烯的均聚以及乙烯和 α-烯烃的共聚，且能合成从低分子量到超高分子量的具有特殊结构的各种均聚物以及嵌段共聚物。除此之外，非茂金属配合物还有氮-氮型（如亚胺配位体、多胺配位体等）、氮-膦型（亚胺-膦多齿配位体）、氧-氧型（联萘酚氧基配位体、苯氧基酯配位体等）等。

1995 年，以 Ni(Ⅱ）和 Pd(Ⅱ）为活性中心的二亚胺 [N,N] 催化剂（如图 7-16 所示）的发现又迎来了后过渡金属配合物研究的热潮。后过渡金属非茂配合物催化剂完全不同于传统的 Ziegler-Natta 催化剂、茂金属催化剂及前过渡金属非茂配合物，由于它自身独特的结构和聚合性能而备受关注：①中心金属元素的选择跨越了元素周期表的前过渡区，选择 Fe、Co、Ni、Pd 等后过渡金属元素，由于较低的亲电性，在对极性单体聚合时受到较小限制而有更强的耐受能力，可以将乙烯与极性单体共聚制备带官能团的功能高分子材料；②催化剂结构打破了传统催化剂的烷基和烷氧基或茂、茚类等有机基团构成的框架，采用以烷基或芳基取代的二亚胺或三亚胺配位体结构，合成路线简易可行，收率高，使该类催化剂有望成为经济型乙烯聚合催化剂；③后过渡金属催化剂通过配位体结构设计，利用空间效应和电子效

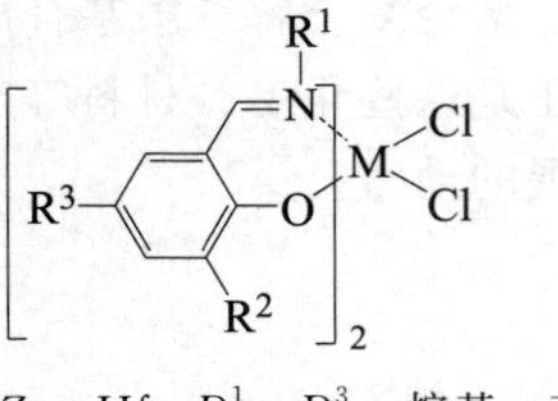

M：Ti、Zr、Hf；R^1～R^3：烷基、芳基、硅烷基、含杂原子的基团

图 7-15 FI 催化剂的通式

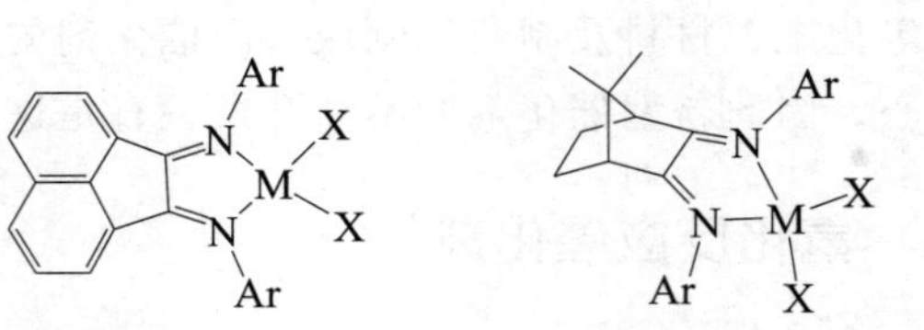

M=Ni、Pd；X=Me、Cl、Br；Ar=2,6-二-^{i}Pr-C_6H_3

图 7-16 α-二亚胺镍、钯配合物

应的差别及调节聚合工艺条件，无需共聚单体即可获得高支化度聚烯烃，且可合成线形、半结晶的高密度聚乙烯，或从高密度线形聚乙烯到乙烯低聚物，具有生产更宽范围聚乙烯材料的潜力。

非茂金属配合物催化剂的研究开发已经取得长足进展，该类配合物结构稳定且催化性能优异。过渡金属种类繁多，非茂配位体结构千变万化，给研究人员提供了更多催化剂结构设计及预测聚合物特性，控制分子量及其分布、立构规整度的机会。通过调变中心金属种类以及配位体结构设计可达到对催化活性以及聚合物结构性能的有效控制。后续随着催化机理以及构效关系的深入研究，非茂金属配合物催化剂的潜力将被进一步释放，从而促进聚烯烃工业的蓬勃发展。

7.5.3 烯烃复分解反应催化剂

第二代 Grubbs 催化剂体现出兼具 Schrock 钼卡宾配合物的较高活性及第一代 Grubbs 催化剂的稳定性和广泛的官能团适用性的优势，使得后来烯烃复分解反应的催化剂主要围绕钌卡宾配合物进行设计开发。

钌卡宾配合物，其配位体的电子效应和空间位阻效应在烯烃复分解反应中起至关重要的作用，不同的空间结构及给电子能力会使钌催化剂体现出不同的活性及稳定性，因此对钌卡宾配合物的研究主要基于对配位体结构的调控。

钌茚基卡宾配合物是一类结构明确且高效的卡宾催化剂。含不饱和氮杂环卡宾配位体、PCy_3 配位体的钌茚基卡宾配合物被称为第二代钌茚基催化剂［图 7-17(a)］，热力学稳定性非常好，对空气、水分以及不同有机官能团的敏感度显著降低，且对于关环复分解反应显示了良好的催化活性和选择性。因此，基于二代钌茚基卡宾配合物催化剂的优异性能，研究人员开始致力于通过修饰氮杂环卡宾配位体来获取更高活性，并研究后骨架上的取代基团对空间和电子效应的影响，同时开发了含双氮杂环卡宾配位体的钌茚基卡宾配合物。随着研究的深入，含双吡啶配位体的三代钌茚基卡宾配合物催化剂［图 7-17(b)］应运而生，但吡啶配位体导致钌卡宾的稳定性降低，另外其在关环复分解反应中也未表现出很好的催化活性，但一些三代钌茚基卡宾配合物却特别适用于开环聚合烯烃复分解反应。另外，新型环（烷基）（氨基）卡宾配位体给电子效应及其空间位阻也使得钌卡宾配合物催化烯烃复分解反应显示了较高的催化活性。

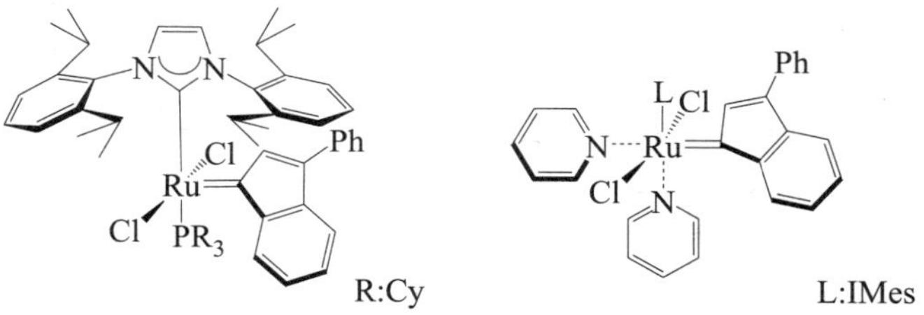

R:Cy　　L:IMes

(a)　　(b)

图 7-17　含不饱和氮杂环卡宾配位体的二代钌茚基卡宾配合物(a) 及含双吡啶配位体的三代钌茚基卡宾配合物(b)

7.5.4 交叉偶联反应催化剂

交叉偶联反应为 C—C 键的构建提供了方便和绿色的合成途径，促进了有机合成化学的快速发展，尤其对药物合成贡献巨大。交叉偶联反应最常用的过渡金属有机配合物催化剂为钯配合物，钯贵金属资源有限、价格高，因此廉价的过渡金属（Fe、Co、Cu 等）有机配合物催化剂的开发引起了国内外研究学者的关注。如铜催化芳基甲酰胺类化合物与芳基硼酸的交叉偶联，铁催化的以烟酰胺或8-氨基喹啉为导向基团定位活化 $C(sp^2)$—H 键和 $C(sp^3)$—H 键与三甲基铝的交叉偶联。

综上，基于过渡金属有机配合物具有由中心金属及周围配位体构成的特殊结构，调变中心金属及配位体给电子效应和空间效应可获得新型高活性、高稳定性、廉价的非贵金属有机配合物催化剂，以用于设计合成更多、更有用的新型化合物。

思考题

1. 下列化合物中哪几个是过渡金属有机配合物？

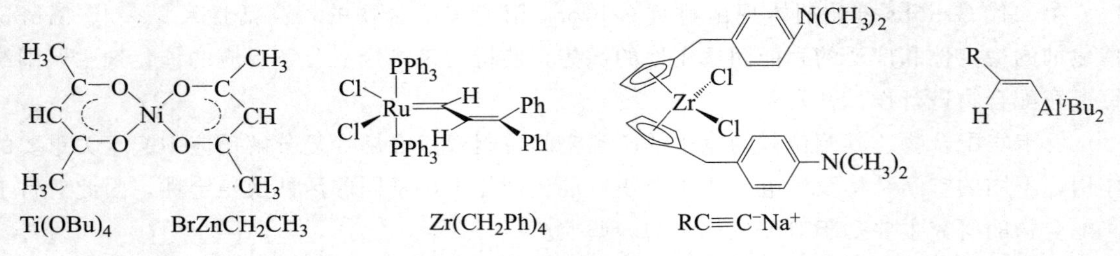

2. 分析 $Ti(CH_2CH_3)_4$ 和 $(C_5H_5)_2Ti(CH_2CH_3)_4$ 的稳定性。

3. 茂金属催化剂的特点及其催化烯烃聚合反应的特点有哪些？

4. 简述过渡金属有机配合物活化烯烃的机理。

5. 从基元反应的角度，描述 $HCo(CO)_3(Ph_3P)$ 催化乙烯氢甲酰化反应生成丙醛的机理。

6. 画出威金森配合物催化1-丁烯加氢反应生成丁烷的配位催化反应循环图。

第8章

生物催化剂与生物催化作用

生物催化或生物转化是以可再生的微生物或酶作为催化剂，融合了生物学、化学工程、过程工程、计算化学等学科的新兴交叉学科。生物催化具有反应条件温和、催化效率高及选择性强等特点，通过将生物学前沿技术与化学工程成熟的工业化经验相结合，进行自然界或有机催化合成中的难以完成的化学反应，在生物医药、精细化学品、农业育种、生物检测等方面，推动化学品、医药、食品等制造产业的升级，是解决能源、环境可持续发展的有效手段之一，显示出巨大的潜力和新的经济增长点。

8.1 生物催化剂的定义、分类、结构及催化特征

8.1.1 生物催化剂的定义

生物催化剂（biological catalyst）是游离或固定化的细胞或酶，起到降低催化中间体生成的活化能及加快反应速率的作用，如常见加酶洗衣粉中添加的水解蛋白污渍的蛋白酶，催化甘油三酯的脂肪酶，水解糖原和淀粉的淀粉酶等。用于印染前处理加工的退浆酶、精炼酶（果胶酶）、除氧酶（过氧化氢酶）、水洗和抛光酶（纤维素酶）等，广泛地应用于纺织、食品、医药、日化等各个领域的生产中（表 8-1）。根据催化剂的来源和使用方式不同，可分为细胞催化和酶催化两类。与游离酶的催化不同，细胞催化不仅能保持活细胞的性质，又无需对酶进行提取和纯化，可以在一定时间内反复使用和实现连续化操作，有望大幅降低生产成本。例如在大肠杆菌中的青霉素扩环酶（DAOCS），全细胞催化青霉素 G 生成 7-氨基脱乙酰氧基头孢烷酸（7-ADCA）。

表 8-1 典型生物催化剂的应用及催化用途

应用范围	代表酶	用途
食品加工与轻工业	脂肪酶	面食加工和烘焙
	果胶酶	果汁加工
	糖化酶	酿酒、原棉处理
	碱性磷酸酶	洗涤添加剂

续表

应用范围	代表酶	用途
精细化学品	腈水合酶	催化腈类化合物转化为相应的酰胺类化合物
	青霉素G/头孢菌素C酰化酶	合成β-内酰胺类抗生素
	L-叔氨酸/L-亮氨酸脱氨酶	合成L-2-氨基丁酸
医学诊断	醇脱氢酶	临床诊断糖尿病、肝坏死
	葡萄糖氧化酶	血液、尿液中葡萄糖的检测
	尿酸酶	血液、尿液中的尿酸检测
能源开发	纤维素酶	生物乙醇制备
	醛脱氢酶-醇脱氢酶	生物固碳
环境保护	漆酶	靛蓝降解
	酪氨酸酶	苯酚污染物降解

8.1.2 生物催化剂的系统分类

1961年，国际生物化学学会酶学委员会（enzyme commission，EC）以酶的分类为依据，提出系统命名法，规定每一个酶有一个系统名称（systematic name），它标明酶的所有底物和反应性质。各底物名称之间用“:”分开。该系统按酶催化反应的类型将酶分成6+1个大类，分别用EC 1～7编号表示。酶的系统命名由4个数字组成，冠以“EC”，每个数字间以“.”隔开。编号中第一个数字表示酶的类别，第二个数字表示类别中的大组，第三个数字为每大组中各个小组的编号，第四个数字为各个小组中各种酶的流水编号。

（1）氧化还原酶（oxidoreductase，EC 1.X.X.X）

催化底物进行氢原子转移、电子转移、加氧等氧化还原反应的酶类。常见的有脱氢酶、氧化酶、还原酶和过氧化物酶等。以细胞色素单加氧酶P450 BM-3为例，系统命名为EC 1.14.14.1，属于EC 1氧化还原酶类，EC 1.14为氧气参与配位成键亚类，EC 1.14.14为核黄素或核黄素类蛋白参与的电子给体的氧化还原酶类，EC 1.14.14.1为非特异性催化子亚类。

（2）转移酶（transferase，EC 2.X.X.X）

催化底物进行某些基团转移或交换的酶类，如甲基转移酶、氨基转移酶、糖基转移酶、酰基转移酶或磷酸基转移酶等。以糖基转移酶UGT73C11为例，系统命名为EC 2.4.1.368，属于EC 2转移酶家族，EC 2.4为糖基转移酶类，EC 2.4.1为己糖转移酶类，EC 2.4.1.368为齐墩果烷型的苷元底物。

（3）水解酶（hydrolase，EC 3.X.X.X）

催化底物进行水解反应的酶类，水解键的类型包括糖苷键、酯键、醚键、蛋白类肽键等。以糖苷水解酶EGUS为例，系统命名为EC 3.2.1.31，属于EC 3水解酶家族，EC 3.2为糖基水解酶类，EC 3.2.1为水解*O*-糖苷/*S*-糖苷类键水解酶类，EC 3.2.1.31为特异性水解葡萄糖醛酸基类。

（4）裂解酶（lyase，EC 4.X.X.X）

该酶催化底物通过非水解途径进行一个基团的移去和加入反应，例如催化形成双键以及其逆反应的脱水酶、脱羧酸酶和醛缩酶等。如肝素酶Ⅰ（EC 4.2.2.7）为特异性降解高度硫酸化和富含艾杜糖物质的裂解酶，肝素酶Ⅲ(EC 4.2.2.8)为倾向于降解低硫酸盐和富含葡萄糖醛酸的裂解酶。

(5) 异构酶 (isomerase, EC 5. X. X. X)

催化各种同分异构体、几何异构体或光学异构体间相互转换的酶类。如以D-果糖为原料，在D-塔格糖3-差向异构酶（D-tagatose 3-epimerase）的作用下，C3位发生差向异构化，获得D-阿洛酮糖，D-阿洛酮糖在酮醛糖异构酶的作用下，转化为对应的己醛糖D-阿洛糖。

(6) 连接酶 (ligase, EC 6. X. X. X)

催化两分子底物连接成一个分子化合物的酶类。如DNA连接酶是生物体内重要的酶，其所催化的反应在DNA的复制和修复过程中起着重要的作用，噬菌体T4 DNA连接酶是腺苷5′-三磷酸（adenosine 5′-triphosphate，ATP）依赖的DNA连接酶，可催化两条DNA双链上相邻的5′-磷酸基和3′-羟基之间形成磷酸二酯键。

(7) 转位酶 (translocase, EC 7. X. X. X)

2018年8月，国际生物化学与分子生物学联合会（IUBMB）在原有六大酶类之外又增加了一种新的酶类——转位酶，是指能够催化离子或分子跨膜转运或在细胞膜内易位反应的酶。

其他酶的系统分类和命名可以参考德国BRENDA：Enzyme Database，Swissprot：Expasy-ENZYME和IntEnz：Integrated relational Enzyme database等数据库。目前BRENDA数据库中收集的酶的分类如下：EC 1氧化还原酶（9857种）、EC 2转移酶（8009种）、EC 3水解酶（11488种）、EC 4裂解酶（5150种）、EC 5异构酶（2116种）、EC 6连接酶（1602种）、EC 7转位酶（1115种）。

根据组成可将生物催化的酶分成单纯酶和结合酶两类。单纯酶是基本组成单位仅为氨基酸的一类酶，它的催化活性仅仅取决于蛋白质结构。结合酶的组成除蛋白质外，还有一些必需物质。许多酶会通过招募其他分子来实现、增加功能和催化活性，这类分子被称为辅因子，两者共同作用行使酶的催化功能。辅因子在酶促反应中主要起传递氢、电子、原子或化学基团的作用，常见的辅因子包括金属离子和一些分子量不大的有机化合物。一般常见的金属离子锌离子（Zn^{2+}）、镁离子（Mg^{2+}）、铁离子（Fe^{3+}）、铜离子（Cu^{2+}）是酶活性所必需的，例如羧肽酶以锌离子（Zn^{2+}）为辅因子，铜蓝蛋白以铜离子（Cu^{2+}）为辅因子，血红素辅基中铁原子的还原态（Fe^{2+}）和氧化态（Fe^{3+}）之间的可逆变化，参与了细胞色素氧化酶的电子传递，在细胞能量转移中起着极为重要的作用。常见的B族维生素硫胺素（维生素B_1）、核黄素（维生素B_2）、吡哆醇（维生素B_6）、生物素（维生素B_7），以及脂溶性的A族维生素视黄醇等（图8-1）小分子化合物，广泛地参与催化和合成反应。如烟酰胺腺嘌呤二核苷酸（NADH）与乳酸脱氢酶的结合速率$k_{on}=10\times10^8$ L/(mol·s)，参与催化丙酸与L-乳酸之间的还原氧化反应。二磷酸腺苷（ADP）与肌酸激酶的结合速率$k_{on}=0.2\times10^8$ L/(mol·s)，参与催化磷酸肌酸生成肌酸和三磷酸腺苷（ATP）。此外，根据与酶蛋白结合的紧密程度，辅因子可分为辅酶和辅基。辅酶与酶蛋白结合疏松，可用透析或超滤的方法除去，而辅基与酶蛋白结合紧密，不能用透析或超滤的方法除去。

根据酶分子的结构组成，可将酶分成单体酶、寡聚酶和多酶复合体。单体酶是由一条肽链组成或者多条肽链通过二硫键链接形成的酶，而寡聚酶是由两个或两个以上的相同或不同的亚基聚合组成的酶。真核生物中以单体形式存在的蛋白质约占60%，而古生物和细菌中单体蛋白的比例仅为40%，统计收录在蛋白结构数据库（protein data bank，PDB）中的蛋白结构发现，寡聚体蛋白比例高达50%以上。多酶复合体是由几种酶通过非共价键彼此嵌

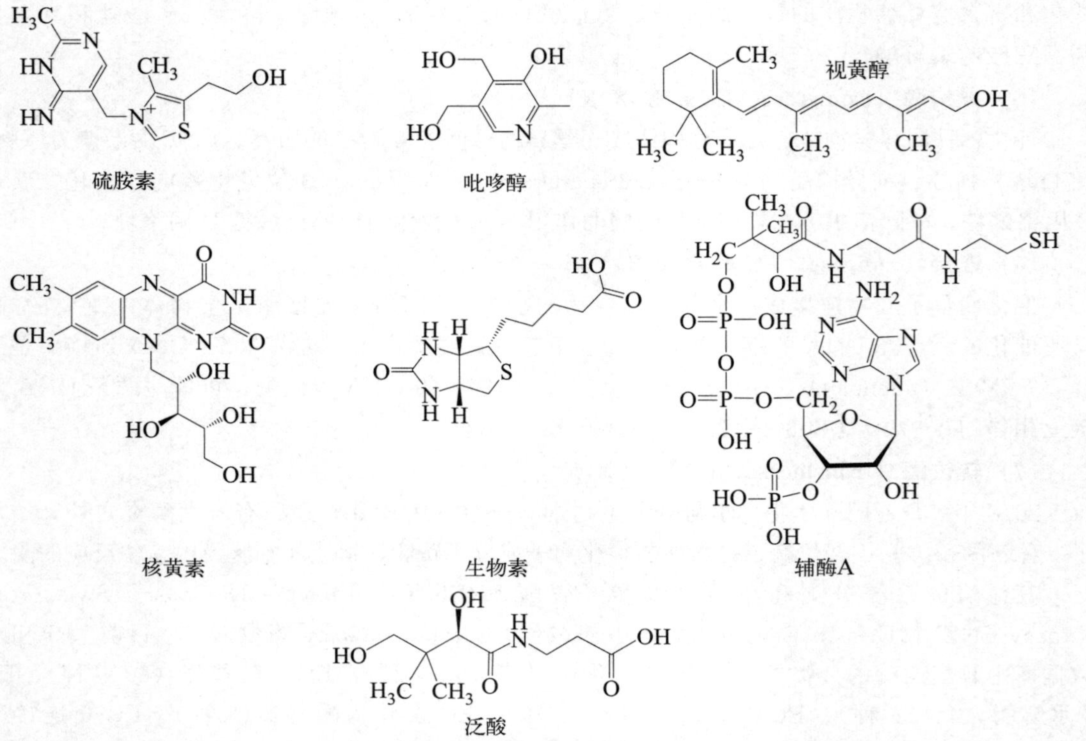

硫胺素　吡哆醇　视黄醇

核黄素　生物素　辅酶A

泛酸

图 8-1　常见的酶辅因子的分子结构

合形成的复合体。其中每一个酶催化一种反应，第一个酶催化反应的产物成为第二个酶作用的底物，如此连续进行，直至终产物生成。多酶复合体在空间构象上流水作业的快速进行，是生物体提高酶催化效率的一种有效措施。如催化丙酮酸氧化脱羧反应的丙酮酸脱氢酶多酶复合体由三种酶组成，而在线粒体中催化脂肪酸 β-氧化的多酶复合体由四种酶组成。以聚酮类化合物多杀霉素的大环内酯的合成为例，以乙酰辅酶 A 和丙酰辅酶 A 为起始合成单元，在酮酰合成酶（ketoacylsynthase，KS）、酰基转移酶（acyltransferase，AT）、酮还原酶（ketoreductase，KR）、酰基载体蛋白（acyl carrier protein，ACP）、脱水酶（dehydratase，DH）和烯醇还原酶（enoylreductase，ER）的依次作用下，形成大环内酯的骨架结构（图 8-2）。

8.1.3　生物催化剂的结构基础

酶的化学本质是蛋白质（protein）或具有催化能力的核糖核酸（ribonucleic acid，RNA）。根据其结构复杂性可分为不同的层级，例如一级、二级、三级以及四级结构。酶的一级结构由组成蛋白质多肽链的 20 种氨基酸序列首尾相连线性组合而成。如图 8-3 所示，常见的人胰岛素由 A、B 两条链共 51 个氨基酸组成，A 链有 21 个氨基酸，B 链有 30 个氨基酸，肽键之间通过二硫键连接。与人胰岛素不同的是，牛胰岛素的 A 链第 8 位由苏氨酸突变成缬氨酸，第 10 位的异亮氨酸突变成缬氨酸，B 链的第 30 位由丙氨酸代替苏氨酸。蛋白质的多肽骨架结构具有两个末端：带氨基的一端称为 N-末端（N-terminus），而带有羧基的一端称为 C-末端（C-terminus），多肽以氨基酸单字母或三字母代码按照从 N 端到 C 端的顺序来表示。而蛋白质中的氨基酸残基通常以单字母代码加序列编号进行标识，20 种氨基酸的三字母及单字母缩写如表 8-2 所示。例如谷氨酸 414 可缩写成 E414，赖氨酸 563 可缩写成 K563。因此，人胰岛素的 A 链可简写成 GIVEQCCTSICSLYQLENYCN。

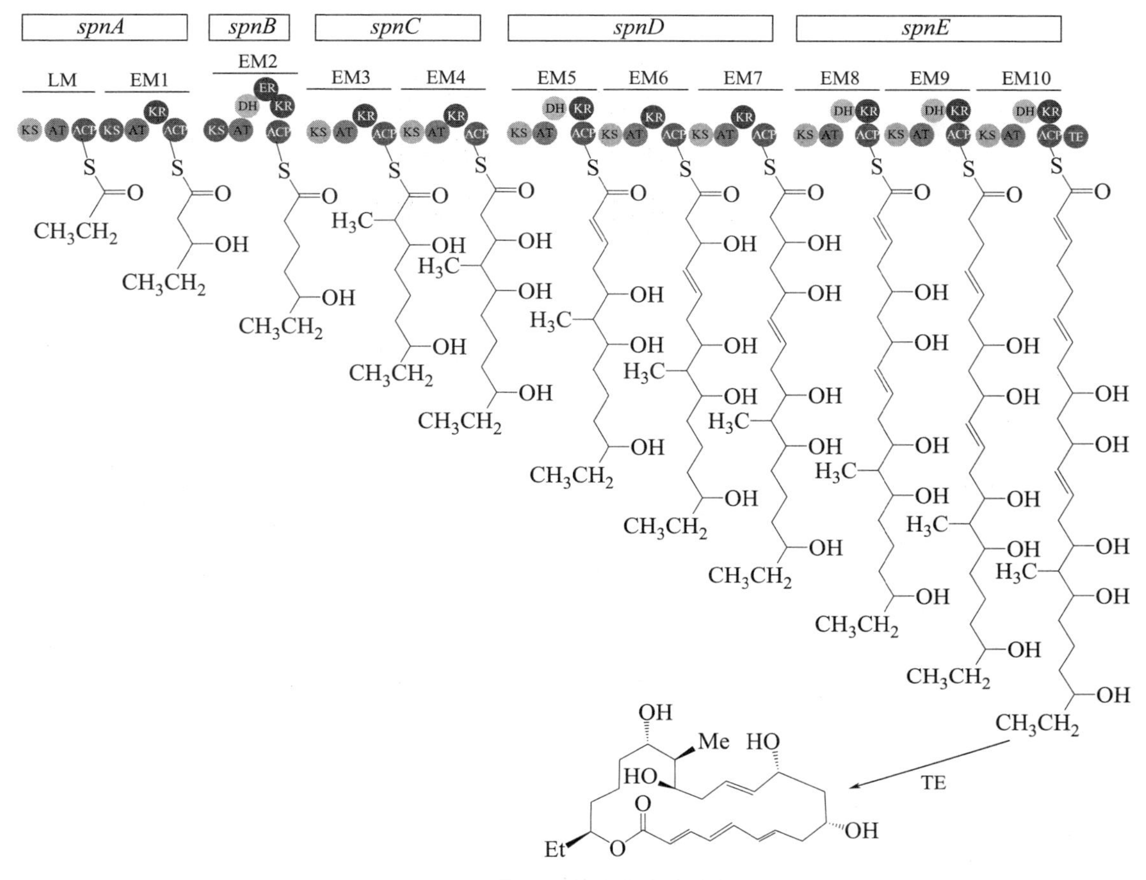

图 8-2 聚酮环的生物合成途径

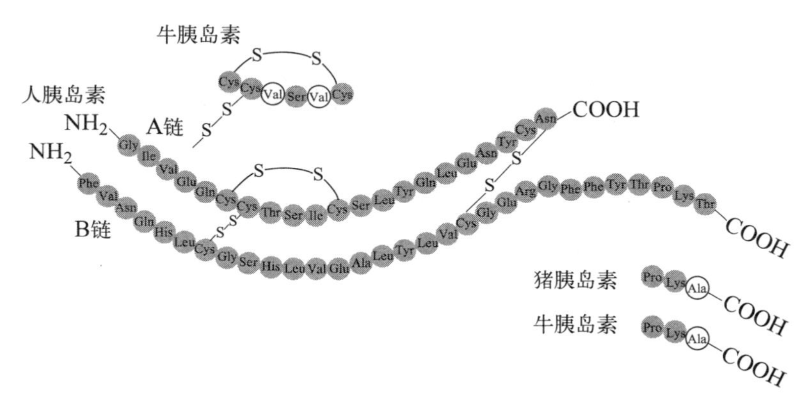

图 8-3 胰岛素的多肽序列结构

酶的二级结构是酶的一级结构依靠不同氨基酸侧链之间的相互作用形成的独特折叠构象，如α螺旋、β折叠、β转角、β凸起以及无规则卷曲等（图 8-4）。在学习酶的二级结构之前，需要对氨基酸侧链的类型、侧链-侧链的相互作用、氨基酸侧链的质子化状态进行一定的了解，表 8-2 中列出了 20 种氨基酸的结构与特性。常见的侧链-侧链相互作用力有离子盐桥（如天冬氨酸-精氨酸、谷氨酸-赖氨酸）、氢键作用（丝氨酸-苏氨酸、天冬酰胺-谷氨酰胺）、疏水作用力（芳香性氨基酸、阳离子-芳烃、芳烃-芳烃）。疏水性侧链驱动力普遍被认为是驱动氨基酸远离水相进行折叠形成蛋白的疏水内核的主要动力，而极性氨基酸往往更趋向于接近溶剂。

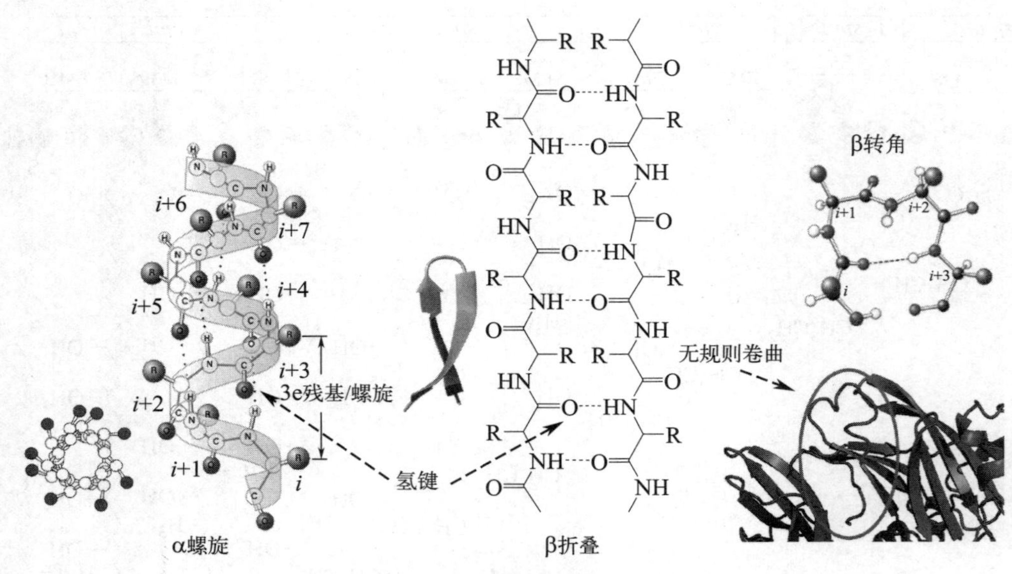

图 8-4 蛋白质的主要二级结构

表 8-2 20 种常见氨基酸的结构与特性

性质	名称	分子结构式	三字母缩写	单字母缩写
酸性	天冬氨酸(aspartic acid)		Asp	D
	谷氨酸(glutamate)		Glu	E
碱性	赖氨酸(lysine)		Lys	K
	精氨酸(arginine)		Arg	R
极性	组氨酸(histidine)		His	H
	酪氨酸(tyrosine)		Tyr	Y
	天冬酰胺(asparagine)		Asn	N
	谷氨酰胺(glutamine)		Gln	Q

续表

性质	名称	分子结构式	三字母缩写	单字母缩写
极性	苏氨酸(threonine)		Thr	T
	丝氨酸(serine)		Ser	S
	半胱氨酸(cysteine)		Cys	C
非极性	甲硫氨酸(methionine)		Met	M
	甘氨酸(glycine)		Gly	G
	脯氨酸(proline)		Pro	P
	丙氨酸(alanine)		Ala	A
	缬氨酸(valine)		Val	V
	亮氨酸(leucine)		Leu	L
	异亮氨酸(isoleucine)		Ile	I
	苯丙氨酸(phenylalanine)		Phe	F
	色氨酸(tryptophan)		Trp	W

多个二级结构在三维空间排列形成蛋白质分子的三级结构。稳定三级结构的化学键主要是次级键，包括氢键、疏水键、离子键、范德华力，部分金属蛋白还借助于金属配位键、共价键的二硫键来稳定它们的三级结构。此基础上，由几个到十几个亚基（或单体）组成的寡聚酶或生物大分子称为酶的四级结构，支配着生物的新陈代谢、营养和能量转换等许多催化过程，与生命过程密切相关。

根据底物与酶之间严格的互补关系，1894 年法国科学家 Fischer 提出了锁钥模型（lock and key model）。该模型把酶比作锁，把酶的活性中心比作锁眼，把底物比作钥匙，认为酶和底物在其结合部位的结构严格匹配、高度互补，犹如一把锁与其原装钥匙在结构上的互补与匹配，较好地解释了立体专一性。1913 年生物化学家 Michaelis 和 Menten 提出了酶的中间复合物学说。他们认为酶降低活化能的原因是酶分子与底物分子先结合形成不稳定的中间复合物，这个中间复合物再进一步分解出产物，释放出原来的酶。1958 年 Koshland 提出底物有可能诱导酶活性中心发生一定程度的结构变化，提出了“诱导契合学说”，将酶分子中的残基分为四类：接触残基，负责底物的结合与催化；辅助残基，起协助作用；结构残基，维持酶的构象；非贡献残基，其替换对活性无影响，但对酶的免疫、运输、调控与寿命等有作用。而后发展起来的过渡态中间物理论进一步证明了，酶分子与底物之间存在结合、互补形成过渡态中间体，底物向产物转化和产物释放等几个阶段。因此开发人工设计的过渡态类似物竞争性地结合酶的活性中心，使之无法完成过渡态中间体形成和释放，即成为酶的强抑制剂。以β-葡萄糖醛酸酶的蛋白结构（PDB：5C71）为例，E414 和 E505 为催化单葡萄糖醛酸甘草次酸（GAMG）的活性催化位点，loop 158～164、loop 361～373、loop 440～451、loop 463～475、loop 561～567 组成β-葡萄糖醛酸酶识别 GAMG 的活性口袋，起到识别底物和稳定催化构象作用（图 8-5）。

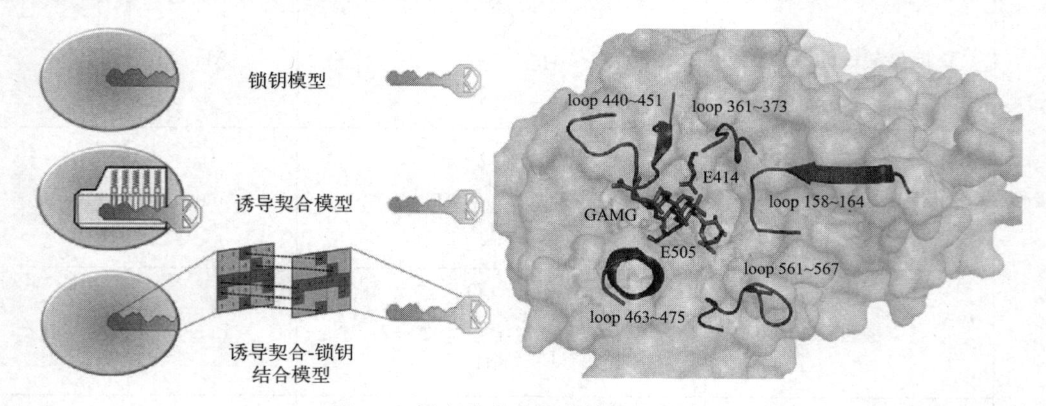

图 8-5 蛋白催化结构的锁钥结构互补

8.1.4 生物催化剂的催化特征

与其他非生物催化剂相比，生物催化剂既具有一般催化剂的催化性质，又具有其他催化剂所不具备的特殊性。首先，生物催化剂具有极高的催化效率和温和的反应条件，在常温、常压、中性等条件下，生物催化剂的催化效率为非酶催化剂的 10^5～10^{17} 倍。以生物固氮为例，固氮微生物根瘤菌所含固氮酶能在厌氧的环境下还原 N_2 分子的惰性三键生成 NH_3，具有很高的催化效率，是非酶催化的 10^6～10^{19} 倍，而人工条件下需要 450 ℃的高温、200 atm（1 atm＝101.325 kPa）才能实现。

其次，生物催化剂具有催化专一性，热力学允许的化学反应，生物催化剂只能催化一种或一类反应底物的转化，具有缩短反应的化学平衡时间，但不改变平衡点的特点。催化专一性分为绝对专一性和相对专一性。一种酶只能专一地催化一种反应称为绝对专一性，如脲酶（urease）只能催化尿素水解生产 NH_3 和 CO_2，而不能催化甲基尿素水解；而能够催化一类结构相似或底物类型相同的反应称为相对专一性，如脂肪酶、酯酶、酰胺酶、环氧化物水解酶等被广泛地应用于羧酸、酯、酰胺、氨基酯、环氧化物、醇、腈、胺的动力学拆分，无论是甘油的还是一元醇或酚的磷酸酯均可被脂肪酶水解。

此外，酶对底物的立体构型具有特异性要求，称为立体异构专一性或特异性。常见的有旋光异构专一性，如 L-氨基酸氧化酶只能催化 L-氨基酸氧化，而对 D-氨基酸无效，β-葡萄糖苷水解酶能将 β-D-葡萄糖苷水解，而对 α-D-葡萄糖苷不起作用。D-泛解酸是一种重要的饲料添加剂以及日化产品，利用左旋内酯水解酶催化 D-泛内酯拆分生产 D-泛解酸，L-泛内酯自消旋作用进一步生成 D-/L-泛内酯进行下一循环的拆分（图 8-6），实现 D-泛内酯的高效拆分。有的酶具有几何异构专一性，如延胡索酸水化酶，只能催化延胡索酸即反丁烯二酸水合成苹果酸，而不能催化顺丁烯二酸的水合作用。

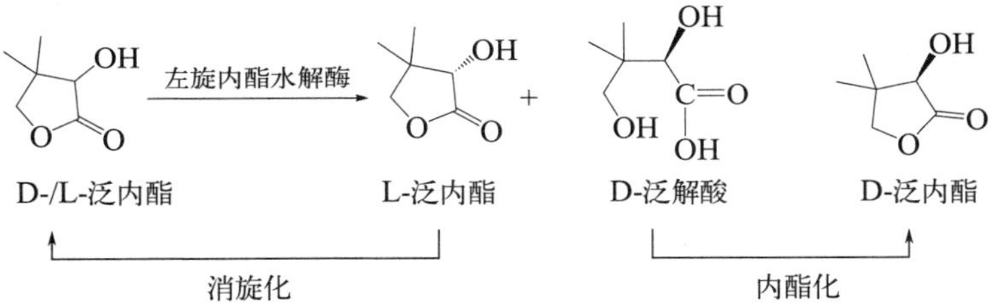

图 8-6 左旋内酯水解酶催化 D-/L-泛解酸内酯拆分

由于生物催化剂受本身蛋白质特性的影响，其催化能力不仅受到生物合成的诱导和阻遏、酶的化学修饰、抑制物的调节、代谢物对酶的反馈条件、酶的别构调节以及其他因素的影响，也易受热、溶液中的 pH 变化、离子强度、有机溶剂等因素的影响，造成生物催化剂变性而失去活性。生物催化反应一般是在比较温和的条件下进行。

8.2 生物催化剂的反应动力学

根据酶的催化反应过程分类，酶催化类型可分为均相催化和非均相催化。均相催化指酶与反应体系处于同一相中，常见的是液相体系催化。而非均相催化是指酶与反应体系不处于同一相中，存在相间的物质传递，主要指固定化酶反应、双水相反应和有机相酶催化等。与均相催化相比，非均相催化既保存了均相催化剂高活性、高选择性等优点，同时又因结合在固体上而具有催化剂易与产品分离、易回收等多相催化体系的优点。

8.2.1 酶促反应动力学方程

酶催化反应动力学可采用化学反应动力学方法建立相应的动力学方程。

对于单底物 A ⟶ B 酶催化过程，反应速率与底物浓度的一次方成正比，符合一级反应。

即：
$$v=\frac{dC_A}{dt}=k_A(C_{A0}-C_A) \tag{8-1}$$

式中，v 是催化反应速率，mol/(L·s)；k_A 是一级反应速率常数，s^{-1}；C_{A0} 是底物的初始浓度，mol/L；C_A 是 t 时底物浓度，mol/L。

对于双底物 A+B ⟶ C 酶催反应过程，反应速率与双底物浓度的乘积成正比，符合二级反应。

即：
$$v=\frac{dC}{dt}=k_{AB}(C_{A0}-C_C)(C_{B0}-C_C) \tag{8-2}$$

式中，k_{AB} 是二级反应速率常数，L/(mol·s)；C_{A0}、C_{B0} 分别是底物 A 和 B 的初始浓度，mol/L；C_C 是 t 时产物 C 的浓度，mol/L。

将式(8-2) 积分可得：

$$\frac{1}{C_{A0}-C_{B0}}\ln\frac{C_{B0}(C_{A0}-C_C)}{C_{A0}(C_{B0}-C_C)}=k_{AB}t \tag{8-3}$$

通过作图可求得双底物 A+B ⟶ C 酶催反应过程的反应速率常数 k_{AB}。

对于连续均相的酶催化过程，如 $A\xrightarrow{k_1}B\xrightarrow{k_2}C$，则有：

$$-\frac{dC_A}{dt}=k_1C_A \tag{8-4}$$

$$\frac{dC_B}{dt}=k_1C_A-k_2C_B \tag{8-5}$$

$$\frac{dC_C}{dt}=k_2C_B \tag{8-6}$$

式中，C_A、C_B、C_C 分别为 A、B、C 的浓度，mol/L；k_1、k_2 为各步的反应速率常数，s^{-1}。

假设 A 的初始浓度为 C_{A0}，B 和 C 的初始浓度为 0，并且 $C_A+C_B+C_C=C_{A0}$，则可求得：

$$C_A=C_{A0}e^{-k_1t} \tag{8-7}$$

$$C_B=\frac{k_1C_{A0}}{k_2-k_1}(e^{-k_1t}-e^{-k_2t}) \tag{8-8}$$

$$C_C=\frac{C_{A0}}{k_2-k_1}[k_2(1-e^{-k_1t})-k_1(1-e^{-k_2t})] \tag{8-9}$$

根据“中间产物学说”“诱导契合假说”的描述，酶的催化反应动力学一般以底物浓度与反应速率的关系表示。假定仅有一种底物 S 在酶 E 的作用下生成一种产物 P，认为底物在转变成产物之前，必须先与酶形成中间复合物，中间复合物再转变成产物并重新释放出游离的酶，就反应始末来看，酶在反应中并不被消耗，而只起循环作用。因此 1913 年 Michaelis 和 Menten 提出了如下反应模式：

$$E+S\underset{k_{-1}}{\overset{k_{+1}}{\rightleftharpoons}}ES\xrightarrow{k_{+2}}E+P \tag{8-10}$$

式中，E 表示平衡时游离酶；S 表示底物；ES 表示酶-底物复合物；k_{+1}、k_{-1} 分别表示 E+S ⟶ ES 正、逆方向反应速率常数；k_{+2} 为 ES 分解成 P（产物）的速率常数。

其反应机制可表示为：

$$生产速率：\frac{dC_{ES}}{dt}=k_{+1}(C_{E_0}-C_{ES})C_S \tag{8-11}$$

$$分解速率：-\frac{dC_{ES}}{dt}=k_{-1}C_{ES}+k_{+2}C_{ES}=C_{ES}(k_{-1}+k_{+2}) \tag{8-12}$$

式中，C_{E_0} 为酶的初始浓度，C_S 为底物浓度，C_{ES} 为酶-底物复合物的浓度。

反应的中间体复合物 ES 的浓度处于稳定的状态，即$\frac{dC_{ES}}{dt}=0$，可得：

$$\frac{k_{-1}+k_{+2}}{k_{+1}}=\frac{C_{E_0}-C_{ES}}{C_{ES}}C_S \tag{8-13}$$

令 $K_m=\frac{k_{-1}+k_{+2}}{k_{+1}}$，代入式(8-13) 可得：

$$C_{ES}=\frac{C_{E_0}}{K_m+C_S}C_S$$

而 $v_{max}=k_{+2}C_{E_0}$，可得反应速率 v 和底物浓度 C_S 之间关系服从双曲线方程：

$$v=\frac{v_{max}C_S}{K_m+C_S} \tag{8-14}$$

此即为米氏方程，式中，v_{max} 表示最大反应速率；K_m 为米氏常数；v 指酶促反应的速率，是衡量酶活性大小的指标。

不同底物浓度下反应速率的变化如图 8-7 所示，在底物浓度较低时，反应速率随底物浓度的增加而急剧增加，速率 v 与 C_S 成正比关系，表现为一级反应；随着 C_S 增加，v 的增加率逐渐变小，v 和 C_S 不再成正比关系，表现为混合级反应；当底物浓度 C_S 达到一定值时，v 趋于恒定，v 和 C_S 无关，表现为零级反应，此时反应速率最大为 v_{max}，C_S 出现饱和。

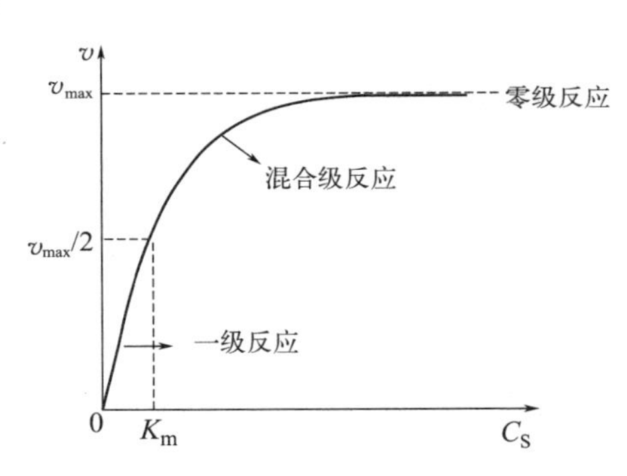

图 8-7 酶催化的米氏方程

8.2.2 酶催化动力学参数的意义

(1) 酶催化动力学参数 K_m

K_m 作为酶的催化特征常数之一，可以用于鉴定酶的种类。其大小只与酶的性质有关，与酶的浓度无关。因此作用于多种底物时，可判断哪些底物是酶的天然底物或最适底物（即 K_m 值最小的底物），各底物与酶的 K_m 的差异可用于药用酶的筛选研究。

其物理含义是 ES 复合物消耗速率（$k_{-1}+k_{+2}$）与形成速率 k_{+1} 之比，其数值为最大酶促反应速率一半时的底物浓度，当 $v=v_{max}/2$ 时，$C_S=K_m$。当 k_{+2} 远小于 k_{-1} 时，$K_m=k_{-1}/k_{+1}$，此时 K_m 约等于解离常数（K_d），所以 K_m 在一定条件下可以表示酶与底物的亲和力。K_m 越大，亲和力越小；K_m 越小，亲和力越大。结合酶分子在体内的浓度及其 K_m 值有助于我们判断某条代谢通路的限速步骤。

(2) 酶催化动力学参数的求解

米氏方程中最为重要的动力学参数是 K_m 和 v_{max}，求解米氏方程中的特征参数 K_m 和 v_{max} 较常用的方法是 Lineweaver-Burk 法和 Eadie-Hofstee 法（图 8-8）。

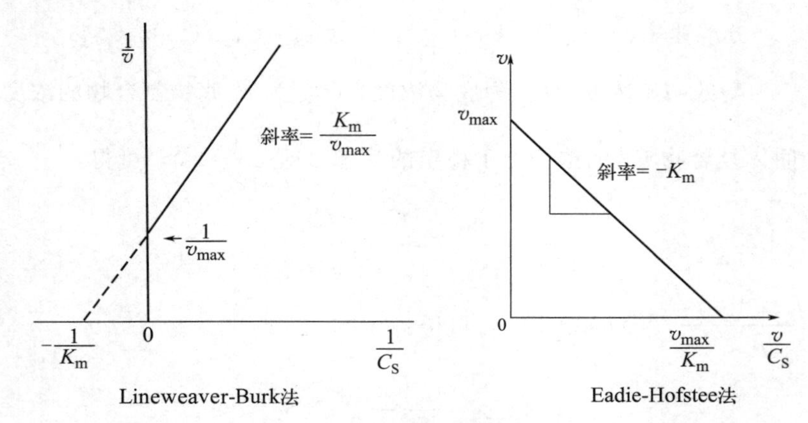

图 8-8 米氏方程动力学参数的求解

Lineweaver-Burk 法又称双倒数作图法，将米氏方程取倒数可得：

$$\frac{1}{v}=\frac{K_m}{v_{max}}\times\frac{1}{C_S}+\frac{1}{v_{max}} \tag{8-15}$$

以$\frac{1}{v}$对$\frac{1}{C_S}$作图得一直线，该直线的斜率为$\frac{K_m}{v_{max}}$，纵轴截距为$\frac{1}{v_{max}}$。

Eadie-Hofstee 法是将米氏方程经移项整理后可写成：

$$v\times C_S=v_{max}\times C_S-v\times K_m \tag{8-16}$$

$$v=v_{max}-K_m\times\frac{v}{C_S} \tag{8-17}$$

以 v 为纵坐标、$\frac{v}{C_S}$为横坐标作图，所得直线的纵轴截距为 v_{max}，斜率为$-K_m$。

8.2.3 酶催化活性的表征

酶催化活性是指酶催化某一特定化学反应的能力，其大小可以用在特定时间内该酶所催化的化学反应的粗速率表示。1963 年国际生物化学学会酶学委员会推荐采用国际单位（IU）来统一表示酶活性的大小。1976 年对酶活性单位定义为：在特定的条件下，1 min 能转化 1 μmol 底物的酶量即为一个国际单位（μmol/min）。1979 年国际生物化学学会为了使酶活性单位与国际单位制（SI）的反应速率相一致，推荐用 katal 单位（也称催量，kat），即在规定条件下，1 s 内催化转化 1 mol 底物的酶量，即 1 katal=1 mol/s。

国际单位 IU 和 katal 间关系为：

$$1\ \text{IU}=1\ \mu\text{mol/min}=16.67\ \text{nmol/s}=16.67\ \text{nkatal}$$

比活力（specific activity）是酶纯度的量度，即指单位质量的蛋白质中所具有酶的活力单位数，一般用 IU/mg 蛋白质来表示。一般来说，酶的比活力越高，酶越纯。

转化数指每分子酶或每个酶活性中心在单位时间内能催化的底物分子数（TN），相当于酶反应的催化常数（k_{cat}）。对于具有多个活性中心的酶，一般计算单个活性中心的转化数，时间单位一般用分钟或秒。k_{cat}/K_m 称为酶的专一性常数，它不受非生产性结合与中间产物积累的影响，可以表示酶对相互竞争的几种底物的专一性。

8.3 影响生物催化反应的因素

酶作为生物催化剂，其活性受到蛋白质结构本身的影响，也容易受酶的浓度、pH、温度、激活剂和抑制剂等因素的影响。pH 或温度对酶催化的影响有两方面含义，一是对酶稳定性的影响，二是对酶催化活性的影响。酶分子上有许多酸性或碱性的氨基酸侧链基团，这些基团必须处于适当的解离状态才能维持酶的构象。

8.3.1 pH 影响酶催化反应

pH 影响活性中心上必需基团的解离程度、催化基团中质子给体或质子受体所需的离子化状态，也可影响底物和辅酶的解离程度，从而影响酶与底物的结合。在特定的 pH 条件下，酶和底物发生催化作用，酶促反应速率达最大值，这时的 pH 值称为酶的最适 pH 值。如糖苷水解酶的最适 pH 值约为 5.0，糖基转移酶的最适 pH 值约为 7.0～8.0 的范围，胃蛋白酶的最适 pH 值约为 1.8，肝精氨酸酶最适 pH 值约为 9.8。

针对 pH 与酶活性的关系，Michaelis 提出酶受 pH 影响的三种状态，即解离活性状态的酶 EH^-、无活性状态酸性形式 EH_2、碱性解离形式 E^{2-}，三种状态之间可相互转化：

$$EH_2 \underset{+H^+}{\overset{-H^+}{\rightleftharpoons}} EH^- \underset{+H^+}{\overset{-H^+}{\rightleftharpoons}} E^{2-}$$

当底物 S 的解离状态不变，受 pH 影响的 EH^- 和 EHS^- 的反应机理式如下：

$$\begin{array}{ccccc} EH_2 & & EH_2S & & \\ K_a \updownarrow & & \updownarrow K_a' & & \\ EH^- + S & \underset{k_{-1}}{\overset{k_1}{\rightleftharpoons}} & EHS^- & \xrightarrow{k_{cat}} & EH^- + P \\ K_b \updownarrow & & \updownarrow K_b' & & \\ E^{2-} & & ES^{2-} & & \end{array}$$

酶催化反应动力学基本关系如下：

$$K_a = \frac{C_{EH^-} C_{H^+}}{C_{EH_2}} \quad (8\text{-}18) \qquad K_b = \frac{C_{E^{2-}} C_{H^+}}{C_{EH^-}} \quad (8\text{-}19)$$

$$K_a' = \frac{C_{EHS^-} C_{H^+}}{C_{EH_2S}} \quad (8\text{-}20) \qquad K_b' = \frac{C_{ES^{2-}} C_{H^+}}{C_{EHS^-}} \quad (8\text{-}21)$$

平衡速率 $\frac{dC_{EHS^-}}{dt}=0$。

另外，

$$C_{E_0} = C_{EH_2} + C_{EH^-} + C_{E^{2-}} + C_{EH_2S} + C_{EHS^-} + C_{ES^{2-}}$$

将以上相关式子整理可得：

$$v=k_{cat}\frac{C_{E_0}}{K_d\times f_1+C_S\times f_2}C_S \tag{8-22}$$

式中，$f_1=\frac{C_{H^+}}{K_a}+1+\frac{K_b}{C_{H^+}}$；$f_2=\frac{C_{H^+}}{K'_a}+1+\frac{K'_b}{C_{H^+}}$；$K_d=\frac{k_{-1}}{k_1}$。

由上式可以看出，f_1 和 f_2 均与 pH 有关。

8.3.2 温度影响酶催化反应

酶催化反应速率随温度升高而加快。温度对酶促反应的影响包括两方面：一方面是当温度升高时，分子热运动加快，单位时间内分子间的有效碰撞次数增加，增加了反应物中活化分子数，使反应速率加快，这与一般化学反应相同。另一方面温度继续升高而使酶蛋白逐步变性，减小了酶的催化活性而降低反应速率。将酶促反应速率最大的某一温度范围，称为酶的最适温度。当酶催化反应的温度低于最适温度时，反应速率随温度升高而加快；在高于最适温度时，反应速率随温度上升而减慢。

就酶浓度的变化对酶催化反应的影响，提出了以下模型：

$$\begin{array}{ccccc} E+S & \underset{k_{-1}}{\overset{k_1}{\rightleftharpoons}} & ES & \xrightarrow{k_{cat}} & E+P \\ \downarrow K_d & & \downarrow K'_d & & \\ D & & D & & \end{array}$$

无论是游离酶，还是酶与底物的复合物，均存在失活的可能，其失活速率符合一级动力学方程：

$$-\frac{dC_E}{dt}=K_dC_E \tag{8-23}$$

式中，K_d 为失活反应速率常数，整理积分可得：

$$C_E=C_{E_0}\exp(-K_dt)$$

而失活反应速率常数 K_d、催化速率常数 k_{cat} 遵循 Arrhenius 公式：

$$K_d=A_{d0}\exp\left(-\frac{E_d}{RT}\right) \tag{8-24}$$

$$k_{cat}=A_0\exp\left(-\frac{E_a}{RT}\right) \tag{8-25}$$

式中，A_{d0} 为失活指前因子，mol/(L·s)；E_d 为失活反应活化能，kJ/mol，酶失活的活化能为 170～550 kJ/mol；A_0 为催化指前因子，mol/(L·s)；E_a 为反应活化能，kJ/mol，酶的活化能为 15～85 kJ/mol；R 为理想气体常数，8.314 J/(mol·K)；T 为热力学温度，K。

整理以上公式可得：

$$v_{max}=A_0\exp\left(-\frac{E_a}{RT}\right)C_{E_0}\exp\left[-A_{d0}\exp\left(-\frac{E_d}{RT}\right)t\right] \tag{8-26}$$

在一定的温度和时间下，酶的失活速率和催化速率无法维持平衡时，酶的失活速率加快，导致活力酶的量快速减少，因而反应速率下降，最终为零。

8.3.3 抑制剂影响酶催化反应

能特异性地抑制酶活性，从而抑制酶促反应的物质称为抑制剂。抑制剂多与酶活性必需基团结合，直接或间接地影响酶的活性中心，从而抑制酶的活性。根据抑制剂与酶结合的紧密程度不同，可分为可逆性抑制剂和不可逆抑制剂。不可逆抑制剂通常与酶活性中心的必需基团共价结合，使酶失去催化能力；也可能破坏酶活性必需的基团或与酶进行特别稳定的非共价结合；这种抑制不能用透析、超滤等方法去除。如低浓度的重金属离子（Hg^{2+}、Ag^{+}、Pb^{2+}）及对氯汞苯甲酸等可与多种酶的巯基不可逆结合，从而抑制巯基酶使人畜中毒。

可逆性抑制剂与酶非共价结合，可用超滤、透析或稀释等物理方法去除，可逆性抑制作用遵守米氏方程。根据抑制剂的不同，可逆抑制分为竞争性可逆抑制、非竞争性可逆抑制和反竞争性可逆抑制。

(1) 竞争性可逆抑制

竞争性抑制剂与底物结构相似，能与酶的活性中心结合。抑制剂与底物存在竞争，即两者不能同时结合活性中心，抑制剂与酶结合，从而抑制酶促反应；反之，如果酶的活性部位已与底物结合，抑制剂就不能与酶结合。酶的竞争性抑制可以表示为：

$$\begin{array}{l} E + S \underset{k_{-1}}{\overset{k_1}{\rightleftharpoons}} ES \xrightarrow{k_{cat}} E + P \\ + \\ I \\ k_3 \updownarrow k_{-3} \\ EI \end{array}$$

根据稳态假设：

$$\frac{dC_{ES}}{dt}=k_1C_EC_S-(k_{-1}+k_{cat})C_{ES} \tag{8-27}$$

$$\frac{dC_{EI}}{dt}=k_3C_EC_I-k_{-3}C_{EI} \tag{8-28}$$

$$C_{E_0}=C_E+C_{ES}+C_{EI} \tag{8-29}$$

则可推导出：

$$v=\frac{v_{max}C_S}{K_m\left(1+\frac{C_I}{K_I}\right)+C_S} \tag{8-30}$$

式中，C_I 为抑制剂浓度，mol/L；$K_I=\frac{C_EC_I}{C_{EI}}$，为抑制剂的解离常数，mol/L；$K'_m=K_m\left(1+\frac{C_I}{K_I}\right)$，为有抑制剂存在时的表观米氏常数。

竞争性抑制改变了米氏常数，当抑制剂浓度 C_I 增加或 K_I 减少，都导致米氏常数增大，降低了底物的反应速率。

(2) 非竞争性可逆抑制

非竞争性抑制剂与酶的结合位点不是酶的活性部位，抑制剂结合于酶的活性中心之外；抑制剂的结合，不影响底物与活性中心的结合；抑制剂的结合，抑制底物转化成产物及导致酶的催化活性丧失。

酶的非竞争性抑制可以表示为：

$$
\begin{array}{ccc}
E+S & \underset{k_{-1}}{\overset{k_1}{\rightleftharpoons}} & ES \xrightarrow{k_{cat}} E+P \\
+ & & + \\
I & & I \\
k_3 \downarrow\uparrow k_{-3} & & \downarrow\uparrow \\
EI+S & \underset{k_{-2}}{\overset{k_2}{\rightleftharpoons}} & ESI
\end{array}
$$

根据稳态假设：

$$\frac{\mathrm{d}C_{EI}}{\mathrm{d}t}=k_3C_EC_I-k_{-3}C_{EI}$$

$$K_m=\frac{C_EC_S}{C_{ES}}=\frac{C_{EI}C_S}{C_{ESI}} \tag{8-31}$$

$$C_{E_0}=C_E+C_{ES}+C_{EI}+C_{ESI} \tag{8-32}$$

则可推导出：

$$v=\frac{v_{max}C_S}{\left(1+\frac{C_I}{K_I}\right)(K_m+C_S)} \tag{8-33}$$

式中，C_I 为抑制剂浓度，mol/L；$K_I=\frac{C_EC_I}{C_{EI}}$，为抑制剂的解离常数，mol/L；$v'_{max}=v_{max}/\left(1+\frac{C_I}{K_I}\right)$，为表观最大催化反应速率，mol/(L·s)。

因此，非竞争性抑制降低了最大催化反应速率，当抑制剂浓度 C_I 增加或 K_I 减少，降低了酶的催化反应速率。

(3) 反竞争性可逆抑制

抑制剂只与酶-底物复合物（ES）结合，不能与游离酶结合，形成酶-底物-抑制剂的复合物，导致不能生成产物，使酶催化反应速率下降。

酶的反竞争性抑制可以表示为：

$$
\begin{array}{ccc}
E+S & \underset{k_{-1}}{\overset{k_1}{\rightleftharpoons}} & ES \xrightarrow{k_{cat}} E+P \\
 & & + \\
 & & I \\
 & & k_3 \downarrow\uparrow k_{-3} \\
 & & ESI
\end{array}
$$

根据稳态假设：

$$K_I=\frac{C_{ES}C_I}{C_{ESI}} \tag{8-34}$$

$$K_m=\frac{C_EC_S}{C_{ES}}=\frac{C_{EI}C_S}{C_{ESI}} \tag{8-35}$$

$$C_{E_0}=C_E+C_{ES}+C_{EI}$$

则可推导出：

$$v=\frac{v_{max}C_S}{\left(1+\frac{C_I}{K_I}\right)\left[K_m\left(1+\frac{C_I}{K_I}\right)+C_S\right]} \tag{8-36}$$

由此可见，反竞争性抑制剂使最大催化速率 v_{max} 和亲和力都降低了，最终使酶催化反应速率降低。

8.4 生物催化剂的应用

基于生物催化催化效率高、具有催化特异性、反应条件温和、环境友好等优势，其广泛应用于医药、化工、食品、化妆品、生物能源、高分子材料、纺织等工业领域，如采用腈水合酶催化烟腈水合生产烟酰胺。随着宏基因组测序技术、单细胞基因组学、微流控分选技术、蛋白定向工程技术、机器学习等生物技术发展，进一步挖掘、发展并壮大了生物催化技术的应用范围。

8.4.1 生物催化剂在医药方面的应用

与传统化学合成相比，生物催化避免使用有毒催化剂，可以使反应在温和条件下进行，产生较少的副产物和“三废”，有效缩短合成路线，提供更高的催化效率和立体选择性，实现低成本、高质量生产。目前许多生物转化工艺已经广泛应用于重磅药物及药物关键中间体的生产中，常见的包括氧化酶、还原酶、水解酶、裂解酶、异构酶和转氨酶等（表 8-3）。如利用青霉菌的香草醇氧化酶（PsVAO）和细菌漆酶，使用价格低廉的丁子香酚作为起始原料，用两步一锅法合成松脂醇，产量达到 1.6 g/L。

表 8-3 生物催化在医药方面的应用

类型	底物	产物	催化作用来源
氧化酶	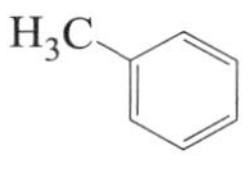 H_3C-苯环	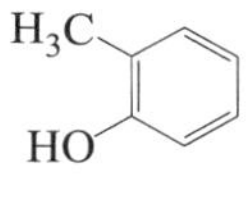 H_3C, HO-苯环	细胞色素氧化酶
	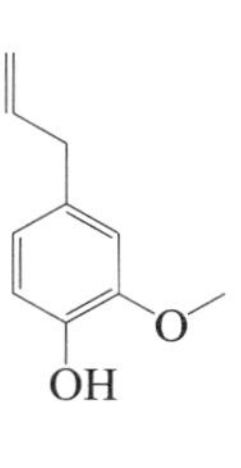 OH, O	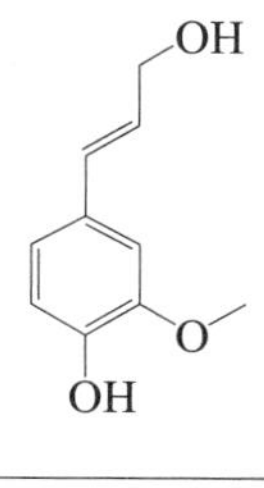 OH, O, OH	香草醇氧化酶
还原酶	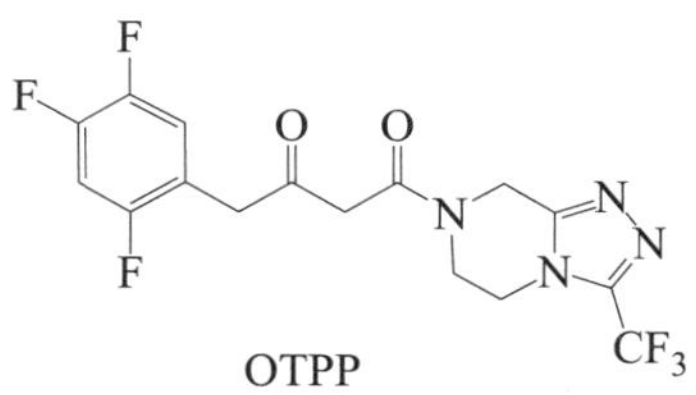 F, F, F, O, O, N, N, N, N, CF_3 OTPP	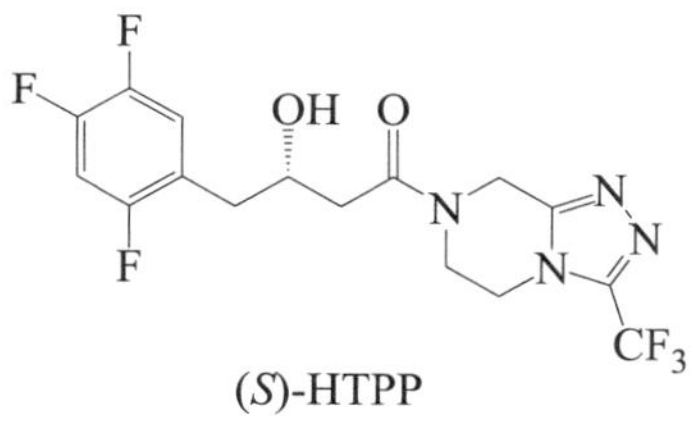 F, F, F, OH, O, N, N, N, N, CF_3 (*S*)-HTPP	类产碱假单胞菌

续表

类型	底物	产物	催化作用来源
还原酶	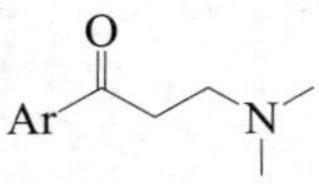	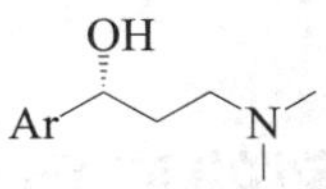	产油酵母
	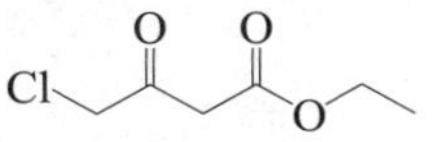	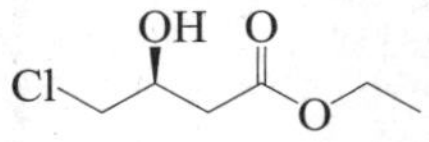	赭色掷孢酵母
	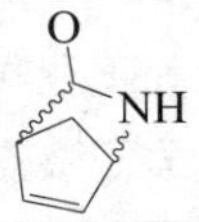	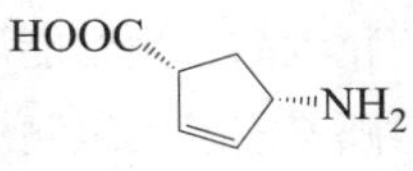	内酰胺酶
水解酶	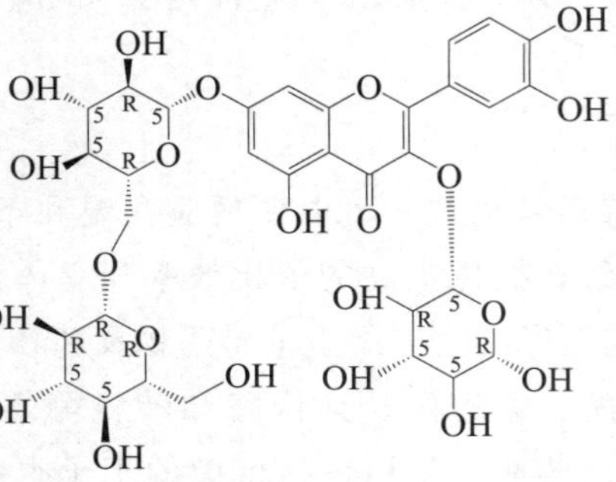	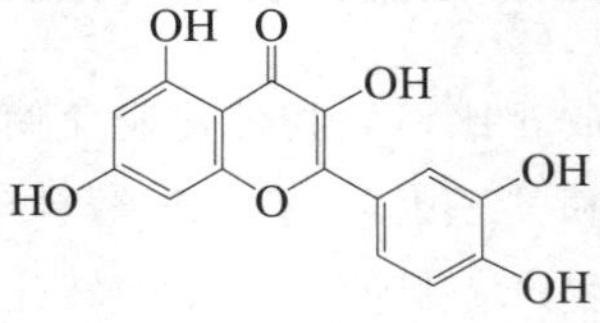	α-L-鼠李糖苷酶
裂解酶	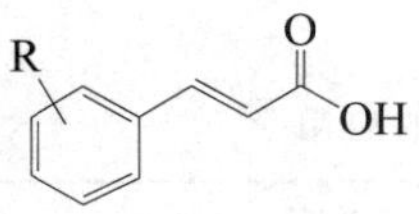	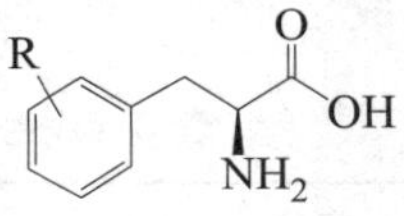	苯丙氨酸脱氨酶
异构酶	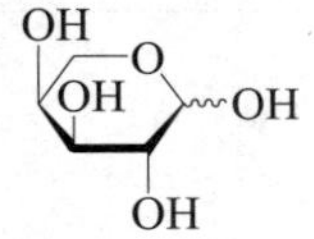	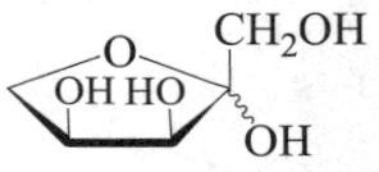	L-阿拉伯糖异构酶
	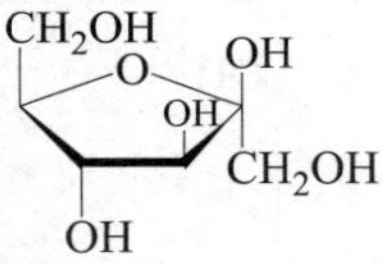	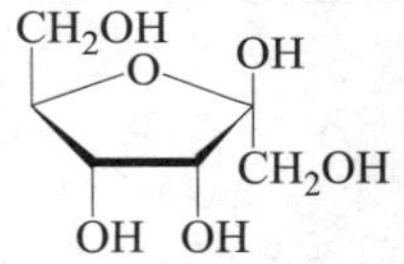	D-塔格糖 3-差向异构酶
转氨酶	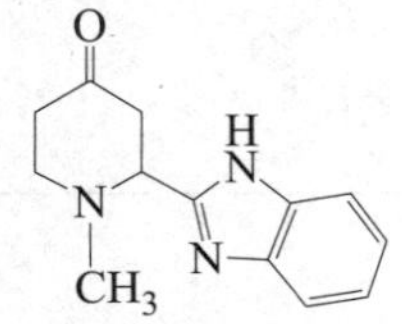	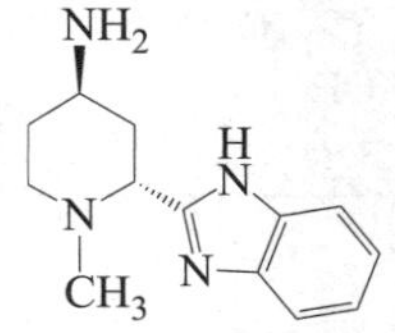	转氨酶

依斯拉韦（islatravir）是治疗 HIV 感染的一类核苷类逆转录酶易位抑制剂（NRTT1），其生物合成途径是嘌呤 2′-脱氧核苷酸降解途径的逆反应，利用乙炔甘油（6）在半乳糖氧化酶突变体、过氧化氢酶和辣根过氧化物酶的作用下，生成化合物乙炔甘油醛（7），*ee* 值为 97%；乙炔甘油醛（7）在泛酸激酶突变体与乙酸激酶固定化酶的作用下得到化合物磷酸化乙炔甘油醛（5），其中磷酰基乙酸酯作为磷酸供体，两步产率为 67%；然后化合物磷酸化乙

炔甘油醛（5）与 1.5 eq 乙醛和 0.85 eq 核苷碱基在脱氧核糖磷酸醛缩酶、磷酸戊糖变位酶和嘌呤核苷磷酸化酶的作用下合成依斯拉韦，同时产生磷酸根。最终，从乙炔甘油合成了依斯拉韦（图 8-9）。该研究定向进化了五个关键的酶，使它们能够催化非天然底物的不对称反应，再在四个天然存在的酶的辅助之下，实现了依斯拉韦的水相三步一锅法不对称合成（51%总产率），而之前报道的合成路线都在 12～18 步之间。

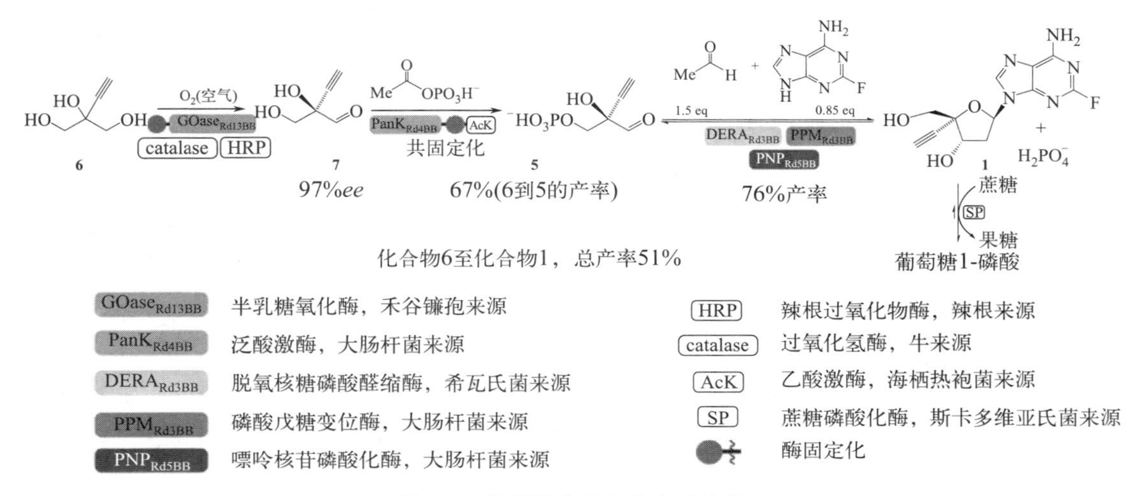

图 8-9 依斯拉韦的生物合成途径

8.4.2 生物催化剂在食品方面的应用

在食品方面，生物催化常被用于功能性食品因子的开发，如功能性低聚糖、膳食纤维、功能性脂类、活性肽以及食药同源成分的开发等等。如唾液酸寡糖的开发，天津科技大学的路福平教授利用微生物和组合生物学技术，克隆和表达来源于空肠弯曲菌的 *N*-乙酰葡萄糖胺异构酶基因（*neuC*）、乙酰神经氨酸合成酶基因（*neuB*）、CMP-乙酰神经氨酸合成酶基因（*neuA*）和来源于脑膜炎奈瑟菌的唾液酸转移酶基因（*nst*），以乳糖为底物，实现唾液酸乳糖的合成，产量为 2.45 g/L，为人乳唾液酸寡糖及其类似物的异体合成提供了新的思路。赤藓糖醇被称为“0”热量甜味剂，甜度约为蔗糖的 60%～70%，热量为 0.2 kcal/g，为蔗糖的 5%，是糖醇中热量最低的产品。江南大学的李江华教授团队，通过组合流产布鲁氏菌来源的 *EryA*、*EryB*、*EryC* 以及 *EryD* 功能基因，经补料分批发酵，赤藓糖醇产量达到 148 g/L。

红景天苷化学结构式为酪醇 8-*O*-*β*-D-葡萄糖苷（$C_{14}H_{20}O_7$），是以酪醇（4-羟基苯乙醇，$C_8H_{10}O_2$）为苷元的醇羟基与尿苷二磷酸葡萄糖（$C_{15}H_{24}N_2O_{17}P_2$）半缩醛羟基脱水后形成的糖苷。作为红景天属药用植物的主要活性成分，红景天苷被证实具有耐缺氧、抗辐射、抗疲劳、抗肿瘤、降血糖、提高免疫力和记忆力等重要生理功效。天津大学罗云孜课题组对酪醇生产途径的五个模块进行优化，引入了对反馈抑制不敏感的 DAHP 合成酶 ARO4K229L 和分支酸变位酶及 ARO7G141S 突变，过表达了 RKI1 和 TKL1，以调节前体途径的通量，并通过缺失 PHA2 和 PDC1 来阻断竞争途径。此外，筛选了玫瑰红景天的 RrU8GT33，在酪氨酸的 8-OH 基团上进行葡萄糖糖基化修饰生产红景天苷，改造后菌株可以分别获得（9.90±0.06）g/L 的酪醇和（26.55±0.43）g/L 的红景天苷，酪醇的滴度比初始菌株提高了 26 倍，为红景天苷的进一步工业化生产铺平了道路。

8.4.3 生物催化剂在生物检测方面的应用

硝基酚类（NP）和卤代酚类（HP）是硝基酚类化合物和卤代酚类化合物在体内的主要代谢物，因此常作为尿液和血液中的生物标记物来检测接触这些物质的健康风险，但是传统依赖质谱的方法都需要预先纯化以及高超的操作技术，这在一定程度上阻碍了对这些化合物的及时检测。Chaiyen 课题组开发了一种基于黄素依赖的单加氧酶的生物催化体系（图 8-10），可以将 HPs 和 NPs 转化为苯醌，而苯醌可以和 D-半胱氨酸反应生成 D-荧光素，后者可以作为荧光素酶的底物发出荧光，实现相关污染物的快速简便定量/性检测。

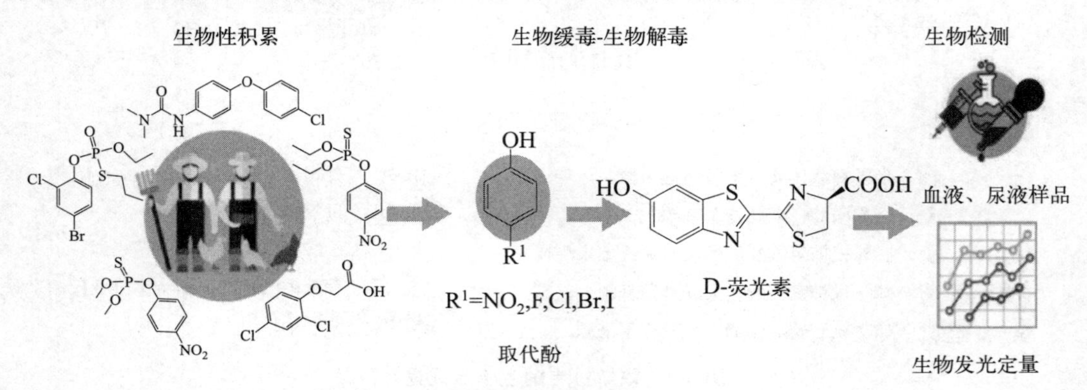

图 8-10 黄素依赖的酚类污染物的快速检测

8.4.4 生物催化剂在生物材料方面的应用

生物基乙二醇单体和化石基对苯二甲酸制得的 30%生物基聚酯已进入市场并在包装等领域得到应用，2020 年全球生物基聚合物的市场份额从 2011 年的 1.5%提升到 3%（全球聚合物生产规模以 4 亿 t/a 计），其中生物基聚酯产量达 500 万 t/a。生物基聚酰胺的关键原料长链二元酸成为了“兵家必争之地”。长链二元酸是指碳链中含有 9 个及以上碳原子的脂肪族二元酸(DCn)，包括饱和以及不饱和二元酸，是一类有着重要和广泛工业用途的精细化工产品，是化学工业中合成高级香料、高性能工程塑料、高温电介质、高档热熔胶、耐寒增塑剂、高级润滑油、高级油漆和涂料等的重要原料。L-赖氨酸脱羧酶是生物体内可逆地催化 L-赖氨酸脱羧生成 1,5-戊二胺和 CO_2 的高度专一性酶。天津工业微生物所采用基因工程菌全细胞催化工艺，筛选了来源于大肠杆菌、毛链霉菌、蜡样芽孢杆菌、青紫色素杆菌等微生物的赖氨酸脱羧酶，以赖氨酸为原料，一步转化生产戊二胺，赖氨酸转化生产戊二胺产量达 220 g/L，摩尔得率 100%，构建了全新的从戊二胺生物转化体系分离精制聚合级戊二胺的工艺，达到世界先进水平。

8.5 生物催化剂新进展

生物催化剂的本质是蛋白质，随着自然界的亿万年进化，自然界中存在的蛋白质数量非常庞大，每一种蛋白质都能高效地催化特定的底物或化学反应，而且绝大多数蛋白质的结构与功能仍然处于未知的状态。目前已挖掘或表征的蛋白质，并不能满足化学家、生物学家以及工业化的需求。此外，蛋白质序列数据库的数据积累非常快，但已知结构的蛋白质相对比较少，通过实验方法确定的蛋白质结构比已知的蛋白质序列要少得多。随着 DNA 测序技术的发展，人类基因组及更多的模式生物基因组已被或将被完全测序，DNA 序列数量将会急增。虽然基因决定了蛋白质的氨基酸序列，但是蛋白质氨基酸序列的每一个变化都可能对蛋白质折叠产生不可预测的影响，从而改变蛋白质的构象与功能。

8.5.1 数据驱动的催化元件表征

随着基因组测序技术的飞速发展，各种植物、动物以及微生物的基因和基因组序列呈指数级增长。自从 1990 年启动人类基因组测序项目以来，2003 年报道了第一份人类基因组测序草图（缺失 8%的基因），截止到 2020 年已鉴定了人类基因组的 30.55 亿个碱基对。根据物种从单细胞到多细胞、简单到复杂的进化历程，全球科学家合作启动了大规模地球生物基因组计划（EBP），该项目旨在十年内对大约 150 万种已知真核生物进行测序。例如针对海洋微生物的 GOMP 项目，植物的 10KP 项目，软体动物的 M10K＋项目，鱼类的 Fish10K 项目，以及鸟类的 B10K 项目等等。截至 2021 年 12 月，根据在线基因数据库“GOLD”公布的数据，已有 4121 种古细菌、357761 种细菌和 41849 种真核生物完成基因组测序工作。由于从自然界进行传统的生物催化剂筛选存在开发周期长、含量低、基因背景不清楚等问题，在基因组、转录组和蛋白组学等大数据的驱动下，传统的实验基因挖掘也升级成基因数据挖掘（data mining）。该策略根据某一已知基因或蛋白的序列、结构特征，通过序列、结构和功能的同源相似搜索，从而挖掘出新的未表征过的生物催化剂。常见的有序列比对、结构域分析与鉴定、基因簇挖掘和蛋白结构预测等研究内容。

蛋白质一般由一个或多个功能域所组成，在不同蛋白质组合中出现的不同结构域导致了自然界中蛋白质复杂的多样性。鉴定一个蛋白质分子中的保守结构域有助于蛋白质的功能注释。例如，模体是蛋白质中较小的保守序列片段，PROSITE 是专门搜索蛋白质模体的数据库。结构域是在较大的蛋白质分子中形成的某些在空间上可以辨别的结构，若干模体可以形成一个结构域。Pfam 数据库是蛋白质家族的数据库，根据特定功能的多序列比对结果和隐马尔可夫模型，建立 HMM 模型，再使用 HMMsearch 搜索潜在的蛋白质基因家族信息。具体实验方法可参考 Pfam 的使用教程。在基于基因簇挖掘方面，antiSMASH 可针对单个基因组进行分析，例如聚酮类 PKS 和非核糖体肽类 NPRS 的基因主要由连续的模块构成，一种次级代谢产物的合成由多个基因共同控制。PKS 的主要结构是酰基转移酶（AT)、酮基合酶（KS)、酰基载体蛋白（ACP)、酮基还原酶（KR)、脱水酶（DH)、烯酰基还原酶（ER）等模块。而 NPRS 的主要结构域是由腺苷酰化结构域（A)、缩合结构域（C)、肽酰载体蛋白结构域（PCP/T)，及差向异构化（E)、N 甲基化、氧化等修饰结构域等组成。通过基因簇直接的基因比对，可对潜在的关键基因进行挖掘和表征。此外，随着人工智能（AI）技术的快速发展，结合隐马尔可夫模型分析、神经网络、机器学习等策略，为“暗基因”的挖掘和表征提供了新的思路。

8.5.2 生物催化剂的分子改造技术

自然界中筛选获得的生物催化剂，其本身存在特定的生物环境从而行使特定的功能。然而在现代工业中，生物催化剂被广泛应用于食品加工、日化产品以及作为绿色催化剂高效应用于精细化工、药物开发等方面。作为传统化学反应的一部分，生物催化剂因其本身具有的蛋白属性，对温度、有机溶剂、渗透压以及酸碱电子传递的敏感性和稳定性，大多数情况下无法高效发挥其原本的性能。此外，基于生物催化剂本身的催化特异性，单个生物催化剂往往局限于单一底物或单类底物的催化反应，对于其他相似的或具有差异结构的底物难以施展其作为催化剂的能力，缺乏普适性。为此，科学家开发了一系列分子改造策略提高生物催化剂的性能和使用范围，包括蛋白质的理性分子改造、半理性改造和非理性改造。

对于已知蛋白晶体结构的生物催化剂改造，利用蛋白序列同源比对、分子对接、分子结构模拟等理性策略筛选获得具有高亲和性的蛋白酶突变体。江南大学的倪晔教授团队解析了来自印度洋硝酸盐还原菌的 *d*-氨甲酰水解酶（*Ni* HyuC，PDB：6LEI），并结合晶体结构和分子动力学模拟揭示了 *d*-氨甲酰水解酶催化效率提高的机制。之后通过分子对接获得 *Ni*-HyuC 与 *N*-乙酰-D-色氨酸的复合物结构，利用分子动力学模拟，锁定了 loop 135～146 和 loop 200～207 关键区域，通过筛选获得了 A200E、A200S、A200N、A200H、E138Q、E138W 和 S207A 七个突变体，经过迭代组合突变获得了最优突变体 M4（D187N/A200N/S207A/R211G），其 k_{cat}/K_m 为 1135.0 L/(min·mmol)，为野生型（WT）的 44.2 倍，其 K_m 为 0.4 mmol/L，仅为 WT 的 4.5%。

而对于蛋白晶体结构信息未知的蛋白，美国科学家 Arnold 于 20 世纪 90 年代提出，通过模拟自然进化过程（随机突变、重组和筛选），在体外短时间内使基因发生大量变异从而快速构建蛋白突变体库，并结合高通量筛选方法获得性能得到改善的酶，为化工生产、制药、绿色能源等产业提供了更加有效的酶，目前最常用的技术为易错 PCR 和 DNA 重排（DNA shuffling）。Arnold 团队通过定向进化的方式对细胞色素 P450、细胞色素 C、球蛋白等进行改造，实现了碳-硅成键、碳-硼成键、烯烃反马氏氧化、卡宾及氮宾的碳氢插入等（图 8-11）。

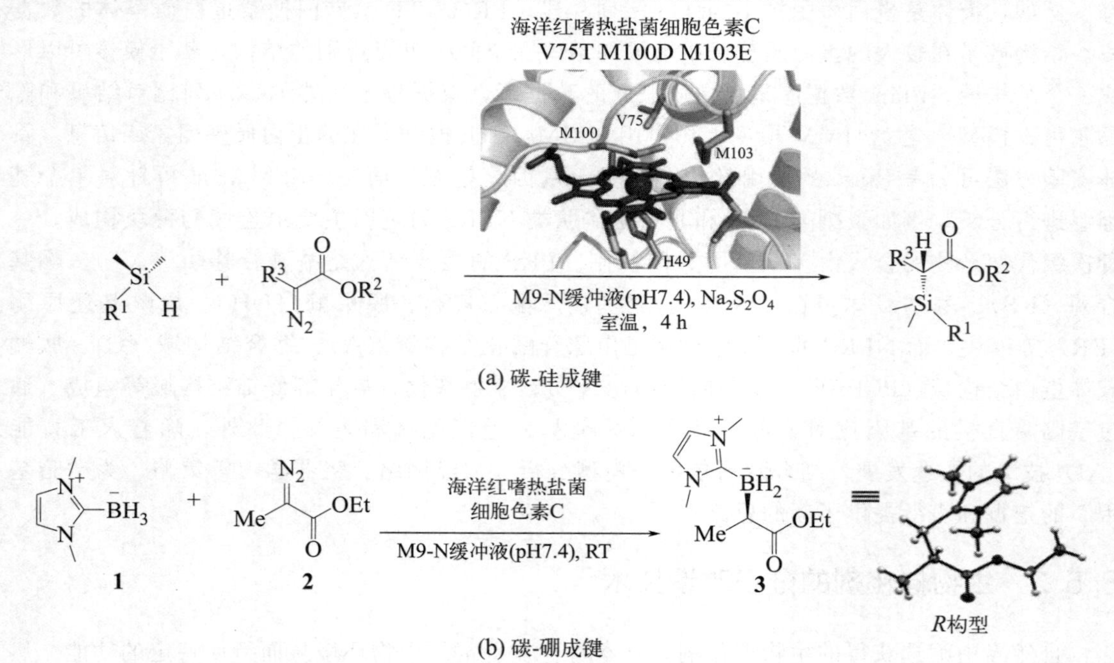

(a) 碳-硅成键

(b) 碳-硼成键

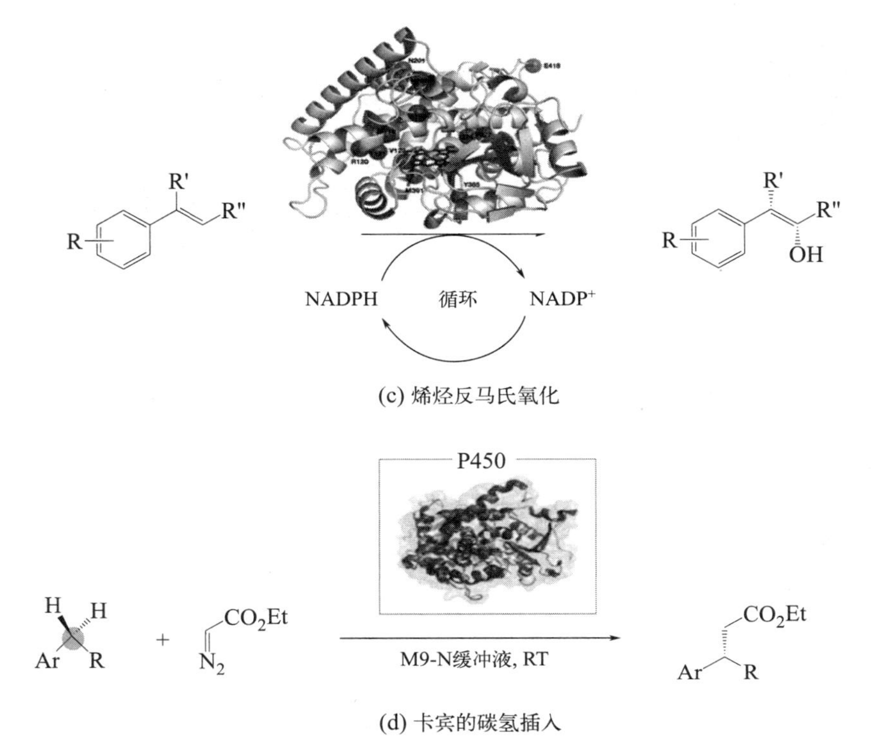

(c) 烯烃反马氏氧化

(d) 卡宾的碳氢插入

图 8-11　Arnold 团队定向进化的成功应用

得益于计算速度和人工智能的发展，基于生物信息、生物物理学、量子化学等学科交叉的数据驱动策略，在生物催化剂的改造方面得到了广泛的应用。2016 年，蛋白质的从头设计被 *Science* 杂志列入年度十大科学突破。2021 年，DeepMind 开源 AlphaFold2，预测出 98.5% 的人类蛋白质结构，入选当年 *Science* 年度十大突破，被称作结构生物学“革命性”的突破、蛋白质研究领域的里程碑。此外，华盛顿大学蛋白设计研究所 Baker 教授课题组开源了 RoseTTAFold，通过构建了一种“三轨（three-track）”神经网络，能在十几分钟之内解析给定序列的三维结构。通过计算生物学的不断进步，从生物物理、化学角度对生物催化剂结构与功能的调控机制进行深入研究，加快新型工业生物催化剂的开发，解决蛋白质类药物的设计、蛋白质与蛋白质之间的相互作用和分子对接、DNA 和蛋白质识别位点等实际问题，并应用于新型药物的筛选、蛋白质类疫苗的开发、药物递送载体以及高性能生物材料的设计等领域。

思考题

1. 分别阐述生物催化剂介导的催化反应与化学催化剂催化反应的主要优缺点。
2. 推导酶促反应动力学的米氏方程。
3. 酶分子的一级、二级和三级结构如何维持酶的正确构象？
4. 根据抑制剂的不同，可逆抑制分为哪些类型，如何通过酶促反应动力学特征常数描述？
5. 结合现代生物技术和数据驱动技术，如何理性设计和改造生物酶催化剂？

第9章

电催化剂与电催化作用

电化学是研究两相界面电子转移的科学，电化学催化（简称电催化）是电化学的一个重要分支，是电化学能量转化与存储、绿色电合成、电化学环境监测和污染物降解，以及包括合成工业、氯碱工业、冶金工业等电化学工业的核心科学基础。电催化的显著优势是能够在常温、常压下方便地通过改变界面电场有效地改变反应体系的能量，从而控制化学反应的方向和速率。与异相催化作用类似，在电催化反应中反应物分子通过与电催化剂表面相互作用实现反应途径的改变，其中活化能的改变是加速或者延缓反应的关键。

9.1 电催化作用与电催化反应的基本规律

9.1.1 电催化基础

电催化（electrocatalysis）指的是电极/电解质界面上进行电荷转移时的非均相催化过程。实验中经常会观察到这样一种现象，对于一些电解质溶液和电极材料，一些电化学反应不能在其热力学平衡电势附近发生，即使发生反应，其反应速率也非常缓慢。但如果选用别的电极材料或对电极表面进行修饰，则反应速率可能大大提高。与更广义的异相化学反应类似，如果这些电极表面在电化学过程中本身不被消耗或不会发生不可逆的改变，这种活性表面称为催化剂。催化剂的作用可能是来自于电极表面的结构修饰或化学修饰，也可能来自于溶液中的添加剂。结构效应可能与表面电子状态的变化有关，如 d 轨道占据程度的变化或几何性质的变化（晶面、原子簇、合金、表面缺陷等）。在电催化领域，讨论一个没有催化的反应几乎是不可能的，因为这样的反应途径只在没有电极表面的情况下才存在。电催化是相对而言的，没有活性的电极是不存在的。

电化学反应与电极-电解液界面的电荷转移反应有关。载流子可以是离子或电子。载流子为离子时，电极表面将通过离子的电沉积或者电极材料的解离而连续地变化。对于电解液中的添加剂而言，其自身并没被消耗，但会提高离子转移的速率。例如，少量的有机或无机添加物可以加快金属的阳极溶解速率。当载流子为电子时，催化剂为反应过程提供了一种反应物，即电子，它们在净反应中产生或被消耗。当反应达到稳态后，电极表面将保持不变。

与热催化（或异相催化）通过改变反应温度和压力调控催化体系的活化能垒相比较，电催化的优势十分明显：不仅可在常温、常压下调控固-液界面电催化体系的活化能垒，还可以方便地通过改变电极电位有效地控制反应方向和速率。电催化反应发生在催化剂表界面，涉及表面吸附、成键、解离、转化、电荷转移、反应物（到达）和产物（离开）的传输、反应中间体生成与转化等过程。对于一个仅涉及氧化还原的反应 $O+ne^- \underset{k_b}{\overset{k_f}{\rightleftharpoons}} R$，电化学反应的速率（用电流 j 表征）由 Butler-Volmer 方程描述：

$$j=nFCk=nFC(k_f-k_b) \tag{9-1}$$

式中，n 为电化学反应转移的电子数；F 为法拉第（Faraday）常数，96485 C/mol；C 为反应物浓度，mol/L；k_f 和 k_b 分别为正向和逆向反应速率常数，mol/(cm^2 · s)。假定只发生正向反应（$k_b=0$）：

$$k_f=A\exp\left(-\frac{\Delta G^{\neq}}{RT}\right)=A\exp\left(-\frac{\Delta G^{\neq 0}+nFE}{RT}\right)=k_f^0\exp\left(-\frac{\alpha nFE}{RT}\right) \tag{9-2}$$

式中，A 是与反应活化熵有关的指前因子；$\Delta G^{\neq}$ 是反应体系的表观活化能，$\Delta G^{\neq}$ 由本征活化能 $\Delta G^{\neq 0}$ 和电化学能量 nFE 两部分组成，即 $\Delta G^{\neq}=\Delta G^{\neq 0}\pm nFE$，kJ/mol；$k_f^0$ 为标准状态下的正反应速率常数，mol/(cm^2 · s)；α 为电荷传输系数；R 是理想气体常数，8.314 J/(mol · K)；T 为热力学温度，K。Butler-Volmer 方程简化为：

$$j=nFC_0k_f=nFC_0A\exp\left(-\frac{\Delta G^{\neq}}{RT}\right)=nFC_0k_f^0\exp\left(-\frac{\alpha nFE}{RT}\right) \tag{9-3}$$

式中，C_0 为起始反应浓度，mol/L。

电催化主要调控 $\Delta G^{\neq}$，一方面通过催化剂的作用降低能垒（$\Delta G^{\neq 0}-\Delta G^{\neq'}$），另一方面改变电极电位 E。如图 9-1 所示，$\Delta G^{\neq}=\Delta G^{\neq 0}-\Delta G^{\neq'}\pm nFE$。显然，$\Delta G^{\neq'}$ 反映了催化剂作用的本质，其大小表征了催化剂的效能。$\Delta G^{\neq'}$ 越大，催化剂的效率越高。影响 $\Delta G^{\neq'}$ 的因素包括：

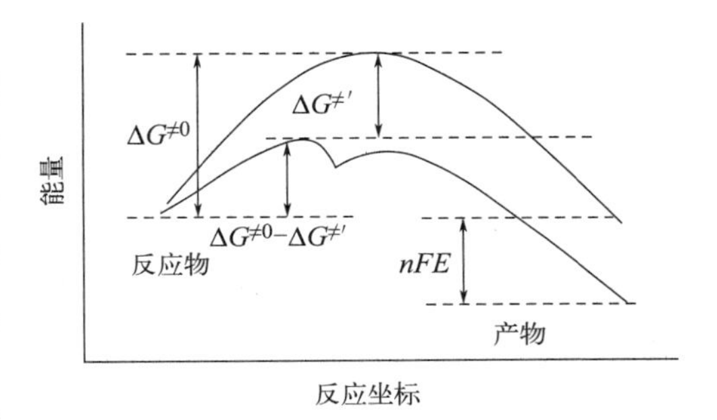

图 9-1　电催化反应能量随反应坐标的变化

① 反应物与催化剂表面的相互作用和反应机理；

② 催化剂的结构，包括化学结构（化学组成）、表面（原子排列）结构、电子结构等。

由此可见，从分子水平揭示电催化反应机理和在原子排列结构层次认识电催化剂结构与性能之间的构效关系，是理性设计电催化剂的结构、改变反应途径和达到最大 $\Delta G^{\neq'}$ 的理论基础。

9.1.2　电催化反应的基本规律和两类电催化反应及其共同特点

电极反应是伴有电极-溶液界面电荷传递步骤的多相化学过程，其反应速率不仅与温度、压力、溶液介质、固体表面状态、传质条件等有关，而且受施加于电极-溶液界面电场的影响。在许多电化学反应中电极电势每改变 1 V 可使电极反应速率改变 10^{10} 倍，而对一般的化学反应，如果反应活化能为 40 kJ/mol，反应温度从 25 ℃升高到 1000 ℃时反应速率才提高 10^5 倍。显然，电极反应的速率可以通过改变电极电势加以控制，因为通过外部施加到电极上的电位可以方便地改变反应的活化能。另外，电极反应的速率还依赖于电极-溶液界面的双电层结构，因为电极附近的离子分布和电位分布均与双电层结构有关。因此，电极反应的速率可以通过修饰电极的表面而加以调控。许多化学反应尽管在热力学上是有利的，但它们自身并不能以显著的速率发生，必须利用催化剂来降低反应的活化能，加快反应进行的速率。电催化反应是在电化学反应的基础上，用催化材料作为电极或在电极表面修饰催化剂材料，从而降低反应的活化能，提升电化学反应的效率。电催化反应速率不仅仅由催化剂的活性决定，而且还与界面电场及电解质的本性有关。由于界面电场强度很高，对参加电化学反应的分子或离子具有明显的活化作用，使反应所需的活化能显著降低。所以大部分电化学反应可以在远比通常化学反应低得多的温度下进行。电催化的作用是通过增加电极反应的标准速率常数，使产生的法拉第电流增加。在实际电催化反应体系中，法拉第电流的增加常常被另一些非电化学速率控制步骤所掩盖，因而通常在给定的电流密度下，从电极反应具有低的过电位来简明而直观地判明电催化效果。

电催化的共同特点是反应过程包含两个以上的连续步骤，且在电极表面上生成化学吸附中间物。许多由离子生成分子或使分子降解的重要电极反应均属电催化反应，主要分成两类。

① 第一类反应。离子或分子通过电子传递步骤在电极表面产生化学吸附中间物，随后化学吸附中间物经过异相化学步骤或电化学脱附步骤生成稳定的分子，如氢电极过程、氧电极过程等。

a. 酸性溶液中氢的析出反应（HER）。

$$2H_2O \longrightarrow 2H_2 + O_2\text{（总反应方程式）} \tag{9-4}$$

$$H^+ + M + e^- \longrightarrow MH\text{（质子放电）} \tag{9-5}$$

$$MH + MH \longrightarrow H_2 + 2M\text{（化学脱附或表面复合）} \tag{9-6}$$

$$H^+ + MH + e^- \longrightarrow H_2 + M\text{（电化学脱附）} \tag{9-7}$$

b. 氢的氧化反应（HOR）。分子氢的阳极氧化是氢氧燃料电池中的重要反应，而且被视为贵金属表面上氧化反应的模型反应，包括解离吸附和电子传递，过程受 H_2 的扩散控制。

$$H_2 + 2Pt \longrightarrow 2PtH \tag{9-8}$$

$$PtH \longrightarrow Pt + H^+ + e^- \tag{9-9}$$

氢电极的反应是非常重要的反应，它有诸多方面的应用：第一，氢电极反应用来构建参比电极，如标准氢电极（SHE）和可逆氢电极（RHE）；第二，氢的吸脱附反应在发展电化学理论方面具有重要作用；第三，许多重要的电化学过程都包含氢析出反应，如电解、电镀、电化学沉积等；第四，氢阳极氧化反应是质子交换膜燃料电池的阳极反应。

c. 氧的还原反应（ORR）。氧的还原反应是燃料电池的阴极还原反应，其动力学和机理一直是电化学领域的重要研究课题。在水溶液中氧的还原可以按两种途径进行。

Ⅰ. 直接的4电子途径（以酸性溶液为例）：

$$O_2 + 4H^+ + 4e^- \longrightarrow 2H_2O\ (E = 1.229\ V) \tag{9-10}$$

Ⅱ. 2电子途径（或称过氧化氢途径）：

$$O_2 + 2H^+ + 2e^- \longrightarrow H_2O_2\ (E = 0.67\ V) \tag{9-11}$$

$$H_2O_2 + 2H^+ + 2e^- \longrightarrow 2H_2O\ (E = 1.77\ V) \tag{9-12}$$

直接的4电子途径经过许多中间步骤，其间可能形成吸附的过氧化物中间物，但总结果不会是溶液中过氧化物的生成；而过氧化氢途径在溶液中生成过氧化氢，后者再分解转变为氧气和水，属于平行反应途径。如果通过2电子反应生成的过氧化氢离开电极表面的速度增加，则过氧化氢就是主产物。对于燃料电池而言，2 电子途径对能量转化不利，氧气只有经历 4 电子途径的还原才是期望发生的。氧气还原是经历 4 电子途径还是 2 电子途径，电催化剂的选择是关键，它决定了氧气与电极表面的作用方式；而区别电极反应是经历 4 电子途径还是 2 电子途径的方法，是通过旋转圆盘电极和旋转环盘电极等技术检测反应过程中是否存在过氧化氢中间体。这些过程在后边的章节中还会介绍。

② 第二类反应。反应物首先在电极表面上进行解离式或缔合式化学吸附，随后化学中间物或吸附反应物进行电子传递或表面化学反应，如甲酸电氧化是通过双途径机理实现的。

a. 活性中间体途径：

$$HCOOH + 2M \longrightarrow MH + MCOOH \tag{9-13}$$

$$MCOOH \longrightarrow M + CO_2 + H^+ + e^- \tag{9-14}$$

b. 毒性中间体途径：

$$HCOOH + M \longrightarrow MCO + H_2O \tag{9-15}$$

$$H_2O + M \longrightarrow MOH + H^+ + e^- \tag{9-16}$$

$$MCO + MOH \longrightarrow 2M + CO_2 + H^+ + e^- \tag{9-17}$$

在毒性中间体途径中生成的吸附态 CO 和其他含氧的毒性中间体的氧化，能够被共吸附的一些含氧物种所促进，对于 Pt 和 M 组成的双金属催化剂，在铂位上有机小分子（甲醇、甲酸、乙二醇等）发生解离吸附形成吸附态 CO，而被邻近 M 位上于较低电位下生成的含氧物种所氧化。因此，设计、制备双金属催化剂成为提高有机小分子直接燃料电池性能的重要途径之一。

电催化反应与异相化学催化反应具有相似之处，然而电催化反应具有自身的重要特征，突出的特点是电催化反应的速率除受温度、浓度和压力等因素的影响外，还受电极电位的影响，表现在以下几个方面：

① 在上述第一类反应中，化学吸附中间物是由溶液中物种发生电极反应产生的，其生成速率和电极表面覆盖度与电极电位有关；

② 电催化反应发生在电极-溶液界面，改变电极电位将导致金属电极表面电荷密度发生改变，从而使电极表面呈现出可调变的 Lewis 酸-碱特征；

③ 电极电位的变化直接影响电极-溶液界面上离子的吸附和溶剂的取向，进而影响到电催化反应中反应物种和中间物种的吸附；

④ 在上述第二类反应中形成的吸附中间物种通常借助电子传递步骤进行脱附，或者与在电极上的其他化学吸附物种（如 OH 或 O）进行表面反应而脱附，其速率均与电极电位有关。由于电极-溶液界面上的电位差可在较大范围内随意变化，通过改变电极材料和电极电位可以方便而有效地控制电催化反应速率和选择性。

9.2 电催化剂的电子结构效应和表面结构效应

许多化学反应尽管在热力学上是可以进行的，但它们的动力学速率很慢，甚至反应不能发生。为了使这类反应能够进行，必须寻找适合的催化剂以降低总反应的活化能，提高反应进行的速率。催化剂之所以能改变电极反应的速率，是由于催化剂和反应物之间存在的某种相互作用改变了反应进行的途径，降低了反应的超电势和活化能。电催化反应发生在催化剂表面，涉及反应物、反应中间体与催化剂表面的相互作用。研究表明，电极材料对反应速率和反应选择性有明显的影响。反应选择性实际上取决于反应中间物的本质及其稳定性，以及在溶液体相中或电极界面上进行的各个连续步骤的相对速率。电极材料对反应速率的影响可分为电子结构效应和表面结构效应，二者对改变反应速率的贡献不同。活化能变化可使反应速率改变几个到几十个数量级，而双电层结构引起的反应速率变化只有1～2个数量级。在实际体系中，电子结构效应和表面结构效应是互相影响、无法完全区分的。即便如此，无论是电催化反应还是简单的氧化还原反应，首先应考虑电子效应，即选择合适的电催化材料，使反应的活化能适当，并能够在低能耗下发生电催化反应。在选定电催化材料后就要考虑电催化剂的表面结构效应对电催化反应速率和机理的影响。由于电子结构效应和表面结构效应的影响不能截然分开，不同材料单晶具有不同的表面结构，同时意味着不同的电子能带结构，这两个因素共同决定着电催化性能对催化剂材料的依赖关系。

9.2.1 电催化剂的电子结构效应

电子结构效应主要是指电极材料的能带、表面态密度等对反应活化能的影响；在电催化过程中，催化反应发生在催化电极-电解液界面，即反应物分子必须与催化电极发生相互作用，而相互作用的强弱主要决定于催化剂的结构和组成。催化剂活性中心的电子构型是影响电催化活性的一个主要因素。

分子在金属表面的吸附强度通常用吸附能（adsorption energy，AE）或结合能（binding energy，BE）来表示，它是通过计算吸附作用发生前后系统的总能量之差获得的，即：

$$\mathrm{AE}=E_{\mathrm{M\text{-}A}}-E_{\mathrm{M}}-E_{\mathrm{A}} \tag{9-18}$$

式中，$E_{\mathrm{M\text{-}A}}$ 为吸附分子与金属表面键合后系统的能量（负值），kJ/mol；E_{M} 与 E_{A} 则分别为金属表面与吸附质单独存在时的能量（负值），kJ/mol。稳定的化学吸附是放热的，即分子在表面吸附后系统总能量下降（变得更负），因此，AE为负值；AE的绝对值越大表示吸附越强。BE的定义与AE类似，但符号相反，放热吸附时BE为正值。

电极材料电催化作用的电子效应是通过化学因素实现的，目前已知的电催化剂主要是金属和合金及其化合物与大环配合物等不同材料，但大多数与过渡金属有关。过渡金属在电催化剂中占优势，它们都含有空余的d轨道和未成对的d电子，通过含过渡金属的催化剂与反应物分子的接触，在这些电催化剂空余d轨道上形成各种特征的化学吸附键达到分子活化的目的，从而降低了复杂反应的活化能，达到了电催化的目的。具有sp轨道的金属（包括第一和第二副族，以及第三、第四主族，如汞、镉、铅和锡等）催化活性较低，但是它们对氢的过电位高，因此在有机物质电还原时也常常用到。

电极材料的电子性质强烈地影响着电极表面与反应物种间的相互作用。对于同一类反应体系，不同过渡金属电催化剂能引起吸附自由能的改变，进而影响反应速率。图9-2给出了不同金属及金属合金对$2e^-$氧还原反应（ORR）电化学合成H_2O_2、二氧化碳还原反应（CRR）及氮气还原反应（NRR）的活性与结合能或活化能的“火山”形关系。从图中可以看出，吸附能太大或者太小，催化活性都很低。只有吸附能适中时，催化活性达到最大。表明优良的电催化剂与吸附中间物的结合强度应该适中，吸附作用太弱时，吸附中间物很易脱

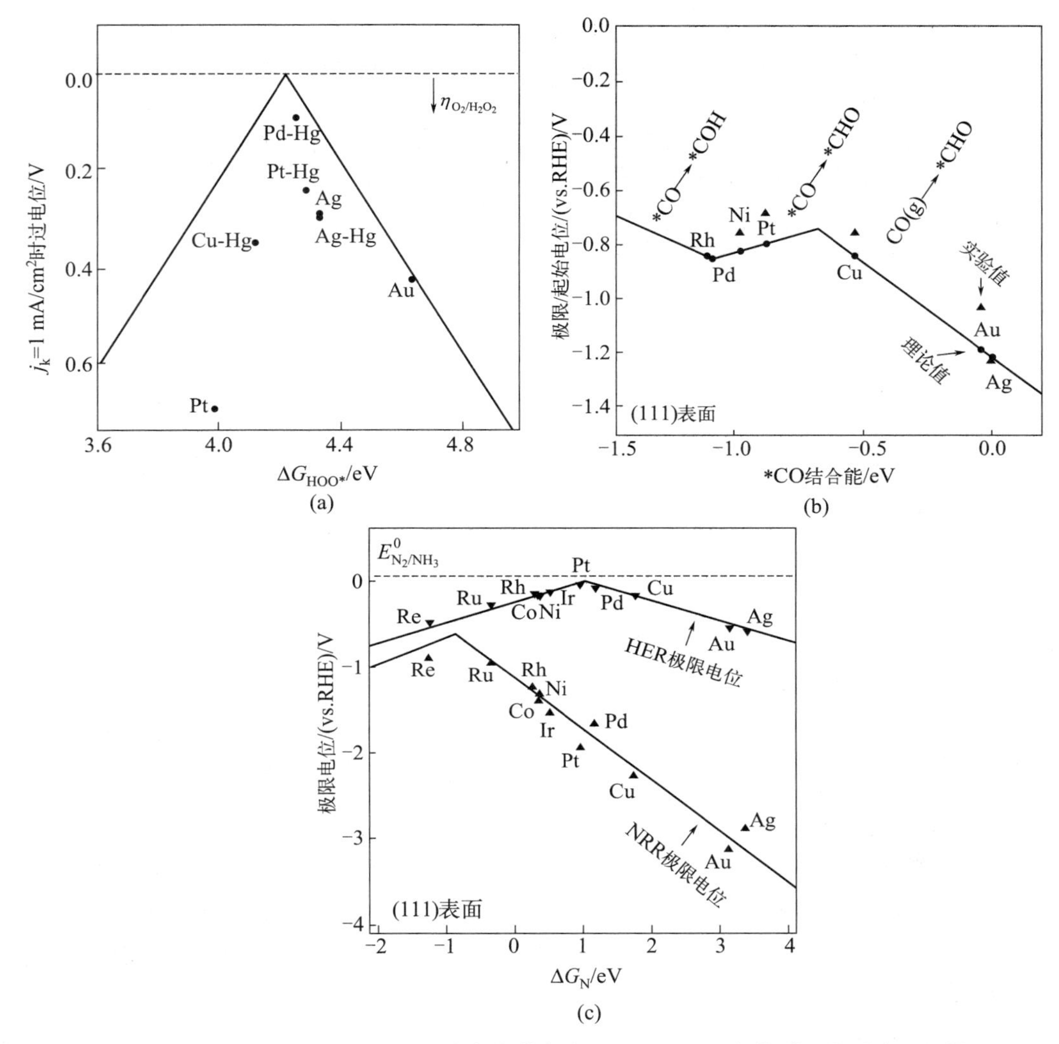

图 9-2 不同金属对 $2e^-$ 氧还原反应电化学合成 H_2O_2(a)、二氧化碳还原反应(b) 及氮气还原反应(c) 的活性与结合能或活化能的“火山”形关系

附，而吸附作用太强时，中间物难以脱附，二者均不利于反应的进行。吸附能适中的催化剂，其电催化活性最好，“火山”形规律是对不同电极材料电催化活性进行关联的依据。

合金化、表面修饰都可以降低反应的活化能。通过控制合金的成分和结构，可以调控吸附自由能，以获得需要的优异性能。由于单金属 Cu 和 Ti 对 H 的吸附自由能过小或者过大，导致单金属 Cu 和 Ti 对 HER 反应都不具有良好的活性。如图 9-3 所示，如果在 Cu 中引入 Ti，会产生 Cu-Cu-Ti(1) 和 Cu-Cu-Ti(2) 以及 Cu-Ti-Ti 的空位，其中 Cu-Cu-Ti(1) 和 Cu-Cu-Ti(2) 会产生与 Pt 接近的对氢的吸附自由能，从而表现出较好的催化活性。而 Cu-Ti-Ti 由于吸附自由能过强，导致较低的催化活性。

9.2.2 电催化剂的表面结构效应

表面结构效应是指电极材料的表面结构（化学结构、原子排列结构等）通过与反应物分子相互作用/修改双电层结构进而影响反应速率。催化活性中心的表面原子排列结构十分重

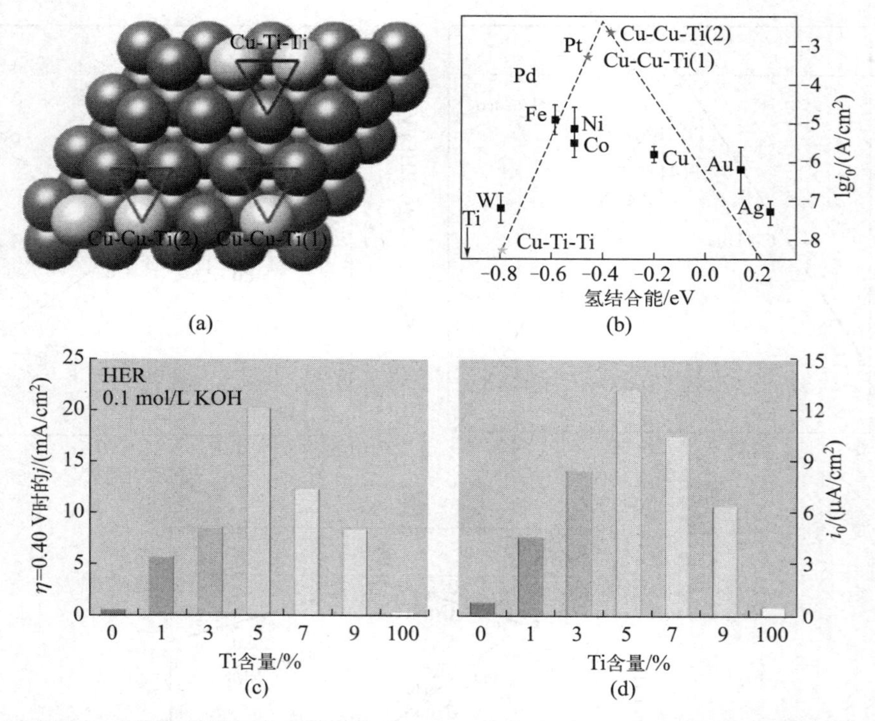

图 9-3 Ti 修饰 Cu 表面产生的双金属活性位点(a)；不同位点对 H 吸附结合能的"火山"形关系(b)；不同 Ti 含量修饰 Cu 催化剂对氢生成反应的活性(c) 和交换电流密度(d)

要。具有不同结构的同一催化剂对相同分子的催化活性存在显著差异，就是源于它们具有不同的表面几何结构。电催化中的表面结构效应起源于两个重要方面。首先，电催化剂的性能取决于其表面的化学结构（组成和价态）、几何结构（形貌和形态）、原子排列结构和电子结构；其次，几乎所有重要的电催化反应如氢电极过程、氧电极过程、氯电极过程和有机分子氧化及还原过程等，都是表面结构敏感的反应。因此，对电催化中的表面结构效应的研究不仅涉及在微观层次深入认识电催化剂的表面结构与性能之间的内在联系和规律，而且涉及分子水平上的电催化反应机理和反应动力学，同时还涉及反应物分子与不同表面结构电催化剂的相互作用（反应物分子吸附、成键，表面配位，解离，转化，扩散，迁移，表面结构重建等）的规律。

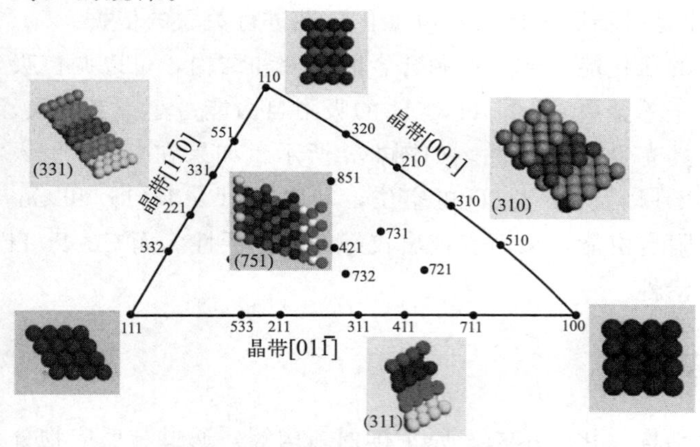

图 9-4 面心立方晶系单晶的立体投影单位三角形

晶体中通过空间点阵任意 3 点构成的平面称为晶面。各晶面的特征用密勒指数（hkl）表示。对于面心立方（fcc）金属，包括 Pt、Pd、Rh、Ir、Au、Ag、Cu、Ni 等，其各晶面在球极坐标立体投影的单位三角形如图 9-4 所示。金属原子在三角形坐标系中不同的位置排列（或以不同的晶面指数 {hkl} 排列），呈现出不同的结构特征。（111）、（100）和（110）晶面位于三角形的 3 个顶点，被称为基础晶面或低指数晶面，其中（111）和（100）晶面最平整，表面没有台阶原子，（110）晶面可视为阶梯晶面，其（1×1）结构含有两行（111）结构平台和一个（111）结构台阶，在（111）、（100）和（110）晶面上原子的配位数分别为9、8和7。其他晶面则为高指数晶面（h、k、l中最少有一个大于1），它们分别位于三角形的三条边（$[01\bar{1}]$、$[001]$和$[1\bar{1}0]$ 3条晶带）和三角形内部。位于3条边上的晶面为阶梯晶面，其中$[01\bar{1}]$和$[1\bar{1}0]$晶带上的晶面仅含平台和台阶，而$[001]$晶带上的晶面还含有扭结；位于三角形内部的晶面除平台和台阶外，都含有扭结，且具有手性对称结构。由于高指数晶面都含有台阶或扭结原子，其晶面结构较开放。位于$[001]$晶带上的台阶原子是由配位数为6的扭结原子组成；位于$[01\bar{1}]$和$[1\bar{1}0]$晶带上的台阶原子不具有扭结原子的特征，其配位数为7；而在三角形内部由于含有扭结原子并呈现手性，其配位数也为6。配位数越少的原子，越倾向于结合其他物质，化学活性越高。

金属单晶面具有明确的原子排列结构，是研究电催化、多相催化反应的理想模型表面，因此作为模型催化剂得到了深入研究。金属单晶面，特别是铂族金属单晶面已被广泛用于H_2的氧化，O_2的还原，CO、HCHO、HCOOH和CH_3OH等C_1分子的氧化，CO_2的还原和其他可用于燃料电池反应的有机小分子的氧化过程研究。对于同一种材料的催化剂，其表面结构的差异极大地影响其催化活性，如Pt(111)、Pt(100)、Pt(110)具有不同的表面结构，其对甲酸催化氧化的活性次序为：Pt(110)＞Pt(111)＞Pt(100)。将金属单晶面作为模型电催化剂开展研究，一个最直接的动因是通过对不同表面原子排列结构单晶面上催化反应的研究，获得表面结构与反应性能的内在联系规律，即晶面结构效应，进而认识表面活性位的结构和本质，阐明反应机理，从而在微观层次设计和构建高性能的电催化剂。

9.3 电催化作用中的电子效应调控及协同效应

9.3.1 金属表面反应性及其电子效应调控

催化剂研究的一个核心任务是揭示其“构效关系”，即催化剂的结构与催化活性之间的关系，借以指导催化剂的改进。然而，所谓的“催化活性”（catalytic activity）其实并非催化剂固有的特征（或称本征性质），对某一反应表现出优异催化活性的催化剂并不见得对另一反应也具有高的催化活性。一个典型的例子是Pd对大多数燃料电池反应的催化活性都不如Pt，但却是甲酸氧化反应（FAOR）最好的催化剂。显然，“催化活性”不仅取决于催化剂的性质，也与特定反应的性质有关。

如果不针对特定的反应，催化剂的构效关系应理解为“结构-性质关系”（structure-property relationship，SPR）。此处的“性质”指的是表面反应性（surface reactivity），它描述催化剂表面的成键能力，与具体的吸附质无关。由于金属表面的吸附往往涉及电子从金属原子向吸附质转移，因此，金属的表面反应性在很多场合指的是金属表面向吸附质提供电子的能力。对金属表面反应性的描述尚不存在类似于原子电负性或电正性的物理量，通常需要采用具有强电负性的“检验吸附质”（testing adsorbate）加以表征，例如以氟、氧等强电负性原子在金属表面的结合能为标度来衡量金属的表面反应性。

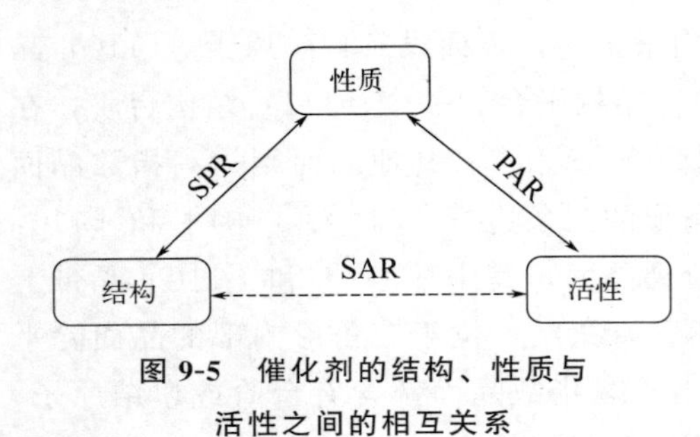

图 9-5 催化剂的结构、性质与活性之间的相互关系

区分"表面反应性"与"催化活性"这两个概念是理清"结构-活性关系"(structure-activity relationship，SAR)和"性质-活性关系"(property-activity relationship，PAR)的关键，催化剂的结构、性质与活性的关系如图 9-5 所示。"性质"分别与"结构"和"活性"相关联，"结构"通过"性质"影响"活性"。此处的"结构"指的是催化剂的表面电子结构，因为对催化起主导作用的是催化剂的表层而不是本体。改变催化剂电子结构的直接结果是改变其表面反应性，而表面反应性的改变对不同催化反应有不同的影响。SPR 属于催化剂的内部性质；而 PAR 则是与具体吸附质有关的外部性质。

与"结构-活性关系"不同，"结构"与"性质"之间存在明确的、独立的对应关系，而且"结构-性质关系"可以通过计算或实验获得。例如，原子排列方式明确的表面电子结构很容易通过密度泛函理论（DFT）计算获得，而相应的表面反应性既可以通过"检验吸附质"的吸附能计算，也可以利用表面敏感的实验测量加以表征。掌握了表面电子结构与表面反应性的关系，就有望通过改造电子结构来调节表面反应性。这种调控表面反应性的方式就是电子效应。

以金属合金这类最常见的电催化剂为例，金属原子 B 进入金属 A 的晶格这一合金化过程至少产生两种对表面反应性有敏感影响的电子效应，即晶格变形效应（lattice strain effects）与表面配位体效应（surface ligand effects)。前者源于 B 与 A 的原子半径差异导致的金属 A 晶格畸变；而后者指的是 B 原子特异的化学性质引起了 A 原子周围的化学环境变化。这两种电子效应通常同时存在于合金中，采用普通的实验方法很难区分，但 DFT 计算却很容易单独对它们进行考察，因为计算研究可以构造虚拟的金属，例如构造晶格常数与 A 相同的 AB 合金可排除晶格变形效应单独考察表面配位体效应，而在不引入 B 的条件下人为地将 A 的晶格压缩或扩张则可单独地考察晶格变形的影响。

在实际的催化剂中，这两种电子效应共同起作用，对表面反应性的影响比上述的虚拟情况要复杂。在多数情况下，表面配位体效应比晶格变形效应更加敏感地影响表面反应性。不过表面配位体效应是一种短程效应，主要存在于表面第一原子层，第二原子层中的合金组分对表面反应性的配位体效应已经非常微弱，第三原子层以下的合金组分已经无法对吸附产生化学意义上的影响。相反，晶格变形效应是一种长程效应。例如，在晶格比 Pt(111) 小 2.5%的 Ru(001) 表面覆盖纯 Pt 原子层，将产生 Ru(001) 晶格排布的晶格收缩的 Pt 原子层，这种晶格变形只有当 Pt 原子层超过 5 层时才会慢慢地显现。

除了表面配位体效应与晶格变形效应，对表面反应性有重要影响的还有几何效应（geometric effects)，即成分相同的表面因原子排列方式不同所产生的表面反应性差异。例如，Pt(111)、Pt(110) 与 Pt(100) 三种表面均由 Pt 原子构成，但原子堆积与排列方式不同，其表面反应性也完全不同。

理解了对表面反应性有影响的各种电子效应（即"结构-性质关系"），便可通过改造表面电子结构调控表面反应性，进而提高对特定反应的催化活性。由于催化过程本质上是催化剂表面与反应物种之间形成化学键（过渡态)，因此，催化剂的表面反应性对这个成键过程至关重要。提高表面反应性可促进反应物的吸附以及吸附分子的断键解离（bond breaking），而降低表面反应性则有利于吸附分子新的成键（bond making）和反应产物的脱附。因此，根据一个表面反应的速控步骤是吸附断键过程还是成键脱附过程，有针对性地提高或降低催化剂的表面反应性，可有效提高催化剂对这一特定反应的催化活性。

9.3.2 电催化剂的协同效应

协同催化效应（synergistic effects）被施剑林院士定义为一种催化剂中不同组分和/或活性位点之间的某种共同作用，相比对应的单个组分相加的催化性能，这种共同作用导致了明显的，甚至是显著的催化性能的提高或改善，如催化活性、选择性、耐用性和寿命等等。

含多组分的非均相催化剂的设计和制备，已成为当前材料与催化领域的研究热点。不同组分之间的适当组合，往往会极大提高复合材料的催化性能，并且该催化性能提高的程度明显大于单独使用时其各组分的催化性能之和，因而被认为各组分之间存在着相互协同的催化作用。目前，在复合催化材料的化学制备策略与途径的基础上，提出了四种协同催化类型，分别是：①两种组分相互作用，其中一种组分激活另一种主催化组分，使其催化活性显著提高，极大加快反应进程；②两种组分分别催化一个多步反应的不同步骤，或在含两个反应物的反应中分别活化两个反应组分，通过两种组分的先后接力催化使得整个反应的速率显著提高；③次要组分能有效防止主催化组分在反应过程中的失活，使得反应能够在较高速率下持续进行；④在较复杂的氧化还原反应中，储氧组分与氧化和还原催化组分相互作用，使得多个氧化/还原反应在合适的氧浓度均能保持较快的反应进程。

此外，双金属的协同催化作用在替代贵金属、提高催化活性和选择性等方面起着重要作用。围绕双金属材料的组成、微观结构等因素进行调控以制备不同的双金属材料，研究上述不同的双金属材料在不同催化反应中的表现，寻找具有更高活性、选择性和稳定性的催化剂材料，并且尝试探索新的催化反应和催化反应机理成为研究的热点问题。关于对双金属协同催化作用的理解，徐强等人描绘了一幅非常生动的图画，如图 9-6 所示。在总分子数相同的情况下，AB 的催化性能大于 A 或者 B 的催化性能，即 $A_xB_{1-x}>$ A 或者 B。双金属纳米粒子是一类性能与两种组成金属有关的材料，其催化过程总结如下。

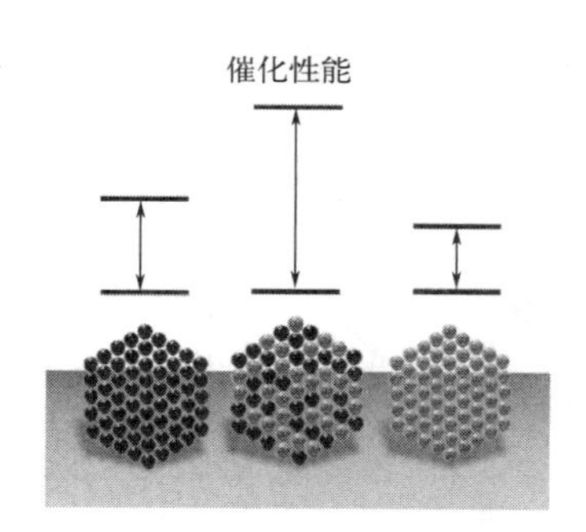

图 9-6　双金属协同催化示意图

表面基元反应是催化剂表面两种吸附物种之间的复合反应：

$$M\text{-}A_{ads}+M\text{-}B_{ads}\longrightarrow 2M+A\text{-}B \tag{9-19}$$

显然，完成这一反应的前提条件是催化剂表面必须同时结合 A_{ads} 与 B_{ads}。换言之，催化表面需要多个吸附位点（或反应位点）同时参与方能使反应进行，这种现象称为协同效应。协同催化的多个位点可以是同质的也可以是异质的：

$$M_1\text{-}A_{ads}+M_2\text{-}B_{ads}\longrightarrow M_1+M_2+A\text{-}B \tag{9-20}$$

异质协同催化［式(9-20)］的效率往往高于同质协同催化［式(9-19)］，因为反应物 A_{ads} 与 B_{ads} 的性质通常很不相同（例如，一个为还原剂，另一个为氧化剂），相应的最佳吸附基底也应该有所不同，即分别采用两种性质不同的表面比采用单一表面更有利于同时获得

A_{ads}与B_{ads}。这一判断的重要推论是，对于涉及两种吸附物种的表面复合反应，应该可以找到一种双金属催化剂，它的催化活性高于单金属催化剂。

在许多情况下，由于协同效应，它们的特定物理和化学性质有很大的增强。根据混合模式，双金属纳米粒子可分为三种主要类型：核壳结构、异质结构、金属间化合物（或合金）结构。第一种类型，金属首先被还原以形成一个内核，而另一种类型的金属在核周围生长以形成一个外壳，即形成核壳结构；第二种类型，在异质结构纳米粒子中，两种金属原子单独成核和生长是在共享混合界面的情况下进行的；第三种类型，合金或者金属间化合物是两种金属在原子水平上的均相混合物，可以形成金属-金属键。

双金属纳米催化剂因其在小分子如甲醇、乙醇、甲酸等的电化学氧化、氧气还原、水氧化、各种有机催化等反应中的应用而成为一种非常重要的纳米材料。第二种金属的加入可调整纳米粒子的电子和几何结构，以提高其催化活性和选择性。第一性原理研究表明，异金属纳米催化剂的协同效应受表面电子态的影响，而表面电子态受催化剂几何参数的变化影响很大，特别是与表面局部应变和有效原子配位数有关。过去的几年里，由于对高性能催化剂的实际应用需求巨大，特别是镍、铁、钴等金属与贵金属的结合使用，可以降低昂贵贵金属的含量，提高催化剂催化性能，从而提供低成本的催化剂。

9.4 电极反应及其电催化

9.4.1 氢电极反应及其电催化

氢电极反应为氢析出反应（hydrogen evolution reaction，HER）和氢氧化反应（hydrogen oxidation reaction，HOR）的总称。氢电极电催化则是指与氢电极反应相关的各种表面与界面现象及过程，以及催化材料和研究方法等。

在酸性水溶液中，氢的电极反应的净化学计量式可以写为：

$$H_2+2H_2O \longrightarrow 2H_3O^++2e^- \quad (E^0=0.0\ V) \tag{9-21}$$

而在碱性溶液中则为：

$$H_2+2OH^- \longrightarrow 2H_2O+2e^- \quad (E^0=-0.828\ V, vs.\ NHE) \tag{9-22}$$

在中性溶液中，阳极反应以反应(9-21)为主，因为反应(9-22)需要具有一定浓度的OH^-才能进行。类似地，阴极反应以反应(9-22)为主。

在很多的金属表面上，H_2主要以原子态吸附，打断H—H键所需的能量来自H_2的吸附焓。对氢的反应机理，人们已经开展了相当多的研究，这些研究有助于把总反应分解为一系列的基元反应步骤。以酸性水溶液为例：

① 溶解的H_2分子传质到电极表面附近，并物理吸附到电极表面：

$$H_{2,aq} \longrightarrow H_{2,ads} \tag{9-23}$$

② 以氢原子的形式化学吸附在电极表面：

$$H_{2,ads} \longrightarrow 2H_{ads}(\text{Tafel 反应}) \tag{9-24}$$

③ 离子化和水合。取决于H_{ads}还是$H_{2,ads}$的氧化，这里有两种可能性存在。一种可能的反应为：

$$H_{ads}+H_2O \longrightarrow H_3O^+ + e^- (\text{Volmer 反应}) \tag{9-25}$$

另一种可能的反应为：

$$H_{2,ads}+H_2O \longrightarrow [H_{ads}\cdot H_3O]^+ + e^- \longrightarrow H_{ads}+H_3O^+ + e^- (\text{Heyrovsky 反应}) \tag{9-26}$$

紧接着发生：

$$H_{ads}+H_2O \longrightarrow H_3O^+ + e^- \tag{9-27}$$

④ H_3O^+ 从电极表面离开。

这些反应是可逆的，其逆反应是氢的析出反应。在阴极上发生的析氢反应主要包括两个步骤：Volmer 反应和 Heyrovsky 反应（或 Tafel 反应）。

以酸性水溶液为例，第一步（Volmer 反应），在酸性电解质中，电解液中的质子 H^+ 和电极中的电子 e^- 在电极表面吸附位点结合形成吸附 H_{ads}。在碱性或中性介质中，需要额外的水分子解离过程，通常会引起相应的反应能垒。第二步，无论在哪种电解质中，都有两种可能的反应途径：一是生成的 H_{ads} 与新的一对 H^+ 和 e^- 结合，从而得到 H_2 分子，然后被解吸。二是吸附的 H_{ads} 和相邻的 H_{ads} 重组形成 H_2 分子。

其机理可以表示为：

$$2H_3O^+ + 2e^- \longrightarrow 2H_{ads}+2H_2O;\ 2H_{ads} \longrightarrow H_{2,ads} \tag{9-28a}$$

它又称为 Volmer-Tafel 机理。

而下述反应：

$$H_3O^+ + e^- \longrightarrow H_{ads}+H_2O;\ H_{ads}+H^+ + e^- \longrightarrow H_{2,ads} \tag{9-28b}$$

则称为 Volmer-Heyrovsky 机理。

一般来说，任何一种反应历程一定会包括 Volmer 反应。所以，氢电极反应存在两种最基本的反应历程：Volmer-Tafel 机理和 Volmer-Heyrovsky 机理。至于以何种机理进行以及控制步骤是哪个反应，则依赖于电极材料特别是其对氢原子的吸附强度。无论以哪种机理进行以及控制步骤是什么，氢电极反应的一个基本特征是以吸附氢原子作为反应中间体。对于氢氧化反应而言，氢气首先在电催化剂表面发生吸附解离（Tafel 或者 Heyrovsky 反应），生成吸附态的氢原子（或同时产生氢离子）；对于氢析出反应而言，溶液中的质子首先在电催化剂表面放电，生成吸附态的氢原子。因此氢电极反应的活性和电极表面与氢原子的相互作用直接相关。吸附氢在氢电极反应中起着决定性作用，尤其是阳极反应方向，除非吸附焓足够大，否则氢分子的解离化学吸附将不会发生。当然吸附焓也不能太高，否则吸附的氢原子将难以以 H^+ 的形式从电极表面离开，与催化的其他例子类似，人们预期并在实验中观察到了关于氢电极反应活性与吸附能之间的“火山”形关系曲线（图 9-7）。Sabatier 原理表明，有效的反应依赖于催化剂表面和反应中间体之间适当的（不太强或不太弱）相互作用。对于析氢反应，氢吸附的吉布斯自由能（ΔG_{H^*}）可以作为氢在催化剂表面吸附和 H_2 脱附的描述符。理想的 HER 催化剂应该显示 $\Delta G_{H^*} \approx 0$。ΔG_{H^*} 的负位移表示催化剂表面上的氢吸

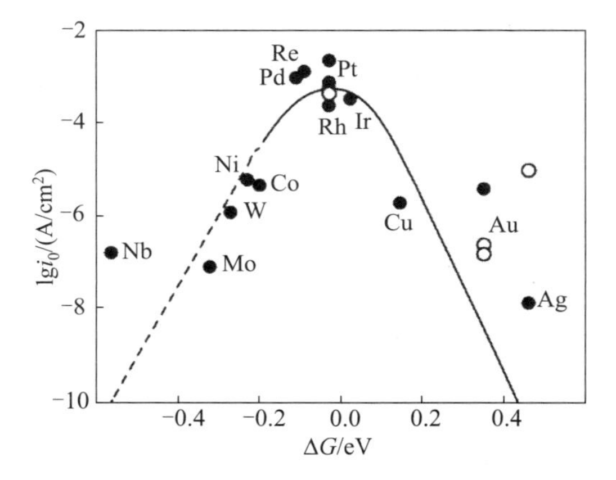

图 9-7 氢电极反应交换电流密度与 M—H 吸附能之间的“火山”形关系曲线

附程度很强，因此 Heyrovsky 反应或 Tafel 反应是速率决定步骤，而 ΔG_{H^*} 的正位移对应于弱的氢吸附程度，此时 Volmer 反应是速率决定步骤。当将各种催化剂的交换电流密度描述为 ΔG_{H^*} 的函数时，可以得到“火山”图。在 $\Delta G_{H^*}=0$ 附近更靠近峰的催化剂可以获得更好的析氢反应活性。

早期的析氢反应研究主要通过极化曲线测量并依据 Tafel 曲线的斜率来判断反应机理，并获得反应的动力学数据，如交换电流密度等。在合适的电催化剂表面上，氢分子的氧化或析出反应可显示很高的交换电流密度。在实际工作的燃料电池中，在不到 100 mV 的过电位下，其电流密度可达 500 mA/cm^2。一般认为，Tafel 曲线的斜率 b 与反应控制步骤有表 9-1 所示的对应关系。在大多数非 Pt 族金属电极表面，氢析出反应的 Tafel 效率在 100～140 mV/dec。研究者由此推测认为 Volmer 反应为速控步骤。

表 9-1 Tafel 曲线的斜率 b 与氢析出反应控制步骤的对应关系

反应式	b		类型
	低过电位	高过电位	
$M+H_3O^++e^- \rightleftharpoons M-H_{ads}+H_2O$	120	120	Volmer 反应
$M-H_{ads}+H_3O^++e^- \rightleftharpoons M+H_{2(g)}+H_2O$	40	120	Heyrovsky 反应
$2M-H_{ads} \rightleftharpoons 2M+H_{2(g)}$	30	∞	Tafel 反应

9.4.2 氧电极反应及其电催化

与氢电极反应类似，氧的电极反应过程在燃料电池、电解以及金属的腐蚀方面也非常重要。氧的电极反应具有以下特征：

过电位高。即使是在很小的电流密度下（大约 1 mA/cm^2），观察到氧电极的阴极反应和阳极反应的过电位都超过 0.4 V。该问题只能通过开发高活性的催化剂才能解决。

对在诸如银或铂电极上氧分子的阴极还原反应，人们观察到两种并行的反应途径：O_2 分子被还原为水（在酸性介质中）或 OH^- 的直接反应途径；氧在还原过程中经过以 H_2O_2（在酸性介质中）或 HO_2^- 为反应中间物的间接反应的途径。在后一种情形下，这些不完全还原的中间产物能在电解液中达到相当高的浓度。

该反应受 pH 值的影响很大，并具有如下形式：

① 在酸性溶液中：

直接还原反应：

$$O_2+4H^++4e^- \longrightarrow 2H_2O \quad E^0=1.23\ V \tag{9-29}$$

间接还原反应：

$$O_2+2H^++2e^- \longrightarrow H_2O_2 \quad E^0=0.628\ V \tag{9-30}$$

$$H_2O_2+2H^++2e^- \longrightarrow 2H_2O \quad E^0=1.77\ V \tag{9-31}$$

② 在碱性溶液中：

直接还原反应：

$$O_2+2H_2O+4e^- \longrightarrow 4OH^- \quad E^0=0.401\ V \tag{9-32}$$

间接还原反应：

$$O_2+H_2O+2e^- \longrightarrow HO_2^- +OH^- \quad E^0=-0.076\ V \tag{9-33}$$

$$HO_2^- +H_2O+2e^- \longrightarrow 3OH^- \quad E^0=0.88\ V \tag{9-34}$$

为了使氧分子的还原反应能够发生，O═O 键必须被削弱，这意味着 O_2 必须与电极表面发生强的相互作用。已有人提出，如果氧分子以一个氧原子末端吸附在电极表面，那么 O═O 键强度不能被充分削弱，在此条件下，体系将倾向于间接反应机理。如果氧分子中两个氧原子同时吸附在金属表面的某个原子上，或者与两个表面铂原子形成桥式吸附的构型，那么将有利于 O_2 直接还原反应，因为在这种构型下，O═O 键已被大大削弱。由于需要形成桥式吸附，这意味着直接还原途径对电极毒化作用比间接反应途径更为敏感，实验上也已普遍观察到了这一效应。

极小的交换电流密度使测量静止电势的重现性变得很差，因为需经过很长的时间才能达到静止电势。在非常洁净的酸性溶液中，氧电极的静止电势通常位于反应式(9-35) 和反应式(9-36) 的平衡电势之间，一般情况下接近 1.1 V。

与阴极上的析氢反应相比，析氧反应涉及更为复杂的四离散电子传递过程，具有更大的能耗和更慢的反应动力学，因此阳极析氧反应过程被认为是制约水电解技术发展的主要瓶颈。析氧反应在不同的电解质中经历不同的机制，如图 9-8 所示。

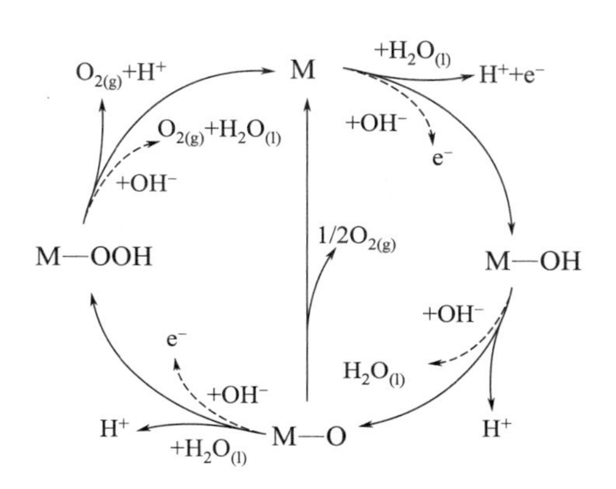

图 9-8 析氧反应的机理图

在酸性电解液中：

$$H_2O+{}^* \longrightarrow {}^*OH+H^+ +e^- \tag{9-35}$$

$$^*OH \longrightarrow {}^*O+H^+ +e^- \tag{9-36}$$

$$^*O+H_2O \longrightarrow {}^*OOH+H^+ +e^- \tag{9-37}$$

$$^*OOH \longrightarrow {}^*O_2+H^+ +e^- \tag{9-38}$$

$$^*O_2 \longrightarrow O_2+{}^* \tag{9-39}$$

在酸性电解质中，电催化析氧（OER）反应过程产生中间体 $^*OH$、$^*O$ 和 $^*OOH$。首先，催化剂表面的 M 与 H_2O 反应形成 $^*OH$ 中间体，并解吸一个 H^+。然后，形成的 $^*OH$ 活性中间体与 H_2O 连续反应形成 $^*O$ 中间体，另一个 H^+ 被解吸。接下来，反应途径可以采取两种途径之一。一种反应途径涉及两种氧中间体的直接结合以产生 O_2。另一种包括 M—O 中间体与电解质中的 H_2O 反应，失去一个 e^-，导致 $^*OOH$ 中间体的形成和另一个 H^+ 的解吸。$^*OOH$ 中间体可以与电解质中的 H_2O 反应，释放出最后的 e^-，导致 O_2 的生成和最后 H^+ 的解吸。

类似地，在碱性电解液中：

$$OH^- +{}^* \longrightarrow {}^*OH+e^- \tag{9-40}$$

$$^*OH+OH^- \longrightarrow {}^*O+H_2O+e^- \tag{9-41}$$

$$^*O+OH^- \longrightarrow {}^*OOH+e^- \tag{9-42}$$

$$^*OOH+OH^- \longrightarrow {}^*O_2+H_2O+e^- \tag{9-43}$$

$$^*O_2 \longrightarrow O_2+{}^* \tag{9-44}$$

可见，在酸性和碱性条件下，*OH、*O和*OOH中间体依次生成。OER包括活性位点的连续氧化和含氧中间体的吸附和解吸。在这些过程中，*OH到*O和*O到*OOH步骤是吸附过程。

OER反应涉及中间体*OH、*O、*OOH和*O_2。相应地，反应自由能ΔG_1～ΔG_4通常用于评价OER反应动力学。ΔG值最大的反应步骤被认为主导了整个OER过程。在许多情况下，从*OH到*O的转化或从*O形成*OOH需要更大的反应自由能，因此ΔG_2和ΔG_3之间的较大自由能决定了整个OER反应速率。为便于理解，可参考图9-9。此外，Rossmeisl等对于理想平衡电压下的OER指出，四个基本中间体形成的反应自由能相同，为1.23 eV（4.92 eV/4=1.23 eV），每个基本反应的平衡电压为1.23 V(1.23 eV/e=1.23 V)。也就是说，理想情况下，OER反应可以在平衡电压下发生。而在实际条件下，能够驱动OER的外加电压总是远大于平衡电压，理论过电位可以通过$\max[\Delta G_2,\Delta G_3]/e-1.23$ V（平衡电压）之差获得。

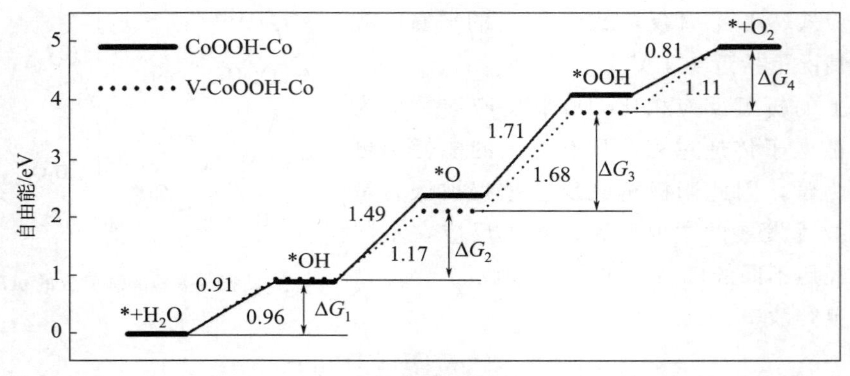

图9-9　OER四个步骤的吉布斯自由能图

另外，对于大多数金属氧化物，在*OH和*OOH之间存在这样的关系：$\Delta G_{*OOH}-\Delta G_{*OH}=(3.2\pm0.2)$ eV，这意味着将*OH转化为*O的基本反应步骤可以在大于（1.6±0.1）eV的自由能下发生。基于此，Rossmeisl及其同事提出了$\Delta G_{*O}-\Delta G_{*OH}$作为特征描述符，并说明了$\Delta G_{*O}-\Delta G_{*OH}$随不同金属氧化物理论过电位变化的“火山”图（图9-10），其中贵金属基氧化物通常表现出优异的催化性能。

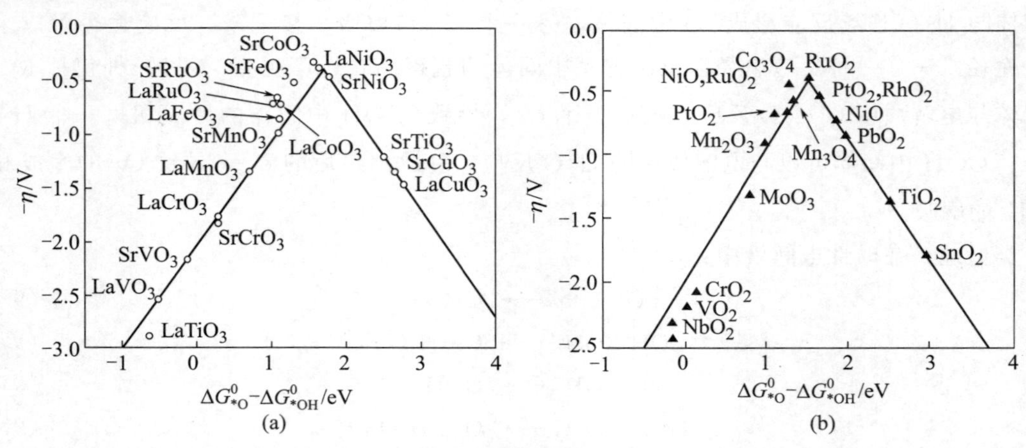

图9-10　$\Delta G_{*O}-\Delta G_{*OH}$随不同金属氧化物理论过电位变化的“火山”图

9.5 电催化剂新进展

目前，HER、ORR 和 OER 最有效的催化剂分别是铂（Pt）基和钌/铱（Ru/Ir）基贵金属催化剂。之前研究获得的 ORR、HER 和 OER“火山”图（图 9-2、图 9-7 和图 9-10）表明 Pt 基、Ru/Ir 基催化剂分别位于两个曲线的顶部，证明这些贵金属催化剂具有较高的催化活性和最优的与反应中间体的结合能。虽然贵金属电催化剂具有较好的催化活性，但考虑到其在地球的储量和较高的成本，高活性的非贵金属电催化剂具有更广阔的应用前景。目前研究者已经开发出的基于电解水的非贵金属催化剂主要是过渡金属的氧化物、氮化物、硫化物和磷化物等，这些材料作为电解水催化剂均具有一定的优势，比如氧化物具有优异的电催化稳定性，氮化物的电化学催化活性较佳，硫化物和磷化物的电催化活性和稳定性都较为良好。

9.5.1 过渡金属氧化物

在诸多过渡金属氧化物中，氧化钴材料因为价格低廉，储量丰富，且具有优越的电化学性质，能有效降低电催化反应的过电位，有望替代传统的贵金属用于电催化析氢中起催化作用。RuO_2-NiO 双功能催化剂仅需 1.66 V 的电池电压即可达到 500 mA/cm^2 的电流密度，并可在 1000 mA/cm^2 的电流密度下连续电解水 2000 h。理论计算表明，RuO_2 和 NiO 的偶联可以优化氢和含氧中间体在催化剂上的吸附能。其他催化剂 NiCo@C-NiCoMoO/NF、CoO_x-RuO_2 纳米片、钴镍钼氧化物等均显示了良好的电催化活性。

9.5.2 过渡金属硫化物

过渡金属硫化物具有成本低、储量丰富和稳定性高等特点，过渡金属硫化物作为高效的 HER、ORR 和 OER 非贵金属电催化剂，在燃料电池、金属-空气电池和电解水等领域发挥着重要的作用。过渡金属硫化物的广泛应用得益于其固有的物理化学特性以及可调控的形貌、结构、尺寸和组成。如平均尺寸约为 30.7 nm 的 CoS_2 纳米颗粒在 0.1 mol/L KOH 中表现出最好的 ORR 催化活性和甲醇容耐性。Fe 掺杂的 Ni_3S_2 纳米线，由于导电性提高及催化剂边缘活性位点丰富，用于全解水的双功能催化剂时仅需 1.95 V 的电压即可驱动 500 mA/cm^2 的高电流密度且表现出 14 h 的高效稳定性。图 9-11(a) 表明：CuS-Ni_3S_2/CuNi/NF 仅需 510 mV 的过电位即可达到 1000 mA/cm^2 的电流密度是由于 CuS 的参与提高了 OER 催化活性。图 9-11(b)、(c) 显示在 CuS 的参与下，所需的过电位值从 Ni_3S_2 的 380 mV 降低到 CuS-Ni_3S_2 的 320 mV，这与图 9-11(a) 所示的实验数据趋势一致。掺杂 Sn 的 Ni_3S_2 纳米片双功能催化剂用于 OER 和 HER 时实现 1000 mA/cm^2 的电流密度分别需要 580 mV 和 570 mV 的过电位。可见，通过掺杂调控硫化物结构、形貌及组成使其暴露出更多的活性位点是有效的手段。

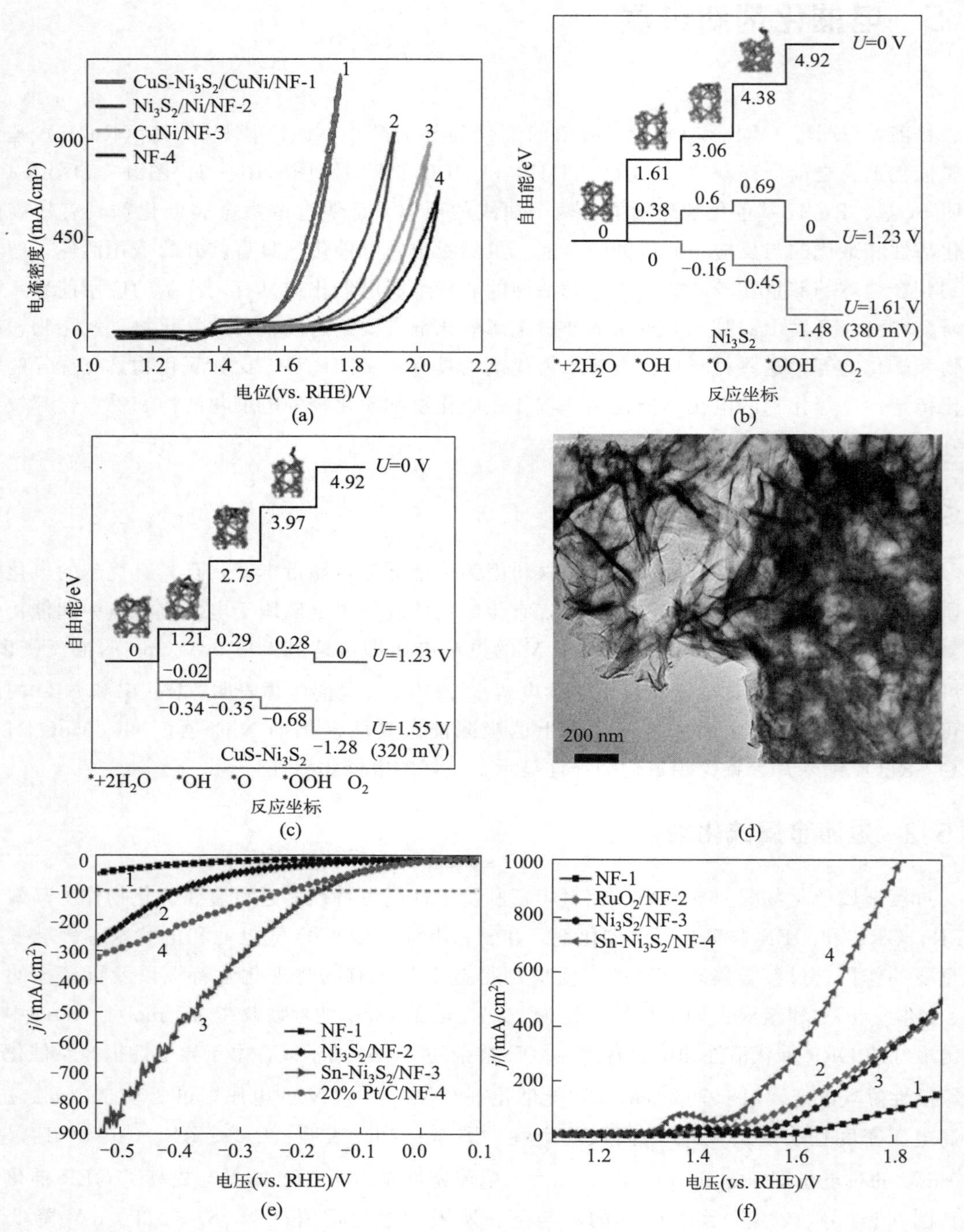

图 9-11 CuS-Ni_3S_2/CuNi/NF、Ni_3S_2/Ni/NF、CuNi/NF 和 NF 的 CV 曲线图(a)；Ni_3S_2(b) 和 CuS-Ni_3S_2 的 OER 四步反应在不同施加电压下的自由能图(c)；Sn-Ni_3S_2 纳米片的透射电镜图(d)；Sn-Ni_3S_2/NF 的 OER(e) 和 HER(f) 极化曲线图

9.5.3 过渡金属氮化物

过渡金属氮化物因具有类金属单质的物理化学性质和独特的电子结构而备受关注。通过氮与过渡金属结合，可以使过渡金属 d 带电子密度增加，表现出类贵金属 Pt 的电子特性。此外，过渡金属氮化物具有优异的导电性和耐腐蚀性，适用于酸性或碱性条件下的电催化水分解。以氮化镍和氮化钼为代表，在大电流电催化层面具有较大应用潜力。Ni 纳米颗粒包覆氮掺杂碳纳米管修饰的 NiMoN 微柱阵列，得益于氮掺杂碳层的保护和该 3D 结构的较大表面积，在碱性和酸性条件下对析氢反应均展示出优异的电催化活性和稳定性。$Ni/Co_2N/NF$ 作为双功能催化剂进行全解水时实现 500 mA/cm^2 的电流密度仅需 1.88 V 的电压。

9.5.4 过渡金属磷化物

过渡金属磷化物是一种新型半导体材料，具有较低的能带隙，因其含量丰富、稳定性高和导电性好等优势而备受关注。其中以磷化钴和磷化镍为代表，具有较好的催化活性和稳定性，同时它们价格较为低廉，适于大规模生产，因此有巨大的潜力。$Ni_5P_4/NiP_2/Ni_2P/CC$（记作 Ni-P/CC）纳米片在酸性电解质中表现出良好的 HER 催化活性［图 9-12(a)］。NiCoP@NiMn-LDHs 纳米阵列，作为一种双功能电解水催化剂，其对析氧反应和析氢反应均具有较高的活性，作为阳极和阴极催化剂，实现 300 mA/cm^2 的电流密度仅需 1.687 V 的电压

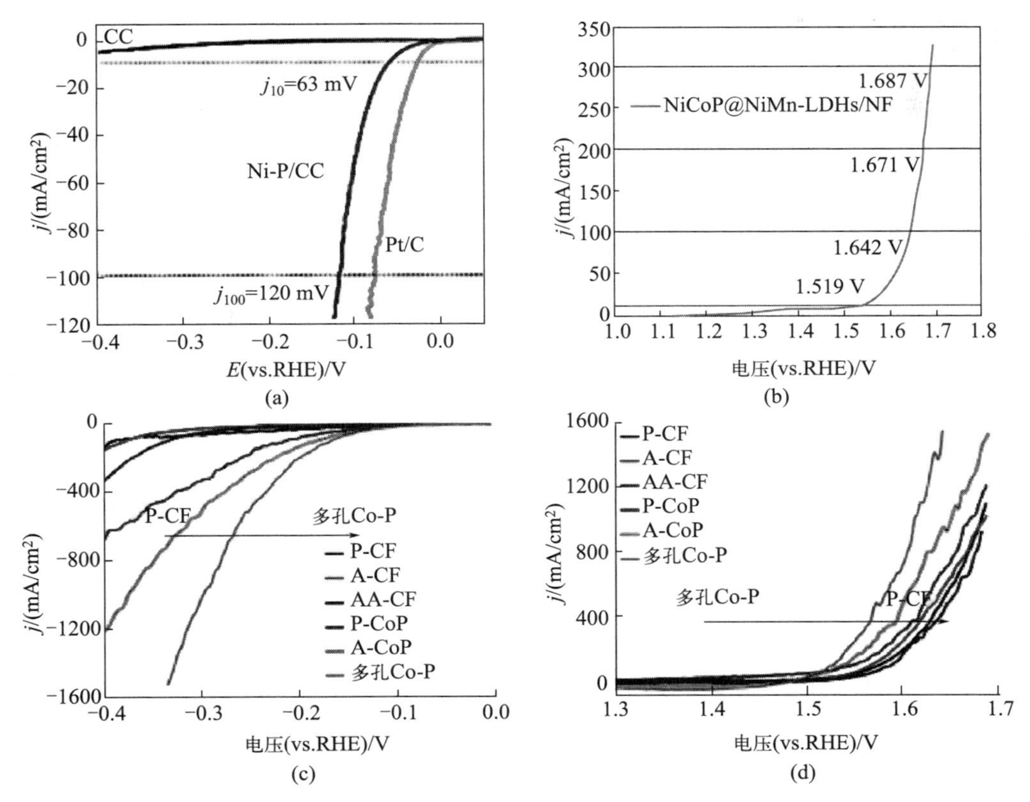

图 9-12

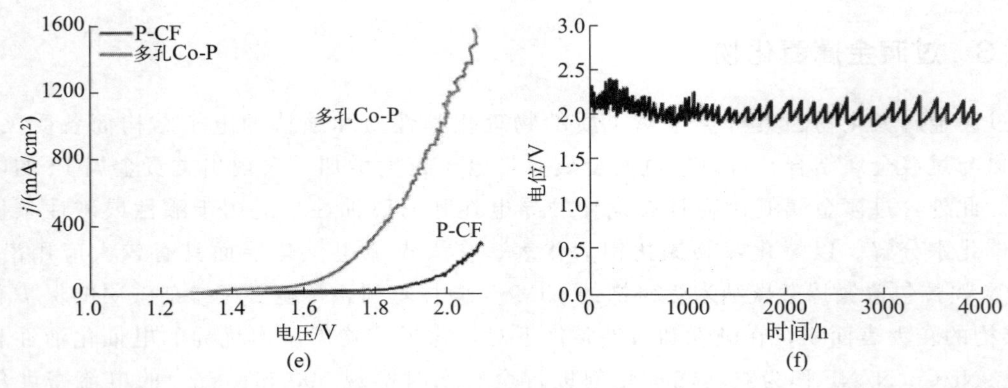

图 9-12 Ni-P/CC 在 0.5 mol/L H_2SO_4 中的 HER 极化曲线(a)，NiCoP@NiMn-LDHs/NF 在 1.0 mol/L KOH 中的全解水极化曲线(b)，多孔 Co-P 催化剂在 1.0 mol/L KOH 中的 HER 极化曲线(c)，OER 极化曲线(d)，以及相应的全解水极化曲线(e) 和在 1000 mA/cm² 的电流密度下的计时电位曲线(f)

[图 9-12(b)]，源于 NiCoP 对析氢反应具有较高的活性而 NiMn-LDHs 是析氧反应的固有活性物质。多孔磷化钴 [图 9-12(c)～(d)] 在碱性电解液中对析氧和析氢反应均显示出优异的电催化性能，实现 1000 mA/cm² 的电流密度分别需要 380 mV 和 290 mV 的过电位，采用该材料作为阴阳极组成的电解池只需 1.98 V 的电压即可达到 1000 mA/cm² 的电流密度 [图 9-12(e)]，且具有 4000 h 的超稳定性 [图 9-12(f)]，展示出其作为大规模碱性环境电解水催化剂的巨大工业应用潜力。

9.5.5 层状双金属氢氧化物

层状双金属氢氧化物（LDHs）由于其可控的纳米结构和优异的电催化活性被认为是一种极具工业应用潜力的电催化剂。例如，多孔镍上沉积的 NiFe-LDHs，作为电解水双功能催化剂，用作阴极和阳极催化电极来电解水时仅需 1.96 V 的电压就可达到 500 mA/cm² 的电流密度，同时在该大电流密度下展现出优异的稳定性。包覆了柔性薄膜二维迈科烯（MXene）的泡沫镍上生长的 NiFe-LDHs，由于超亲水 MXene 层的包覆不仅加速了电荷传输，同时加速了水分子的吸附过程，该催化材料是一种高活性的双功能催化剂，电解水时达到 500 mA/cm² 的电流密度仅需 1.75 V 的电压。Mo 掺杂的 CoFe-LDHs/NF 析氧反应催化剂、B 掺杂的 NiCo-LDHs/NF 及 Ru 掺杂的(Fe,Ni)$(OH)_2$ 都具有极高的电催化活性。

思考题

1. 比较电催化与热催化的异同。
2. 从电催化的速率方程解释电催化速率与活化能的关系。
3. 简述两类电催化反应及其特点。
4. 如何理解电催化的电子结构效应及几何效应？
5. 提升电催化催化性能的策略有哪些？
6. 结合常见电催化过程（HER、OER、ORR），简述电催化剂的设计原则。

第10章 固体催化剂的设计

多相催化广泛应用于炼油工业、化学工业、环境治理工业及新能源和新材料领域，多相催化剂在社会经济、人类生活、环境治理及新能源开发等方面扮演着极为重要的角色。而社会经济的需求和发展，科学技术的革新与进步，都成为工业催化的源动力，推动催化科学与技术不断向前发展。20世纪初伴随合成氨工业诞生兴起的工业催化剂，经过约一个世纪的研究开发，其制备方法一直是“炒菜式”技艺，尽管也形成了不少的专门制备技艺，还是难以进行科学的分子设计。近几十年以来，各种科学发展的综合效果和固体催化剂研制中各种物理表征技术迅速发展带来的结果，尤其是表面科学和固体材料学的深入研究取得的成就，已使固体催化剂的制备技术逐步从技艺走向科学，今天已经可以在分子水平上探讨工业催化剂的设计和开发了。

10.1 催化剂设计的分子基础

按照表面科学的观点看，非均相催化剂的分子层次研究包括：①化学吸附和催化活性部位；②结构与化学活性间的关系；③长程对抗短程的电子的和静电的效应；④表面和体相的稳定性。

多相催化反应可以看成是表面上连续串联进行的反应步骤，其中吸附分子与表面的化学键合在生成反应产物的过程中先形成又被破坏，这种吸附键合就是化学吸附。通常仅有某些特定的原子构型构成催化活性中心部位。若研究一种分子的催化转化，则多种可能的转化途径中只有某一特定的表面原子组成和排布与所希望的目标产物相对应，这就是选择性的反应。化学吸附作为表面原子排布的一种功能关系，意味着在基质分子的化学活性与催化活性部位排布间存在着某种关系。特别是表面表征测试证明催化活性取决于单晶表面的暴露面。含配位不饱和度大的原子表面活性更高。分子束线实验表明化学活性的突发性增加可看成粒子大小的函数，含有6～10个金属原子的粒子化学活性最佳。粒径变大活性下降。其差别既关联到电子结构的变化，更关联到表面几何暴露面。长程相互作用效应可看成是催化活性部位由于关联到化学吸附分子第二配位层原子发生组成或几何构型变化而导致的环境变化。上面论及的金属粒子大小引起的效应也归属于此。长程相互作用效应延伸多宽、多长，有待进一步研究。表面组成的稳定性问题在合金催化剂中早已发现。表面组成与其体相组成不同。

催化活性主要关联到表面组成，而不是关联到体相组成。若表面原子的化学活性不同，会导致表面组成变化，更高化学活性的表面原子有利于表面富集，这种现象的推动力是使表面能最小化。多孔固体物与流体相接触时的稳定性也遵循表面能最小化原理。

工业多相催化剂的传统制备技术常受制于粒子大小、形貌和粒子间距，催化过程的细致研究常受制于催化剂表面组成和结构复杂性。为了更好地了解分子水平的多相催化剂，以单晶金属表面催化剂为例说明。

10.1.1 单晶金属表面结构

研究氨合成的反应速率，发现在体心立方晶格铁的3种单晶表面上，(111) 面的活性约为最紧密堆积的 (110) 面的430倍，而 (100) 面只为 (110) 面的32倍。此反应是在与高真空相连的高压微型表面反应装置上进行的，反应的速率控制步骤为 N_2 的解离，活性中心为位于表面次外层的七配位铁原子。正在发展的一种理论认为：接近于兼并的价电子状态的浓度，靠近Fermi能级的空穴密度，关联到一种给定活性中心的能力，以非正常的方式通过电荷起伏破坏和建立化学键。具有最大最邻近数（指最高配位数）的活性中心电子-空穴的密度最高，因此它们在催化反应中最活跃。不幸的是这些中心位于体相内，不易为反应物分子接近。然而，位于敞开表面结构次外层的原子是可以接近的，它们有较大的配位数，在很多催化反应中也是活性中心。一些催化反应的结构敏感性可以用这种尚待进一步证实的理论加以解释，图10-1是例证之一。

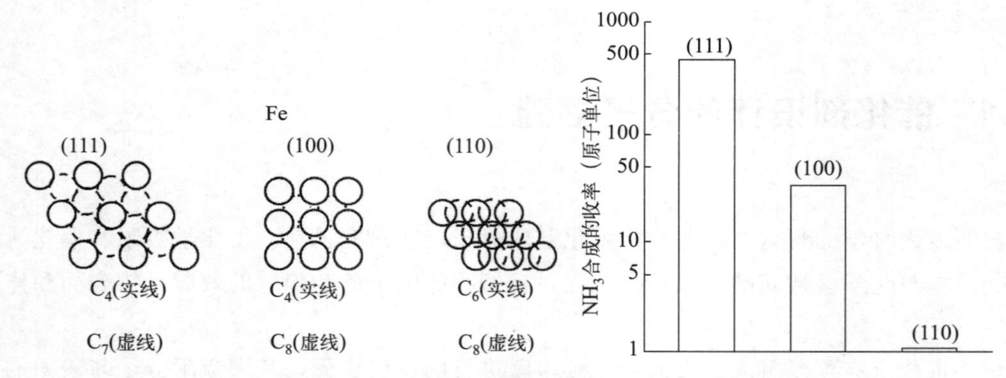

图10-1 铁催化合成氨反应显著的表面结构的敏感性

用于催化烃类反应的铂是一种性能优异的催化剂，它有4种晶面（见图10-2），各自有极不相同的原子表面结构，显示不相同的反应选择性。其中扁平的 (111) 面和 (100) 面，分别具有六边形和平方形晶面；另外两个面，一个具有原子高度的有序阶梯，另一个为完好台阶中有缺陷 (kink) 的表面。

六边形的原子晶面 (111) 较平方形的原子晶面 (100) 对芳构化反应的选择性更高，而后者对异构化反应的选择性较前者更高；含有缺陷活性位点更多的原子表面对氢解反应是最具活性的。这些结果分别列于图10-3和图10-4。

依赖于催化剂制备方法的不同，可以得到芳构化或异构化活性高剂型。对于氢解活性高的部位，需要用“毒化法”，用硫或别的强吸附添加剂使之中毒，使它们不参加反应，进一步提高反应的选择性。

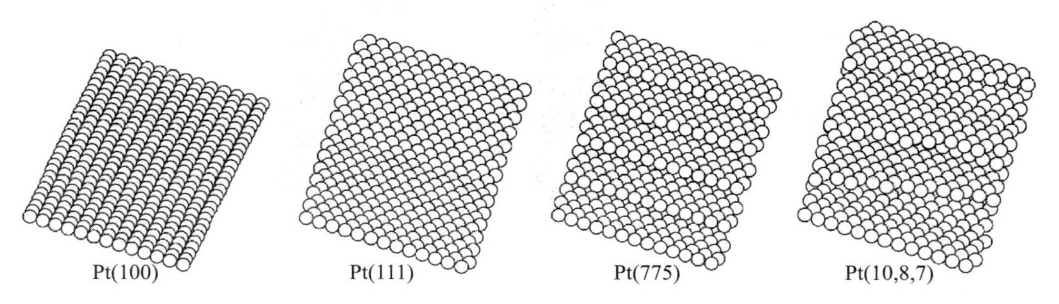

图 10-2 理想化的 4 种 Pt 晶胞的原子表面结构：扁平的 Pt（111）、Pt（100），有阶梯的 Pt（775），有阶梯缺陷的 Pt（10,8,7）表面

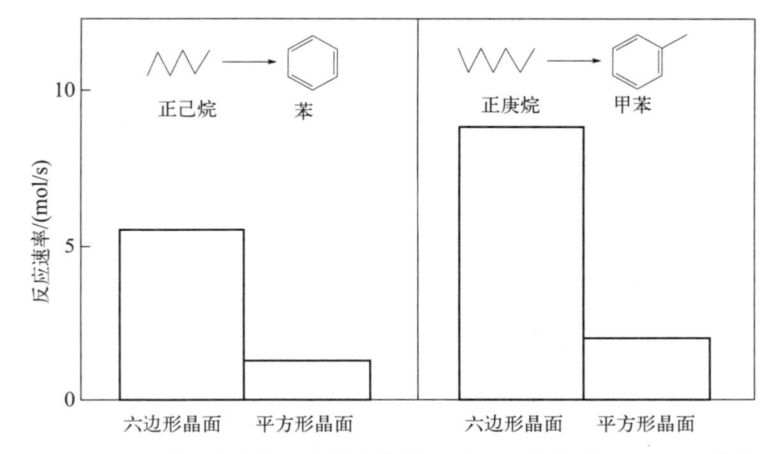

图 10-3 烷烃脱氢芳构化反应的结构敏感性（Pt 催化剂，573 K 和常压，分别在两种不同的 Pt 单晶面上进行）

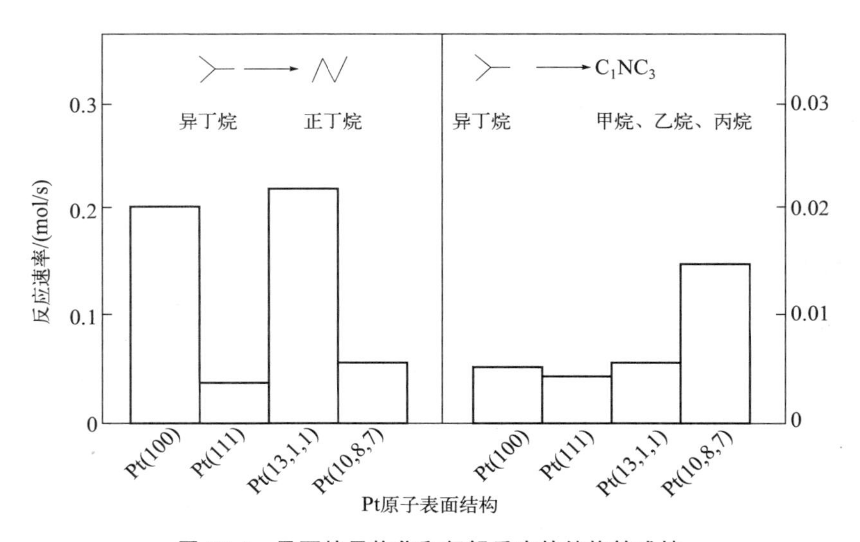

图 10-4 异丁烷异构化和氢解反应的结构敏感性（Pt 催化剂，573 K 和常压，4 种单晶表面反应速率不同）

10.1.2 表面原子的氧化状态

在过渡金属离子催化的反应中，它们的氧化状态的变化是很重要的，了解这种变化的条件及规律对控制催化剂的选择性至关重要。下面以铑的不同氧化状态即金属 Rh、$LaRhO_3$ 和 Rh_2O_3 为催化剂催化 CO/H_2 反应为例说明。

金属 Rh 催化的 CO/H_2 反应，产物大部分为甲烷，因为 Rh 可分解 CO，而又具有较优越的氢化能力。但是，用 Rh_2O_3 作催化剂时，产生大量的含氧分子 CH_3CHO、CH_3OH 和 C_2H_5OH。Rh_2O_3 具有将烯类物羰化的能力，此为形成含氧物的重要一步。当 Rh^{3+} 渗入支撑物 La_2O_3 的晶格中形成 $LaRhO_3$ 时，产品排除了含氧的烃化物。造成反应选择性改变的原因有几方面：Rh_2O_3 对 CO 的吸附较弱，金属 Rh 对 O_2 的吸附较强，但活性 $LaRhO_3$ 至少包括两种不同的氧化状态；Rh_2O_3 具有将烯烃羰化的能力，而金属 Rh 的加氢能力强。所以，金属的氧化降低了它的加氢能力，而提高了其羰化的活性。

在较高的还原气氛下，欲维持较高的氧化状态以便在催化反应中产生所需要的产品并不容易，在此情况下，使用耐温氧化物载体具有关键性的作用。在 $LaRhO_3$ 中，由于晶格能较大，Rh^{3+} 固定于晶格中，不会导致晶格氧的松弛。所以像 Rh^{3+} 这样高氧化态的过渡金属离子，在如 CO/H_2 的还原反应混合气氛中，通过加入耐温的氢化物载体，只要反应温度不是太高，就可以长时间地保持高氧化态的动力学稳定。这种所谓的金属与载体的强相互作用（SMSI 效应）常用于稳定过渡金属离子的一种或多种不同的氧化态。

10.2 工业催化剂设计方法

工业催化剂的设计与开发涉及许多学科和技术领域。催化剂多为无机材料，催化反应有无机的、有机的、高分子的，催化剂只能催化热力学上可行的反应，催化作用属于表面现象，故开发工业催化剂需要较好地掌握无机材料、有机反应和物理化学原理等方面的知识。非均相催化工程包括了从原子级到催化剂颗粒或球粒的宽广尺度范围，并且要结合使用该催化剂的反应器的设计。

10.2.1 催化剂设计的总体考虑

一种催化工程的设计，包括催化剂在内，在原则上可以区分为不同的层次：第一个层次是在原子、分子水平上设计催化剂的活性组分和活性位，主要涉及催化材料和催化原理；第二个层次是在微观尺度水平上设计催化剂粒子的大小、形貌和宏观结构；第三个层次是在宏观尺度上设计催化反应的传递过程和反应器。3 个层次之间的关联示于图 10-5。

催化剂的测试表征需要用到许多现代技术。工业催化剂与相关学科及技术的关联示于图 10-6。

10.2.1.1 内在催化活性和选择性：原子级和纳米级

催化剂的活性和选择性取决于其活性中心的原子结构。这些活性中心的几何特征与电子

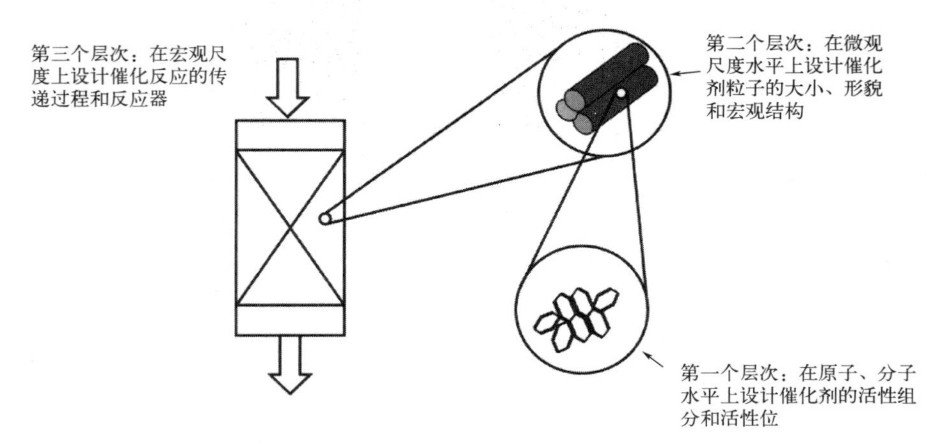

图 10-5 多相催化剂及催化反应系统的水平设计

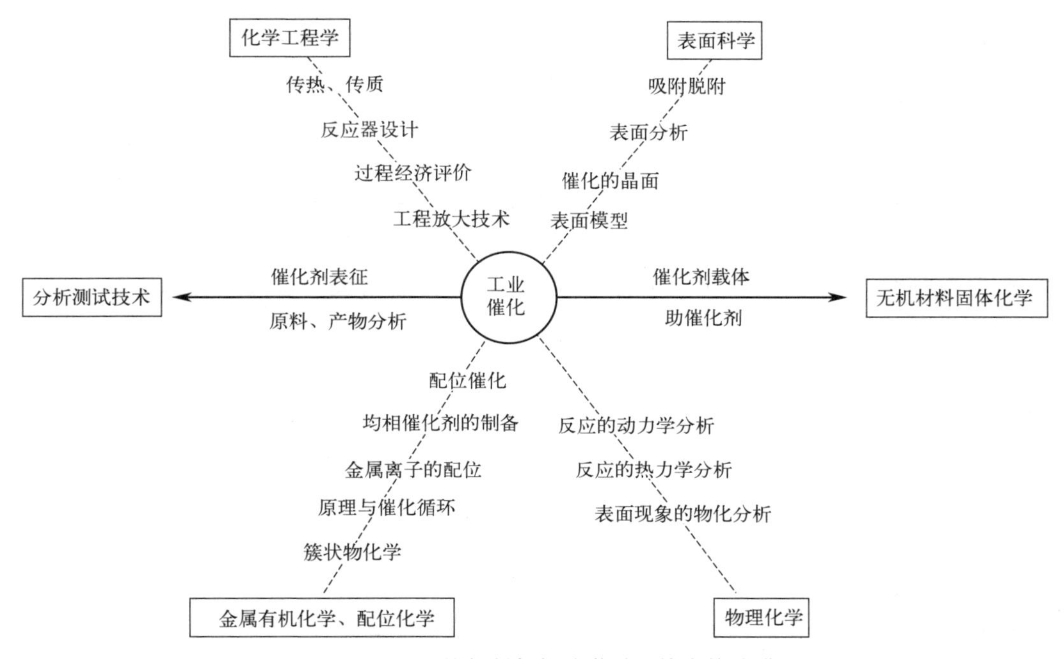

图 10-6 工业催化剂与相关学科及技术的关联

特征决定了某些物种如何在催化剂表面结合和转化。活性中心的结构决定着不同产品的生成速率，也决定着这些产品从催化剂表面分离的可能性。这些活性中心邻近的和所处的环境也是非常重要的。在多孔固体催化剂中，反应物与产品迁移的通道一般都比较狭窄，局部表面曲率非常大，这都会影响内在反应速率。极端的实例就是分子筛，这是一种结晶的硅铝酸盐，横贯有直径大多不足 1 nm 的孔隙，由此限制了那些尺寸大于该孔径的产物的生成。这种尺寸和形状选择性对于分子筛催化非常有用。通过计算将分子“放入”分子筛窗口孔径内所需的活化能，人们就可以为特定反应找到适宜的分子筛。大致基于费舍尔（Fischer）长达一个世纪的“锁钥假设”，人们对于酶催化反应也可以得出同样结论。如本书其他章节所述，在活性中心层面上的催化反应可以用日益强大的计算量子化学和试验光谱工具进行研究。这些工具将帮助我们合理地设计活性中心，以便针对某一特定产品得到较高的内在活性和预期的选择性，而在活性中心分解、中毒以及活性中心或孔隙被堵塞时，活性衰减则很缓慢。

活性中心尺寸一般都是原子级的，至多也不会超过几纳米。在工业化学工程中，一般都希望将均相催化剂固载或负载在多孔材料上。活性中心分布在中孔表面，这些中孔在固体颗粒内部形成了广阔的网络，其尺寸涵盖了从微米到厘米的范围。例如，铂（Pt）纳米颗粒可能会分布在多孔 γ-Al_2O_3 载体的内部表面。其他催化剂，如沸石或 MCM-41 分子筛，从本质上就已经是微孔或介孔材料了。再如 γ-Al_2O_3，因为其拥有酸性表面中心，该多孔材料可以同时作为金属颗粒如 Pt 的载体和催化材料，所以 Pt/γ-Al_2O_3 是一种多功能催化剂。

10.2.1.2 催化剂颗粒尺寸和几何形状：反应器工程问题

人们在实际应用中偏爱多相、微孔或介孔催化剂的理由很多，但其中最重要的一点可能是该催化剂更容易从流体（气体或液体）反应物和产品中分离出来。实际上，固体颗粒催化剂可以堆积在反应容器或反应管道里面，让流体流过该堆积（固定）床；也可以将固体颗粒催化剂涂敷在通道器壁或反应管道器壁上，这样的实例有整体反应器和膜反应器；另外，这些催化剂也可以在气体流或液体流中流化，具体实例包括流化床反应器和浆态反应器。这些不同的反应器类别对于催化剂颗粒尺寸的要求也不一样。

在提升管和浆态反应器中，催化剂颗粒尺寸一般小于 100 μm。这样才能使这些颗粒充分移动而被裹挟在流体中。对于多相工艺，还要考虑结垢和磨损问题。另外，对于固定床，颗粒尺寸应该是毫米级或是厘米级的。过细颗粒的堆积会使床层致密，当反应物流以高速通过催化剂床层时，狭小的间隙就会使反应器内的压降迅速增大到极限。在确定颗粒尺寸时，还要考虑机械和环境问题，过细的颗粒会形成潜在的有害粉尘。

简而言之，颗粒尺寸主要是由化学工程而不是由化学需求所决定的。因此，在催化剂优化研究中，如果不打算更改反应器，需要保持颗粒尺寸不变，在优化颗粒内部结构上下功夫。这类优化一般注重于产出的最大化、得到预期产品的选择性和稳定性，或者是这几项的组合。在全新的设计中，也需要考虑反应器的优化。无论是催化剂的优化，还是反应器的优化，都应该作为一个整体进行，而不能孤立进行。正如 Viller-Maux 所说，由宏观直至微观的传统分析应该采用系统方法完成，该系统方法要整合从微观直到宏观复杂系统中的各种现象。这也包括了时间范畴，因为瞬变过程操作具有显著优势。

10.2.1.3 多孔催化剂体系结构和优化方法

人们希望催化剂内部拥有由极狭窄孔隙构成的广大网络，以便在单位体积上得到较大内比表面积。沿着这些纳米孔的总比表面积可能相当庞大，一般每克催化剂颗粒拥有数百平方米的面积。注意，由此开始，我们将用催化剂颗粒来表示在内部表面拥有活性中心的所有多孔颗粒或球粒。因为比表面积相当大，所以单位体积的活性中心浓度也会非常高，导致相当高的转化频率（TOF）。不过，这里要假设这些活性中心可以接触到反应物分子。后者需要从外表面进入到催化剂内部，通过狭窄的孔隙扩散，最后在活性中心上进行反应。同样地，从活性中心剥离的产品需要通过孔隙扩散，离开催化剂颗粒，汇入到反应器中。

由于孔隙太狭窄，通常只有不到 1 nm 或者是几纳米，其曲面面积很大，但是扩散却是缓慢的。要得到高的内在活性就要付出代价，即较缓慢的扩散。如果反应器设计需要大颗粒时，这种现象就会限制总的活性。因此，观察到的有效活性就会低于内在活性，后者是指所有活性中心都可以直接接近时的活性。处于催化剂颗粒极深内部的活性中心一般很难接近或是根本无法接近。而且，当产品通过这些孔洞向外扩散较慢时，还有可能在其离开催化剂颗粒的路径上与其他活性中心反应，生成不合需求的副产物。例如，如果不是部分氧化而是完全氧化，则得到的不是预期的单体、二聚物或同分异构体，而是二氧化碳或低聚物和积炭（焦炭）。如果用醉汉的行走描述扩散行为，这就好比一个醉汉走过一个小镇，镇上沿着由狭窄街道和小巷构成的“迷宫”满布着酒吧，这时需要有宽阔、笔直、没有几个弯路的通道带他回家，否则他将会在回家的路上“失活”！

因此，对于催化剂设计，也要在纳米级以上进行考虑：需要有大孔通道（中孔、大孔）作为“高速路”促进某些分子穿过催化剂颗粒的宏观运动，这样就能抵消一部分失活反应，以提高整体活性和选择性。最佳通道构型或孔洞网络体系结构的设计并非是微不足道的问题。该设计要优化分子停留时间，反应物分子要在催化剂内部停留足够时间以便在途中能足够频繁地与活性中心碰撞以提高转化概率，同时要允许产物分子尽快离开。另外，反应物分子应充分或尽量充分利用有效催化空间，过高的孔隙率会降低活性中心数目，妨碍产率最大化，过低的孔隙率又会降低催化材料的利用率。

多孔催化剂设计包括了多孔结构的充分展示、可能作为时间函数的多组分物种传输以及获取反应动力学的适宜模型等。多组分传输包括气体扩散、流动和表面扩散。这种质量传输是与热量传输直接关联的，更通常地讲还要考虑一个能量式，或者更准确地讲要考虑一个热熵产生的方程式。朗缪尔-欣谢尔伍德-霍根-沃森（Langmuir-Hinshelwood-Hougen-Watson）模型常常是描述这类反应动力学最有效的模型。另外，也可以应用不需要假定速率控制步骤的微反动力学模型。

由于有了快速计算方法，如多栅技术等，可以找到这类分层级、多尺度设计问题的解决办法。除了传统的合成技术手段外，人们还在纳米技术和微技术方面取得了巨大进步，这使得合成优化的带有层级体系结构的多孔催化剂成为可能。

在介观（mesoscopic）尺度上微调催化剂结构研究较少。该尺度一方面是指微观活性中心与其直接环境间的中间尺度，另一方面是指大孔和活性中心的空间分布等宏观变量。数十年来，人们已经深入研究了孔洞的形态和连通性等参数对于扩散-反应问题的影响，但是这些研究还没有被广泛应用于催化剂设计中。优化催化剂中孔构造可能通过改变孔洞表面粗糙度和孔洞连通性实现。

另外，不用改变孔洞空间体系结构而增加催化剂整体效率的方法得到了学者们的关注，该方法是按预期方式在整个催化剂体积上分配活性中心。

10.2.2 催化剂的仿生设计

催化作用在大自然中起到了重要的作用，拥有非凡活性和选择性的酶对于生命是至关重要的，它们的几何特性和电子特性是设计新型催化复配物创意的源泉。仿生学是 Graetzei 光伏电池背后的推动力，其操作就是以催化方式进行的：将染色分子作为光子吸附剂负载在介孔二氧化钛材料上，就像在绿叶中观察的那样，吸附的光子会从光生载流子的传输中分离出来，而带有庞大比表面积的纳米结构则增加了整体效率。

在生物学上，纳米级与宏观世界以非常高效的方式联系着，所有尺度在自然界的运作中都起着重要作用。一棵大树就是一台依赖光合作用的反应器，但它依赖的不仅只是叶绿素，树叶的纹理组成了分枝网络，养分和产物通过这些网络流淌并流经一个以自相似方式成长的树冠。在树干与树枝间插有分形结构，这些结构就像肺或肾一样，与尺度大小无关，但是将树干与树枝联系在一起。这些尺度特性就是分形流体分布器设计灵感的来源。这些分形流体分布器主要涉及的领域有：色谱分析法、作为扰动功能的替代、流体多相工艺中流体注射器件等。放大过程以及从单一的入口或“树干”将流体均匀分布在广大的体积或比表面积上，是这些器件的重要特点。

超出纳米尺度之外，这些由自然界激发的化学工程方法还将指导人们进行新颖材料和反应器的多尺度设计。肺脏分形尺度特性在超过了一定数量的分支代后，从支气管树到肺泡海绵状物的变化，就对应了主导传输机理——从受压力控制的流动到扩散的变化。总之，体系结构是与物理化学性质相关联的，该性质又依赖于尺度，而最佳的结构-功能关系存在于各种尺度的自然界中。同样的，树冠和其所载的树叶具有不同的体系结构，非平衡态热力学提供了更多的见解，有助于深入了解肺脏结构与其在最低能量耗散方面具有非凡效率的原因。将最优热力学效率与自然界里和工程中潜在的树枝状体系结构相关联，此概念就可以向前再迈一步。不过，这类优化问题需要按个案处理，仔细考虑，因为最佳效果受到精准的边界范围和初始条件等诸多限制。

10.2.3 催化剂设计的框图程序

1968年前后，英国的催化科学家Downden根据当时的催化科学与技术的发展水平，在国际上第一次提出催化剂设计构想。他当时的想法是：首先从催化反应出发确定目的反应（target reaction）和寄生反应（parasitic reaction）；然后根据这些反应的自由焓变和反应的形式（如脱氢、加入氧等）强化目的反应，抑制副反应；再根据催化剂的属性（酸碱性、氧化能力等）预示和挑选实现这种目标可能的催化剂。这就是Downden设计催化剂的方法论。

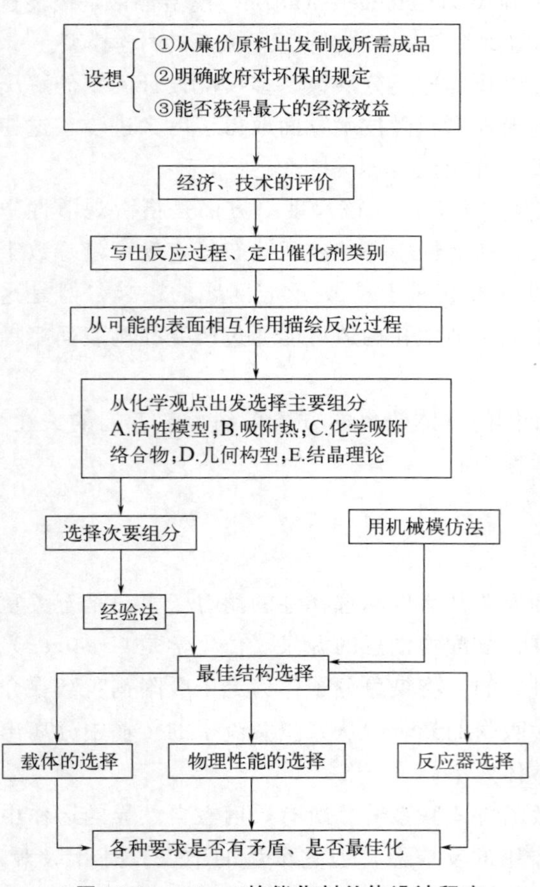

图10-7 Trimm的催化剂总体设计程序

师从于Downden的澳大利亚的Trimm进一步发挥了设计构想，并写成专著问世。他认为，催化剂设计就是根据已确定的概念和催化原理合理地应用现有的资料，为某新兴反应选择一种适合的催化剂。催化剂设计过程应该是合理编排这些资料的过程。于是就以开发全新的催化剂和改造更新原有催化剂的设计提出了一个合乎逻辑的程序，称为催化剂总体设计程序，如图10-7所示，以此作为设计的科学基础。他也强调指出，设计毕竟是一个复杂的过程，设计预测的可能是几种适当的催化剂，需经验证择优，预测结果的准确性也只能用验证试验加以考核。但是，采用这种设计方法，被测试的催化剂数量将会大大减少。

20 世纪 60 年代中期，日本学者 Yuneda 提出数值触媒学，将多相催化剂的化学特征数值（如酸、碱性和氧化能力的强度分布）与反应基质的分子物性（如热力学数据、量子化学的反应指数等）进行线性关联，接着又从催化剂的变量中挑选出结构上的钝性、结构上的敏感性与催化反应速率和选择性数值进行关联，以进行催化剂的制造与筛选。他就新反应的探索、代用催化剂的开发和已有催化剂的改进，与 Misono 共同提出了催化剂的设计程序，如图 10-8 所示。

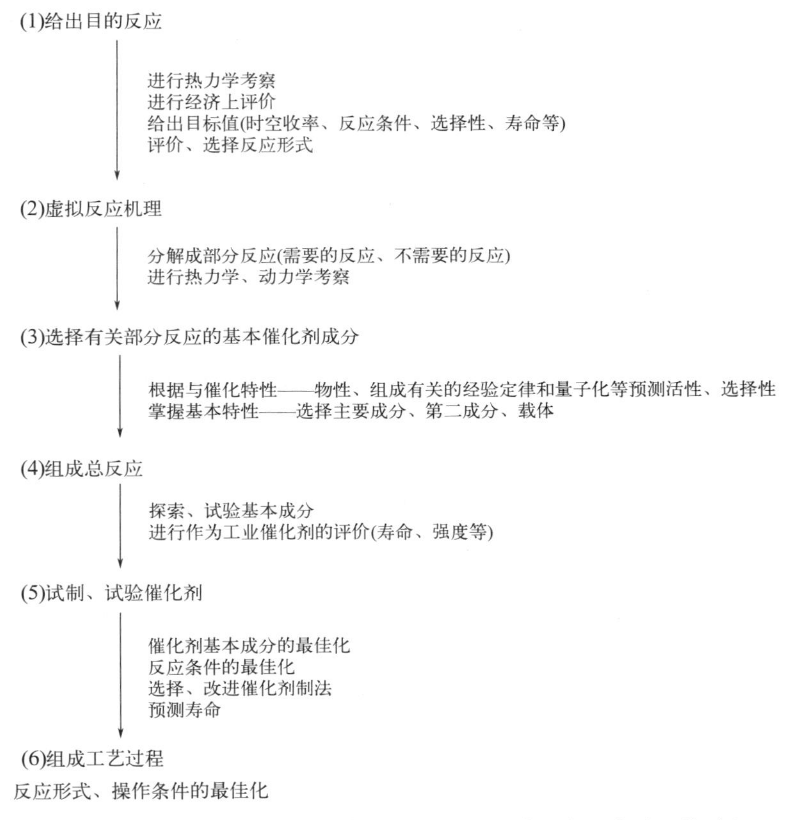

图 10-8 Yuneda、Misono 联合提出的催化剂设计程序（省略反馈过程）

Yuneda 和 Misono 同样强调其设计程序是处于发展中的，并结合数值触媒学对今后的发展提出了三个方向：一是物性数据的测定，建议采用原位（in situ）FTIR（傅里叶变换红外光谱仪）和 ESCA（化学分析电子能谱）仪等多种现代谱仪测定表面结构、元素价态、酸碱强度分布；二是建议大学与企业通力合作，发现问题靠大学，承担新催化剂的实践靠企业，如 20 世纪 50 年代 Linde 公司开发的沸石催化剂、70 年代以来的杂多化合物催化体系的研究；三是开发计算机的辅助设计，编制催化剂数据库，开发催化剂设计的人工智能系统。Yuneda 和 Misono 的这些建议对推动工业催化剂的设计研究和开发起到了积极的作用。

综合上述几位学者对催化剂设计的构思，推荐出催化剂设计框图程序，如图 10-9 所示，该程序包括 12 个步骤，可应用于全新催化剂的开发，对于原有催化剂的更新改造，可以根据实际已有的资料数据或需要省略其中的某一步或某几步。后面将对催化剂的组成设计做进一步论述。

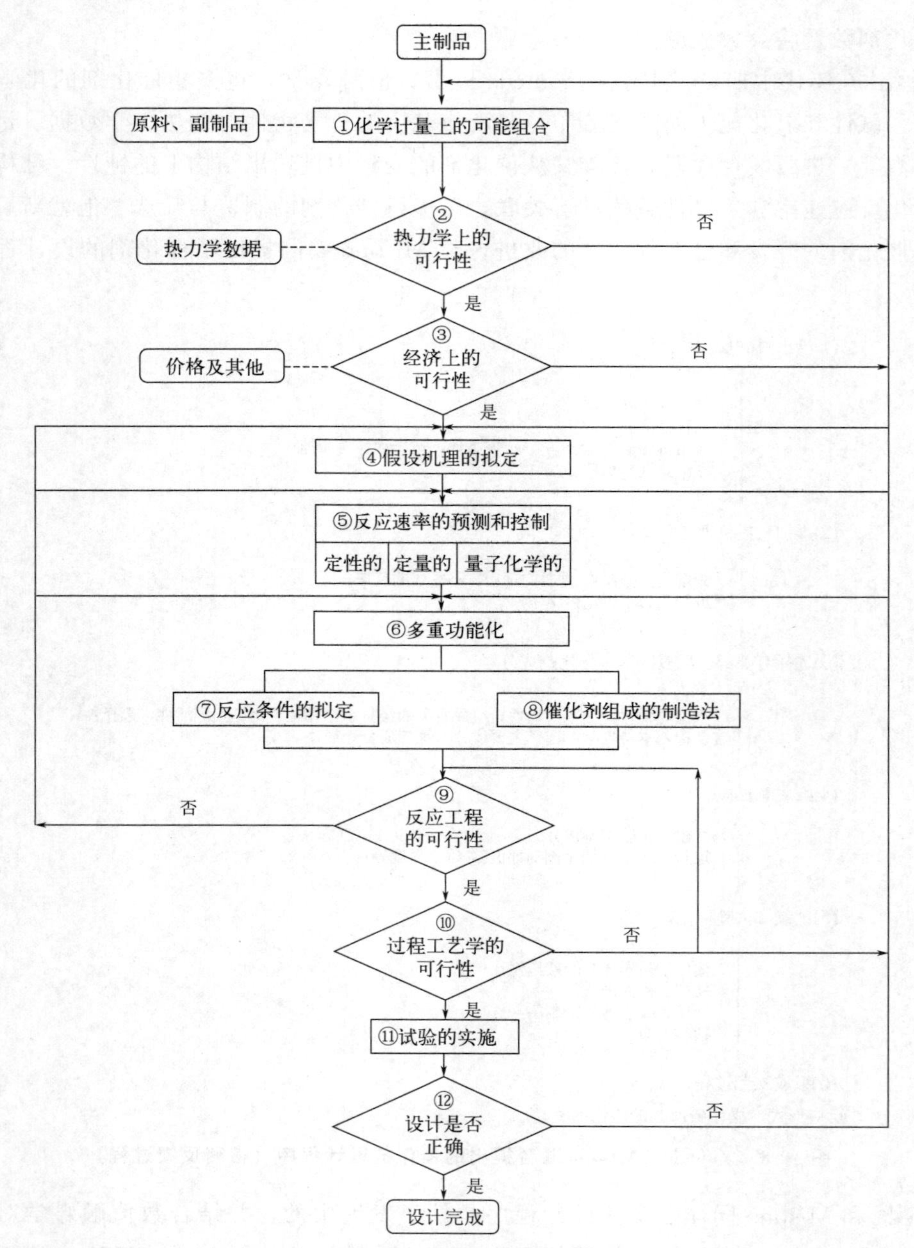

图 10-9 催化剂设计框图程序

10.2.4 催化剂设计的经验程序

催化理论虽仍不太成熟，但工业催化实践却有近百年历史，经验的累积是十分丰富的。前一节的催化类型设计法也是经验性的，只不过是先归类，然后在同类反应中实践经验优化。本节介绍各类催化剂设计通用性的经验程序。

10.2.4.1 用于新催化剂设计的经验框图

前面指出过，工业催化剂的研制与开发涉及众多学科，设计开发时必然要通过各种途径寻求必要的资料数据。例如，从物理化学可以得到固体催化剂的表面积和孔结构之间的关系，或者得到蒸气压降低与孔结构相关的数据；从有机化学的反应规则提供反应机理，其中较重要的规则之一是碳正离子的稳定性顺序；从反应工程学可以得到催化剂的 Thiele 模型和效率因子等参数；从催化文献资料中得到相类似催化剂材料配方以及其他与设计有关的信息等。所有这些都有助于新催化剂的设计与开发，可作为催化剂经验设计的资料来源，如图 10-10 所示。

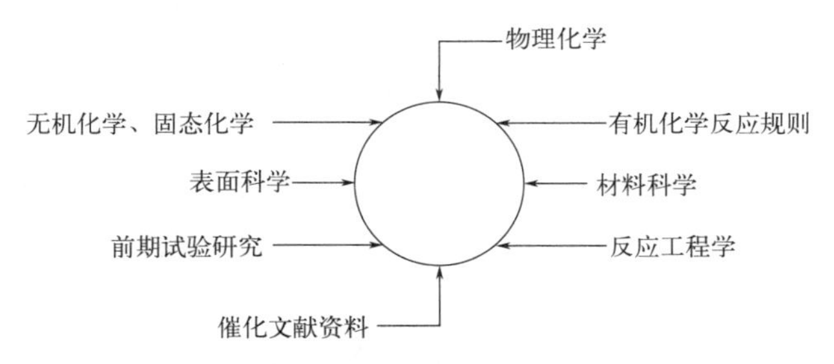

图 10-10 催化剂经验设计资料来源

下面可以列举几个例子说明经验框图。

(1) 氧化型催化剂的经验设计

先从反应化学方面入手。O_2 分子的活化有两种方式：一为分子式的非解离活化；二为原子解离式的活化。前者以 O_2^- 形态参与表面过程，后者以 O^{2-} 或者 O^- 形态参与。

催化剂材料中，贵金属 Ag 对氧的吸附亲和力小，故多以分子态形式吸附，乙烯在 Ag 催化剂上进行的环氧化反应主要靠 O_2^- 物种起活化作用，反应残存在 Ag 上的原子氧进行副反应深度氧化。其他不为氧所氧化的金属对氧的吸附活化基本上都是变成 O^- 或 O^{2-} 物种，它们参与表面过程，结果是造成深度氧化，形成 CO_2，能够为氧所氧化的金属多是以氧化-还原型反应进行选择性氧化。例如 Cu 对甲醇的催化氧化，结果是甲醇变成甲醛：

$$Cu + 1/2O_2 \longrightarrow CuO \tag{10-1}$$

$$CuO + CH_3OH \longrightarrow Cu + HCHO + H_2O \tag{10-2}$$

在金属氧化物型的催化剂中，如 MoO_3/SiO_2、V_2O_5/SiO_2 等，O_2 以解离式的吸附生成 O^- 物种参与表面过程，O^- 插入 C—H 中反应。

选择性氧化最重要的是抑制副反应，提高反应的选择性。因此，催化剂的宏观结构设计应尽量采用高孔隙率和大孔结构。因为氧化反应多是强放热的，故载体应选用高热稳定型的。所以，乙烯的环氧化选择负载型的金属 Ag 催化剂，以 α-Al_2O_3 为载体，然后进行试验评选优化。其经验设计程序列于图 10-11。

(2) 费-托合成型催化剂经验设计

首先分析 H_2 和 CO 分子的活化及反应化学。H_2 分子有均匀解离活化和非均匀解离活化两种方式。在金属催化剂上，在 $-100 \sim -50$ ℃下可以解离吸附。解离后原子 H 在金属表面上有移动自由度，可以对不饱和物催化加氢。在金属氧化物如 Cr_2O_3、Co_2O_3、NiO、ZnO 等上于 400 ℃干燥处理，以除去氧化物表面的羟基，使金属离子裸露，在常温下可使 H_2 非均匀解离吸附。CO 分子的解离能较大，为 1073 kJ/mol，故其分子相对比较稳定。如果经过渡金属吸附活化后，可以通过 M 与 CO 之间形成 σ-π 键合成为 M═C═O，将 CO 的三键减弱进一步活化。例如，在贵金属 Rh、Pd、Pt 等上 CO 吸附都能使之活化，温度高到 300 ℃都保持分子态吸附。若为 Mo、W、Fe 等过渡金属，它们对 CO 的吸附亲和力强，即

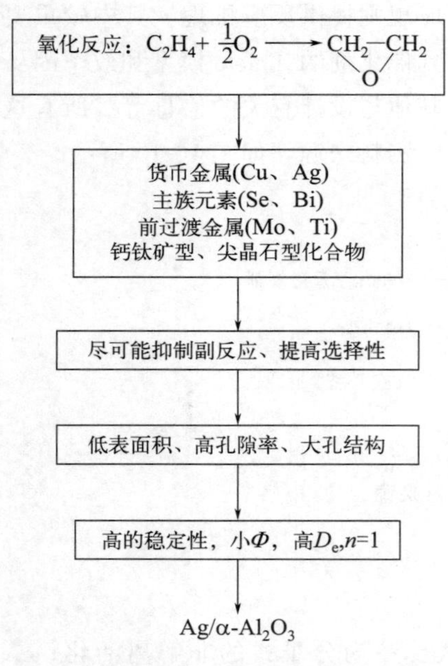

图 10-11 氧化型催化剂设计框图

使常温下也能使CO解离吸附活化。因为H_2分子也易于为这类金属解离吸附活化，若CO与H_2共存时，易进行氢醛化反应。

在费-托合成中，CO高选择性地加氢是主要的，最好的催化剂应该生成较多的C_{5+}产物，尽可能少生成轻烃，特别是CH_4；C_{20+}高分子量产物是希望的产物，因为可进一步加工成燃料或石化产品。多孔负载的金属位（Co、Ru、Fe等）有利于CO的催化加氢。但是，反应物和产物对活性位传递速率的控制十分重要。如果太慢，活性位处CO的浓度低，造成催化剂孔道中H_2/CO高，有利于轻质烃的生成和二次反应的发生。最好是控制中等水平的传递，有利于获得所希望的线型高分子产物的高收率，为合成燃料和石化产品提供原料。针对这些反应特点，催化剂的设计就是在微观水平上分析反应物分子和产物分子在活性位处的动态学，合成和控制必要的物理结构，以利于分子迁移和形状选择的调控；在宏观水平上设计最佳的物理结构，得到有利的质、能传递，同时兼顾到机械稳定性和机械强度。金属组分的选择、金属微晶的大小及其在载体上的分布，对Co/TiO_2、Ru/TiO_2等费-托催化剂进行高温处理，提供了分子水平的设计处理方法。

宏观水平上物理结构的设计可以用Thiele模数表达。它将催化剂颗粒的宏观结构、微观结构和化学反应关联在一起：

$$\Phi(\text{Thiele 模数}) = L(\text{宏观结构}) \times \sqrt{\frac{k(\text{化学反应})}{D_e(\text{微观结构、孔结构})}} \tag{10-3}$$

式中，L是催化剂特征长度有关参数，如直径，m；k是表面反应的一级速率常数，s^{-1}；D_e是多孔介质中的有效扩散系数，m^3/s。

经验上Thiele模数还可以与传递反应的特征时间比关联起来：

$$\Phi^2 = L^2 \times \frac{k}{D_e} = \frac{\tau_{\text{传递-扩散}}}{\tau_{\text{传递-扩散化学反应}}} \tag{10-4}$$

效率因子η与Thiele模数的函数关系为：

$$\eta = \frac{\tanh\Phi}{\Phi} \tag{10-5}$$

当Φ低时，η趋于1；当Φ高时，η趋于零。η与Φ的关系曲线图如图10-12所示，大致可分为A、B、C共3个区。在A区中η极大而Φ很小，对应一种高传递孔隙的物理结构，扩散阻力小但对催化剂密度和强度要求高。在B区中Φ大而η低，η降到约为$1/\Phi$，Φ大则D_e小，材料类似于致密材料，对微孔利用率低。C区有中等的Φ值，既有良好的传递性质，又有最佳的强度和密度，该区催化剂具有最佳的结构特性。可以借助这样的Thiele模数指导催化剂设计。

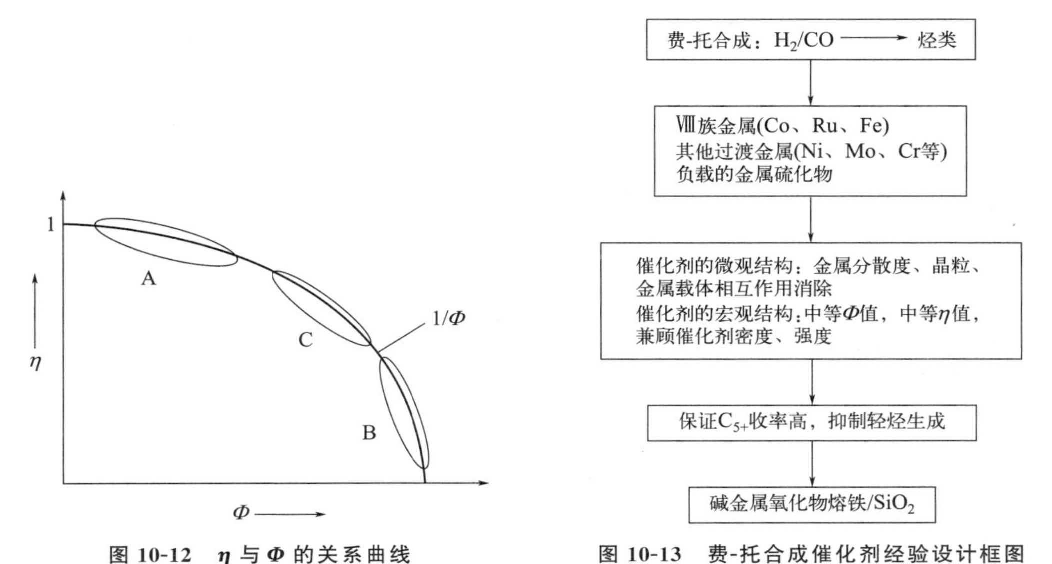

图 10-12 **η 与 Φ 的关系曲线**

图 10-13 费-托合成催化剂经验设计框图

用于费-托合成的催化剂活性组分最可能的为 Co、Ru、Fe。通常用 Fe，因为比较便宜，而 Ru、Co 都较贵。专利资料推荐了不少采用碱金属促进的 Fe 催化剂，因为它们有很高的水煤气变换活性和高 H_2/CO 的稳定性。Co 催化剂的优点是产物线性饱和，烃收率最高，且寿命长。根据上面的这些分析，可以将费-托合成催化剂经验设计框图表示于图 10-13。

(3) 酸催化剂的经验设计

这里选择以 CH_3OH 和 NH_3 反应生成甲胺的酸催化为例说明其经验设计框图。这个反应是比较简单的，因为两种反应物分子都是极性的，极易活化反应，主要是控制反应的选择性，防止二甲胺和三甲胺的生成，如图 10-14 所示。

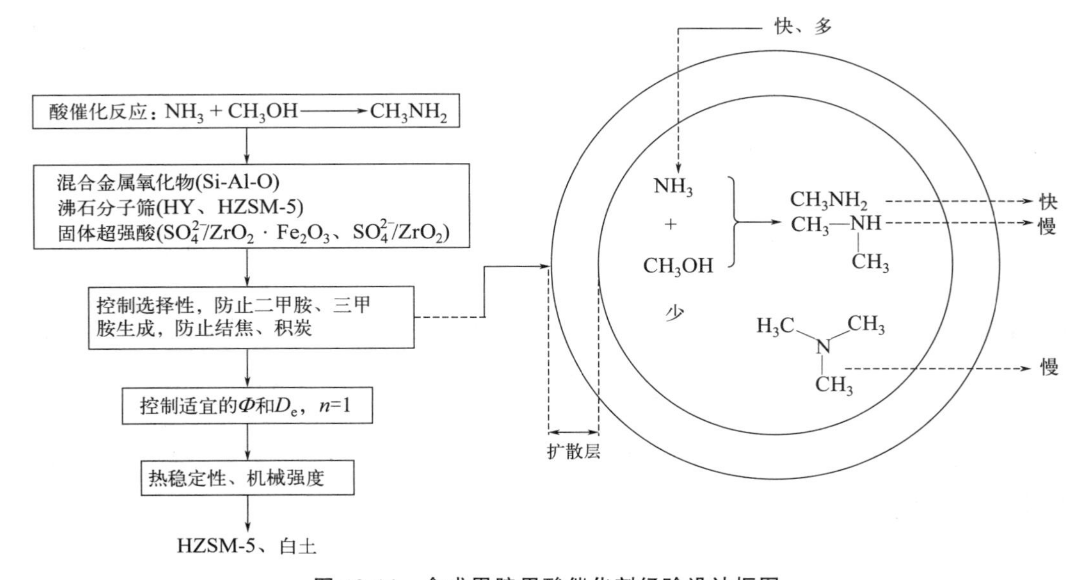

图 10-14 合成甲胺用酸催化剂经验设计框图

10.2.4.2 传统法催化剂设计的经验程序

基于上述几个经验设计催化剂的框图分析，可以推荐催化剂设计的经验程序，详示于图10-15。首先结合目标反应分析特定的反应化学，包括建立反应计量分析的化学反应学分析，如果涉及 H_2、O_2、CO、N_2 等小分子参加的氧化、加氢、羰化等催化反应，可从活化吸附、表面反应入手，分析小分子活化的途径和必要条件。接下来就是寻找与目标反应有关的反应动力学和可能的反应机理，据此拟定实施计划，再进行一系列实验以便完成新催化剂的配方和设计。经过必要的迭代反复，收敛最终希望的配方与设计，并用化学组成、物理结构、机械性能和宏观形貌等表达出来。换句话说就是用活性相组成、助催化剂组分、表面积、孔容和孔径分布、热稳定性和机械稳定性、晶粒和晶型以及催化剂实际形貌给予表征。工业上实用的催化剂几乎都是采用这种程序开发的。

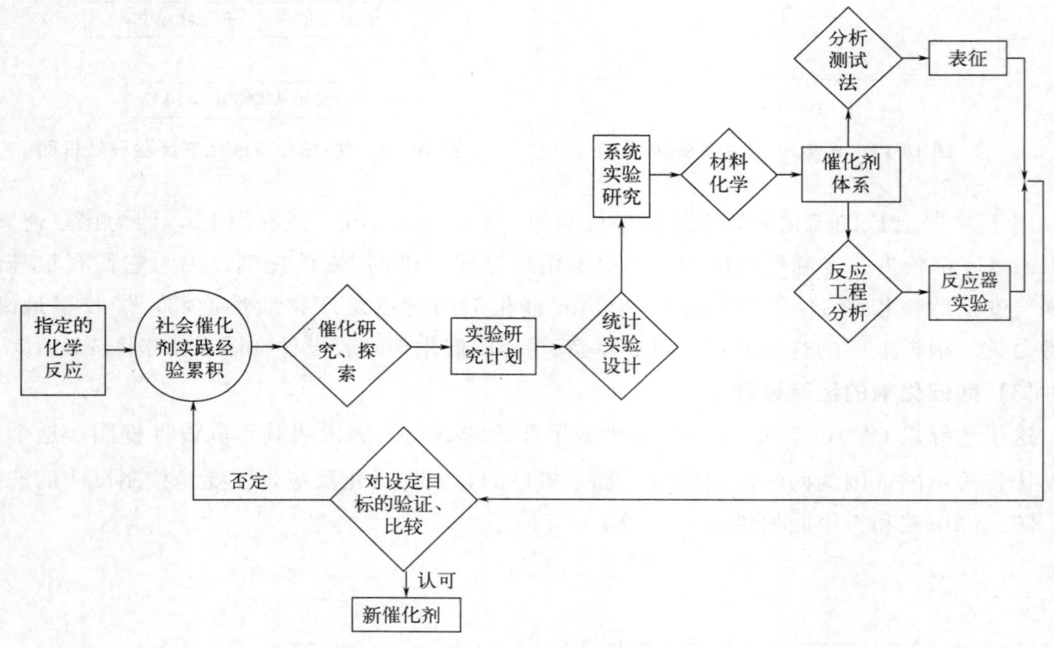

图 10-15 催化剂设计的经验程序

10.2.5 催化剂的类型设计法

固体催化剂可以分成不同的类型，如金属、合金型半导体氧化物、硫化物型，固体酸、固体碱型，复合氧化物以及近年来发展迅速的沸石分子筛型等。作为模型研究的催化剂体系还有单晶材料型、金属薄膜型、负载的金属簇状物型以及近两年发明的玻璃金属型等。大量工业应用的催化剂主要是前述几种。这些工业催化剂不仅材质互不相同，而且制备方法也是彼此各异，它们在各自催化的反应领域中平行地发展，共同促进和完善催化科学技术这门学科。从催化剂设计的角度出发，可以根据长期实践中总结归纳出的经验规则和定律，结合催化作用原理进行有效设计。

10.2.6 催化剂主要组分的设计

催化剂的设计，最主要是寻求主要组分。关于组分的选择可以遵循某些基本原理如基于吸附作用，也可以基于反应物分子活化模式分析，还可以基于催化几何构型因素等。这些方法可能各有一定的作用，也可能全然无效，但应有所了解，可以尝试。

(1) 基于键合理论设计催化剂主要组分

催化作用涉及配位化学键合。有 3 种理论解释这种键合，即价键理论、分子轨道理论和晶体场理论。

Downden 曾采用晶体场理论设计并解释了 O_2、H_2、H_2O 等分子在离子型晶体上的活化吸附与吸附态。他设计用 MgO 作吸附剂，对于完整的菱镁矿晶面（001）面来说，镁离子位于金字塔构型的中心，各表面原子的电子能可用已知的整体状态法测定，即把 O_2 解离活化吸附分解成 3 个连续的过程：

先从面上除去晶格氧 O^{2-}：

$$O^{2-} \longrightarrow O^{2-}_{gas} + V_0 + 4\alpha e^2/r - R \tag{10-6}$$

再变 O^{2-}_{gas} 为 O^{-}_{gas}：

$$O^{2-}_{gas} \longrightarrow O^{-}_{gas} + e^- + E \tag{10-7}$$

最后使晶格中的 O^{-}_{gas} 被吸附氧取代：

$$V_0 + O^{-}_{gas} \longrightarrow O^- - 2\alpha e^2/r + (R_0 - W) \tag{10-8}$$

其中 V_0 为空位；α 为 Modelung 常数；e 为电子电荷；r 为离子半径，Å；R 为相邻 O_2^- 间相斥能，eV；R_0 为相邻 O^- 间相斥能，eV；E 为电子亲和能，eV；W 为晶格极化能，eV。以上 3 个过程的加和组成氧的化学吸附。将实验测得的 R_0、R、W、E 和 $2\alpha e^2/r$ 等数据代入求算，就可得出表面氧吸附的电子能为−9.4 eV。如果再将晶格不完整性（通常会如此）考虑进去，在 MgO 情况下由于 Mg^{2+} 空位造成电离能（$4\alpha e^2/r$）和电子亲和能（E）发生变化，最终得到的数据为−10 eV，能较好地与实验结果吻合。

Downden 用类似方法处理了 H_2 在 Mg 上的吸附物种（可能的吸附态）：中性物种（H_2、H）和离子化物种（H^{2+}、H^+、H^{2-}、H^-）。吸附过程可表示为：

$$H_2(g) \rightleftharpoons 2H(g) + 4.5\ \text{eV} \tag{10-9}$$

$$Mg^{2+}_m + O^{2-} \rightleftharpoons Mg^{2+}_m + O^- + 5\ \text{eV} \tag{10-10}$$

$$Mg^{2+}_m + H_2(g) \rightleftharpoons MgH^+_m - 2.1\ \text{eV} \tag{10-11}$$

$$O^- + H_2(g) \rightleftharpoons OH^- - 4.7\ \text{eV} \tag{10-12}$$

$$Mg^{2+}_m + O^{2-} + H_2(g) \longrightarrow MgH^+_m + OH^- + 2.7\ \text{eV} \tag{10-13}$$

其中下标 m 表示为晶格金属。整个吸附过程的能量变化为+2.7 eV，表明 H 在 Mg 上为弱的化学吸附，因为 Mg^{2+} 是不可还原的。实验证明也确实如此。离子势计算可参见有关文献。

固体催化剂表面的吸附可以看成是配位数的改变。例如，在面心晶格结构中，化学吸附导致其配位数改变；（100）面，从四角棱锥体变为八面体；（111）面，从三角形变为正四面体，最后变为正八面体；（110）面，从正四面体变成四角棱锥体，再变为正八面体。

根据这些配位数变化可以计算出相应的晶体场稳定化能（CFSE），数据参见 Trimm 专著。计算表明，不管配位数如何变化，能量变化显示 d 轨道上电子数为零（d^0）和 10（d^{10}）之间有双峰分布存在，如图 10-16 所示。

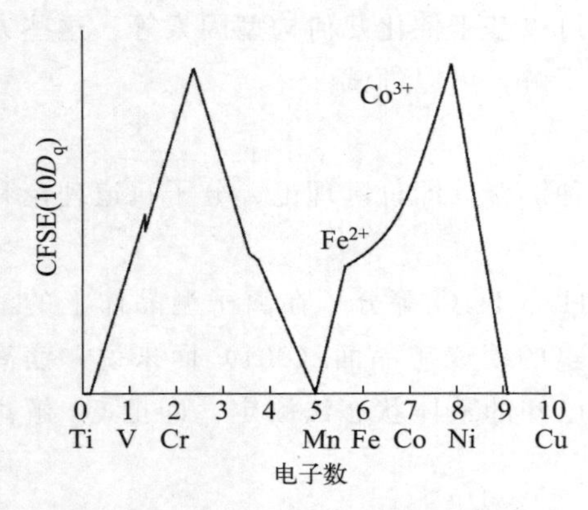

图 10-16 d 电子数与 CFSE 的关系

这是 Downden 和 Wells 研究气体在离子型金属氧化物上化学吸附得出的效应。当认识到多相催化的主要前奏是化学吸附时，这些规律对判断和了解催化活性是有指导意义的，对于催化剂设计来说也很有参考价值。当然对这些做进一步改进也是有可能的，如将催化看成表面上进行的反应，计算的复杂性会加大，而所得结果未必更准确。

基于半导体电子能带理论设计主催化组分也有成功的实例。下面以催化氧化反应说明。

催化氧化反应机理可简述为：

$$\text{反应物}+\text{催化剂} \xrightarrow{e^-} [\text{反应物}]^+ + [\text{催化剂}]^-$$

$$[\text{催化剂}]^- + O_2 \xrightarrow{e^-} \text{催化剂} + O_2^-$$

$$[\text{反应物}]^+ + O_2^- \longrightarrow \text{含氧的氧化产物}$$

经典的实例是 N_2O 催化分解用催化剂类型的选择：

$$2N_2O \longrightarrow 2N_2 + O_2$$

$$N_2O + [\text{催化剂}] \xrightarrow{e^-} N_2 + O^- [\text{催化剂}]^+$$

$$2O^- [\text{催化剂}]^+ \longrightarrow O_2 + 2e^- [\text{催化剂}]^+$$

n 型半导体给出 e^-，p 型半导体接受 e^-。此处要求 p 型，事实上 p 型半导体为活性催化剂。理论研究表明，对于许多涉及氧的反应，p 型半导体氧化物（有可利用的空穴）最具活性，绝缘体次之，n 型半导体最差。活性最高的半导体氧化物催化剂常是易于与反应物交换晶格氧的催化剂。N_2O 的分解、CO 的催化氧化、烃的选择性催化氧化都遵循这种规律。NiO 和 CoO 是 p 型半导体，在 400 ℃下对 N_2O 的催化热解有较好的活性。

（2）基于活化模式和基于经验规则设计主催化组分

这两方面的内容将在后面章节一并讨论。

10.2.7 催化剂次要组分的设计

由于催化剂主要组分在活性和选择性方面不够理想，需要加入另外的组分加以调整，其加入量远小于主组分，称为次要组分。次要组分的作用和功能可以是助催化剂、抑制剂、隔离剂等，但不包括载体。

次要组分的设计方法大体可以分为两类。

第一类方法是针对问题的症结所在，运用催化科学的一般知识加以解决，着重于实用性，简易可行。例如，设计烃类异构化催化剂要有酸性组分，但不希望酸性太强，不然会导致裂化产物生成。要降低催化剂酸性，就加入碱作为次要组分。

第二类方法是通过催化机理的研究弄清催化作用细节，以便对催化剂进行最佳的精细调节，机理研究正确就能取得非常有效的结果。机理研究很费时，且不保证一定正确可靠。机理研究广泛采用现代的分析谱仪技术研究表面过程，包括吸附、反应、脱附乃至迁移传递等，如FTIR、XPS、TPD、程序升温还原（TPR）都很有效，早期采用同位素标记化合物也可以进行机理研究。通过反应机理研究催化剂次要组分的设计中，需要知道某一特定变化对反应机理造成的影响。

现代发展了两种较实用的方法。一种是研究催化剂的类似物，可以通过控制初始催化剂一种组分的位置或价态进行调变。这样的类似物催化剂体系有钙钛矿型、白钨矿型、硫钾钠铝矿型等。下面以钙钛矿型为例说明。该物的组成式为$CaTiO_3$，在此族系中有众多混合氧化物，通式为ABO_3，它们都有相同的晶体结构。作为催化剂，其催化活性与其表相及体相的化学物理性质紧密相关，在维护其基本构造不变的前提下，包括阳离子物种和阴阳离子空位等组成可广泛地变换，以调节催化活性和选择性。这类体系累积了极多的结构性能信息。用作催化剂设计（含主要、次要组分）的对策有A、B位元素的选取，价态和空位的控制，B位两种阳离子的协同效应，催化剂表面积的增大作用等。例如$LaCoO_3$（属ABO_3型）设计用于CO氧化型催化剂，其活性强弱取决于B（为Mn、Fe、Co等）位元素的种类，$LaCoO_3$是活性最高的。为了进一步提高其活性，将晶格中La^{3+}用Sr^{2+}部分取代，造成电荷不平衡，导致部分Co^{3+}氧化成Co^{4+}，故分子式变为$La_{1-x}^{3+}Sr_x^{2+}Co_{1-x}^{3+}Co_x^{4+}O_3$。因为式中$Co^{4+}$属于非正常价态，趋于部分还原，从晶格中放出$O^{2-}$，增强了$Sr^{2+}$部分取代$La^{3+}$形成的催化剂的氧化能力，故催化活性增强。这种控制B位元素价态的办法是次要组分设计的有力工具之一。这种价态变化和氧空位的形成与每种钙钛矿型结构的热力学稳定性、温度和体系氧分压有关，要针对具体的对象具体分析。提高这类催化剂的活性还可以将ABO_3分散于ZrO_2型载体上，起增大表面积作用。

基于催化机理研究设计次要组分的另一种方法，是利用足够小的金属簇状物（metal cluster catalyst）消除载体的影响，除了极邻近的效应外再无别的配位体效应（包括电子效应和几何构型效应）。这种多原子的簇状物可以有两种以上的金属组分，可以考察主、从效应。目前对簇状物的特定属性了解还不够，如何根据需要进行变化，又如何有效地对变化加以控制尚不完全清楚。故以此作为设计第二组分的方法还有待发展和完善，目前只能作为一种潜在的有发展前途的工具。

10.3 理论辅助的催化剂设计

与实验研究相对应，计算机模拟在催化剂设计中同样发挥着重要作用。计算机模拟是通过计算机软件构建微观分子模型，模拟分子的结构与行为，并得到分子体系的各种物理化学性质的一种方法。计算机模型可以获取催化剂催化中心的位置、电子和几何结构等信息，研究化学反应过程的不同反应路径、中间态、过渡态等，模拟在极端温度和压力下的催化反应，并可以根据实际问题的需求很方便地改变模型中的单个参数，从而观察该参数对反应的影响。因此，计算机模拟可在微观尺度获取催化剂结构与性能的关系，有效补充实验研究无法搞清楚的一些催化机理，获取现代实验手段所无法考察的物理现象和物理过程，使人们在分子和电子结构水平上更深入地认识催化机理，设计高性能催化剂，缩短催化剂研发的周期，降低开发成本。在过去半个世纪，伴随着计算机硬件的飞速发展和理论计算方法的不断完善，计算机模拟已逐渐成为催化研究最有力的工具之一。

计算机模拟的方法主要有以下五种：①量子力学方法；②分子动力学方法；③量子力学/分子力学杂化方法；④蒙特卡罗方法；⑤人工智能和神经网络方法。

10.3.1 建模方法概述

10.3.1.1 量子力学方法

利用量子力学，我们可以通过求解看似简单的薛定谔方程［式(10-14)］来获得分子中电子和核的信息。这个方程是由1933年诺贝尔奖得主、奥地利物理学家欧文·薛定谔在1926年提出的。

$$H\Psi=E\Psi \tag{10-14}$$

式中，H 为哈密顿算符，也是体系的算符；Ψ 为波函数，表示电子和原子核的状态；E 是体系能量，eV。虽然理论上任何体系都能求出精确解，但对于比氢原子更复杂的体系，往往由于体系自由度过多而非常困难，精确求解是行不通的。因此，我们必须找到近似解，最常用的方法是采用由物理学家 Oppenheimer 与其导师 Born 共同提出的玻恩-奥本海默（Born-Oppenheimer）近似，即绝热近似。在玻恩-奥本海默近似中，考虑到原子核的质量要比电子大3～4个数量级，因而在同样的相互作用下，电子的移动速度会较原子核快很多，这一速度差异的结果是电子在每一时刻仿佛运动在静止原子核构成的势场中，而原子核则感受不到电子的具体位置，只能受到平均作用力。由此，可以实现原子核坐标与电子坐标的近似变量分离，将求解整个体系波函数的复杂过程分解为求解电子波函数和求解原子核波函数两个相对简单得多的过程。也就是将快速移动的电子的能量贡献与缓慢移动的原子核的能量贡献解耦合。这样就可以将薛定谔方程的微分形式转化为矩阵代数形式。通过将哈密顿函数重写为基函数矩阵（所谓的基组），从而给出一组适合计算机算法的方程来求出方程的解。

量子力学框架下最常用的两种近似是 Hartree-Fock 方法和密度泛函理论（density functional theory，DFT）。Hartree-Fock 方法使用一系列描述单个电子波函数的方程来近似薛定谔方程的精确解。如果在计算过程中精确求解，这种方法被称为从头算 Hartree-Fock 法。较简单的半经验方法对某些积分采用预先选定的参数。而 DFT 则使用电子密度作为基本量，而不是多电子波函数。这样做的好处是，密度函数只有三个变量（而不是 $3N$ 个变量），自由度大幅度下降，从而在概念和实践中都更容易处理。量子力学方法可应用于计算均相和多相催化反应机理，也可描述分子在吸附剂表面的化学吸附、解离和脱附过程等。

10.3.1.2 分子动力学方法

在经典力学模拟中，原子和分子被视为粒子，基本变量是粒子的坐标及其速度，通过对分子、原子在一定时间内运动状态的模拟，从而以动态观点考察系统随时间演化的行为。其中分子/原子的势能是通过分子力场来构建，包含描述分子内构象变化的键长、键角、二面角等力场参数，以及描述分子间相互作用的范德华力和静电相互作用。分子动力学方法的主要优点是计算相对简单和快速，允许对复杂体系（通常是数万个粒子）进行建模。力场方法可应用于多相催化，例如计算多孔载体的结构和吸附性能，以及氧化物表面的相对稳定性。

分子动力学是一种基于经典牛顿力学的模拟方法。分子动力学的关键是求解牛顿运动方程，模拟化学体系随时间的演变。分子动力学模拟的基本步骤是：①确定体系的起始构型。进行分子动力学模拟的第一步是确定起始构型，一个能量较低的起始构型是进行分子模拟的基础，一般分子的起始构型可以来自实验数据（晶体结构）或量子化学计算。在确定起始构型之后要赋予构成分子的各个原子速度，这一速度是根据麦克斯韦-玻尔兹曼分布随机生成的。由于速度的分布符合麦克斯韦-玻尔兹曼统计分布，因此在这个阶段体系的温度是恒定的。另外，在随机生成各个原子的运动速度之后须进行调整，使得体系在各个方向上的动量之和为零，即保证体系没有平动位移。②对体系进行预平衡。由上一步确定分子体系的平衡状态，在构建平衡状态过程中会对体系的构型、温度等参数加以监控。③进入生产相。进入生产相之后体系中的分子和分子中的原子开始根据初始速度运动，体系会根据牛顿力学和预先给定的粒子间相互作用势来对各个粒子的运动轨迹进行计算，在这个过程中体系总能量不变，但分子内部势能和动能不断相互转化，体系的温度也不断变化，理论上，如果模拟时间无限体系会遍历势能面上的各个点。计算分析所用样本正是从这个过程中抽取的。④通过生产相的模拟轨迹来分析计算结果。用抽样所得体系的各个状态计算当时体系的势能，进而计算构型积分。分子动力学模拟的计算耗时取决于体系的大小、模型的复杂性和计算精度水平。例如，一个丙醇分子可在原子级别上处理（原子模型），也可简化为四个球体链进行处理（粗粒化模型，见图10-17）。经典力学方法的缺点是，它没有提供关于体系的电子结构信息，因此没有化学反应的信息。为了模拟反应，我们必须求助于量子力学。

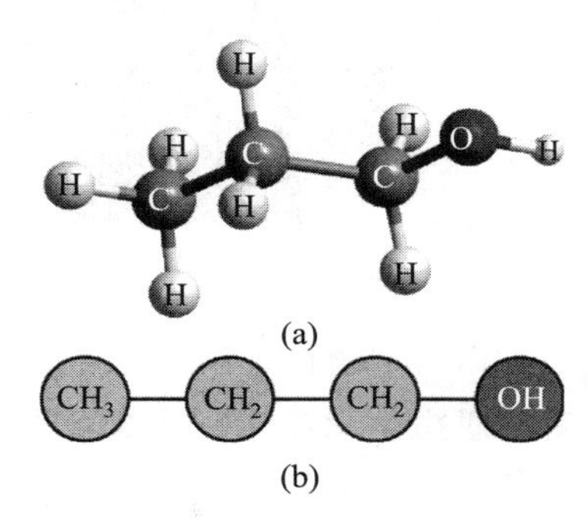

图 10-17 1-丙醇：3D 原子模型（a）；粗粒化模型（b）

10.3.1.3 量子力学/分子力学杂化方法

量子力学/分子力学（quantum mechanics/molecular mechanics，QM/MM）杂化方法结合了经典力学和量子力学优点，属于多尺度理论模型，常常用来描述复杂体系的化学反应。美国三位科学家 Karplus、Levitt 和 Warshel 由于为复杂化学系统创立了多尺度模型而荣获 2013 年诺贝尔化学奖。在 QM/MM 模型中，将整个体系分为 QM 和 MM 两部分。催化反应活性中心区域的分子体系采用 QM 模型来描述，而催化活性中心周围环境则采用低精度的 MM 模型来描述，QM 与 MM 之间存在相互耦合。QM 与 MM 之间耦合的处理方法一般有机械嵌入（mechanical embedding）、静电嵌入（electrostatic embedding）和极化嵌入（polarized embedding）三种。因此，混合模型可以考虑均相催化中的溶剂效应、多相催化中的支撑结构和界面效应以及生物催化中酶的结构影响。例如，French 和他的同事使用 QM/MM 方法来模拟甲醇合成过程中催化剂与底物的相互作用，见图 10-18。全球甲醇年产量超过 3200 万吨，其中大部分通过合成气制备。该过程的关键步骤是在 $Cu/ZnO/Al_2O_3$ 催化剂上吸附 CO_2 和 CO 催化加氢。用从头算 QM 方法对整个催化剂进行建模是不现实的。因此，研究人员使用了基于嵌入式的 QM/MM 方法，对短程效应采用（昂贵耗时的）DFT 计算模型，而环境的长程极化效应则采用经典的势能函数力场模型。

10.3.1.4 蒙特卡罗方法

蒙特卡罗（Monte Carlo，MC）方法，也称统计模拟方法，是 20 世纪 40 年代中期提出

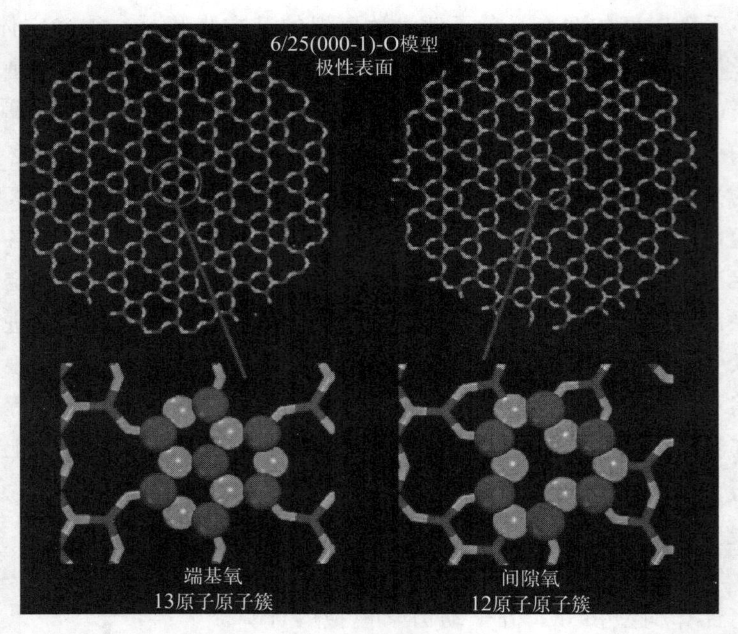

图 10-18 QM 区域用于模拟含氧原子空位的表面模型（此处仅仅显示了最顶层的表面）

的一种以概率统计理论为指导的数值计算方法，是使用随机数来解决很多计算问题的方法。其基本思想是针对某一具体问题，通过建立一个概率模型或随机过程模型，使其参数等于实际问题的解。也可将 MC 方法看作是一种用计算机来完成实验的方法，其计算过程就是通过在计算机上产生已知分布的随机变量样本，以代替昂贵的甚至难以实现的实验。它生成一组粒子模型，能量按玻尔兹曼分布律分布，如式(10-15) 所示。

$$P(U) \propto e^{-\frac{U}{K_B T}} \tag{10-15}$$

式中，U 表示体系的势能，J；$P(U)$ 表示找到一个能量体系的概率；K_B 为玻尔兹曼常数，1.380649×10^{-23} J/K；T 为热力学温度，K。粒子构型是通过模拟粒子移动随机产生的，主要取决于粒子的能量。重要的是，这种模型与时间关系不大。这也是 MC 模拟和分子动力学（MD）模拟的主要区别。MC 的优点在于时间不是一个因素，因此可以加快或减慢体系。因此，MC 可以模拟出 MD 无法模拟的性质。但是由于缺乏时间的概念，MC 无法提供动态性质的信息。

10.3.1.5 人工智能和神经网络方法

通常催化剂是通过反复的试错与化学直觉被发现的。而现在人工智能（artificial intelligence，AI）已被研发出来，它是否能指导新一代可再生能源技术材料的设计？如我们所知，人工智能正在渗透各个科技领域，如图像或语音识别、高度个性化的在线服务和战略棋盘游戏。尽管在这些方面取得了巨大的成功，但在部署设计新催化材料的智能框架方面仍面临着重要挑战。这是由于催化过程的复杂性和理想催化剂的严格要求造成的，因此实际应用中催化剂要求在工作条件下稳定且环保高效，同时在地球上丰度较高。就实践而言，在工业过程中发现可行的催化剂很大程度上依赖于基于化学直觉和运气的试错法。计算基础设施和电子结构方法的最新进展已普及了材料设计的高通量计算方法，然而它需要密集的用户交互，实际上很难处理。卡内基梅隆大学的 Tran 和 Ulissi 已朝着催化剂筛选的自动机器学习框架迈出了重要的一步（图 10-19）。与使用专家提供的硬编码指令的传统计算相比，机器学习平台通过越来越多的使用算法的例子来自学。简单地说，该方法可通过对已知催化性能材料的机器学习训练，为预测适用于目标催化反应的潜在高效催化材料提供一种可能。

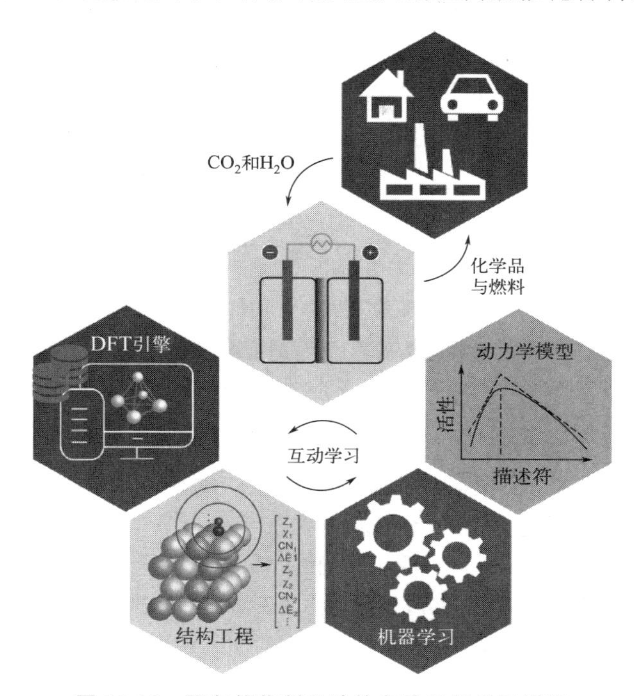

图 10-19　面向催化剂设计的自动机器学习框架

10.3.2　固体催化剂模拟设计实例

10.3.2.1　TiO_2 结构的模拟

TiO_2 是非常好的光催化氧化催化剂，但是 TiO_2 是一种宽禁带半导体，仅能吸收利用太阳光中波长小于 380 nm 的紫外光，这部分光能仅占太阳光能的 2%。因此，直接利用太阳光催化分解的效率较低，制约了 TiO_2 光催化剂向大规模实际应用方向的发展。如何使 TiO_2 在整个太阳光波段有很好的光潜响应和强的光催化活性，是科学工作者们需要解决的关键问题。TiO_2 掺杂可改善其可见光催化活性，下面以陈绮丽等对纯 TiO_2 及掺杂 TiO_2 的模拟为例来具体讨论。

锐钛矿型 TiO_2 属四方晶系，在此他们采用层晶模型构建纯 TiO_2（101）表面模型。对 TiO_2 原胞在垂直于（101）方向进行剪切，根据断键情况和原子位置不同，可剪切出六种不同的表面原子，具体优化结构如图 10-20 所示。A 类结构：最表层是二配位的 Ti 原子，次表层是二配位的 O 原子；B 类结构：最表层是二配位的 O 原子，次表层是四配位的 Ti 原子，第三层仍是二配位的 O 原子；C 类结构：最表层是一配位的 O 原子，次表层是二配位的 O 原子，第三层是五配位的 Ti 原子，第四层是二配位的 O 原子；D 类结构：最表层是四配位的 Ti 原子，次表层是三配位的 O 原子，第三层也是三配位的 O 原子，第四层是五配位的 Ti 原子；E 类结构：最表层是二配位的 O 原子，次表层是五配位的 Ti 原子；F 类结构：最表层是一配位的 O 原子，次表层是二配位的 O 原子。

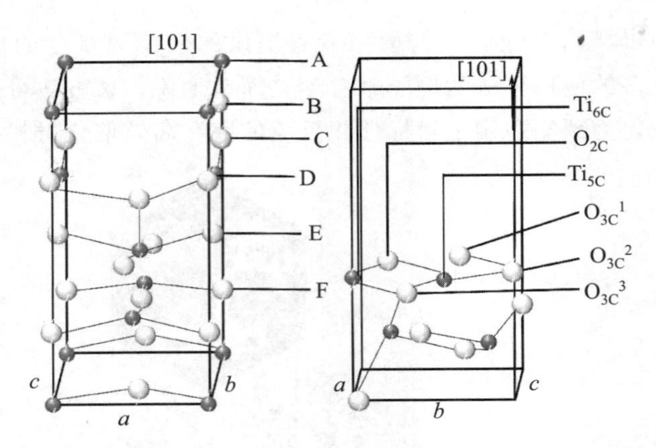

图 10-20 锐钛矿型 TiO_2 体相晶胞及垂直（101）方向的六种剪切位置（左侧）；E 类结构的表面层晶模型（右侧）

注：白色大球代表 O 原子，灰色小球代表 Ti 原子。

以上述六种表面为初始构型，以薄层的厚度为 10 Å（1 Å＝0.1 nm）构建的锐钛矿型 TiO_2(Ti_4O_8) 六种表面层晶模型来计算体系总能量。对于 TiO_2(101) 面的六类表面模型，它们总的原子数相同，同种原子个数也相同，在仅考虑近邻成键情况下，表面内层原子所处环境结构相同，但外层原子的环境不同，因而其总能量不同。用不同形式泛函计算之后发现，E 类表面结构最稳定（能量最小），也就是说 E 类表面结构是 TiO_2(101) 最可能出现的表面，所以 TiO_2(101) 最表层最可能终止于二配位的 O 原子。

在表面模拟计算中，真空层厚度和原子层数与计算结果有很大关系。为了建立一个合适的表面晶胞模型，得到有效的计算结果，必须保证原子层和真空层的厚度足够消除层与层之间的相互作用力。而表面能的收敛情况是确定真空层厚度和原子层数的依据。对一个表面积为 5.57 Å × 7.55 Å 的表面晶胞结构进行优化，然后对优化结构进行表面能计算。分别计算了当原子层数固定为 2 层时表面能随真空层厚度的变化情况，以及固定真空层厚度为 10 Å 时表面能随原子层数的变化情况。根据计算结果，确定以原子层数为 3 和真空层厚度为 10 Å 来建立表面晶胞。

由于体相的三维周期性在表面处突然中断，表面原子的配位情况发生变化，那么表面原子附近的电荷分布也将发生改变，表面原子所处的力场与体相原子也不同。为使体系能量尽可能降低，表面上的原子常常会产生相对于正常位置的位移。如果表面原子产生垂直于表面方向的上、下位移，使得表面原子层的间距偏离体相内原子层的间距，出现压缩或膨胀的现象，称为表面弛豫。表面弛豫往往不限于表面上第一层原子，还会波及下面几层原子，但愈深入体相，弛豫效应愈弱。如果表面上的原子在水平方向的位移导致其在水平方向上排列的周期性发生改变，不同于体内原子排列的周期性，则称为表面重构现象。晶胞的原子层数对表面原子的位移有一定的影响。两层以下时变化较大，而三层与四层的数值趋于平稳。这也说明晶胞的原子层数至少应取为三层才能保证原子弛豫的稳定。另外，虽然 TiO_2(101) 面有明显的表面弛豫现象，但没有出现表面重构现象，所以原子层数取三层考虑了表面弛豫。

10.3.2.2 氧化黑磷光解水催化性能模拟

通过光催化水分解反应制氢是非常有前途的绿色技术。在未引入额外能量的情况下，光催化剂利用光能将水分解成 H_2 和 O_2，为生产清洁和可再生能源提供了一条极具前景的途径，尤其二维材料作为光解水催化剂的潜在候选材料引起广泛关注，如 g-C_3N_4 和 MoS_2，因为二维材料具有较大的比表面积，而且光生电子和空穴到达反应界面的移动距离最短。但 g-C_3N_4 和 MoS_2 的禁带宽度大、光吸收效率低等缺点限制它们在光催化分解水中的实际应用。二维材料成为光解水催化剂必须满足一些关键条件：①带隙位于 1.3～1.8 eV 之间，以吸收可见光；②电子和空穴的载流子迁移率须足够高，从而有高的载流子界面传输效率；③材料的带边位置须跨越水的氧化还原电势等。因此，探索新型二维半导体材料作为高效的光催化剂来分解水制氢非常重要，但也极具挑战性。

黑磷是一种载流子转移性能优良的二维材料。由于它的载流子迁移率以及禁带宽度可在 0.3 eV（体相）～1.58 eV（单层）之间调节，适合作为光电材料。但其导带位置高过析氧反应的能级，在光解水催化中只能用作析氢反应的阴极材料。研究发现，卤素修饰的磷烯类材料可作为高效的光解水催化剂，但其在常温水氧环境中极易分解。研究表明，黑磷在水氧环境下能够被氧化生成 P_4O_4 和 P_2O_3 以及一定数量的 P_4O_2 层，这层氧化磷不仅能够在黑磷的最顶层形成，而且还可保护黑磷内部避免接触氧气和水，因此可作为黑磷材料的天然封顶，起到保护层的作用。另外，二维氧化磷的带隙随层数变化而变化具有可调性。

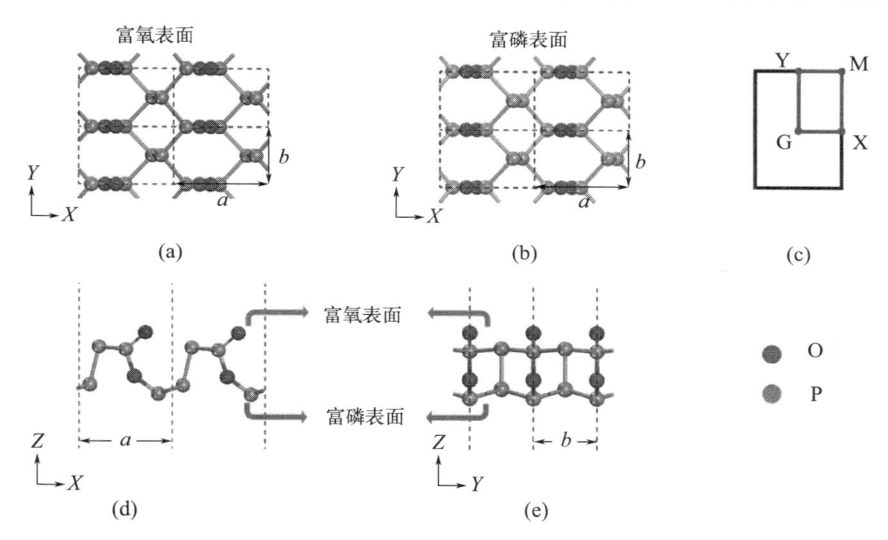

图 10-21　单层 P_4O_2 体系的 2×2 超胞结构示意图

(a)、(b) 分别为富氧表面和富磷表面上单层 2×2 超胞 P_4O_2 原子结构的俯视图；(c) 为定义的布里渊区；(d)、(e) 分别为沿 *X* 和 *Y* 方向的单层 2×2 超胞 P_4O_2 原子结构的侧视图。其中，浅色和深色的圆球分别代表 P 和 O 原子

2019 年，李泽生和郑小燕课题组通过理论计算系统研究了薄层 P_4O_2 结构与光解水催化性能。薄层 P_4O_2 的几何结构和性质尚未有相关实验研究，此处薄层 P_4O_2 结构模型是基于薄层黑磷结构模型而构建，具体优化的单层 P_4O_2 晶体结构如图 10-21 所示。与黑磷相似，单层 P_4O_2 的结构以折叠形式存在，其中包含桥氧形式的 P—O—P 键和悬挂形式的 P═O 键。值得注意的是，氧原子的参与使 P_4O_2 具有两种不同的表面：①带有悬挂式 P═O 键的富氧表面；②紧靠桥氧形式 P—O—P 键的富磷表面。为系统研究薄层 P_4O_2 体系结构与性能关系，此处共考虑了 3 种不同的薄层 P_4O_2 构型。第一种为 α-构型（如图 10-22 所示），所有富氧表面都朝向相同的方向（正常堆积），称为 α-*N*。其中，*N* 表示体系中的单层数量（*N*=1～5），单层到五层。很显然 α-*N* 型结构同时具有富氧和富磷两种表面。第二种为 β-构型（如图 10-22 所示），通过翻转 α-构型顶部单层 P_4O_2 可得到，此类构型中仅包含富磷表面，称为 β-*N*。第三种为 γ-

构型，通过翻转 α-N 的底部单层 P_4O_2，能够得到仅具有富氧表面的薄层 P_4O_2，称为 γ-N。由于 γ-N 体系不符合光解水催化剂能级匹配条件，不予详细讨论。

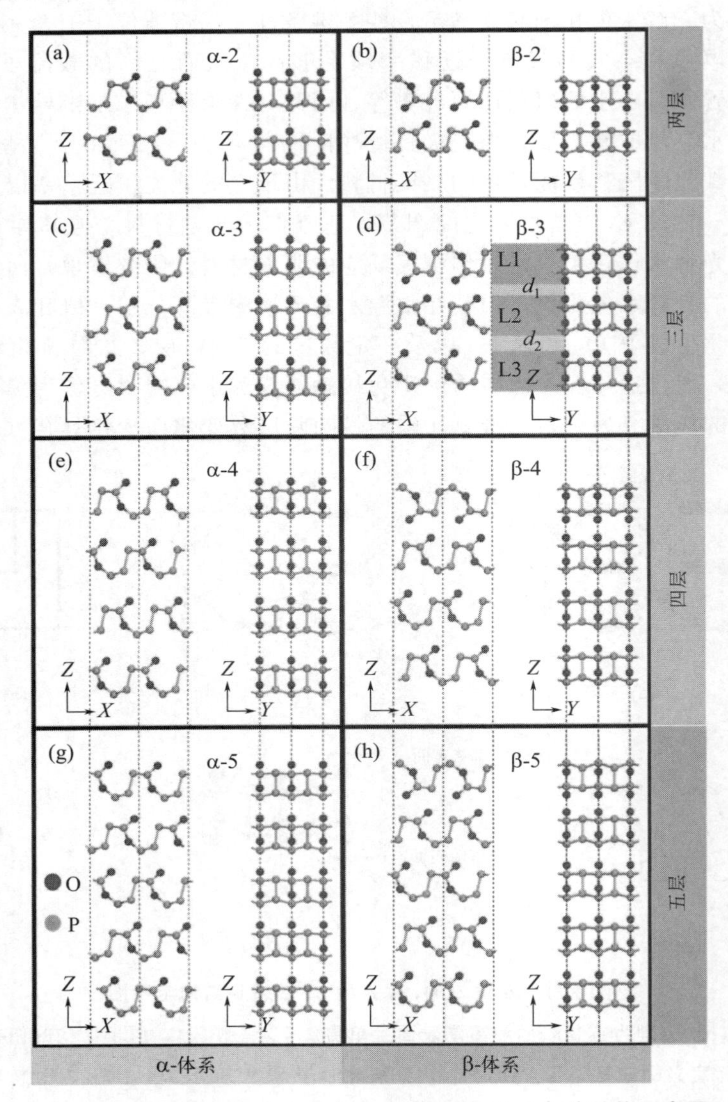

图 10-22 薄层 P_4O_2 中 α-N 和 β-N 体系的 2×2 超胞结构示意图

注：每个体系均为沿 X 和 Y 方向的侧视图；层数和层间距示意图以 β-3 为例，深色和浅色区域分别表示每个单层和层间距。

理论计算表明，α-构型和 β-构型的薄层 P_4O_2 体系的晶格常数都随层数变化而变化。从单层到五层，α-构型 P_4O_2 对应的晶格常数 a 增加了 0.05 Å，而晶格常数 b 仅增加了 0.03 Å。而对于 β-构型 P_4O_2 其晶格常数 a 和 b 分别增加了 0.07 Å 和 0.03 Å。这说明薄层 P_4O_2 具有明显的层间范德华力。为更深层次地研究层间相互作用，对薄层 P_4O_2 的 Bader 电荷也进行了计算。以 α-2 为例，从 Bader 电荷分析结果发现，大多数 P 原子带正电而 O 原子带负电，因此，层间成对的 P…P 原子或 O…O 原子间存在排斥力，而层间成对的 P…O 原子间存在吸引力。为平衡层间相互作用，初始排列的相邻 P_4O_2 单层会沿 X 方向错开，以减少电子排斥并保持稳定性，因此 α-N 和 β-N 的晶格常数 a 会逐渐规律性增加。值得注意的是，β-N 的层间距 d_1（1.94～1.95 Å）总是小于相同层数的 α-N 的层间距 d_2（2.41～2.43 Å），

而相同层数的 α-*N* 和 β-*N* 体系中其他的层间间距几乎相同。α-*N* 和 β-*N* 层间距 d_1 的不同是由于顶层和次顶层间堆积方式不同。例如，α-2 有两对具有吸引作用的原子，即 O1(L2)…P2(L1)、O1(L2)…P4(L1)，L2 中悬挂氧 O1 从 L1 中的 P2 和 P4 原子中吸引电子，L2 的总电荷增加而 L1 的总电荷减少。在 β-2 中，L1 和 L2 中原子对的层间吸引是相互的，L1 的悬挂氧 O1 从 L2 的 P1 和 P3 吸引电子。与此同时，L2 的悬挂氧 O1 对 L1 的 P1 和 P3 具有相同的吸引作用，所以 L1 和 L2 的净电荷都等于零，这说明 L1 和 L2 是等效存在的。因此，β-*N* 堆积方式导致层间吸引作用比 α-*N* 更强，层间间隔 d_1 更小。

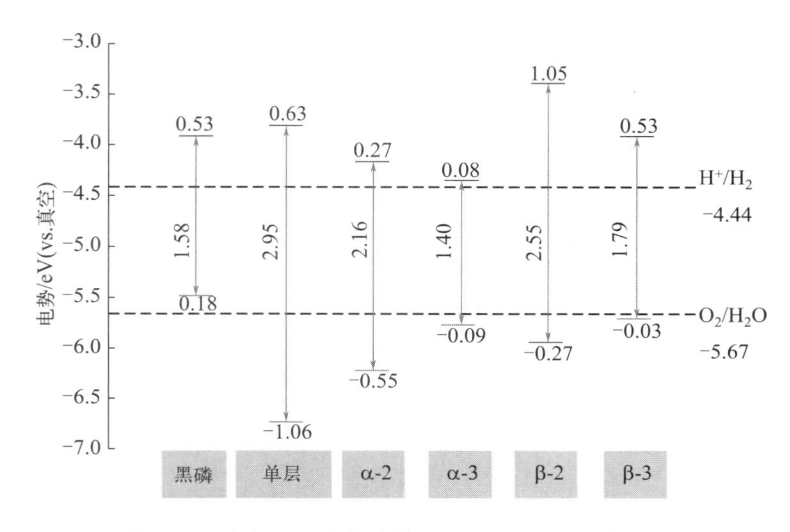

图 10-23 通过 HSE06 杂化泛函计算的薄层 P_4O_2 和单层黑磷的带边位置示意图

注：上下两条虚线分别表示 pH＝0 时的 H^+/H_2 的还原电势和 O_2/H_2O 的氧化电势。上下两组实线分别表示每个体系的导带底（CBM）和价带顶（VBM）的带边位置。在相应的带边位置附近显示出了相对于水分解氧化还原电势的相对能量差值。带隙值标记在垂直箭头旁边。所有能级均经过真空能级校正。

由于水分解的自由能为 1.23 eV，仅当材料带隙值大于水分解自由能，材料被光激发时才有可能产生电子和空穴，进而有足够的能量使水分解为 H_2 和 O_2。因此光解水材料的带隙值必须大于 1.23 eV。因此可以排除带隙值均小于 1.23 eV 的四个体系 α-4、α-5、β-4 和 β-5。除了要有合适的带隙值，第二个必备条件是光解水材料的带边位置须跨越水分解的氧化还原电势。即在 pH＝0 时，二维材料的 CBM 能级应高于 H^+/H_2 的还原电势（－4.44 eV），VBM 能级应低于 O_2/H_2O 的氧化电势（－5.67 eV）。另外，材料的 VBM 和 CBM 越靠近水分解的氧化还原电势，对应的光解水反应效果就越理想。那么只有单层、α-2、α-3、β-2 和 β-3 这五个体系符合上述条件，不仅带隙值大于 1.23 eV，且带边位置跨越了水分解的氧化还原电势（图 10-23）。这五个 P_4O_2 体系的 VBM 和 CBM 及水分解的氧化还原电势都完全匹配。其中 α-3 的 VBM 能级比 O_2/H_2O 的氧化电势仅低 0.09 eV，CBM 能级比 H^+/H_2 的还原电势仅高 0.08 eV，说明 α-3 有潜力成为优异的光解水材料。

太阳能制氢（solar to hydrogen，STH）效率是衡量材料光解水效率的重要指标。通常带隙值小可增强材料对光的吸收能力，这是因为太阳光谱中可见光区占比约 46%，而紫外光仅占总量的约 4%，小的带隙能保证更广的光吸收范围。然而，电子转移过程不可避免地会有能量损失，需过电势来克服反应势垒，宽带隙能保证这一点。因此，好的光解水催化材料需要在带隙值和过电势间满足一定的平衡。计算可知，单层、α-2、α-3、β-2 和 β-3 的理论 STH 效率分别为 2.62%、12.84%、17.15%、3.12%和 9.95%。其中 α-3 的理论 STH 效率高达 17.15%，接近传统的理论极限值约 18%。另外，α-3 在紫外-可见光区的吸收性能也很好（图 10-24）。因此，α-3 可能是光解水反应的高效催化剂，对可见光的吸收表现出更好的性能，这对于光催化分解水反应的效率非常重要。

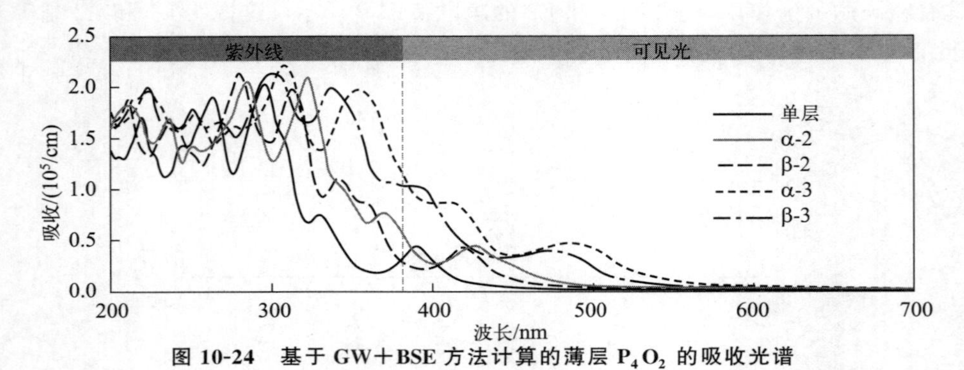

图 10-24 基于 GW+BSE 方法计算的薄层 P_4O_2 的吸收光谱

注：高斯展宽采用 0.05 eV。

思考题

1. 请解释玻恩-奥本海默近似（绝热近似）的基本原理，并讨论其在求解分子体系波函数中的作用。

2. 分子动力学方法是如何基于经典力学模拟原子和分子的运动的？请解释分子动力学模拟的基本步骤。

3. 经典力学方法在分子模拟中的局限性是什么？为什么在某些情况下需要使用量子力学方法?

4. 请解释 QM/MM 杂化方法的基本原理，并说明它在描述复杂体系化学反应中的优势。在 QM/MM 模型中，为什么将整个体系分为 QM 和 MM 两部分是合理的？这样做有哪些潜在的限制和挑战？

5. 人工智能在图像或语音识别、在线服务和战略棋盘游戏等领域取得了巨大成功，但这些成功能否直接应用于催化材料设计？为什么？

6. 如何通过机器学习训练已知催化性能材料来预测适用于目标催化反应的潜在高效催化材料？机器学习在催化剂设计中的应用还需要解决哪些问题？你认为未来的研究应如何进一步推动这一领域的发展？

7. 黑磷作为二维材料，载流子迁移率和禁带宽度的可调性对其在光电材料中的应用有何重要意义？讨论黑磷被氧化后生成的 P_4O_4、P_2O_3 和 P_4O_2 层如何起保护层的作用，并分析这种氧化对黑磷材料光催化性能的影响。

8. α-构型、β-构型和 γ-构型在薄层 P_4O_2 中分别代表怎样的堆叠方式？这些构型对光解水催化性能有何影响？

第11章 固体催化剂制备与成型

工业催化剂需要具有良好的活性、选择性、稳定性及机械性能，而这些性能取决于催化剂的组成和结构，催化剂的组成和结构又与催化剂制备方法密切相关。因此催化剂制备是其性能研究的基础。大多数工业过程使用的催化剂为固体催化剂，固体催化剂的常规制备方法有沉淀法、浸渍法、离子交换法、混合法及熔融法，新型制备方法包括溶胶-凝胶法、水热/溶剂热法、微乳液法及自组装法等。化工生产过程中使用的固体催化剂需要经过成型工艺加工成不同形状、尺寸的颗粒，以满足不同催化反应器及催化工艺对传质、传热、流体流动性能、机械强度及稳定性等的要求，而且使用前需要经过活化处理，使用一段时间后活性降低，因此需要进行催化剂分离回收并使催化剂再生。

11.1 固体催化剂的常规制备方法

11.1.1 沉淀法

沉淀法是用沉淀剂将可溶性金属盐类转化成难溶化合物，再经老化、过滤、洗涤、干燥、成型及活化等处理过程而制得催化剂，如图 11-1 所示。沉淀法主要分为四类：单组分沉淀法、共沉淀法、均匀沉淀法及导晶沉淀法。单组分沉淀法是将含有一种金属离子的溶液与沉淀剂作用，形成只含有一种金属组分沉淀物的制备方法，该法常用于制备非贵金属的单组分催化剂或载体。共沉淀法是含有两种以上金属离子的混合溶液与一种沉淀剂作用，同时形成含有几种金属组分沉淀物的制备方法，是工业生产中制备多组分催化剂的常用方法之一。例如，合成甲醇用 CuO-ZnO-Al_2O_3 催化剂前驱体，是将 $Cu(NO_3)_2$、$Zn(NO_3)_2$ 及 $Al(NO_3)_3$ 的混合溶液与 Na_2CO_3 沉淀剂反应，同时形成含有三种金属元素的三元混合氧化物沉淀。均匀沉淀法是将待沉淀溶液与沉淀剂母体充分混合，形成均匀的体系，然后调节温度，使沉淀剂母体加热分解转化为沉淀剂，从而使金属离子产生均匀沉淀。均匀沉淀法中常用的沉淀剂母体为尿素，利用尿素缓慢分解释放出氨以达到所需的碱量而发生沉淀。导晶沉淀法是借助晶化导向剂引导非晶型沉淀转化为晶型沉淀。X、Y 型分子筛的合成可用该方法，在合成分子筛的原料中，加入预先合成的分子筛晶种，使得无定形水解产物转化成高结晶度分子筛。

沉淀法制备催化剂或载体时，对于金属盐类的选择，工业上一般选用硫酸盐，因为大部

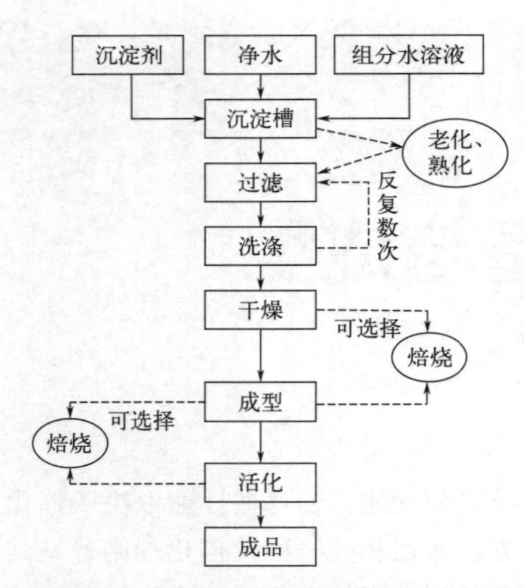

图 11-1 沉淀法制备催化剂流程示意图

分金属硫酸盐溶于水且价格低廉，也可使用硝酸盐、草酸盐等金属盐；沉淀剂的选择注意考虑以下几个方面：易分解挥发除去，形成的沉淀物便于过滤和洗涤，沉淀剂的溶解度要大而沉淀物的溶解度应很小，所以常用的沉淀剂为氨气、氨水及碳酸铵，也可使用氢氧化钠和碳酸钠等廉价碱，但是注意使用这些廉价的含钠碱性化合物时催化剂中可能残留钠离子，需要清洗干净。

制备过程中，溶液浓度、溶液 pH 值、温度、加料顺序和搅拌强度等会影响催化剂的晶粒尺寸及形貌，从而影响催化性能，因此需要通过调控制备条件得到合适结构的催化剂。

① 溶液浓度。沉淀的形成包括晶核形成以及晶体生长两个阶段。溶液浓度直接影响过饱和度，而只有达到溶液的过饱和度，才会形成晶核，且溶液浓度越大，过饱和度越大，形成的晶核越多，最终晶体尺寸越小。对催化剂来说，尺寸越小，比表面积越大。

② 溶液 pH 值。沉淀法制备催化剂常用的沉淀剂是碱，因此沉淀的生成与溶液 pH 值有关。pH 值较低时，溶液过饱和度较低，晶核形成的速率慢，形成的晶核数量少，晶体尺寸较大，而且产物收率较低，残留在溶液中的金属离子较多。因此沉淀法制备催化剂时要根据具体情况使体系具有合适的 pH 值，特别对于共沉淀法，沉淀的 pH 值必须高于或至少等于最易溶金属氢氧化物沉淀的 pH 值。另外注意，对两性金属离子如 Al^{3+} 和 Zn^{2+}，pH 值不能太高，否则导致生成的沉淀再次溶解。

③ 温度。沉淀时晶核的形成及晶体长大不仅与溶液过饱和度有关，也受操作温度影响。沉淀时温度越低，晶核形成的速率越快，晶体尺寸越小；而晶体的生长速率随温度升高而加快。因此沉淀法制备催化剂过程中，生成的沉淀通常需要在一定温度下晶化或老化，使晶体长大并使结晶度提高。

④ 加料顺序。沉淀法制备催化剂时加料顺序会影响体系 pH 值，因而影响最终催化剂的颗粒尺寸及分布。如将盐溶液缓慢滴入碱溶液中制备催化剂，该过程体系 pH 值是持续变化的。初始滴入盐溶液时，金属离子浓度小而碱浓度高，很易达到过饱和度因此立刻便会生成晶核，后续滴入的盐溶液面临两种选择，其一是生成新的晶核，其二是在原有晶核上沉积，使晶体生长。一般滴加过程耗时长，在此过程中，新核生成与晶体生长同时发生，因此晶粒尺寸分布宽且难以控制。如果是采用盐溶液和碱溶液同时缓慢滴入反应器中制备催化剂，初始滴入时，由于金属离子浓度和碱浓度均较低不会达到过饱和度，滴加到一定量时达到过饱和度便会生成晶核，后续滴加时，成核与晶体生长同时发生。滴加耗时长，故晶粒尺寸分布亦较宽且难以控制。另外，该加料顺序使得成核数量较少，晶粒尺寸相对较大。如果采用全返混旋转液膜反应器或其他高速混合器进行盐液与碱液的沉淀反应，使反应物溶液快速混合，促使大量晶核瞬间形成，有利于制备出纳米尺寸、粒度分布均匀的催化剂。

实例 11-1

单组分沉淀法制备 γ-Al_2O_3

γ-Al_2O_3 是常用的载体及固体酸催化剂，其工业制备方法常采用单组分沉淀法，具体步骤如下：

① 溶液配制：将一定量 $Al_2(SO_4)_3 \cdot 9H_2O$ 溶于去离子水中配成盐溶液，将一定量 $NaAlO_2$ 溶于去离子水中配成碱溶液。

② 沉淀反应：将两种溶液混合，搅拌一段时间。

③ 老化：将浆液置于反应釜中在 85～100 ℃下晶化一段时间。

④ 水洗：老化完成后，将反应生成的浆态物料压滤，然后进行打浆水洗操作，重复进行该操作过程直至满足要求。

⑤ 干燥：水洗完毕后，将压滤后得到的物料放入闪蒸机中进行闪蒸干燥。

⑥ 成型：向经闪蒸干燥的物料中加入石墨润滑剂及少量水作黏合剂，挤出成条状。

⑦ 高温焙烧：将成型的物料放入回转窑中，于 400～600 ℃进行焙烧，则可得到 γ-Al_2O_3 产品。

实例 11-2

沉淀法制备 MgAl-LDHs

MgAl-LDHs 是一类最典型的水滑石类化合物，是固体碱，可用作环氧化合物开环聚合、醇醛缩合、烷氧基化和酯交换等反应的催化剂。镁铝碳酸根型 LDHs 的通式为$[Mg_{1-x}Al_x(OH)_2]^{x+}(CO_3^{2-})_{x/2} \cdot mH_2O$，其中 $(1-x)/x=2\sim4$。MgAl-LDHs 作为层状双金属氢氧化物，含有镁离子和铝离子两种金属离子，可以采用共沉淀法以及均匀沉淀法制备。

（1）共沉淀法制备 MgAl-LDHs

① 溶液配制：将一定量 $Mg(NO_3)_2 \cdot 6H_2O$ 和 $Al(NO_3)_3 \cdot 9H_2O$ 溶于去离子水中配成混合盐溶液，将一定量 NaOH$\{n(OH^-)/[n(Mg^{2+})+n(Al^{3+})]=1.6\ mol/mol\}$ 和 $Na_2CO_3\{[n(CO_3^{2-})/n(Al^{3+})]=2\ mol/mol\}$ 溶于去离子水中配成混合碱溶液。

② 沉淀反应：将两种溶液迅速倒入全返混液膜反应器中混合，剧烈循环搅拌几分钟。

③ 老化：将浆液置于反应釜中在 40～100 ℃下晶化一段时间。

④ 水洗：老化完成后，将反应生成的浆态物料过滤，然后进行打浆水洗操作，重复进行该操作过程直至满足要求。

⑤ 干燥：水洗完毕后，放进烘箱进行干燥，得到 MgAl-LDHs。

如果将烘干的物料放入马弗炉中，于 400～600 ℃进行焙烧，则可得到镁铝复合氧化物（也是一种固体碱）。如果制备工业用条状产品，需要增加成型工序，即在干燥后的粉末样品中加入石墨润滑剂及少量水作黏合剂，进行挤出成型，最后再干燥或高温焙烧。

采用共沉淀法制备的 MgAl-LDHs 的 XRD 图和 TEM 图如图 11-2 所示。XRD 图表明产物均具有典型的 LDHs 晶体特征衍射峰，2θ 为 11.2°、23.0°、34.1°、38.0°、46.3°、60.2°以及 62.0°的衍射峰分别对应（003）、（006）、（009）、（015）、（018）、（110）以及（113）

晶面，其中（003）、（006）、（009）衍射峰位置所对应的角度有很好的倍数关系，说明产物具有良好的层状结构。另外，XRD 谱图基线低且衍射峰强度较高，表面晶体结构较完整。TEM 照片显示样品粒度均匀，约 60 nm，为纳米量级。

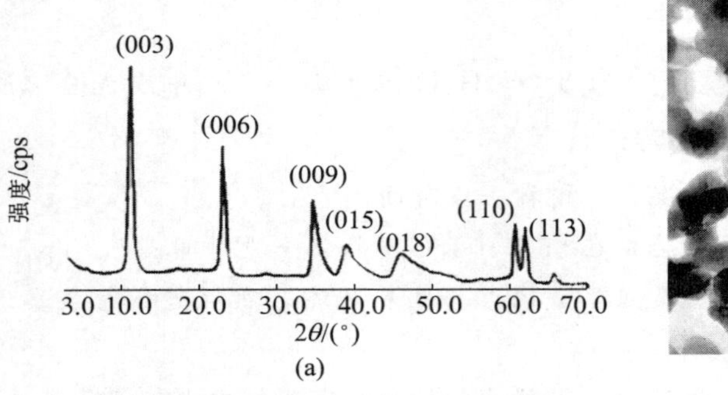

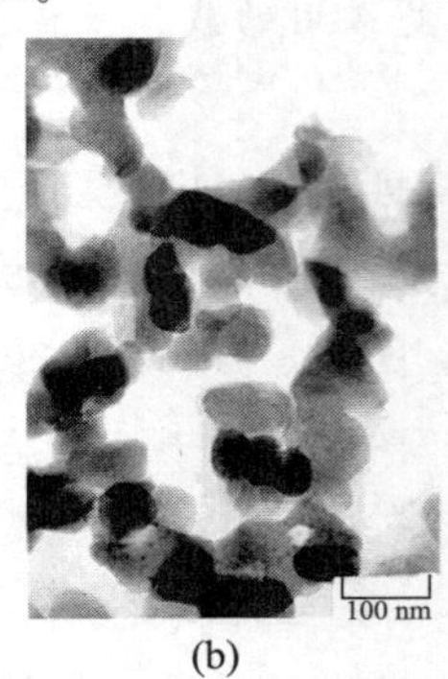

图 11-2 共沉淀法制备的 MgAl-LDHs 的 XRD 图和 TEM 图

（2）均匀沉淀法制备 MgAl-LDHs

① 溶液配制：将一定量 $MgSO_4 \cdot 7H_2O$、$Al_2(SO_4)_3 \cdot 18H_2O$ 和尿素溶于去离子水中配成混合溶液，尿素用量是 Mg^{2+} 与 Al^{3+} 物质的量总和的 3 倍以上。

② 沉淀及老化反应：将溶液置于高压反应釜中在 100～200 ℃下反应一段时间。

③ 水洗：老化完成后，将反应生成的浆态物料打入板框压滤机进行压滤，然后放料进入洗涤釜进行打浆水洗操作，重复进行该操作过程直至满足要求。

④ 干燥：水洗完毕后，将压滤所得物料放入闪蒸机中进行闪蒸干燥，得到 MgAl-LDHs。

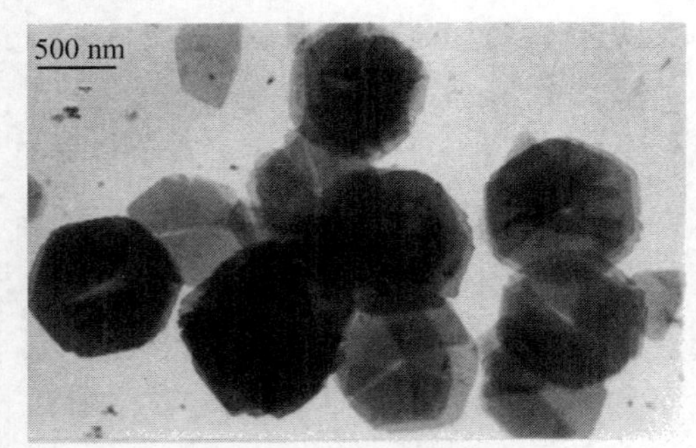

图 11-3 均匀沉淀法制备的 MgAl-LDHs 的 TEM 图

采用均匀沉淀法于高压釜中 100 ℃水热晶化 48 h 制备的 MgAl-LDHs 呈现六方晶片形貌，如图 11-3 所示。对于均匀沉淀法制备 LDHs，是通过尿素水解生成的构晶离子 OH^- 和 CO_2 与盐反应，尿素的水解是缓慢、逐步的过程，即成核及晶化所需碱受络合平衡控制缓慢释放，反应初始成核占主导地位，以后成核与晶化同时发生，且因盐、碱分子在此条件下碰撞概率更小，故成核数量远低于共沉淀法，晶粒尺寸相对更大。

11.1.2 浸渍法

浸渍法是一种以浸渍过程为主要（特征）制造环节的催化剂制备方法，广泛应用于各类负载型催化剂的生产过程。浸渍法制备催化剂的过程通常包括浸渍、干燥、焙烧、活化等环节。浸渍过程采用活性物质前驱体溶液浸渍载体，活性物质前驱体溶液在表面张力作用下，产生毛细管现象进入载体的孔道中，并均匀地吸附在载体的内、外表面；

干燥过程中溶剂蒸发逸出，活性组分前驱体遗留在载体表面上；焙烧时活性物质前驱体发生热分解形成金属（金属氧化物）；活化工序通常包括还原、氧化、硫化、磷化等。最后制得活性物质高度分散的负载型催化剂。浸渍法通常使用多孔性载体，如氧化铝、氧化硅、活性炭、硅酸铝、硅藻土、浮石、石棉、陶土、氧化镁、活性白土等，可以用粉状的，也可以用成型后的颗粒状催化剂。常用的催化剂浸渍方法包含过量浸渍、等体积浸渍、多次浸渍、浸渍沉淀等。

（1）过量浸渍法

过量浸渍法是指采用过量浸渍溶液的一种浸渍方法，浸渍液的体积大于载体的孔道总容量。该方法使用的浸渍液体积大于载体的饱和吸水量，活性组分在载体上达到吸附平衡后，再将多余的浸渍液去除。该方法具有操作简单、活性组分负载量大、分散比较均匀的优点；但也存在无法精确控制活性组分负载量的缺点。工业上使用的硫酸分解 Pt/TiO_2 催化剂便是采用过量浸渍法制备，具体流程如下：将 H_2PtCl_6 配制为 1.0%（质量分数）水溶液，在搅拌下将 TiO_2 载体加入上述 H_2PtCl_6 溶液中，浸渍 3 h 后，将过量 H_2PtCl_6 溶液过滤去除，催化剂前驱体在 80 ℃真空干燥 2 h 后，再在烘箱中 120 ℃继续烘干 2 h，然后置于马弗炉中以 4 ℃/min 的速率升温至 850 ℃煅烧 4 h，得到 Pt/TiO_2 催化剂。

（2）等体积浸渍法

等体积浸渍法是指采用等量浸渍溶液的一种浸渍方法，浸渍液的体积与载体的孔道总容量相等。在进行等体积浸渍前需先对载体的饱和吸水量进行测定，以确定浸渍时使用的浸渍液体积。等体积浸渍时采用的浸渍液体积与载体的饱和吸水量一致，浸渍液刚好能被载体完全吸收，无需过滤环节。该方法的优点为能够相对精确地控制活性组分的负载量、使用量；减少活性组分的浪费。其问题在于对浸渍过程的技术要求高，若浸渍液用量、活性组分浓度、混合方式等关键条件选择不当，容易造成负载不均匀，催化剂均一性差。

实例 11-3

采用等体积浸渍法制备烯烃加氢催化剂 $Ni/\gamma\text{-}Al_2O_3$

具体流程如下：

① 载体预处理：将 60～80 目的 $\gamma\text{-}Al_2O_3$ 放置于马弗炉中，以 2 ℃/min 升温至 300 ℃后在 300 ℃条件下保温 3 h，使得载体中吸附的水以及杂质被完全除去。待马弗炉温度降至 100 ℃时，将载体取出置于干燥器中密封待用。

② 载体吸水率测定：将一定质量[m_1(g)]预处理后的载体置于茄形瓶中，再将去离子水逐滴加入装有载体的茄形瓶中，边滴加边震荡。当载体达到吸附饱和临界状态时停止滴加，称得吸附饱和载体质量[m_2(g)]。

载体吸水率 $c=\dfrac{m_2-m_1}{m_1}\times100\%$，测三次取平均数得到载体的平均吸水率。

③ 等体积浸渍：称取一定量的 $\gamma\text{-}Al_2O_3$ 载体，计算其饱和吸水量，按计算得到的吸水量配制 $Ni(NO_3)_2$ 溶液，搅拌溶解 30 min 后，将溶液逐滴加入 $\gamma\text{-}Al_2O_3$ 载体，边滴加边充分搅拌、混合，直至溶液全部滴加完毕。将载体放于阴凉处静置 24 h，使载体充分吸收浸渍液。

④ 干燥：将催化剂前驱体在60 ℃下真空干燥2 h，除去大部分的水分，再放入鼓风干燥器中120 ℃干燥6 h。

⑤ 焙烧：将催化剂前驱体置于马弗炉中，以2 ℃/min的升温速率升至450 ℃后在450 ℃条件下保温3 h。

⑥ 还原：将催化剂前驱体放入反应器中，采用5% H_2/N_2 混合气还原，以10 ℃/min的升温速率升至450 ℃，并在450 ℃条件下保温还原3 h，制备得到Ni/γ-Al_2O_3 催化剂。

(3) 多次浸渍法

多次浸渍法是指采用浸渍溶液多次浸渍的一种方法，多次浸渍法将浸渍、干燥、焙烧环节反复进行数次。多次浸渍的作用在于：①提高活性组分的负载量。当浸渍化合物的溶解度很小、一次浸渍不能获得足够的负载量时，通过多次浸渍提高其负载量。②实现多组分分步负载。当几种活性组分无法形成均一、稳定体系，或多组分浸渍化合物间存在竞争吸附时，将各组分分别浸渍，实现共同负载。多次浸渍法每次浸渍后，必须进行干燥和焙烧，工艺过程复杂，但该方法特别适用于多活性组分，特别是多组分间具有较强相互影响的负载型催化剂的制备过程。

(4) 浸渍沉淀法

浸渍沉淀法是一种将浸渍法与沉淀法结合的催化剂制备方法，在浸渍过程中采用沉淀的方法将活性物质均匀负载在载体表面。采用浸渍沉淀法时，先用活性物质前驱体溶液浸渍催化剂载体，浸渍完成后，采用加入沉淀剂或升温沉淀等方法，使活性组分沉积在载体表面。此法可以用来制备比浸渍法分布更均匀的金属或金属氧化物负载型催化剂。

(5) 其他浸渍法

除上述主要的浸渍方法以外，还有一些特殊的浸渍方法，如真空浸渍法、加压浸渍法等。为减少载体孔道中填充的空气和表面吸附的气体对浸渍液的毛细作用和活性物质吸附产生的阻碍作用，通过对载体的真空处理，使孔道中气体逸出，载体表面净化，方便浸渍液进入载体孔道深处，促进活性物质在载体表面吸附，增加了浸渍量或浸渍深度，实现了活性物质的均匀分布，降低其用量，减少浸渍时间。加压浸渍法通常在0.3～0.5 MPa条件下进行，通过加压促进浸渍液向载体孔道深处渗透、扩散，提高浸渍的效率。

浸渍法制备负载型催化剂各步骤的作用及对催化剂的影响如下：

① 载体预处理：浸渍法所制备负载型催化剂的物理性能很大程度上取决于载体的物理性质，甚至可影响催化剂的化学活性，因此需对载体进行必要的预处理。一般的处理方式为简单干燥，干燥的温度条件依据载体的物化性质和使用要求来定。载体的特殊处理包括如下几个方面：高温热处理使载体结构稳定；载体孔径不够大时采用扩孔处理；载体对吸附质的吸附速率过快时，为保证载体内外吸附质的均匀，进行增湿处理；为使载体具有一定的与活性相的相互作用，或具有一定的酸碱催化功能，对载体进行化学改性。

② 浸渍：在浸渍过程中，溶解在溶剂中的活性组分盐类（溶质）在载体中发生扩散，并吸附于表面上，它的分布与载体对溶质和溶剂的吸附性能存在密切关系。延长浸渍时间，可使吸附、脱附、扩散达到平衡，有利于过量活性组分通过扩散不断进入孔中达到平衡，从而有利于活性组分均匀分布。

③ 干燥：干燥或者说热处理方式对活性组分分布有影响。对于缓慢干燥过程，热量从颗粒外部传递到内部，颗粒外部先达到液体的蒸发温度，孔口部分先蒸发使溶质析出，由于毛细管现象，含活性组分的溶液不断从毛细管内部到达孔口，并随溶剂蒸发溶质不断析出，活性组分向表层集中，留在孔内的活性组分减少。快速干燥可减少干燥过程中溶质的迁移，使活性组分均匀分布。超临界干燥法是通过压力和温度的控制，使溶剂在干燥过程中达到其本身的临界点，完成液相至气相的超临界转变。在超临界状态下，气体和液体之间不再有界面存在，而是成为介于气体和液体之间的一种均匀的流体。这种流体逐渐从凝胶中排出，由于不存在气-液界面，也就不存在毛细作用，因此不存在活性组分的迁移，可使活性组分均匀分布。

④ 高温焙烧，其目的包括如下几个方面：

a. 热分解浸渍组分形成氧化物：对氧化物、固体酸碱催化剂这是必须的一步。

b. 使氧化物具有一定的晶相结构：对分子筛催化剂、绝大部分多组分氧化物催化剂和少量的金属催化剂，在焙烧过程中，希望形成具有活性的晶体或助剂分散活性组分。

c. 氧化物组分之间发生固相反应：在焙烧过程中，各个化合物组分很容易产生固相反应，形成固溶体和具有一定晶相结构的新化合物，如 NiO-MgO 形成固溶体，MgO-γ-Al_2O_3 和 NiO-γ-Al_2O_3 形成具有尖晶石结构的化合物。需要注意的是，对分子筛、大部分氧化物、少量的金属催化剂，希望在焙烧过程中活性组分氧化物与助剂氧化物、载体之间发生固相反应。而对大部分金属催化剂是不希望发生活性组分氧化物与载体间的固相反应。

⑤ 活化：浸渍法制备催化剂最后一步通常是催化剂的活化。活化的目的是使催化剂活性组分由钝态转变为活性态，如金属态、硫化态。活化温度、时间、活化气的组成对活性组分的活性态晶粒度和表面结构有显著影响。为获得高分散金属催化剂，可在不发生烧结的前提下，尽可能提高还原温度或采用高还原气空速，这可提高催化剂的还原速率，缩短还原时间。另外尽量降低还原气体中水蒸气的分压，因为还原气体中水分和氧含量愈多，还原后的金属晶粒愈大。

11.1.3 离子交换法

离子交换法是利用离子交换作为其主要制备工序的催化剂制备方法。利用载体表面上存在可进行交换的离子，将活性组分通过离子交换以离子的形式交换吸附到载体上。适用于制备活性组分高分散、均匀分布大表面的负载型金属催化剂以及低含量、高利用率的贵金属催化剂，也可用于均相络合催化剂的固载化、分子筛的制备以及离子交换树脂的改性。

离子交换法中的离子交换载体或离子交换剂分为无机离子交换剂以及离子交换树脂两类。离子交换树脂是一类具有离子交换功能的、网状交联结构的不溶性高分子化合物。最常用的是苯乙烯与二乙烯基苯共聚得到的聚苯乙烯系离子交换树脂，如市售离子交换树脂，有骨架苯基经磺化的—SO_3Na 型强酸性阳离子交换树脂，也有季铵基型阴离子交换树脂。经离子交换后可成为固体酸或固体碱催化剂，如用氢离子交换阳离子交换树脂中的钠离子得到固体酸，用氢氧根离子与季铵基的氯离子交换则得到固体碱。

常用的无机离子交换剂是钠型或钾型分子筛 $M_{x/n}[(AlO_2)_x(SiO_2)_y] \cdot zH_2O$，利用分子筛中钠离子或钾离子的可交换性，通过离子交换反应将其他阳离子如锌离子或氢离子引入到分子筛中制备催化剂。离子交换可采用水溶液离子交换、熔盐离子交换以及蒸汽离子交换，其中水溶液离子交换最为常用。影响离子交换过程及交换容量的因素包括分子筛结构、交换离子类型、交换液pH值、交换温度、时间及交换次数等，需要根据催化剂的要求来确定。分子筛中，不同位置的金属阳离子能量不同、空间位阻不同，交换速率受扩散控制。交换离子的类型对不同结构的分子筛有如下交换顺序规律：$Ag^+ > Cs^+ > NH_4^+ > K^+ > Li^+$；稀土金属离子在X型和Y型分子筛上的交换顺序为$La^{3+} > Ce^{3+} > Pr^{3+} > Nd^{3+} > Sm^{3+}$。水溶液交换时，溶液pH值取决于分子筛的组成即硅铝比，对于高硅铝比分子筛如ZSM-5，交换溶液pH值可以较低甚至可直接采用稀酸溶液进行离子交换；而低硅铝比分子筛，交换溶液pH值不能低，否则会导致分子筛脱铝造成酸量及酸强度的变化，需要采用铵盐进行离子交换。离子交换温度通常为60～100 ℃，交换时间从数分钟到数小时，交换次数通常为3～5次以提高交换容量。

实例 11-4

采用离子交换法制备HZSM-5分子筛

以市售NaZSM-5分子筛为原料，1 g分子筛加入10 mL的1 mol/L氯化铵溶液，于90 ℃进行离子交换，每次交换2 h，重复3次。最后于90 ℃干燥并在550 ℃焙烧5 h脱氨得到HZSM-5固体酸催化剂。

11.1.4 混合法

混合法是直接将活性组分、载体及各种助剂以粉状粒子形态机械混合后，成型、干燥、焙烧、过筛得到成品，是工业上制备多组分催化剂的常用方法。可分为干混法和湿混法，二者的不同之处在于干混法是将活性组分、助催化剂、载体及黏结剂、润滑剂、造孔剂等于机械混合器中混合；湿混法是将沉淀得到的盐类或氢氧化物、载体、助催化剂与黏结剂、润滑剂、造孔剂等在湿式混合器进行碾合。混合法制备催化剂时常选择石墨作润滑剂，压缩成型时石墨的存在可使粉体层承受的压力能很好传递，成型压力均匀且容易脱模，使料和壁之间摩擦系数小。最终产品成型时，加入的润滑剂在产品灼烧时能挥发除去。水可以起到黏合剂和润滑剂的双重作用，固体润滑剂可以用于较高压力成型。

混合法具有设备（球磨机、拌粉机）简单、操作方便、成本低及产量大等优点，缺点是分散性和组分均匀性较差。

11.1.5 熔融法

熔融法是在高温条件下进行催化剂组分的熔合，使之成为均匀的混合体、合金固溶体或氧化物固溶体。其特点是助催化剂组分在主活性相中的分布达到高度分散，以混晶或固溶体形态出现。熔融法制造工艺是高温下的熔合过程，温度是关键性控制因素。熔融温度的高低，视金属或金属氧化物的种类和组分而定。熔融法制备的催化剂活性高、机械强度高且生产能力大，局限性是通用性不大。该法主要用于制备合成氨的熔铁催化剂、甲醇氧化Zn-Ga-Al合金催化剂及Raney型骨架催化剂的前驱物等。例如，合成氨催化剂$Fe\text{-}K_2O\text{-}Al_2O_3$，是将磁铁矿$Fe_3O_4$与助催化剂氧化铝、硝酸钾、碳酸钙于1600～3000 ℃熔融、冷却、粉碎、过筛而制得，使用前再进行还原活化。

11.2 固体催化剂的新制备方法

11.2.1 溶胶-凝胶法

溶胶（sol）是具有液体特征的胶体体系，分散的粒子是固体或者大分子，分散相尺寸在1～100 nm之间。凝胶（gel）是具有固体特征的胶体体系，被分散的物质形成连续的网状骨架，骨架空隙中充有液体或气体，凝胶中分散相的含量很低，一般在1%～3%之间。溶胶-凝胶法是采用含高化学活性组分的化合物作前驱体，在液相下将这些原料均匀混合，并进行水解、缩合化学反应，在溶液中形成稳定的透明溶胶体系，溶胶经陈化胶粒间缓慢聚合，形成三维网络结构的凝胶，凝胶网络间充满了失去流动性的溶剂。凝胶经过干燥、烧结固化制备出分子乃至纳米亚结构的材料。

溶胶-凝胶法基本原理是醇盐的水解-缩聚反应。首先，醇盐水解生成含有部分羟基的水解产物即羟基烷氧基金属化合物［式(11-1)］，然后水解产物的羟基之间进一步脱水缩合［式(11-2)～式(11-4)］，同时羟基与烷氧基之间也存在缩合反应，该缩合过程脱除产物是醇，如式(11-5）所示。水解产物之间脱除羟基生成水的同时生成了溶胶粒子。羟基的多少取决于水解程度，完全水解形成金属氢氧化物，水解过程中只要有了羟基，缩聚反应就会发生。实际上水解反应和缩合反应是同时发生的，生成不同大小和结构的溶胶粒子，溶胶粒子凝集成为水凝胶。综上，溶胶-凝胶法分为溶胶制备和凝胶形成两个阶段，溶胶制备阶段原料水解、缩合成溶胶基本粒子，凝胶形成阶段是溶胶基本粒子凝集成为水凝胶，两个阶段无明显界限。溶胶凝结成凝胶后，要经过陈化处理使凝胶中固体颗粒再凝结和聚集，发生脱水收缩、粒子重排，凝胶网络空间缩小，粒子间结合更为紧密，从而增强网络骨架强度。

水解反应：

$$\mathrm{M(OR)}_n + x\mathrm{H_2O} \longrightarrow \mathrm{M(OH)}_x\mathrm{(OR)}_{n-x} + x\mathrm{R{-}OH} \tag{11-1}$$

缩聚反应：

$$\mathrm{(RO)}_{n-1}\mathrm{M{-}OH} + \mathrm{HO{-}M(OR)}_{n-1} \longrightarrow \mathrm{(RO)}_{n-1}\mathrm{M{-}O{-}M(OR)}_{n-1} + \mathrm{H_2O} \tag{11-2}$$

$$m\mathrm{(RO)}_{n-2}\mathrm{M(OH)}_2 \longrightarrow [\mathrm{(RO)}_{n-2}\mathrm{M{-}O}]_m + m\mathrm{H_2O} \tag{11-3}$$

$$m\mathrm{(RO)}_{n-3}\mathrm{M(OH)}_3 \longrightarrow [\mathrm{O{-}M(RO)}_{n-3}\mathrm{O}]_m + m\mathrm{H_2O} + m\mathrm{H^+} \tag{11-4}$$

羟基与烷氧基之间也存在缩合反应：

$$\mathrm{(RO)}_{n-x}\mathrm{(HO)}_{x-1}\mathrm{M{-}OH} + \mathrm{ROM(OR)}_{n-x-1}\mathrm{(OH)}_x \longrightarrow$$

$$\mathrm{(RO)}_{n-x}\mathrm{(HO)}_{x-1}\mathrm{M{-}O{-}M(OR)}_{n-x-1}\mathrm{(OH)}_x + \mathrm{R{-}OH} \tag{11-5}$$

溶胶-凝胶法中常用的醇盐包括如下几种：$\mathrm{Ti(OC_4H_9)_4}$、$\mathrm{Si(OC_2H_5)_4}$、$\mathrm{Al(O\text{-}{}^iC_3H_7)_3}$，$\mathrm{Zr(O\text{-}{}^iC_3H_7)_4}$。金属醇盐容易水解、技术成熟、可通过调节pH值控制反应进程，但是价格昂贵，金属原子半径大的醇盐反应活性极大，在空气中易水解，不易大规模生产，受OR基的体积和配位影响。

溶胶-凝胶法制备催化剂过程中，pH值及温度均影响水解-缩聚反应速率。对于不同前驱体，pH值的影响不一样。例如，以正硅酸乙酯为原料采用溶胶-凝胶法制备二氧化硅，反应条件不适合采用 2 或 7 左右的 pH 值。因为在 pH 值为 7 左右时，正硅酸乙酯的水解反应速率太慢，而在 pH 值为 2 左右，正硅酸乙酯的缩聚反应速率太慢。高温对醇盐的水解有利，另外，反应温度与凝胶时间以及是否凝胶有直接关系。一般情况下，升高温度可以缩短体系的凝胶时间。对水解活性低的醇盐（如硅醇盐），常在加热下进行水解，当体系的温度升高后，体系中分子的平均动能增加，分子运动速率提高，这样就提高了反应基团之间碰撞的概率，而且可以使更多的前驱体原料成为活化分子，这相当于提高了醇盐的水解活性，从而促进了水解反应的进行，最终缩短了凝胶时间。

采用溶胶-凝胶法可以制得组成高度均匀的氧化物及复合氧化物催化剂，再经还原可制得金属组分高度分散的负载型催化剂，且所制得的催化剂孔径均匀可控、比表面积大、催化活性高。

溶胶-凝胶法制备 KZSM-5

将 7.9300 g 去离子水和 1.5061 g 模板剂 TPAOH 充分混合，称取 1.5429 g 正硅酸乙酯作为硅源滴加到上述混合物中并于 80 ℃预晶化 24 h。取出上述混合物，降至室温。然后，将 4.4500 g 去离子水、0.0450 g 尿素、0.0740 g KOH 及 0.0120 g 异丙醇铝混合并搅拌得到铝源的碱性溶液。最后将铝源的碱性溶液缓慢滴加到预晶化的硅溶胶中，再转移至聚四氟乙烯釜中于 180 ℃晶化 48 h。反应结束后自然冷却至室温，离心、洗涤、干燥，并于 550 ℃焙烧 6 h，得到 KZSM-5 分子筛。后续再经离子交换可制备 HZSM-5 分子筛作为固体酸催化剂用于催化裂化等反应。

11.2.2 水热/溶剂热法

水热法（hydrothermal synthesis）是指在特制的密闭反应器中，采用水溶液作为反应体系，通过对反应体系加热、加压（或自生蒸气压），创造一个相对高温、高压的反应环境，使得通常难溶或不溶的物质溶解，并且重结晶而进行无机合成与材料处理的一种有效方法。溶剂热法（solvothermal synthesis）是在水热法的基础上发展起来的一种新的材料制备方法，将水热法中的水换成有机溶剂（例如有机胺、醇、氨、四氯化碳或苯等），采用类似于水热法的原理，以制备在水溶液中无法长成、易氧化、易水解（或对水敏感）的材料，如Ⅲ-Ⅴ族半导体化合物、氮化物、硫族化合物等。

(1) 水热/溶剂热法基本原理

水热法常用氧化物、氢氧化物或凝胶体作为前驱物，以一定的填充比加入高压釜，它们在加热过程中溶解度随温度升高而增大，最终导致溶液过饱和，并逐步形成更稳定的新相。反应过程的驱动力是最后可溶的前驱体或中间产物与最终产物之间的溶解度差。

水热/溶剂热生长体系中的晶粒形成存在三种机制：“均匀溶液饱和析出”机制、“溶解-结晶”机制及“原位结晶”机制。

“均匀溶液饱和析出”机制：由于水热反应温度和体系压力的升高，溶质在溶液中溶解度降低并达到饱和，以某种化合物结晶态形式从溶液中析出。当采用金属盐溶液为前驱物，随着水热反应温度和体系压力的增大，溶质即金属阳离子的水合物通过水解和缩聚反应，生成相应的配位聚集体。当其浓度达到过饱和时就开始析出晶核，最终长大成晶粒。

“溶解-结晶”机制：当选用的前驱体是在常温常压下不可溶的固体粉末、凝胶或沉淀时，在水热条件下，所谓“溶解”是指水热反应初期，前驱物微粒之间的团聚和联接遭到破坏，从而使微粒自身在水热介质中溶解，以离子或离子团的形式进入溶液，进而成核、结晶而形成晶粒。“结晶”是指当水热介质中溶质的浓度高于晶粒的成核所需要的过饱和度时，体系内发生晶粒的成核和生长。随着结晶过程的进行，介质中用于结晶的物料浓度又变得低于前驱物的溶解度，这使得前驱物的溶解继续进行。如此反复，只要反应时间足够长，前驱物将完全溶解，生成相应的晶粒。

“原位结晶”机制：当选用常温常压下不可溶的固体粉末、凝胶或沉淀为前驱物时，如果前驱物和晶相的溶解度相差不是很大，或者“溶解-结晶”的动力学速度过慢，则前驱物可以经过脱去羟基（或脱水）、原子原位重排而转变为结晶态。

水热条件下纳米晶粒的形成是一个复杂过程，环境相中物质的相互作用，固-液界面上物质的运动和反应，晶相结构的组成、外延与异化可看作是这一系统的三个子系统，它们之间存在物质与能量的交换，存在着强的相互作用。水热条件下纳米晶粒的形成过程分三个阶段：生长基元与晶核的形成，生长基元在固-液生长界面上的吸附与运动，生长基元在界面上的结晶或脱附。生长基元与晶核的形成：环境相中由于物质的相互作用，动态地形成不同结构形式的生长基元，它们不停运动，相互转化，随时产生或消灭。当满足线度和几何构型要求时，晶核即生成。生长基元在固-液生长界面上的吸附与运动：由于对流、热力学无规则运动或者原子吸引力，生长基元运动到固-液生长界面并被吸附，在界面上迁移运动。生长基元在界面上的结晶或脱附：在界面上吸附的生长基元，经过一定距离的运动，可能在界面某一适当位置结晶并长入晶相，使得晶相不断向环境相推移，或者脱附而重新回到环境相中。

（2）水热/溶剂热法工艺过程

水热/溶剂热法工艺过程包括如下步骤：选择反应物和反应介质，确定物料配方，优化配料顺序，装釜封釜，确定反应温度、压力、时间等条件，冷却开釜，液固分离，洗涤干燥，物相分析。

水热/溶剂热法可选择的前驱物包括如下几种：可溶性金属盐溶液；固体粉末，可直接选用相应的金属氧化物和氢氧化物固体粉末作为前驱物；胶体，在相应的金属可溶性盐溶液中加入过量的碱得到氢氧化物胶体，经反复洗涤除去阴离子后作为前驱物；胶体和固体粉末混合物。

水热/溶剂热法介质的选择：溶剂不仅为反应提供一个反应场所，而且使反应物溶解或部分溶解，生成溶剂化物，这个溶剂化过程会影响反应速率。溶剂的选择至关重要，溶剂种类繁多，反应溶剂溶剂化性质的最主要参数为溶剂极性，其定义为所有与溶剂-溶质相互作用有关的分子性质的总和（如库仑力、诱导力、色散力、氢键和电荷迁移力等）。同时溶剂的一些物理性质，在很大的程度上决定它的适合范围。这些性质主要有熔点、沸点、熔化热、汽化热、介电常数和黏度等。

水热/溶剂热法的影响因素包括以下几个方面：①温度。反应温度能够影响化学反应过程中的物质活性，进而影响生成物的种类及晶粒粒度，反应温度越高，晶体生长速率越快，晶粒平均粒度越大，粒度分布越宽。②压强。在水热/溶剂热实验中，压强不仅是选择反应设备的标准，而且会影响反应物的溶解度和溶液 pH 值，从而影响反应速率以及产物的形貌和粒径。③pH 值。酸碱度在晶体生长、材料合成与制备以及工业处理等过程中扮演极为重要的角色。改变溶液 pH 值，不但可以影响溶质的溶解度，影响晶体的生长速率，更重要的是改变了溶液中生长基元的结构，并最终决定晶体的结构、形状、大小和开始结晶的温度。④反应时间。晶粒粒度会随着水热反应时间的延长而逐渐增大。

实例 11-6

水热法制备 MgAl-LDHs

配制 0.1 mol/L 硫酸盐[n(Mg)∶n(Al)＝2∶1] 溶液 40 mL。然后将氨水滴加入上述溶液中，调节溶液的 pH 值。在 pH 值为 11 时得到白色沉淀物，然后将所得浆液倒入容量为 50 mL 的不锈钢聚四氟乙烯压力釜中，密封并在 190 ℃恒温水热老化。然后将所得产物分离，用水彻底洗涤干净，70 ℃干燥。

图 11-4 中 XRD 图表明所制备的 MgAl-LDHs 结晶度高，而（009）、（015）及（018）晶面衍射峰的缺失、（006）晶面衍射峰相对强度的增大以及（110）晶面衍射峰相对强度的减弱均表明水热条件下 LDHs 不同晶面生长速率有显著差异。图 11-4 中 TEM 图表明所制备的 MgAl-LDHs 呈现纳米棒状，直径为 35～50 nm，长度为 200～400 nm。HRTEM 图显示晶面间距为 0.154 nm，与六方晶系结构 MgAl-LDHs 的（110）晶面间距很好地吻合，相应的电子衍射图表明纳米棒为单晶。

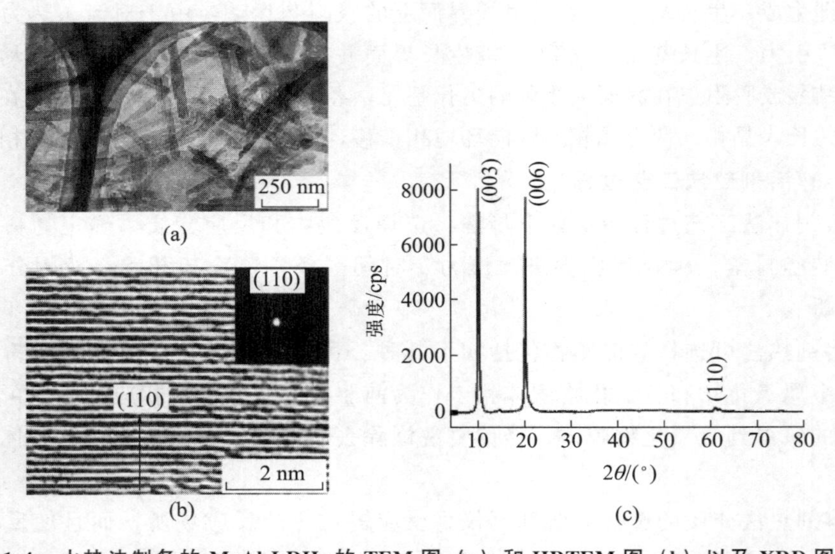

图 11-4 水热法制备的 MgAl-LDHs 的 TEM 图（a）和 HRTEM 图（b）以及 XRD 图（c）

实例 11-7

溶剂热法制备 Nb_2O_5 光催化剂

水合铌酸铵（1.933 g，6.38 mmol）与工业级油酸（4 mL，3.6 g，12.76 mmol）混合加入三辛胺（27 mL，21.6 g，61.07 mmol）中。将混合物转移到 45 mL 聚四氟乙烯内衬高压釜中，在 180 ℃反应 2～6 h，离心收集白色沉淀物，用乙醇和丙酮反复洗涤，干燥后于 580 ℃焙烧 1 h 得到了 Nb_2O_5 纳米棒，其 XRD 图及 TEM 图如图 11-5 所示。

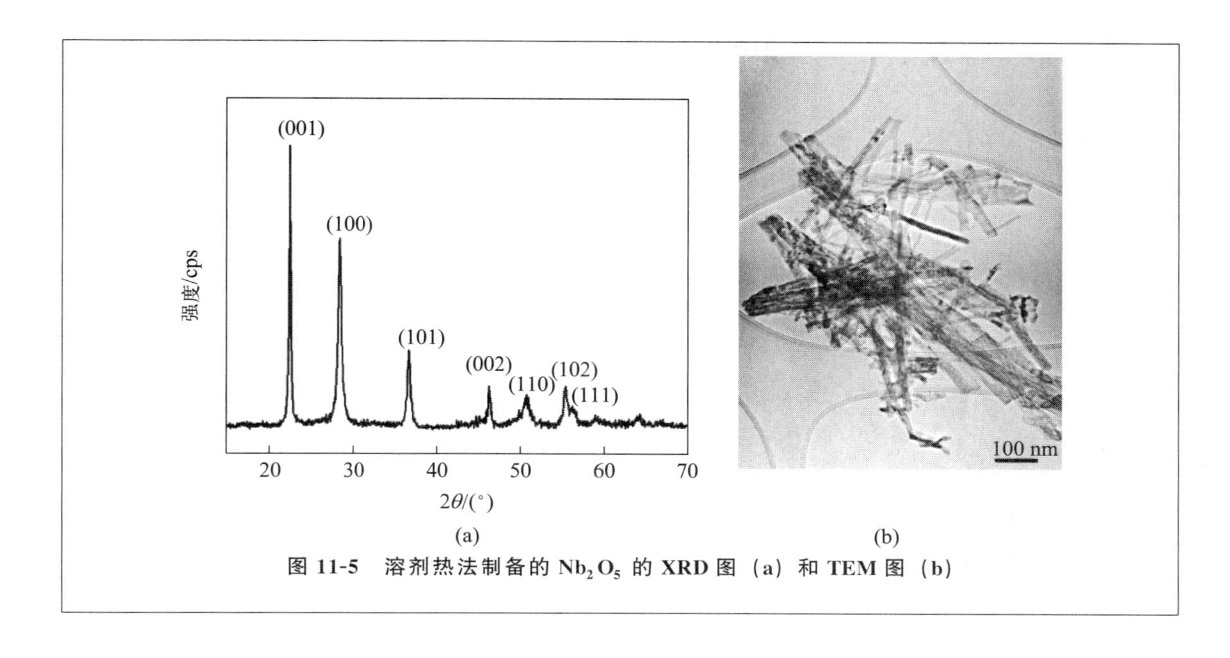

(a) (b)

图 11-5 溶剂热法制备的 Nb_2O_5 的 XRD 图（a）和 TEM 图（b）

11.2.3 微乳液法

在较大量的一种或多种两亲性有机物（表面活性剂和助表面活性剂）存在下，不相混溶的两种液体自发形成的各向同性的胶体分散体系称为微乳状液，简称为微乳液。微乳液分散相液珠大小一般在 10～100 nm 间，大致介于表面活性剂胶束与乳液胶体粒子之间，远小于乳状液液珠的大小，微乳液也分为三类：水包油（O/W）型、油包水（W/O）型、双连续相型。

微乳液通常含有如下四种成分。

① 表面活性剂：磺基琥珀酸双酯、聚氧乙烯醚、十二烷基硫酸钠、十六烷基三甲基溴化铵（CTAB）等；

② 助表面活性剂：中等碳链脂肪醇；

③ 有机溶剂（油相）：C_6～C_8 直链烷烃或环烷烃；

④ 水。

以两种反应物均为水溶液为例说明微乳液法制备催化剂的过程。首先，采用上述四种成分制备含有反应物的稳定的油包水型微乳液体系即微型反应器，可将油、表面活性剂和溶解反应物的水溶液混合均匀，然后向其中滴加助表面活性剂形成微乳液；或者先将油、表面活性剂和助表面活性剂混合为乳化体系，然后加入反应物水溶液形成微乳液。其次，将含有两种不同反应物的微乳液混合，液滴间碰撞或聚集，使得两种反应物发生反应，形成产物。反应完毕，破乳、过滤、洗涤、干燥、焙烧活化得到催化剂。

如果只有一种反应物是可溶性盐，另一种反应物是气体，可以将可溶性盐制备成油包水型微乳液，再向微乳液中通入另一反应物气体，气体反应物经扩散进入液滴内与可溶性盐发生反应生成沉淀，最后经破乳、过滤、洗涤、干燥、焙烧活化得到催化剂。

由于微乳液分散相尺寸小，因此采用微乳液法可制备纳米尺寸催化剂。表面活性剂的种类、用量以及微乳液组成、反应温度和时间等均会对产物结构产生影响。

实例 11-8

Ni/Al-LDHs的合成

Ni/Al-LDHs是类水滑石化合物，焙烧后得到镍铝复合氧化物，再经氢气还原得到负载型镍催化剂，可用于催化热解法制备碳纳米管等。

采用CTAB/正己烷/正己醇/水的微乳液体系合成一维Ni/Al-LDHs：将1.45～1.75 g CTAB溶解于34 mL正己烷和4 mL正己醇中搅拌30 min，直至溶解成透明溶液。然后，向溶液中加入2 mL含有硫酸镍和硫酸铝[Ni/Al=3/1(摩尔比)]的0.1 mol/L水溶液和2 mL的0.3 mol/L尿素水溶液。经过充分搅拌后，将生成的微乳液转移到50 mL不锈钢聚四氟乙烯内衬高压釜中，在200 ℃反应12 h，然后冷却至室温。最后离心得到沉淀，用丙酮和乙醇洗涤，然后90 ℃干燥。

图11-6表明不同浓度CTAB合成的产物均具有LDHs的特征衍射峰。图11-7表明表面活性剂的用量对LDHs的形貌有很大影响，CTAB浓度小时是纳米线以及纳米线组装形成的花状，CTAB浓度高时得到尺寸较大的棒状产物。说明采用微乳液法时通过调控表面活性剂的用量可以调控产物形貌。

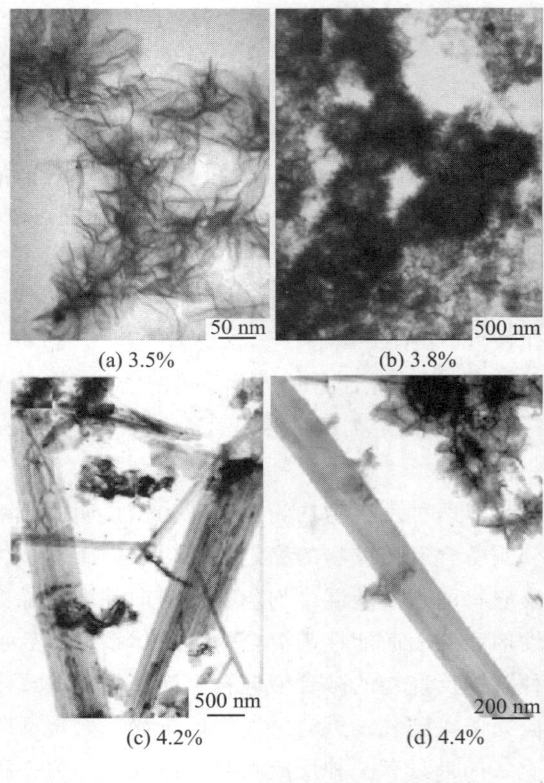

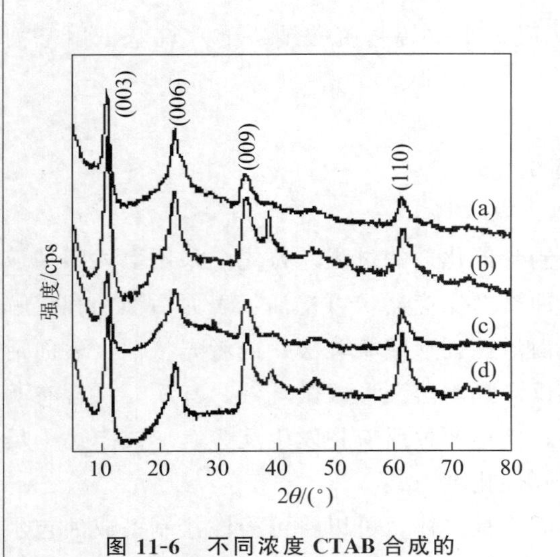

图11-6 不同浓度CTAB合成的Ni/Al-LDHs的XRD图

注：(a) 3.5%；(b) 3.8%；(c) 4.2%；(d) 4.4%。

图11-7 不同浓度CTAB合成的Ni/Al-LDHs的TEM图

11.2.4 自组装法

自组装（self-assembly）法是指基本结构单元（分子、纳米、微米或更大尺度）自发形成有序结构的一种技术。在自组装过程中，基本结构单元在基于非共价键的相互作用下自发地组织或聚集为一个稳定具有一定规则几何外观的结构。自组装过程一旦开始，将自动进行到某个预期终点，分子等结构单元将自动排列成有序的图形，即使是形成复杂的功能体系也不需要外力的作用。自组装过程并不是大量原子、离子、分子之间弱作用力的简单叠加，而是若干个体之间同时自发地发生关联并集合在一起形成一个紧密而又有序的整体，是一种整体的复杂的协同作用。

自组装能否实现取决于基本结构单元的特性，如表面形貌、表面官能团和表面电势等，组装完成后最终的结构具有最低的自由能。内部驱动力是实现自组装的关键，可包括范德华力、氢键、静电力等只能作用于分子水平的非共价键力和那些能作用于较大尺寸范围内的力，如表面张力、毛细管力等。自然界有两种类型的自组装：热力学自组装（如雨滴）和编码自组装（如有机分子自组装成一定功能组织的过程）。分子自组装是编码自组装的一种，总的来说，分子自组装的特征有：原位自发形成、热力学稳定；无论基底形状如何均可形成均匀一致的、分子排列有序的、高密堆积和低缺陷的覆盖层；另外还可人为通过有机合成来设计分子结构和表面结构以获得预期的物理和化学性质。

目前研究较多的组装方法有：化学吸附法、分子沉积法、接枝成膜法、慢蒸发溶剂法和旋涂法。影响组装体系稳定性的因素有：分子识别、组分、溶剂、温度及热力学平衡状况。

利用自组装技术制备纳米催化材料时，必须有两个前提条件：有足够数量的非共价键存在。因为只有这样，才能形成足够稳定的纳米结构体系。组装形成的纳米结构体系能量较低，这也是出于对产物稳定性要求的考虑。利用自组装技术制备纳米催化材料具有以下特点：粒径可控分散性好；纯度高，废物少；产物较稳定，不易发生团聚现象；操作仪器简单，但对条件的控制要求精确；产量较小。

实例 11-9

自组装法制备 Mn-N-C 单原子催化剂

基于廉价的和来源广泛的元素的高效单原子催化剂（SAC）对于在环境条件下将氮电化学还原为氨（NRR）是非常理想的。通过无模板叶酸自组装策略开发了由超薄碳纳米片上孤立的锰原子位点组成的 Mn-N-C SAC。自发的分子部分解离使制造过程变得容易，而不受金属原子聚集的困扰。制备过程如图 11-8 所示，将叶酸粉末分散在去离子水-乙醇混合溶液中，然后加入氯化锰。水热后冷冻干燥，再在氩气气氛下热解，得到 Mn-N-C SAC 样品。

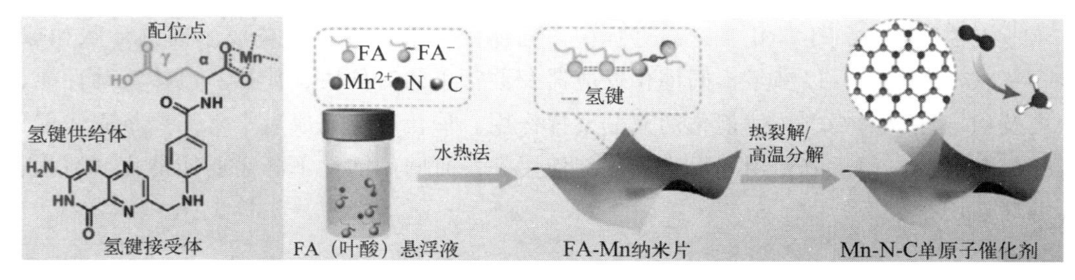

图 11-8 自组装法制备 Mn-N-C 单原子催化剂

11.2.5　化学气相沉积法

化学气相沉积法是一种采用化学气体或蒸气在基质表面沉积合成薄膜涂层或纳米材料的方法，可用于复合半导体材料、防腐涂层、绝缘材料、金属合金材料、催化材料等的制备过程。气相沉积法应用于催化剂的合成时，将气态的前驱物通入装有基材的容器，然后，利用高温分解、化学反应等方法，使得气态前驱物的某些成分沉积在基体上形成薄膜型复合催化材料。采用该法制备的催化材料纯度高、分散性好、粒径分布窄。气相沉积法又可分为蒸发法、化学气相反应法、溅射源法、真空沉积法和金属蒸气合成法。化学气相沉积技术大致包含三步：

① 形成挥发性物质；

② 挥发性物质转移至沉积区域；

③ 挥发性物质发生化学反应，产生固态物质并沉积。

化学气相沉积法应用于氢气分离的钯膜制备。使用钯有机化合物作制备钯膜的材料，在较低的温度下分解，均匀沉积在基材表面。这种方式能够制取出纯度很高的钯薄膜。

11.2.6　高温液相分解法

高温液相分解法是一种在溶剂环境中利用高温加热使催化剂前驱体分解来制备纳米尺寸催化材料的方法。该方法通常以易分解的有机金属化合物或金属有机酸盐等为前驱体，利用表面活性剂将其分散在高沸点有机溶剂中，高温下前驱体缓慢分解，形成有一定形貌的纳米金属、合金或金属氧化物。过程中缓慢加热至所需要的反应温度，触发纳米颗粒成核并控制其生长，这种方法能够大批量合成尺寸均一的单分散纳米颗粒。高温液相分解法可用于NiO纳米粒子的制备。具体流程如下：水热釜中以油酸为分散剂，将油酸镍分散在1-十八烯中，真空去除低沸溶剂、脱氧后，将水热釜密闭并转移至马弗炉中，采用2 ℃/min的升温速率升温至320 ℃，保温热分解2 h，反应结束后，冷却至室温，加入丙酮沉淀，离心分离，取固体沉降物用正己烷洗涤三次，得到NiO纳米粒子。

11.3　固体催化剂的成型与再生

工业上使用催化剂生产化工产品过程中，固体催化剂往往被制备成不同的形状如球状、片状、环状、条状等，以满足不同催化反应器及催化工艺对传质、传热、流体流动性能、机械强度及稳定性等的要求，使催化剂充分发挥作用。催化反应完成后常常需要将固体催化剂进行分离和回收以便重复使用，而当催化剂使用一段时间后活性下降需要使催化剂活化、再生并循环使用。

11.3.1　催化剂成型

工业固体催化剂常用的形状有条状、球状、环状、片状、四叶状、车轮状、网状、蜂窝状等。固体催化剂成型是指在一定外力作用下使液体状或粉末状催化剂以及载体加工成一定形状、大小和强度的大尺寸多孔固体催化剂的过程。催化剂的形状和尺寸对流体阻力、气流的速度梯度、温度梯度、浓度梯度均有影响，并影响实际生产能力和成本。因此需要根据催化反应过程的实际情况，综合考虑反应器类型、操作压力、床层压降、催化反应动力学、物化性质，以及成型工艺和成本，确定催化剂的尺寸、形状以及成型方法。

固体催化剂的成型方法主要有压片成型、挤出成型、喷雾成型、转动成型、油中成型等。

压片成型是最早工业应用的成型方法，是将催化剂、载体以及黏结剂等待压粉料由供料装置送入冲模，经冲压成型后由冲头排出。冲压成型过程中催化剂在外压力的作用下可压制成圆柱状、拉西环状或齿轮状等形状。压力对催化剂比表面积、孔结构等有一定影响。工业生产中需要经过条件试验确定最佳成型工艺。压片成型可以获得尺寸均一、表面光滑、密度较高、强度高的催化剂，从而用于高压、高流速的固定床反应器。但是，该成型工艺生产能力低、设备复杂、成品率低、冲头及冲模磨损大，因此成型费用高。

挤出成型是将黏结剂、润滑剂、造孔剂等加入活性组分、助催化剂、载体滤饼或粉末中，经过碾压捏和形成具有良好塑性的泥状黏浆，再用螺杆将泥状黏浆从模口挤出并切割。活性炭为常用造孔剂；羟丙基甲基纤维素、硅溶胶、铝溶胶以及铝酸钙水泥和水是常用的黏结剂，而且水可以起到黏合剂和润滑剂的双重作用；石墨是常用的固体润滑剂，压缩成型时使粉体层所承受压力能很好传递，成型压力均匀且容易脱模，使料和壁之间摩擦系数小，而且石墨作为固体润滑剂可用于较高压力成型。另外最终产品成型时，加入的造孔剂、润滑剂和有机黏结剂等助剂在产品灼烧时能挥发除去。图 11-9 给出了催化剂挤出机的示意图，挤出成型分为原料的输送、压缩、挤出和切割四步，通过变换模具可生产条状或异形催化剂和载体。其优点是成型能力大、设备费用低、对可塑性物料来说是一种方便的成型方法，可用于硅藻土、盐类、氢氧化物和氧化物的成型。

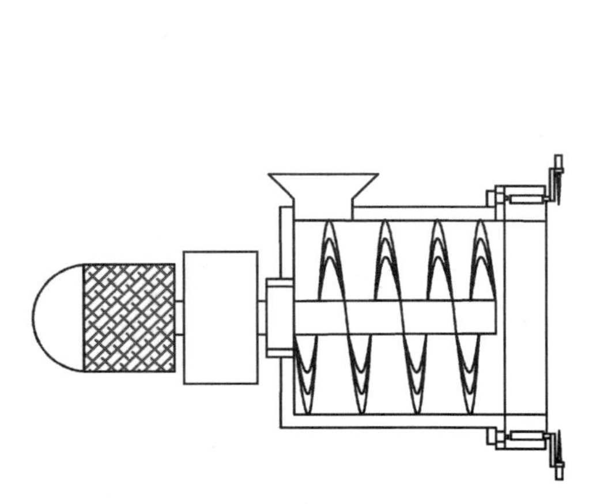

图 11-9　催化剂挤出机示意图

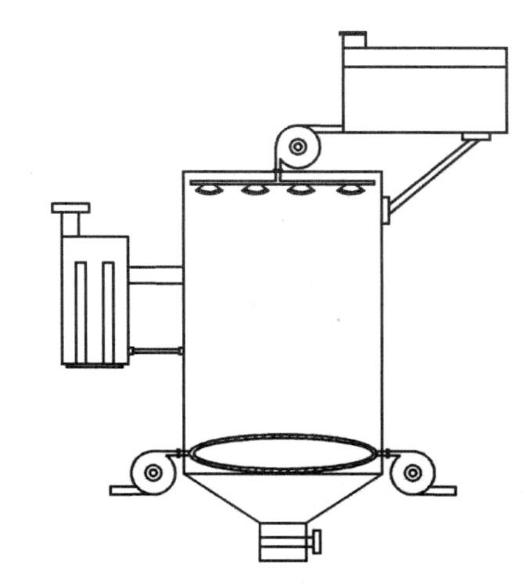

图 11-10　催化剂喷雾成型设备示意图

喷雾成型是制备微球状催化剂的常用成型方法，是将悬浮液或膏糊状物料通过喷雾干燥原理制成微球状固体颗粒。如图 11-10 所示，喷雾成型系统一般包括加热及其控制系统、浆液雾化及干燥系统、干粉收集系统以及气-固分离系统等。热空气通常被用作干燥介质。具体工艺过程如下：首先浆液通过喷嘴高速旋转或依靠高压喷出雾化成直径 20～60 μm 的雾滴，然后雾滴与热风接触使得雾滴迅速汽化，再经气-固分离及干粉收集系统获得干燥的球状颗粒产品。该成型方法有如下优点：干燥后的成品就是微球，不需粉碎可以直接使用；催化剂比表面积较大，有利于提高催化活性；雾滴可小到微米级，水分蒸发快，干燥时间短；通过改变成型工艺条件，可调控催化剂微球的直径和粒度分布。该成型工艺制备的微球催化剂适用于流化床反应器。

转动成型所用典型设备为转盘式造粒机，由成球盘、调节转盘角度的操纵机构及调速电动机三部分组成，可用于球状催化剂的成型。将干燥的粉末状催化剂和载体放在回转着的倾斜 30°～60°的转盘里，在转盘上方通过喷嘴慢慢喷入黏结剂（如水），润湿的部分粉末先黏结为粒度很小的颗粒。随着转盘继续转动，小颗粒逐渐长大成为圆球。该法所得催化剂粒度较均匀，形状规则，适合于大规模生产，但机械强度不高，表面较粗糙，必要时可增加烧结补强及球粒抛光工序。

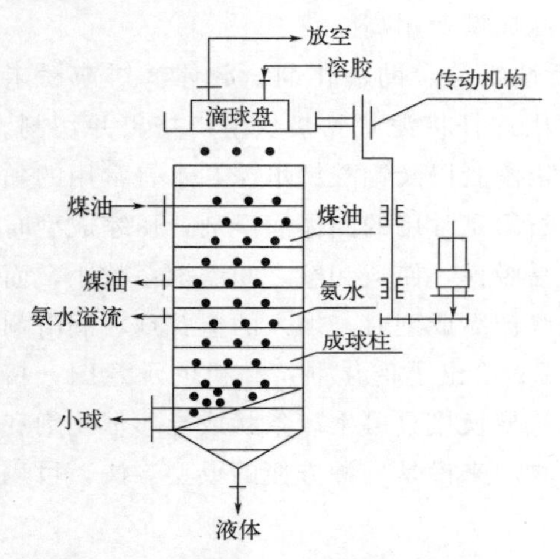

图 11-11 油-氨柱油中成型法工艺过程示意图

油中成型是利用溶胶在一定 pH 或温度下会转变成凝胶的性质以及油水表面张力的不同，使喷入油中的水性溶胶收缩成球并凝胶化，最后将球状凝胶经油冷硬化以及水洗干燥后焙烧得到催化剂。常用的油类为煤油、轻油等相对密度小于溶胶的液体烃类矿物油。如图 11-11 所示，在油-氨柱成型中，利用油与水的表面张力不同，使铝溶胶等水性溶胶在非极性油的表面张力作用下收缩成型，因此油主要起成型作用。氨水为碱性，溶胶为酸性，溶胶在氨水的作用下发生胶凝，因此氨水主要起胶凝作用，胶凝之后具有一定的硬度。为了降低油氨之间的表面张力，使溶胶在滴入油中成球后可以顺利通过油氨界面，需要在油氨界面处加入表面活性剂。该成型方法常用于生产高纯度球状氧化铝、微球硅胶和硅酸铝球等载体，微球表面光滑，有良好的机械强度。

成型方法不同，所得成型催化剂的形状、尺寸也不一样，从而对成型催化剂的性能也有影响。另外，同样的成型方法，如果成型工艺条件不一样，所得成型催化剂的结构和物性也有差别。因此对工业催化剂的成型，既需要根据反应器和催化工艺的要求选择合适的催化剂成型方法，也需要对成型工艺条件进行调控，以获得满足工业应用要求的催化剂。

11.3.2 催化剂活化

采用成型工艺制备的催化剂，常常是氢氧化物、氧化物、碳酸盐、硝酸盐等前驱体。这些前驱体不是催化反应所需要的化学态和结构，不具备催化活性，而且成型催化剂中还有润滑剂、造孔剂等助剂，因此需要经过焙烧、还原、硫化等活化处理，在成型助剂分解脱除的同时使催化剂活性组分由钝态转变为催化反应所需要的活性物相和结构，如由氢氧化物转变为氧化物，或由氧化物转变为金属。

(1) 焙烧活化

焙烧是催化剂活化的一种常用方式。催化剂前驱体如氢氧化物或碳酸盐在高温下焙烧会转变成具有活性的新晶相——氧化物，并使活性催化剂获得一定的晶型、晶粒尺寸、孔结构和比表面积，同时提高催化剂的强度。也就是说焙烧过程会发生化学变化和物理变化，化学变化包括热分解、氧化反应、固相反应等，而物理变化包括粒度、比表面积、孔结构等的变化。

① 焙烧过程的化学变化。焙烧过程经常发生热分解反应及氧化反应，在除去结合水和挥发性物质的同时生成相应的氧化物。例如 γ-Al_2O_3，是常用的载体，也是固体酸催化剂。工业制备 γ-Al_2O_3 时，将铝盐溶液加入碱沉淀剂后得到氢氧化物，再经多次过滤和洗涤后，加入固体润滑剂石墨进行挤出成型，100 ℃干燥后得到的成型催化剂是铝的氢氧化物且仍然含有润滑剂，因此需要焙烧活化后才能用于反应。600 ℃焙烧活化过程中，氢氧化铝受热分解释放出水同时生成氧化铝，石墨被氧化成二氧化碳，二氧化碳和水向外扩散使催化剂形成多孔结构。

焙烧温度需要通过测试前驱体的热重曲线，根据其热分解温度并结合最终催化剂活性相的晶体结构所需热处理温度来确定。例如，氧化铝有 γ、δ、η、θ、α 几种不同的晶型，氢氧化铝分解温度为 200～240 ℃，但是 γ-Al_2O_3 的形成温度为 400～700 ℃，而 α-Al_2O_3 的形成温度为 1100～1200 ℃。因此如需制备 γ-Al_2O_3，综合考虑氢氧化铝分解温度及 γ-Al_2O_3 的形成温度，可选择 600 ℃进行活化，如需制备 α-Al_2O_3 则可选择 1100 ℃进行活化。

负载型催化剂活性组分常常是金属，该类催化剂的活化包括焙烧及还原两个步骤。焙烧时前驱体氧化物组分与载体之间可能发生固相反应生成固溶体，而固溶体的形成会减缓晶体长大的速率。如果生成固溶体后氧化物可以经过还原获得活性组分，则金属与载体之间形成紧密结合，且阻止了金属微晶的烧结，使催化剂具有较高的活性和寿命。例如，Ni/MgO 催化剂的制备，500 ℃活化过程中氧化镍与氧化镁发生了固相反应生成固溶体，使得固溶体中氧化镍的晶粒尺寸显著减小，从而使得氧化镍还原得到的金属镍尺寸也小，有效防止了金属镍的烧结。

② 焙烧过程的物理变化。成型催化剂焙烧活化过程中由于发生热分解及氧化反应，易挥发组分扩散除去时得到多孔结构催化剂，因此比表面积增大。随焙烧温度升高及焙烧时间延长，催化剂晶粒尺寸增大。但是焙烧温度过高，会导致催化剂烧结反而使孔结构产生变化、孔容减小，比表面积也减小。

综上，焙烧温度过低及时间过短，无法形成活性相；温度过高及时间过长则会造成催化剂烧结甚至破坏活性相。可见，焙烧温度、时间等工艺条件会对催化剂结构产生重大影响，从而影响其催化性能。因此，必须控制合适的焙烧温度和时间，以获得具有合适的晶相结构及晶粒度、比表面积、孔结构的催化剂。

③ 焙烧设备。工业生产催化剂时使用的焙烧设备有箱式焙烧炉、回转式焙烧炉以及网带式焙烧炉等。

箱式焙烧炉是最常用的间歇操作式电加热焙烧设备。长方体炉室，内衬耐火砖，结构简单，操作方便，可程序控温，升温速率、焙烧温度和时间可随意调控。由于是间歇操作，需要人工装料和卸料，劳动强度大，且热传递不理想，生产能力低。

回转式焙烧炉是工业使用较多的连续操作式焙烧设备，主体为略带倾斜并能回转的卧式圆筒形炉体，以耐火砖作内衬，如图 11-12 所示。回转式筒体分为前部预热干燥段、中部焙烧段及后部冷却段三部分，并实行分段控温。壳体内包有电加热器，转筒速率由电机调速控

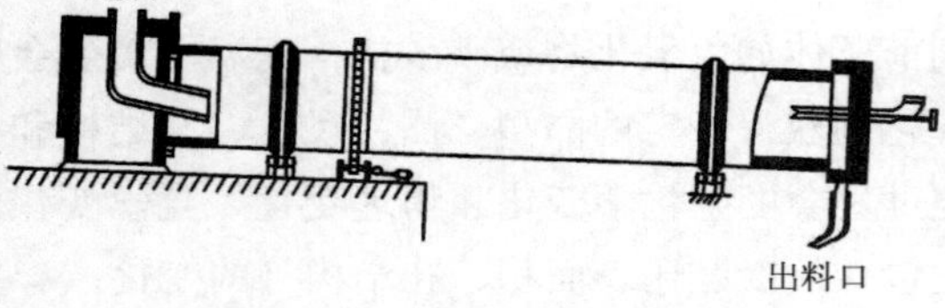

进料口

出料口

图 11-12 回转式焙烧炉结构示意图

制。催化剂物料从星形加料器连续均衡地加入旋转的筒体内，先进入预热干燥段，然后进入焙烧段，边从旋转的炉壁落下边被搅拌焙烧，最后经冷却段从尾部出料，再由输送带送到下一个筛分工序。焙烧过程产生的水汽和分解气体等气相产物由头部烟囱排出，焙烧温度 400～600 ℃，炉长度 8～12 m。回转式焙烧炉结构简单，搅拌良好，能处理粉料和块料，广泛用于氧化、还原、硫化和挥发的焙烧过程。物料靠重力或机械作用在焙烧时缓慢移动，炉气与炉料逆（顺）流或垂直相对运动，故气固间接触较好，生产效率高，生产能力大。

网带式焙烧炉也是一种连续操作式焙烧设备。由直径 1～1.5 m 不锈钢编成的网带及加热隧道组成，网带由滚筒带动，滚筒由可控调速电机或无级变速电机经链轮带动。网带线速率一般为 5～20 m/h，宽度为 0.8～1 m，隧道加热部分内衬耐火材料，由电或烟道气加热。物料在网带上先经预热干燥，再焙烧，最后冷却出料。

(2) 还原活化

制备活性组分为金属的催化剂时，常常先制备成氧化物或金属盐前驱体，在使用前再进行还原活化。例如，合成氨催化剂 $Fe\text{-}K_2O\text{-}Al_2O_3$，其活性组分是零价铁，熔融法制备该催化剂时是将磁铁矿 Fe_3O_4 与助催化剂氧化铝、硝酸钾、碳酸钙于 1600～3000 ℃熔融，然后冷却、粉碎、过筛。该催化剂用于合成氨反应前需要还原活化即将铁氧化物还原成金属铁。有些催化剂的活性相不是零价金属而是低价金属氧化物，这种情况下也需要进行还原活化，但是部分还原，例如 CO 变换反应的铁系催化剂需从 Fe_2O_3 还原成 Fe_3O_4。

还原温度、还原气的组成和流速等对活性组分的活性态晶粒度和表面结构有明显影响，从而影响催化性能。为获得高分散金属催化剂，需要确定合适的还原条件。

① 还原温度。对于金属氧化物，其还原温度决定于金属-氧键的强弱，而金属-氧键的强弱可通过金属氧化物的生成热来判断，金属氧化物生成热越大，金属-氧键越强，所需起始还原温度越高。另外，催化剂组分之间如果相互作用较强，如形成固溶体则会提高还原温度。通常情况下，还原温度可通过测试氧化物的程序升温还原（TPR）曲线来确定。在较低的还原温度下，金属分散度较好。在不发生烧结的前提下，尽可能提高还原温度，从而提高催化剂的还原速率，缩短还原时间。且由于还原过程有水分产生，提高还原温度可以减少已还原的催化剂暴露在水汽中的时间，减少反复氧化还原的机会。

② 还原气组成和流速。常用的还原气为 H_2，由于还原反应放热效应大，使用纯氢还原会导致局部温度过高或飞温，因此可采用 H_2 和惰性气体的混合气如 $H_2\text{-}N_2$ 混合气。另外，也可使用含少量 H_2 的 CO 作为还原气，H_2 的存在可防止高温下 CO 在已还原金属催化下发生歧化反应而积炭。还原过程中有水蒸气产生，水蒸气具有氧化性，为防止已还原金属被再次氧化及反复氧化还原，需要采用高还原气空速以便降低气相水汽浓度并将产生的水蒸气及时带走。高空速有利于还原反应平衡向右移动，提高还原速率。一般来说，还原气体中水分和氧含量愈多，还原后的金属晶粒愈大。因此还需尽量降低还原气体中水蒸气的分压，以提高金属分散度。

(3) 硫化活化

硫化活化是加氢脱硫催化剂所需的活化过程，目的是使催化剂中的金属组分从氧化态变为硫化态。加氢脱硫催化剂是将氧化钼分散于氧化铝并添加了助催化剂钴或镍。工业生产中使用 H_2S 或 CS_2 作为硫源对催化剂进行硫化活化，使氧化态的 Co/Ni 和 Mo 转化为其硫化物从而具备加氢脱硫活性，硫化温度、硫源种类及流速等取决于催化剂性质及制备方法。常用的硫化温度为 280～300 ℃，超过 320 ℃金属氧化物会被热氢还原，从而影响催化剂活性。另外，硫化方法可以是湿法硫化和干法硫化。湿法硫化是将 CS_2 溶于石油馏分形成硫化油，进反应器进行反应，CS_2 的浓度通常为 1%～2%；干法硫化是将 CS_2 直接注入反应器入口与 H_2 混合后进入催化剂床层进行反应。

11.3.3 催化剂再生

工业催化剂使用一段时间后活性会降低甚至失活，对失活的催化剂需要再生恢复其活性。这样可延长催化剂寿命，降低生产成本。

催化剂的失活很复杂，由多种原因引起。例如水蒸气常常能加速烧结，催化剂酸度易导致结焦。概括来讲，导致催化剂失活的主要原因包括如下三个方面：烧结、中毒、污损。

化工产品生产经常是高温下的催化反应过程，这样催化剂长时间处于高温反应体系中，从而使活性组分挥发、流失，或使负载金属烧结或微晶粒长大，导致催化活性降低甚至失活。烧结是影响催化剂寿命的大问题，烧结会导致催化剂失去表面积和孔，而恢复又相当困难。Huttig 认为，和烧结有关的表面扩散，在固体熔点 1/3 的温度下变得十分重要。因此烧结机理通常认为是如下过程：当温度为 $0.3T_m$（Huttig 温度）时，开始发生晶格表面质点的迁移；当温度为 $0.5T_m$（Tammann 温度）时，开始发生晶格体相内的质点迁移。可见，导致催化剂烧结的原因就是高温，而烧结是不可逆的，因此只能从催化剂组成及结构上进行改进以提高催化剂抗烧结性，措施之一就是添加少量第二组分，如稀土氧化物。

催化反应过程中，原料中的杂质、反应中形成的副产物等有可能在催化剂活性表面吸附，将活性表面覆盖，导致表面沾污、阻塞或结焦，进而导致催化剂活性下降乃至中毒失活。金属催化剂最常见的毒物有硫化物、CO 及汞，其特点是有毒化合物至少含有一对孤对电子，其与金属空的 d 轨道相互作用形成配位键导致强烈的吸附和中毒。中毒导致的催化剂失活大部分情况是很难再生的，有些可逆中毒可以再生。例如，中温 CO 变换反应，催化剂活性组分是 Fe_3O_4，当体系中含有 H_2S 时，活性组分会与 H_2S 反应生成 FeS 而中毒，该反应是可逆反应，因此工业上采用加大原料气中水蒸气量的方法，使硫中毒的催化剂再生成活性相 Fe_3O_4。

$$Fe_3O_4 + 3H_2S + H_2 \rightleftharpoons 3FeS + 4H_2O \tag{11-6}$$

污损指在催化剂上大量沉积无机物或结焦而使活性部位覆盖，催化剂的污损是不太有选择性的。其中无机物对催化剂的污损很难消除，如用于重油加氢的催化剂上的铁、钛、镍或钒等金属或化合物的沉积，氨氧化时铂-铑网的灰，裂解催化剂上沉积的镍。

结焦也是催化剂失活的普遍形式，包含所有含碳物质在催化剂上的沉积，如气相中产生的烟灰、惰性表面上生成的有序或无序炭（表面炭）、在可催化炭形成的表面上的有序或无序炭（催化炭）以及高分子量的稠环芳烃化合物，可以是液体（焦油），也可以是固体。其中催化结焦在金属和金属氧化物或硫化物上发生的反应机理不同，金属氧化物催化剂上产生的结焦是酸催化聚合反应的结果，如分子筛催化重油裂化反应过程导致的积炭，而金属催化剂上产生的结焦是以复杂机理进行的结焦过程。

因结焦失活的催化剂可以再生，因为该类失活只是简单的物理覆盖并未破坏催化剂活性结构，将积炭除掉即可再生，可通过炭与氧、二氧化碳、水蒸气或氢的气化作用而恢复催化剂活性表面：

$$C+O_2 \longrightarrow CO_2 \quad (11\text{-}7)$$

$$C+CO_2 \longrightarrow 2CO \quad (11\text{-}8)$$

$$C+H_2O \longrightarrow CO+H_2 \quad (11\text{-}9)$$

$$C+2H_2 \longrightarrow CH_4 \quad (11\text{-}10)$$

但是再生过程中要注意避免高温，否则容易烧结。再生过程无催化剂情况下，反应需在较高温度下进行，而催化剂能明显降低气化温度，相当量的炭可以在低至400 ℃的温度下除去。

对于固定床反应器，催化剂的再生可在原来的反应器中进行，而流化床反应器连续操作过程，催化剂的再生须在专门设计的再生器中进行。原有的流化床反应器中进行催化裂化，失活的催化剂连续地输入另一流化床反应器（再生器）中再生，再生催化剂连续地输送回裂化反应器，这样保障连续化的工业过程不受影响。需要注意的是，含金属组分催化剂的再生除了烧去积炭后，还需还原。

化工产品生产过程中，当催化剂活性下降到一定程度时需要经过再生恢复其活性，但再生不会使催化剂活性完全恢复，经过多次再生后，催化剂的活性无法满足工业生产的要求时就需要更换新的催化剂。

11.3.4 催化剂分离与回收

90%的化工过程需要使用催化剂，全世界已开发成功的各种工业催化剂在2000种以上，对生产过程的催化剂进行分离回收和循环使用是降低生产成本和解决环境污染的重要手段，特别是对于贵金属催化剂，由于资源匮乏且价格高昂，更需要进行分离及回收利用。

（1）均相催化体系催化剂分离与回收

催化反应工艺分为均相催化和多相催化两大类。对于均相催化，催化剂与反应物形成均一的相，这种情况下，催化剂不易分离回收。可采用物理吸附、萃取、沉淀、焚烧以及化学消解法等进行回收，大多数情况下需要联合使用这些手段才能使催化剂有效回收。

物理吸附是利用氧化铝、硅胶、分子筛或多孔树脂等的多孔结构和大比表面积对均相体系中的催化剂进行吸附，然后再经洗脱处理进行回收；萃取是用水溶性萃取剂如含羧基或羟基的水溶性配位体萃取已部分失活的贵金属催化剂，使贵金属进入水相，再用有机溶剂反萃取催化剂；沉淀法是利用配位体与贵金属反应生成易沉淀的化合物，经过滤后再进行处理；焚烧法是将催化剂废液加入无机添加剂进行高温焚烧处理使金属得以回收；化学消解法是将废催化剂用氧化性酸进行消解破坏其有机配位体从而使金属回收。例如，我国羰基合成铑催化剂 $HRh(CO)_2(PPh_3)_2$ 的回收，可以在废铑液中加入氢氧化钙添加剂然后于300 ℃左右进行焚烧，再将铑灰用王水于160 ℃左右进行化学消解，最后再经盐酸溶解并电解精制得到纯铑。这种焚烧、溶解、分离提纯是分离回收贵金属催化剂的通用方法。

（2）非均相催化体系催化剂分离与回收

对于非均相催化，催化剂与反应物处于互不相溶的两相中，如果是液-液非均相体系，可采用简单的相分离，将催化剂所处的液相进行分离并循环使用。对于最常见的气-固、液-固以及气-液-固体系，可采用旋风分离、离心分离、压滤、膜分离以及磁分离技术进行催化剂分离与回收。

旋风分离是利用离心沉降原理从气流中分离出催化剂固体颗粒：靠气流切向引入造成的旋转运动，利用气-固混合物高速旋转时所产生的离心力，使具有较大惯性离心力的固体催化剂甩向器壁从而将固体催化剂从气流中分离出来。固体催化剂颗粒所受的离心力远大于重力和惯性力，因此分离效率较高。工业流化床回收催化剂大都采用旋风分离器，如图 11-13 所示，其主要结构是顶部装有排气管及筒上段切线方向装有气体入口管的立式圆锥形筒，锥形筒底有接受固体的出料口。含催化剂的气流以 10～30 m/s 速度由进气管进入旋风分离器，气流将由直线运动变为圆周运动。催化剂颗粒在离心力作用下被甩向器壁后失去惯性力，然后沿壁面下落进入出料管被收集。同时旋转下降的外旋气流，不断向分离器的中心部分流入，形成向心的径向气流并向上旋转，最后净化气经排气管排出器外。在实际操作中应控制适当的气速以提高分离效率，抑或采用二级甚至三级旋风分离器。旋风分离器结构简单，设备紧凑，可在高温、高压环境下工作，且操作维修比较方便，使用寿命长。

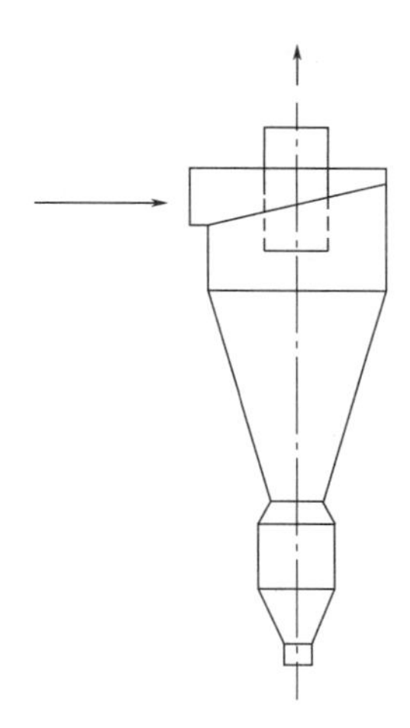

图 11-13 旋风分离器结构示意图

离心分离是利用转鼓旋转产生的离心惯性力来实现液-固非均相催化系统中固体催化剂的分离。离心分离机主要分为以下几类：过滤式、沉降式、高速分离式、台式、生物冷冻和旁滤式。离心分离机结构主要由转鼓和电机组成，转鼓在电机驱动下可以绕本身轴线高速旋转。含催化剂的悬浮液加入转鼓后，与转鼓同速旋转，在离心力作用下液固产生分离，并分别排出。一般情况下，转鼓转速越高，分离效果越好。对于过滤式离心机，卸料方式有间歇卸料、连续卸料和活塞推料，转鼓圆周壁上有孔，在内壁衬以过滤介质（滤网或滤布），待分离的物料从进料口进入高速旋转的转筒内，在离心力作用下，液体通过过滤介质成为滤液，而固体催化剂颗粒被截留在过滤介质表面，形成滤渣，从而实现液-固分离，使固体催化剂得以回收。对于沉降离心机，转鼓圆周壁无孔，离心力作用下固体颗粒向转鼓壁沉降，形成沉渣（或重分离液），密度较小的液体向转鼓中心方向聚集，流至溢流口排出，从而实现液-固分离。沉降式离心机可连续操作。

压滤也可用于液-固非均相催化体系催化剂的分离，是在一定压力下，使液相以过滤方式通过滤布而截留固体成为滤渣层，从而使固体催化剂得以分离回收。主要设备包括压滤机、转鼓真空过滤机、盘式过滤机及带式过滤机，其中压滤机尤其是板框压滤机最为常用。板框压滤机主要由尾板、滤框、滤板、头板、主梁和压紧装置等组成。两根主梁将尾板和压紧装置连在一起构成机架。机架上靠近压紧装置端放置头板，在头板与尾板之间依次交替排列滤板和滤框构成滤室，滤框间夹着滤布。在输料泵的压力作用下，将料液送进滤室，通过过滤介质将固体和液体分离。其特点是构造简单、推动力大、操作弹性大、在高压下操作。催化剂污水处理工艺中，与离心机相比，用板框压滤机处理流动性差、颗粒细的催化剂污泥，可有效改善脱水后上清液悬浮物含量高的问题。

膜分离技术是采用错流过滤方式利用陶瓷膜对催化剂与产物进行固-液分离。待分离料液在循环侧不断循环，膜表面将催化剂截留，而反应产物透过膜孔渗出。该过程中，流体流动平行于滤膜表面，因此过滤阻力低，在较低压力下可保持较高的渗透通量，使过滤可在较长时间内连续进行，催化剂损失少、回收率高，可用于小粒度超细催化剂的分离回收，洗涤脱盐后再生效果好，可循环用于催化反应，从而延长催化剂寿命、降低企业生产成本。膜分离技术主要用于需要对产物和催化剂进行分离的化工生产，在化工生产的催化剂回收方面显现了突出优势。

某些化工生产过程，在催化剂表面会沉积磁性的镍和铁等元素，且催化剂中毒越重磁性越强，利用磁分离技术可将中毒轻、磁性弱的催化剂回收并重新使用。流化催化裂化（FCC）是在一定温度及催化剂的作用下使重质油发生裂解反应，使用一段时间的 FCC 催化剂上含有磁性金属（Ni、V 和 Fe），可利用磁分离技术进行分离。我国于 1998 年首次将磁分离技术在洛阳炼油厂应用，后来经过发展，中石化工程建设有限公司等开发了具有高磁感应强度的辊式永磁技术，实现了多级分离，并在华北石油化工分公司重油催化裂化装置进行了工业应用。

上述几种催化剂分离技术各有特点，适用于不同的场合，需要根据实际要求进行选择并需要调控滤网孔径、流速、转速、压力等分离工艺条件以达到最优的催化剂分离效果。但是对于完全失活的催化剂，经分离得到的催化剂需再经萃取或化学处理将金属等进行回收。例如，对废 FCC 催化剂中稀土元素如 La 和 Ce 的分离回收可采用萃取法，而对于 Ni 和 V 常用提取分离法回收。加酸对废料进行酸解，使 Ni 和 V 变成离子状态，再根据其不同的沉淀 pH 值实现分离。

11.4 催化剂制备技术新进展

11.4.1 微波技术

微波是指频率在 300 MHz～300 GHz 之间的电磁波，波长在 1 mm～1 m 之间。微波加热是由于电磁场中介质极化损耗引起的内部加热，电磁波传递于媒介中，实现分子水平上的搅拌，达到均匀快速加热，介质材料内部、外部几乎同时升温，因此微波加热也可称作无温度梯度的“体加热”。采用微波技术制备催化剂实际是用微波辐射代替传统热源对体系进行热处理，通常涉及液相微波加热合成及微波固相反应。对于极性介质液相体系，微波加热迅速均匀，用于催化剂制备可加快反应速率，缩短反应时间，防止催化剂合成过程中晶粒异常长大，能够在较低温度用较短时间合成纯度高、粒度细的纳米催化材料，并有望获得具有独特结构、形貌和性质的新型催化材料。对于微波固相反应制备催化剂，如 SO_4^{2-}/ZrO_2 型固体酸催化剂，与传统高温焙烧一样，在微波场的作用下 ZrO_2 的相变过程也经历了由无定形到四方晶型再到单斜晶型的过程，但微波法制备的催化剂晶型结构更加完整，且完成相变过程的时间大大缩减，展现了微波法快速、高效和节能的优点。

11.4.2 等离子体技术

等离子体（plasma）是气体分子在受热或外加电场及辐射等能量激发，被电离后产生的离子、电子、自由基以及激发态粒子等组成的离子化气体状高活性混合物，被视为是除固、液、气外，物质存在的第四态，具有独特的离子效应、优良的导电性、显著的粒子集体运动行为等特点，其整体近似电中性，所以称为等离子体。具有工业应用价值的等离子体是具有非热力学平衡特性的冷等离子体，其富含的大量高能电子、自由基等活性物质，可与催化剂表面的粒子或基团相互作用，且高能电子具有较强还原性，该“高能低温”的特性使其成为当代绿色环保、节能高效的催化剂制备方法。

冷等离子体技术在催化剂制备中，一是利用低温等离子体处理代替传统热力学制备催化剂中的焙烧过程；二是对已经制备好的催化剂进行等离子体改性处理。等离子体制备及改性催化剂具有以下特点：①通过冷等离子体的高能特性可缩短制备时长，避免催化剂团聚，促进活性组分均匀分布，且会对晶体结构产生影响；②冷等离子体可避免焙烧带来的烧结，使催化剂具有大比表面积；③通过等离子体高能粒子的直接或间接作用氧化或还原催化剂，得到更适宜的催化剂化学形态，或通过高能粒子轰击产生更多表面活性位。

11.4.3 原子层沉积技术

原子层沉积（atomic layer deposition，ALD）是一种将气相前驱体通入反应器并在沉积基体上化学吸附并反应而形成沉积膜的一种技术，是将物质以单原子膜形式一层一层地镀在基底表面。在原子层沉积过程中每次反应只沉积一层原子，因此也称为单原子层沉积或原子层外延。由于单原子层逐次沉积，沉积层厚度均一。原子层沉积的表面反应具有自限制性，ALD 实际是基于饱和自限制的气-固界面反应技术，这种自限制特性及界面反应可用于催化剂制备并精确调控催化剂活性相结构，从而有效改善催化剂的性能。

ALD 技术用于负载型纳米金属催化剂的可控制备，可精确调控金属粒子的尺寸及分散性；ALD 也可用于制备单原子催化剂，最大限度地提高金属的原子效率；ALD 还可用于制备金属氧化物催化剂，如采用 ALD 技术在 g-C_3N_4 纳米片上原位选择性生长 TiO_2 纳米颗粒或 ZnO，制得 TiO_2/g-C_3N_4 及 g-C_3N_4@ZnO 复合光催化剂。此外，利用 ALD 技术可调控催化剂表面结构，还可通过调整 ALD 循环次数及沉积条件来调控内核颗粒尺寸及壳层厚度，实现具有不同功能及结构的核壳结构催化剂的可控合成，包括金属@金属核壳结构，金属@氧化物核壳结构。ALD 技术的诞生为精确设计及调控催化剂结构奠定了基础。

微波法、等离子体法以及 ALD 技术在催化剂制备领域获得了关注，但是仍处于实验室阶段，在理论和技术应用等方面还存在着很多未解决的问题。如何研制出性能完善、价格低廉的专业生产催化剂的大型设备，是实现大规模工业生产催化剂的关键。

思考题

1. Ni/Al_2O_3 是常用的加氢反应催化剂，可采用哪些方法制备？简述制备过程。
2. 采用溶胶-凝胶法制备 SiO_2 载体，调整哪些工艺条件有利于增大其比表面积？
3. 工业用条状 Al_2O_3 载体可用哪种方法成型？
4. 流化床用催化剂可用哪种方法成型？
5. 催化剂的还原活化过程，哪些因素会影响活性组分的分散度？
6. 导致催化剂失活的主要原因有哪些？因哪种原因失活的催化剂可以再生？

第12章

固体催化剂表征技术

催化剂的性能指标主要包括活性、选择性及稳定性，而这些性能取决于催化剂的宏观物性和微观结构。本章首先介绍催化剂的宏观结构包括比表面积、孔结构及机械强度等的测定原理和方法，然后介绍催化剂的微观结构及性能表征技术，最后阐述催化剂的活性和选择性评价方法及寿命考察方式。

12.1 固体催化剂的宏观物性测定

催化剂的宏观物性指由组成催化剂各粒子或粒子聚集体的大小、形状与孔隙结构所构成的表面积、孔体积、形状及孔径分布等，以及与此有关的传递特性及机械强度等。

12.1.1 固体催化剂的比表面积测定

(1) 比表面积测定原理

物理吸附法测定比表面积原理是基于 BET 等温方程表达的多层吸附理论，BET 法是测定载体及催化剂比表面积的标准方法。BET 公式是在 Langmuir 单分子层吸附理论基础上建立的，它接受了 Langmuir 的假定，即认为固体表面是均匀的，分子在吸附和脱附时不受周围分子的影响。其改进之处是认为固体表面已经吸附了一层分子后，由于范德华力还可以再吸附分子形成第二层、第三层等多层吸附，并认为不一定第一层吸附满后才开始进行多层吸附。这样 Brunauer、Emmett、Teller 三人在 Langmuir 吸附模型基础上提出了多分子层吸附模型，并推导出了与之相应的吸附等温方程即 BET 公式［式(12-1)］，从而定性并且在一定范围内定量解释了所有 5 种吸附等温线，解决了 Langmuir 方程只适用于 5 种吸附等温线中的一种的缺点。

$$\frac{p}{V(p_0-p)}=\frac{1}{V_m C}+\frac{C-1}{V_m C}\times\frac{p}{p_0} \tag{12-1}$$

式中，V_m 是单层吸附饱和时吸附物气体体积，cm^3；V 是平衡压力 p 时的吸附量，cm^3；p 是吸附平衡时的压力，MPa；p_0 是吸附气体在给定温度下的饱和蒸气压，MPa；C 是与吸附热有关的常数。

从 BET 方程可以看出，$p/[V(p_0-p)]$ 对 p/p_0 呈线性关系，实验时给定一个 p 值，可测定一个 V 值，这样可在一系列 p 值下测定得到一系列对应的 V 值，然后用 $p/[V(p_0-$

p)]对 p/p_0 作图，根据直线截距和斜率可以计算出单层饱和吸附量 V_m：

$$V_m = 1/(\text{截距}+\text{斜率}) \tag{12-2}$$

V_m 可换算成被吸附气体的分子数，如果已知吸附分子的横截面积，则可利用式(12-3)计算出催化剂的比表面积：

$$S=\frac{V_m N_0}{22400}\times\frac{\sigma}{W} \tag{12-3}$$

式中，σ 为吸附分子的横截面积，m^2；N_0 为阿伏伽德罗常数，6.022×10^{23}；W 为催化剂质量，g；V_m 为单层吸附饱和时吸附物气体体积，cm^3。

各吸附质分子的横截面积如表 12-1 所示。其中，N_2 价廉易得、纯度高，为最常用的吸附质，其分子的截面积为 0.162 nm^2。若样品与 N_2 存在化学吸附时，选用氩和氪作为吸附质。

表 12-1 BET 测定中常用的吸附质表观分子横截面积

吸附质分子	吸附温度/K	所有的实验值/nm^2	由液体密度所得计算值/nm^2	推荐值/nm^2
氮	77	0.162	0.162	0.162
氩	77	0.147±0.041	0.138	0.138
氪	77	0.203±0.033	0.152	0.202
正丁烷	273	0.448±0.098	0.323	0.444
苯	293	0.436±0.098	0.320	0.430

另外，N_2 作吸附质时，常数 C 值在 50～200 之间，当 C 较大且用 BET 法作图时，图中直线的截距 $1/(V_mC)$ 常很小，在计算时可忽略不计，BET 公式简化为：

$$\frac{p}{V(p_0-p)}=\frac{1}{V_m}\times\frac{p}{p_0} \tag{12-4}$$

$$V_m=V\left(1-\frac{p}{p_0}\right) \tag{12-5}$$

即可以将 $p/p_0=0.2\sim0.25$ 左右的一个实验点和原点连成一条直线，由直线斜率的倒数计算 V_m，然后利用式(12-3) 计算比表面积。这是一点法求比表面积的原理。

(2) 比表面积的实验测定方法

BET 公式中的吸附体积可以用容量法和质量法测定。

容量法是经典的测定方法，是根据吸附前后吸附系统中气体体积的改变计算吸附量，即测定已进入装置的气体体积和平衡时残留在空间中的气体体积之差。物理吸附仪包含复杂的真空吸附装置，样品需要先在一定温度如 300～400 ℃和一定真空度下进行脱气处理，以除去表面吸附的杂质，再于液氮温度下进行吸附质的吸附。静态低温氮吸附容量法为测定比表面积 $S>1\ m^2/g$ 的标准方法；氪在液氮温度下的饱和蒸气压 $p_0=267\sim400$ Pa，吸附平衡后剩余在管道里的氪很少，因此被测样品比表面积 $S<1\ m^2/g$ 情况下，用氪作为吸附质进行测定。吸附完成后，仪器会给出 p/p_0 和 V_m，从而计算出样品比表面积。容量法测定比表面积具有如下特点：仪器复杂，需测定死体积，需要校正仪器中大部分空间的体积，还需要采用差减法以及气体方程间接计算吸附量。

质量法测定吸附体积是利用特别设计的灵敏度极高的石英弹簧秤称取被测样品吸附的气体

质量，再换算成体积，从而利用BET公式计算比表面积。静态质量法测定比表面积具有如下特点：固体的吸附量通过石英或钨丝弹簧秤长度的变化直接表示，可以测定室温为液体的吸附质的吸附量，而且可在室温下进行实验，不需进行死体积校正，简便易行；可同时在多根弹簧上进行若干样品的测量，效率高；但弹簧的最大载量和感量有限，测量的准确度比容量法低，不适合测定比表面积较小的样品。高精度和精密的微天平的出现使质量法的准确度超过了容量法。

实例 12-1

静态低温氮吸附容量法测定 MgAl-LDO 比表面积

氮气物理吸附-脱附测试在荷兰ANKERSMID公司生产的BELSORP-MAX比表面积和孔结构分析仪上进行。具体过程如下：

首先，将MgAl-LDO固体碱催化剂于300 ℃真空脱气处理2 h，在液氮温度下通入吸附质N_2进行吸附-脱附测定，通过实验测出不同相对压力p/p_0下所对应的一组平衡吸附体积V，即测定得到图12-1(a) 所示吸附-脱附等温线。然后，利用吸附-脱附等温线上p/p_0为0.05～0.30的范围所对应的吸附体积V，计算$p/[V(p_0-p)]$并对p/p_0作图，得到直线[图12-1(b)]，直线在纵轴上的截距为$1/(V_mC)$，斜率为$(C-1)/(V_mC)$，求得单层饱和吸附量$V_m=1/$(截距+斜率)，再利用式(12-3) 求得比表面积S为199.1 m^2/g。

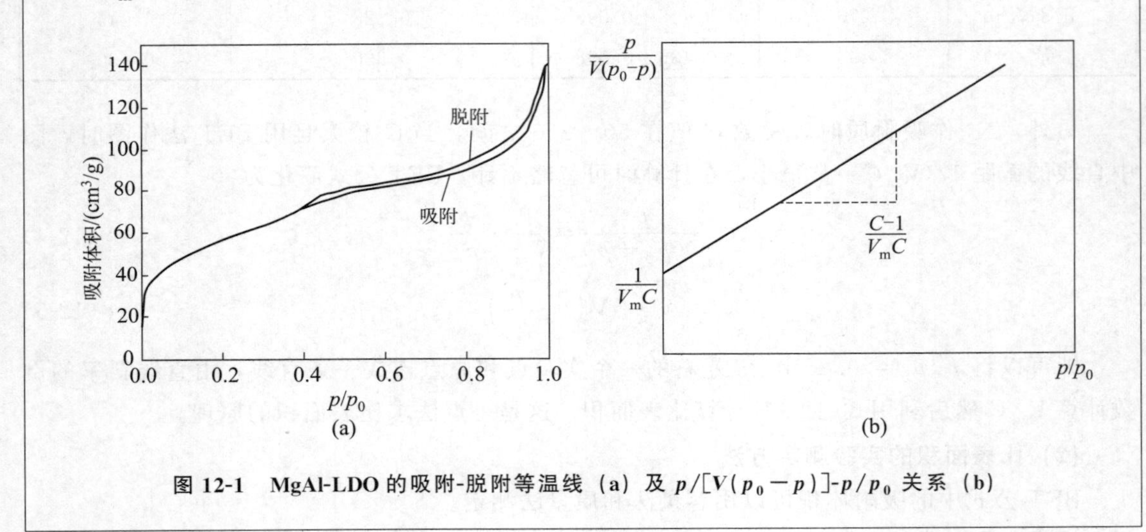

图12-1 MgAl-LDO的吸附-脱附等温线 (a) 及 $p/[V(p_0-p)]$-p/p_0 关系 (b)

(3) 活性组分的表面积测定

前述物理吸附法是利用吸附质对催化剂进行非选择性吸附测定催化剂总的比表面积。当载体表面活性组分的浓度较低时，不能采用BET法测定，可以利用化学吸附的选择性来测定活性组分的表面积。化学吸附法是根据各种气体对体系中各组分发生的特定吸附作用，在一定的条件下测定催化剂表面某组分化学吸附时气体的体积，从而计算出活性组分的表面积。例如，合成氨催化剂$Fe-K_2O-Al_2O_3$总比表面积采用BET法测定，Fe表面积采用CO化学吸附法测定，K_2O(+CaO) 表面积采用CO_2化学吸附法测定。简单说，化学吸附法是利用吸附质对催化剂某一活性组分进行选择性吸附而测定该活性组分的表面积。常用选择性化学吸附质及其优缺点如表12-2所示。

表 12-2 常用选择性化学吸附质及其优缺点

吸附质	吸附质的优点	吸附质的缺点	可测定的金属组分
CO	溶解于金属组分的可能性小	(1)低温时发生物理吸附； (2)吸附机理复杂； (3)有可能生成羰基化合物； (4)对杂质敏感	Pd、Pt(25 ℃)； Ni、Fe、Co(−195 ℃，−78 ℃)
H_2	(1)化学吸附机理较简单； (2)物理吸附少； (3)在氧化物上吸附少	(1)有溶解及生成氢化物的危险(特别是 Pd)； (2)对杂质敏感； (3)解离吸附产生的氢原子有时会迁移到载体上去(溢流效应)	Pt(约 200 ℃)； Ni(−78 ℃，−195 ℃)
O_2	在氧化物上吸附少	(1)低温易发生物理吸附(在 −78 ℃较微弱，在 −195 ℃较强)； (2)高温时发生副反应而生成氧化物，特别是和 Fe，和 Cr、Ni、Cu、Co、Pt、Ag 也会在不同程度上发生副反应	Pt、Ni(25 ℃，−195 ℃)； Ag(200 ℃)
硫化物如 CS_2 及噻吩等		(1)易发生物理吸附； (2)吸附机理复杂； (3)分子几何尺寸大，因而有些微孔可能进不去	Ni(40 ℃)

12.1.2 固体催化剂的孔结构测定

(1) 气体吸附法测定细孔半径及其分布

气体吸附法测定细孔半径及其分布是基于毛细管凝聚和 Kelvin 方程：

$$\ln \frac{p}{p_0} = -\frac{2\sigma V_1}{rRT} \tag{12-6}$$

式中，V_1 为吸附质液体的摩尔体积，cm^3/mol；r 为液体弯月面的平均曲率半径，nm；p 为孔隙中发生毛细管凝聚时的压力，Pa；p_0 为在温度 T 下吸附质的饱和蒸气压，Pa；σ 为用作吸附质的液体的表面张力，N/cm。

当孔的半径很小时，可以将孔看成毛细管，气体在孔中吸附可看成在毛细管中凝聚。当凝聚的液体润湿固体时，液体在细孔中形成弯月面，并且在细孔中凝聚时所需蒸气压力较低，孔内凝聚满足 Kelvin 方程，根据 Kelvin 方程可以计算一定压力时被充满的细孔的半径。

孔径越小，气体发生凝聚所需的压力越低，当蒸气压力由小增大时，由于凝聚被液体充填的孔径也由小增大，这样一直到蒸气压力达到在该温度下的饱和蒸气压时，蒸气在孔外凝聚。即在吸附实验时，随压力增大，凝聚作用由小孔开始逐渐向大孔发展；反之，脱附时，压力由大变小，解凝作用由大孔向小孔发展。r 为 Kelvin 半径，它完全取决于相对压力 p/p_0，即在某一 p/p_0 下，开始产生凝聚现象的孔的半径，同时可以理解为当压力低于这一值时，半径为 r 的孔中的凝聚液将汽化并脱附出来。通常催化剂上的吸附可以达到平衡，吸附等温线无论在吸附过程还是脱附过程应为同一等温线，但多孔催化剂上吸附等温线常常存在滞后环。孔径分布曲线通常采用脱附曲线来测定，因为在脱附时，液体是从孔端弯月面上蒸发，用脱附压力值根据 Kelvin 方程计算出的孔径与实测值一致。

具体步骤如下：

从脱附曲线上找出相对压力 p/p_0 所对应的 $V_{脱}$；

将 $V_{脱}$ 换算为液体体积 V_1：

$$V_1=\frac{V_{脱}}{22400}\times M_{N_2}\times\frac{1}{\rho_L}=1.55\times10^{-3}V_{脱} \tag{12-7}$$

计算孔体积 $V_{孔}$ 即吸附剂内孔全部填满液体的总吸附量：

$$V_{孔}=(V_1)_{p/p_0=0.95} \tag{12-8}$$

将 $V_1/V_{孔}$ 对 r 作图得孔径分布积分曲线；

将 $\Delta V/\Delta r$ 作图得孔径分布微分曲线，对应于峰最高处的 r 为最概然孔半径；

对孔径分布微分曲线进行积分可得总孔体积。

实例 12-2

MgAl-LDO 的孔径分布测定

MgAl-LDO 的孔径分布曲线可以通过图 12-1(a) 所示的吸附-脱附等温线，利用脱附分支通过非定域函数理论（NLDFT）模型计算得到，如图 12-2 所示。MgAl-LDO 含有微孔和介孔，微孔最概然孔径为 1.18 nm，介孔最概然孔径为 3.43 nm，其孔体积为 0.128 cm^3/g。

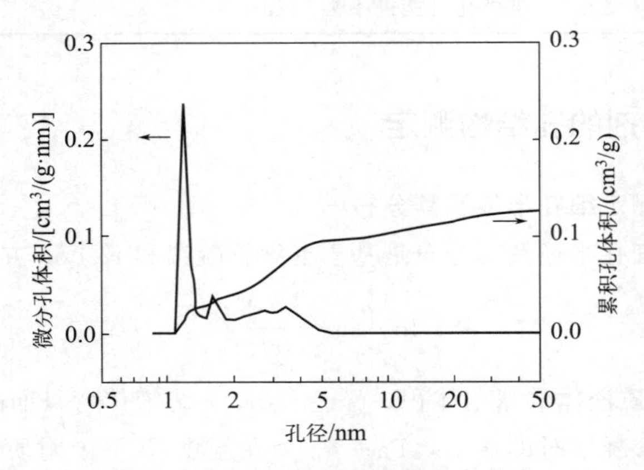

图 12-2 MgAl-LDO 的孔径分布曲线

(2) 压汞法测定孔径分布

气体吸附法不能测定较大的孔隙，而压汞法可以测定 7.5～7500 nm 的孔分布，弥补了气体吸附法的不足。

汞对多数固体是非润湿的，表面张力会阻止液体进入小孔，可利用外力克服此阻力。为使液体进入并填满某一给定孔所需的压力是衡量孔径大小的一种尺度，孔径越小，所需施加的外力越大。

对于圆柱形孔，其孔半径与压力之间存在如下关系：

$$r=-\frac{2\sigma\cos\theta}{p}=\frac{7500}{p} \tag{12-9}$$

式中，σ 为汞的表面张力，480×10^{-5} N/cm；r 为孔半径，nm；p 为压力，kgf/cm^2

($1\ kgf/cm^2=98.1\ kPa$)；θ 为汞与固体催化剂的接触角，(°)。

测定时，将样品置于特制的汞孔度计（图 12-3）中，用汞将样品浸没；加压，将汞压入孔中；被压到孔中的汞的体积可由暴露出汞面的铂丝的电阻变化求出；利用式(12-9) 计算出在不同压力 p 下的孔半径，从而得到汞压入曲线和微分曲线。

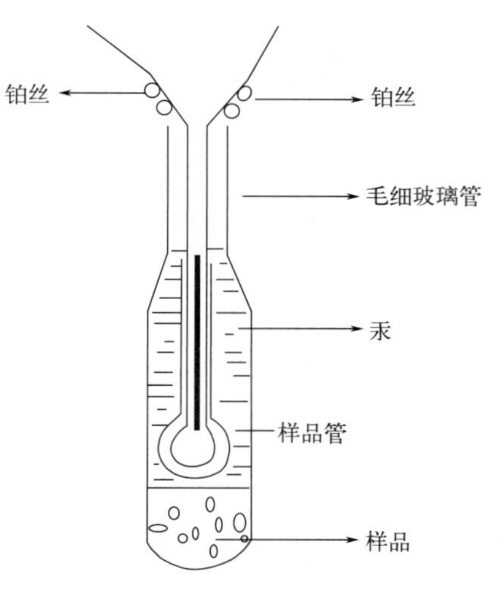

图 12-3 汞孔度计示意图

(3) 催化剂密度的测定

催化剂密度大小反映出催化剂的孔结构与化学组成、晶相之间的关系。一般情况下，催化剂孔体积越大，密度越小；催化剂组分中重金属含量越高，密度越大。催化剂特别是载体的晶相结构及组成不同，密度也有差别。如前所述，催化剂的密度有堆积密度、颗粒密度及真密度。

堆积密度是单位堆积体积的催化剂所具有的质量，其测定是通过称量一定体积量筒（100 mL）装满催化剂后催化剂的质量来计算。

颗粒密度是单位颗粒体积的催化剂所具有的质量，采用汞置换法测定，即取一定堆积体积的催化剂精确测量颗粒间的空隙体积，其依据原理是汞在常压下只能进入孔半径大于 5 μm 的孔。先将催化剂放入特制已知容积的瓶中，加入汞，保持恒温，然后倒出汞，称其质量换算成空隙体积；然后用堆积体积减去空隙体积就是颗粒骨架体积加内孔体积，用该体积及催化剂质量计算出颗粒密度。

真密度即骨架密度，是单位体积催化剂骨架或固体部分的质量。采用氦置换法测定催化剂真密度，类似汞置换法，即取一定堆积体积的催化剂精确测量颗粒间的空隙体积和内孔体积。原理是氦分子小，可以进入颗粒内的所有细孔。因此由引入的氦气量，根据气体定律和实验温度压力计算氦气所占据的体积（内孔体积＋空隙体积），用堆积体积减去该部分体积就是骨架体积，通过骨架体积及催化剂质量计算出真密度。

12.1.3 固体催化剂的机械强度测定

催化剂的机械强度主要包括抗压碎强度和磨损强度。

抗压碎强度是对被测催化剂均匀施加压力直至颗粒被压碎所能承受的最大压力。其测定方法有两种：单颗粒压碎试验法和堆积压碎法。单颗粒压碎法采用条状、片状或球状等成型催化剂颗粒，测试大小均匀、足够数量的颗粒取平均值。催化剂使用过程中，有时破损百分之几就会造成床层压降猛增而被迫停车，而单颗粒压碎强度试验不能反映催化剂的破碎情况，对此需要以某压力下一定量催化剂的破碎率表示，这就是堆积压碎强度，对不规则形状催化剂也只能用该法测定堆积压碎强度。取 3～6 mm 催化剂颗粒，过 425 μm 筛孔筛（不含能通过 425 μm 筛孔的细粉），然后在 10 kg、20 kg、40 kg、60 kg 负荷下，测定通过 425 μm 筛孔细粉的累积质量，产生 0.5%（质量分数）细粉所需施加的压力就是堆积压碎强度。

磨损强度指一定时间内磨损前后样品质量的比值。具体测定过程：将 60～200 目催化剂 100 g，置于磨损强度器上振动 15 min 后，取出过筛，称 60～200 目催化剂的质量。

12.2 固体催化剂的微观结构表征

催化作用发生在催化剂表面的特殊位置（活性位），即反应中催化剂上表面原子或者原子团，所以要求表征方法在原子、分子尺度上获取催化剂的结构、组成等信息。此外，催化反应过程是通过反应物吸附在表面上，被吸附分子之间或者与另一气相分子反应，反应的产物最后脱附，常需要通过对反应物和产物的动力学观察推论其反应机理，也需要对固体催化剂的微观结构进行表征。本节将介绍X射线衍射分析法、电子显微技术及光电子能谱法、红外光谱技术、能谱分析法及核磁共振方法在固体催化剂微观结构表征中的应用。

12.2.1 X射线衍射分析法

决定催化剂性能的因素不仅有其分子的化学组成，还有相关原子在空间结合分子或物质的方式，即结构形式。X射线衍射（XRD）是通过对材料的X射线衍射和衍射图谱的分析，获得材料成分、内部原子或分子结构（或形态）等信息的研究手段。根据衍射原理，X射线衍射仪可以精确测定物质的晶体结构、晶粒大小及应力，精确进行物相分析。

12.2.1.1 晶体学基础

自然界中的晶体大小悬殊、形状各异，但各种晶体的共同点是组成晶体的质点（原子、分子或离子）都按照一定方式在三维空间周期性排列，形成长程有序的结构。人们把晶体中重复出现的最小单元作为结构基元（各个结构基元相互之间必须是化学组成相同、空间结构相同、排列取向相同、周围环境相同），用数学上的一个点来代表，称为点阵点。整个晶体就被抽象成一组点，称为点阵。理想的晶体结构是具有一定堆成关系的、周期的、无限的三维点阵结构。可表示为：

$$晶体结构 = 点阵 + 结构基元$$

设想把点阵放回晶体中去，将晶体切分成并置的平行六面体小晶块，每个空间格子对应一个小晶块。这种小晶块就是晶胞，代表晶体结构的最小单元。如图12-4所示，在晶体学中，通常选取晶胞的三个基矢作为坐标轴，用a、b、c来表示，称为晶轴。三个晶轴之间应遵守右手关系法则，轴长刚好等于晶胞的三个棱长，分别用a_0、b_0、c_0表示，而它们之间的夹角用α、β、γ来表示，参数a_0、b_0、c_0和α、β、γ称为点阵参数或晶胞参数。

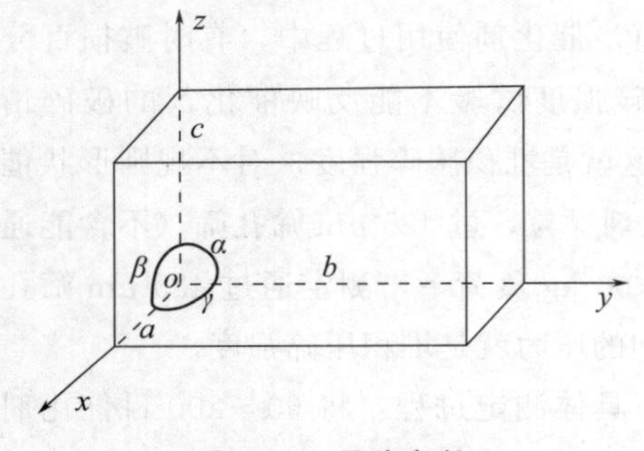

图12-4 晶胞参数

在七大晶系基础上，如果进一步考虑简单格子和带心格子（即底心、体心及面心三种复胞）四类阵胞，就会产生14种空间点阵形式，也叫14种布拉维点阵（格子）。空间点阵形式属于微观对称。晶体的宏观对称操作是点操作，所有宏观对称元素会通过一个公共交点按一切可能组合起来，产生晶体学点群。晶体的宏观对称元素只有8种。晶体点群数目也受到限制，只有32种。这32个点群与14种布拉维点阵按照适当的晶系相结合，可以得到简单的65种空间群，如再将具有平移特征的螺旋轴及滑动面两个微观对称元素加入，则将获得230种晶体结构的空间群。

12.2.1.2 晶体的X射线衍射基础

X射线是一种电磁波，入射晶体时晶体产生周期变化的电磁场。当一束单色X射线入射到晶体时，由于晶体是由原子规则排列成的晶胞组成，这些规则排列的原子间距与入射X射线波长有相同数量级，故由不同原子散射的X射线相互干涉，在某些特殊方向产生强X射线衍射。衍射线在空间分布的方位和强度，与晶体结构密切相关。这就是X射线为二次X射线的基本原理。

当X射线通过物质时，部分透过物质的X射线引起波长不变的散射（相干散射、汤姆逊散射），这种散射是由一个电子所引起的。由于原子是电子的集合体，所以汤姆逊散射的干涉现象可以说明原子的散射，而原子规则排列着的晶体，由于原子散射线的干涉，在特定的方向上散射X射线很强，这就是晶体的X射线衍射。

(1) 布拉格方程

晶面的散射X射线的干涉：如图12-5所示，第一排晶面和第二排晶面的散射X射线的干涉，只需考虑第一排晶面和第二排晶面之间的面间距引起的光程差。第一排晶面和第三排晶面以及其他平行晶面的X射线的干涉，也同样只需考虑晶面间距引起的光程差。第一排晶面和第二排晶面的光程差为$2d\sin\theta$，当光程差等于波长的整数倍时散射就加强。故：

$$2d\sin\theta = n\lambda \tag{12-10}$$

这个公式称为布拉格（Bragg）方程。式中，d为原子面的间距（晶面间距），nm；θ为布拉格角（入射角=反射角=θ），(°)；λ为X射线波长，nm；n为反射级数。

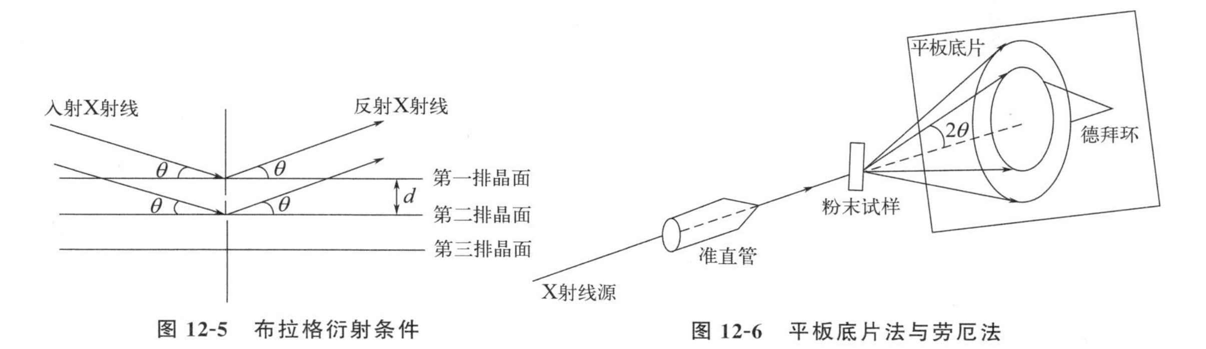

图12-5 布拉格衍射条件

图12-6 平板底片法与劳厄法

(2) X射线衍射实验方法

劳厄法采用连续X射线照射固定晶体，用垂直于入射线的底片记录衍射线而得到劳厄斑点。如图12-6所示，当这些衍射锥和平板底板相遇时，得到以入射X射线为中心的同心圆衍射线。

常用的X射线衍射方法见表12-3。

表12-3 常用的X射线衍射方法（按成像原理分类）

衍射方法	入射X射线	样品	λ	θ
劳厄法	连续	单晶	变	不变
转晶法	单色	单晶	不变	变
粉晶法	单色	多晶粉末	不变	变

(3) 粉末法的 X 射线衍射强度

布拉格方程只能确定衍射方向，它反映了晶胞的大小和形状。但是晶体种类不仅取决于晶格常数，更重要的是原子种类及原子在晶胞中的位置。而原子种类和原子在晶胞中的位置不同反映到衍射结果上，表现为反射线、衍射线的有无或强度大小，即衍射强度。衍射强度是由晶体一个晶胞中原子的种类、数目和排列方式决定的，仪器等实验条件对强度也有影响。X 射线衍射强度在衍射花样上反映的是衍射峰的高低或衍射峰面积的大小，在照相底片上反映为黑度，一般用相对强度来表示。

12.2.1.3 多晶 X 射线衍射

几乎所有的固态物质均以结晶状态存在，其中多数以微细的晶粒紧密结合而成，称为多晶体。多晶体广泛地存在于自然界和人工合成的物质中。采用粉末状晶体或多晶体为试样的 X 射线衍射叫做粉末法。这种方法应用于晶体的结构、试样的物相分析以及晶粒聚集情况的研究。

(1) 多晶 X 射线衍射仪原理

X 射线衍射法因晶体是单晶还是多晶分为 X 射线单晶衍射法和 X 射线多晶衍射法。单晶 X 射线衍射分析的基本方法为劳厄法、周转晶体法和四圆单晶衍射仪法，现在最常用的是四圆单晶衍射仪法。X 射线多晶衍射法包括照相法、针孔法、衍射仪法。照相法又可分为德拜照相法和聚焦法，其中德拜照相法应用最广泛。

多晶粉末衍射法的原理如下：将细束单色 X 射线照射到粉末试样，设试样中的某晶粒中面间距 d 的晶面（hkl）与入射 X 射线呈 θ 角，并满足布拉格方程 $2d\sin\theta=n\lambda$，则这个晶面使入射 X 射线衍射。如图 12-7 所示，这时候的衍射方向与晶面呈 θ 角，衍射线与入射线的延长线之间的夹角称为 2θ 角（衍射角）。

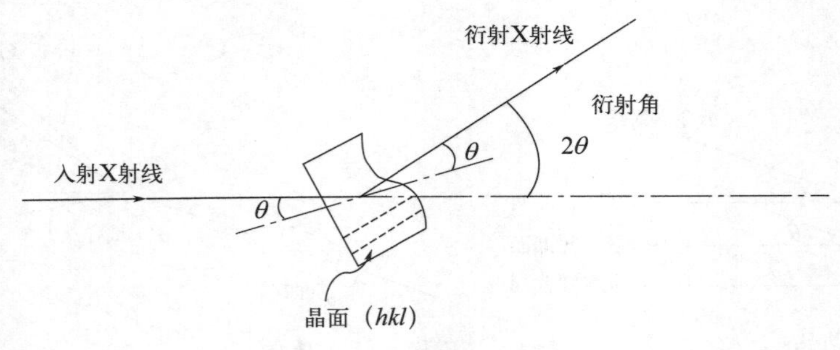

图 12-7 单个晶体的衍射图

(2) 多晶 X 射线衍射仪

根据研究对象的不同，X 射线衍射仪测定方法可以分为单晶衍射法和多晶粉末法。单晶衍射法可以精确给出晶胞参数，晶体中成键原子的键长、键角等重要的结构数据。多晶粉末法用来确定晶体结构的点阵形式、晶胞参数及简单结构的原子结构。对于绝大多数晶体来说，单晶样品难以得到，因此多晶粉末衍射仪最为普遍。目前最流行的多晶 X 射线衍射仪采用 Bragg-Bren-Tano 聚焦几何的衍射仪法。X 射线衍射仪形式多种多样、用途各异，但其基本构成很相似，主要部件包括四个部分：①高稳定度 X 射线源；②样品及样品位置取向的调整机构系统；③射线检测器；④衍射图的处理分析系统。

12.2.1.4 多晶 X 射线衍射技术在催化中的应用

X 射线多晶衍射是研究材料结构及对其进行结构表征的权威方法。对不同的材料，从多晶衍射谱中可以得到其特征的谱图，包括峰位、峰强比、峰形及半峰宽等影响因素。各个因素同材料的性能关系密切。衍射峰位置及 2θ 分布和峰的强度序列决定于物相的组成，峰位的偏移和材料的微应力相关，峰强比之间的变化反映了物相中各个衍射面的择优取向，峰形和半峰宽的差别涉及晶体的晶粒大小。对于纳米材料，晶粒的大小是其特性的重要指标，同时晶粒大小对材料的实际性能影响很大。利用 X 射线多晶衍射可对纳米材料进行较全面的表征，除了求算晶粒大小外，还可测定不同分散态纳米材料的组成、微观应力、择优取向等。

(1) 定性相分析

以化学组成和结构相区别的物质被称为不同的物相。每一种晶相都有自己的一组谱线，称为特征峰。特征峰的数目、位置和强度，只取决于物质本身的结构。X 射线定性相分析是对比被测样品和已知物质的衍射图谱。若样品的衍射图谱含有某已知物质的图谱，即可判定样品中含有该种已知物质。若某一种物质包含有多种物相时，每个物相产生的衍射将独立存在，互不干涉。该物质衍射实验的结果是各个单相衍射图谱的简单叠加。因此，应用 X 射线衍射可以对多种物相共存的体系进行全分析。

定性相分析鉴定所采用的方法，一般为 Hanawalt 法。首先，从测定的衍射线中找出衍射强度最强的衍射线，在索引中找到对应的一组数据，然后获得 JCPDS（joint committee powder diffraction standard）卡的号码，找出 JCPDS 卡，仔细对照、比较，判别是否含有该种物质。随着计算机功能的提高，现今定性相分析都采用计算机检索卡片。图 12-8(a) 为合成的不同硅铝比（137、224、309）Al-ITQ-13 分子筛样品的 XRD 谱图，从图可知，制备的产品的 XRD 谱图的峰位置与文献中 XRD 谱图的一致，说明所获得的不同硅铝比 Al-ITQ-13 分子筛样品均属 ITH 结构的晶型，且结晶良好、无杂晶。

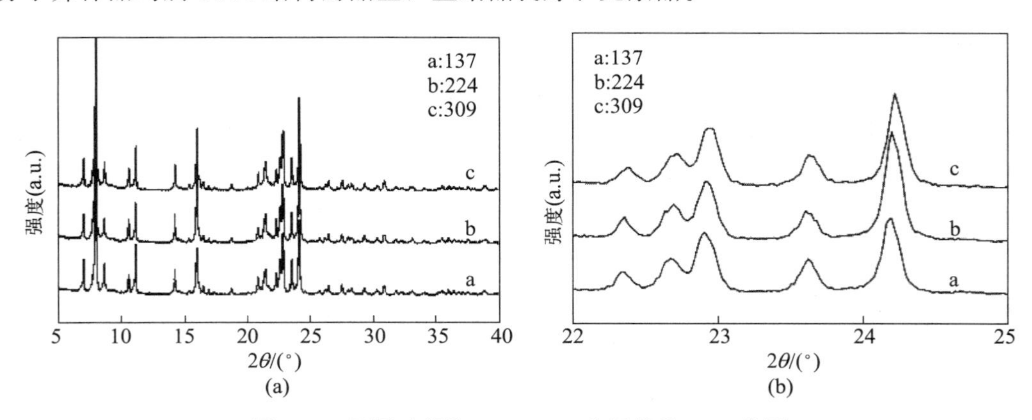

图 12-8 不同硅铝比 Al-ITQ-13 分子筛的 XRD 谱图

图 12-8(b) 示出了横坐标 2θ 值为 22.0°～25.0°的放大的特征峰谱图，随着分子筛样品硅铝比的增大，归属于 ITQ-13 分子筛（006）晶面的特征峰略向高衍射角方向呈规律性的偏移。这是因为随着沸石样品硅铝比的增大，沸石骨架中 Si—O 结构单元增多，Si—O 键长（0.161 nm）比 Al—O 键长（0.175 nm）短而导致晶体的晶胞收缩，晶面间距减小，从而使得沸石 X 射线衍射的特征峰向 2θ 值增大的方向偏移。

(2) 定量相分析

每一种物相都有各自的特征衍射线，而这些特征衍射线的强度与样品中相应物相参与衍射的晶胞数目成正比，利用这一原理可以对样品中的物相组成进行定量分析。XRD 定量相分析是在定性相分析的基础上进行的，它的依据在于一种物相所产生的衍射线强度与其在混合物中的含量有关。物相定量分析方法主要有：外标法、内标法以及无标样法。例如利用内标法定量分析 α-AlH_3 晶型的纯度。乙醚法是目前合成 AlH_3 使用最多的湿法合成方法，该法合成的 AlH_3 存在 α、β、γ 等六种晶型，相对于其他晶型，将 α-AlH_3 加入推进剂中，对推进剂的安全性能和工艺性能都是有利的。

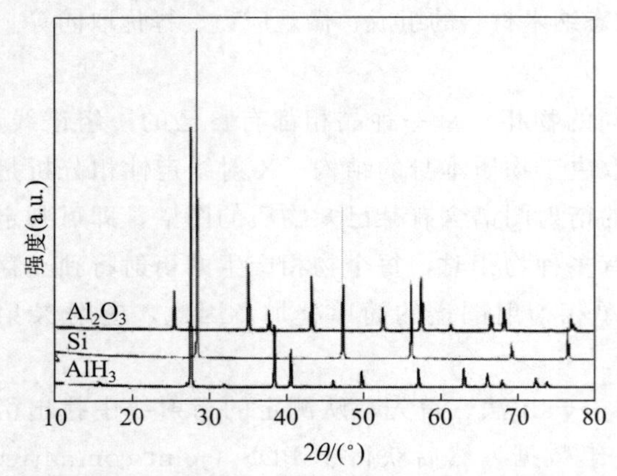

图 12-9　AlH_3 样品、Si 和 Al_2O_3 的 XRD 谱图对比

对比硅粉与 α-Al_2O_3 的 XRD 谱图，如图 12-9 所示，选择其中一种作为内标物（N），由内标物和 AlH_3 在 XRD 中的最强衍射峰面积比和最强衍射峰强度比来计算 AlH_3 粉末中 α 晶型的质量分数。采用不同的处理方法对样品进行了混合，使用连续扫描方式，扫描速度为 6°/min，步长为 0.02°，得到混合样品的衍射谱图。采用研磨、超声、压片等处理方式对样品 A_0、B_0 和内标物进行混合处理，使用 X 射线粉末衍射仪测试，对比测试结果的平行性，确定混合 AlH_3 粉末和内标物合适的方法。再选用 3 个其他批号的样品（批号分别为 C_0、D_0、E_0），进一步验证方法的可行性和适用性。

12.2.2　电子显微技术

一般来说，电子显微技术是指利用电子束对分析目标进行照射或者扫描，并收集电子与目标区域相互作用产生的有关信息，经过换算、放大等处理，得到我们想要了解的样品的微观信息。而利用电子束对目标区域进行放大成像的设备，就是通常说的电子显微镜，最常见的电子显微镜是扫描电子显微镜（SEM）和透射电子显微镜（TEM），此外还有扫描探针电子显微镜（SPM）、扫描透射电子显微镜（STEM）、分析电子显微镜（AEM）、电子探针显微镜（EPMA）、扫描电声显微镜（SEAM）等新型衍生设备。尤其是 AEM，在催化领域中是研究催化剂微结构、微区组成的强有力的工具。

电子显微镜的放大倍率很高，理论上可以达到 100 万倍以上，这是因为它的“光源”是电子束，而电子束的运动速度可以通过加压来提高，运动速度越大，其波长就越短，例如一个受到 200 kV 高压加速的电子束，其波长仅有 0.025 Å。显然，这样的短波长“光源”具有非常强大的穿透力和分辨率，所以可以看到几埃的微观区域。目前，最先进的透射电子显微镜的高压范围已经达到 1300 kV，其分辨率和穿透能力是可想而知的。

尽管各种电子显微镜及其衍生品种越来越多，但一般实验室常见的电子显微镜仍然是扫描电子显微镜和透射电子显微镜。对于催化剂的表征工作来说，最常用、最方便使用的也是这两种，所以是我们重点介绍的内容。

12.2.2.1　扫描电子显微镜

(1) 扫描电子显微镜的工作原理

扫描电子显微镜（scanning electron microscope，SEM）是将一束经过聚焦的电子束照射（投射）到所要观察的样品上，并逐点进行扫描，然后根据二次电子、背散射电子或吸收电子的信号变换成像（原理见图 12-10）。扫描电子显微镜观察的样品可以是粉末、颗粒、薄膜、块状以及切片生物样品等多种形式。通常的扫描电子显微镜是以二次电子为主要成像信号源。电子由电子枪发射，加速电压 0.5～30 kV，电子能量在 5～335 keV 之间可调节。电子经过第二聚束镜和物镜的缩小处理就形成具有一定能量、一定束流强度、一定束流直径的电子束，该电子束在线圈驱动下，可以根据设定的程序在样品表面进行扫描。电子束在扫描过程中和样品发生相互作用，产生二次电子（或背散射电子）或部分电子被吸收，而二次电子的发射量随样品表面的形貌而变化，检测器收集这些电子并转换为电信号，经过视频放大后输入至显像管，就得到样品表面的二次电子影像。现在新型的 SEM 多数都直接连接在计算机上，可以通过计算机观察、储存、传输样品的微观形态图像。

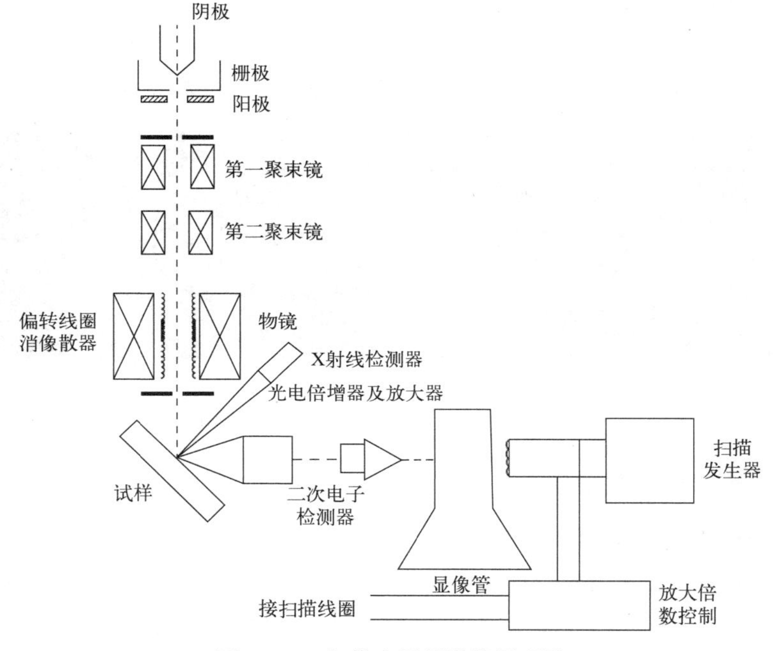

图 12-10 扫描电子显微镜原理图

(2) 扫描电子显微镜的构造与特点

① 构造。扫描电子显微镜主要包括电子光学系统、信号收集和显示系统、真空系统、电源系统、冷却系统等。

a. 电子光学系统。电子光学系统由电子枪、电磁透镜、光栅、样品室等主要部件组成，其作用是为电子显微镜提供高强度（亮度）和小直径的电子束，因为这样的电子束具有更高的分辨率和图像清晰度，因此可以观察更细微的形貌差异。

b. 信号收集和显示系统。信号收集和显示系统主要包括：二次电子和背散射电子收集器、吸收电子收集器、X 射线检测器（带 X 射线能谱仪的才有）、显示系统等。

② 基本特点。扫描电子显微镜可以观察直径 100 mm 以下的样品，且对样品的要求也比较低，可以是大块状，也可以是微小的颗粒或薄膜，所以制样方法简单；扫描电子显微镜的场深很大，一般是光学显微镜的 300 倍以上，因此适用于大块物体、粗糙表面和断面的分析观察，且适用于一些特殊形貌物体的观察。与透射电子显微镜相比，扫描电子显微镜图像更有三

维立体感和真实感，易于区分和识别，其放大倍率调节范围很大，可以达 10～1000000 倍。扫描电子显微镜的高倍率和大场深，使其适用于多相、多组成的非均匀体系观察，例如一些新型复合材料、载体型复合催化剂等。这些样品既可以在扫描电子显微镜上进行低倍率的普查，又可以进行高倍率的精确观察，分辨率目前已经达到 1 nm 左右，效果非常理想。

(3) 扫描电子显微镜在催化中的应用

过渡金属硫化物（TMS）被广泛用于电催化析氢反应（HER）。然而，由于 TMS 暴露的活性位点稀少、电子转移不良和稳定性不理想，HER 活性仍远低于贵金属铂基材料。通过在泡沫镍上制备 Ni-Mo 基硫化物（Ni-MoS）长方体阵列，以实现高效和长期的 HER。图 12-11 是不同放大倍率下 Ni-MoS 纳米阵列的 SEM 图，在较低放大倍率下［图 12-11(a)］，只能看出三维泡沫镍基底网格被许多物质覆盖，无法看出其形貌和尺寸；较高放大倍率下［图 12-11(b)］，看到泡沫镍表面生长了尺寸均匀的长方体形阵列；更高的放大倍率下［图 12-11(c)］，可以看到在长方体形阵列上覆盖了许多厚度在 9 nm 左右的纳米薄片。这些纳米薄片提供了大的比表面积，有利于析氢反应中对水的吸附，提高了材料的析氢性能。

图 12-11　Ni-MoS 纳米阵列的 SEM 图

12.2.2.2　透射电子显微镜

(1) 透射电子显微镜的工作原理

透射电子显微镜（transmission electron microscope，TEM）是电镜技术中发展最快、应用最广的显微技术手段，发明者为德国的 Koll 和 Ruska，发明时间是 1932 年。据说当时的分辨率已经达到 2 nm 的水平，而目前的透射电子显微镜分辨率已经达到 0.2 nm 以下，其中晶格条纹的分辨率可以达到 0.1 nm 以下，也就是说可以实现在原子（离子）尺度直观地观察材料的缺陷和结构状况，这种分辨率如今也只有扫描探针电子显微镜（SPM，一般为扫描隧道显微镜、原子力显微镜和磁力显微镜的集合体）可以超越。显然，透射电子显微镜可以有效地进行显微形貌观察与二维几何结构研究，结合 X 射线能谱仪可以进行样品的微区成分分析，尤其是它可以实现原子、分子尺度上的原位观察操作，所以成为催化剂表征重要而有效的工具。

透射电子显微镜的成像原理类似于普通光学显微镜，关键点是透射电子显微镜是以电子束为光源，而普通光学显微镜是以可见光为光源。光学显微镜采用玻璃透镜聚焦，而透射电子显微镜是用磁透镜聚焦。电子显微镜的放大效率和观察效果，主要决定于显微镜的分辨率和像素，即通常说的反差度。这可以形象地表述为样品各个部位的强度与背景平均强度的差别，也就是观察到的图像明、暗（白、黑）的差异。当电子与试样接触时，将发生散射、干涉、衍射、反射等作用，这些作用都与样品各部位的特征有关，经过信息的接收、处理，转换为有衬度的图像信息，就得到放大的视图。

(2) 透射电子显微镜的构造与特点

透射电子显微镜可以分为光学系统、真空系统、供电系统三大部分，也可以分为光学、信息采集、信号处理、成像与输出、真空、电源与控制等系统。

① 光学系统。与扫描电子显微镜不同，透射电子显微镜的整个光学系统都设置在一个镜筒中，所以其主体是一个高高的圆柱状镜筒。最上部是电子枪，然后分别是聚光室、样品室、物镜、中间镜、投影镜、观察室、荧光屏、CCD 采集器（或照相机）等。按照功能的不同，光学部分又可以分为电子光源系统（又称照明系统）、成像系统、图像输出与记录系统等。

② 真空系统。透射电子显微镜和扫描电子显微镜一样，都需要极高的真空度，否则电子与空气中运动的气体分子发生相互作用而引起散射等作用，影响衬度和图像清晰度，还会使电子栅极与阳极间高压电离，导致极间放电。此外，残余气体对灯丝会产生腐蚀，也会污染样品，影响测试结果。

③ 供电系统。电镜的加速电压根据需要有不同的设计要求，目前主流透射电子显微镜的加速电压范围有 40～120 kV、200 kV、300 kV、500 kV、800 kV，部分品牌的产品甚至达到 1200 kV。显然，加速电压越高，电子的运动速率也就越大，其对样品的穿透能力也就越强。

(3) 透射电子显微镜在催化中的应用

碳基载体的高导电性和稳定性使其在电催化领域得到了广泛的应用。图 12-12 是 Fe/C@CNT 的 SEM 和 TEM 图像，实验时通过快速微波处理法使 Fe、C 负载在碳纳米管（CNT）上，形成具有高电解水性能的异质结，再在其上负载其他金属，以此得到具有优良性能的电解水催化剂。在图 12-12(a) 的 SEM 中可以看到碳纳米管上均匀生长了许多小的纳米颗粒。图 12-12(b) 是它的 TEM 图像，进一步证实了纳米粒子（直径 5～10 nm）的形成，插图高分辨透射电子显微镜（HRTEM）图显示纳米粒子被薄碳层（厚度 1～2 nm）包裹，其中 0.202 nm 宽度的晶格条纹归属于 Fe 的（110）面或 Fe_3C 的（220）面，表明锚定在 CNT 上的纳米颗粒是 Fe/Fe_3C。

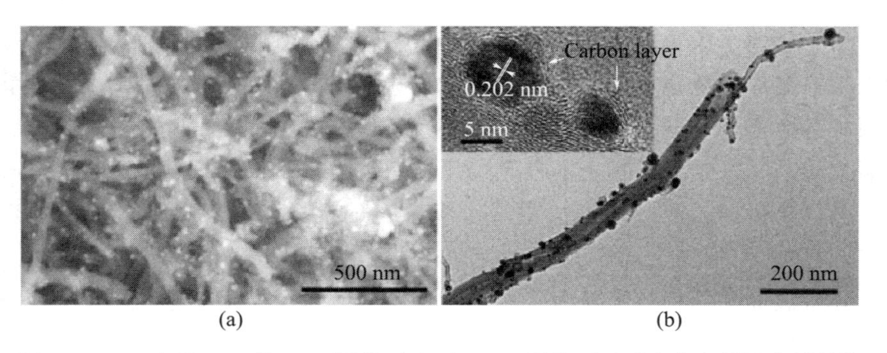

图 12-12 Fe/C@CNT 的 SEM 图像（a）和 TEM 图像（b）[左上角插图为材料的高分辨透射电子显微镜（HRTEM）图]

12.2.2.3 其他电子显微技术

(1) 分析电子显微镜（AEM）

分析电子显微镜一般是指配备有 X 射线能谱仪（EDS）和电子能量损失谱仪（EELS）的专用扫描透射电镜，它有 d-STEM 和 TEM/STEM 两种形式，是一种更高端的电镜。它采用和透射电子显微镜一样的薄样品、中等加速电压（100～400 kV）和细电子束（<1～10 nm），所以分辨率很高（1～10 nm）。由于配备了EDS和EELS，所以它除了具备TEM和STEM的全部功能外，还可以进行样品的X射线显微分析和电子能量损失图谱分析。所以在催化剂微结构、微区成分分析方面具有重要作用。

由于载体中催化活性组分的含量很低且高度分散，限制了许多物理方法的应用，也就是说许多方法仍然难以区分样品的活性还是非活性问题。而AEM在工业催化领域则显露出比较突出的作用，成为催化剂优化设计及充分了解催化剂的活性组成、结构与性能之间关系必不可少的工具。例如，AEM不但可以提供更多的催化剂结构和性能方面的信息，也可能利用其来做催化剂的“微设计”，这就可以大大提高设计催化剂的能力。

(2) 扫描透射电子显微镜（STEM）

扫描透射电子显微镜是结合了扫描电子显微镜和透射电子显微镜的特点设计的，它所采用的电子光学系统与SEM基本相同，都是将经过汇集的电子束聚焦于试样上，不需要其他的电子-光子调节，直接收集信号。而TEM则是样品被电子束照射后靠样品后面的物镜和孔径系统收集成像。STEM和SEM的主要差别仅仅是像的强度检测，其他方面例如相衬度、振幅衬度、衍射现象、场亮度、暗场成像行为等方面基本相似。扫描透射电子显微镜之所以受欢迎是它不仅能够得到一般透射电子显微镜所能得到的高分辨率影像，而且具有扫描电子显微镜的灵活性，并可以根据能量损失、发射X射线等形成相应的影像，得到区间5 nm甚至更低的局部组成信息。由于STEM使用极薄的样品和高能电子束，其入射电子束非常细微，所以分辨率极高。此外，STEM可以配备多种附件，显示多种成像过程，所以对研究载体型催化剂等多种复杂催化剂很有价值。

(3) 扫描探针显微镜（SPM）

扫描探针显微镜是微表面性质测试仪器，其最主要的功能是观察表面的形貌，可以说它是表面测量中最为有力的工具，其测量范围广，可以从几埃到100 μm。而且除了表面观察外，它甚至可以操纵原子或离子，例如它可以在一个铁表面“栽种”一个铜原子。扫描探针显微镜最常用于超薄薄膜材料的观察，也可以用于生物薄膜如细胞膜的观察。SPM家族中最主要的是扫描隧道显微镜（STM）和原子力显微镜（AFM），此外还有磁力显微镜，但多数为其中两种甚至三种显微镜的集合体。各种SPM的共同特点是利用一个十分尖锐的针尖在样品表面上移动，一个极其精密的控制与反馈系统来获得样品表面的信息。由于探针的尖端很细微，极容易折断，所以对表面平滑度有一定的要求，一般要求表面的高度差不超过10 μm。SPM所观察到的图像既可以显示为俯视的平面图，又可以显示为三维立体图，都可以清楚显示微表面的结构、颗粒大小、烧结、团聚等情况。对于催化剂的表征来说，一般需要将样品制备成薄膜形式。

12.2.3 光电子能谱法

为了透彻了解催化反应本质，必须对催化体系（包括催化剂、反应物和生成物）在反应前、反应过程中和反应后的各参与物质所发生的化学和物理变化进行研究，对表面或界面上发生的各种变化如表面组成、表面结构、表面电子态、表面形貌等的研究当属首要。

表面组成包括表面元素组成、化学价态及其在表层的分布等，后者涉及元素在表面的横向及纵向（深度）分布；表面结构包括表面原（分）子排列等；表面电子态包括表面能级性质、表面态密度分布、表面电荷密度分布及能量分布等；表面形貌指“宏观”外形，当分析的分辨率达到原子级时，可观察到原子排列，这时表面形貌分析和表面结构分析之间就没有明确的分界。

表面分析技术的特点是用一个探束（电子、离子、光子或原子等）入射到样品表面，在两者相互作用时，从样品表面发射及散射电子、离子、中性粒子（原子或分子）与光子等。检测这些粒子（电子、离子、光子、中性粒子等）的能量、荷质比、粒子数强度（计数/s）等，就可以得到样品表面信息。

由于涉及微观粒子的运动，同时为了防止样品表面被周围气氛污染，应用于表面分析技术的仪器必须具有高真空（$\leqslant 10^{-4}$ Pa），有时还必须有超高真空（$<10^{-7}$ Pa）。在表面分析中，常把横向线度小于 100 μm 量级区域的分析称为微区分析。把物体与真空或气体的界面称为表面，通常研究的是固体表面。表面有时指表面的单原子层，有时指表面的顶部几个原子层，不同表面分析技术的检测（或称取样）深度不同。

12.2.3.1 X 射线光电子能谱

早在 19 世纪末发现的光电发射现象构成了光电子能谱［XPS（X-ray photoelectron spectroscopy）或 ESCA（electron spectroscopy for chemical analysis）］的基础。将此物理效应发展成现在的 XPS，是在 20 世纪 60 年代末。这应归功于瑞典 Uppsala 大学 Siegbahn 教授及其同事们的系统研究。在解决了电子能量分析技术等问题后，他们首先发现原子内壳层电子结合能位移现象，并成功地应用于许多实际化学体系，测定了周期表中各元素原子不同轨道的电子结合能等。Siegbahn 由于对光电子能谱仪技术及谱学理论的重大贡献，于 1981 年荣获诺贝尔物理学奖。

(1) 基本原理

具有足够能量的入射光子（$h\nu$）同样品相互作用时，光子把它的全部能量转移给原子、分子或固体的某一束缚电子，使之电离。此时光子的一部分能量用来克服轨道电子结合能（E_B），余下的能量便成为发射光电子（e^-）所具有的能量（E_K），这就是光电效应。可表示为：

$$A + h\nu \longrightarrow A^{+*} + e^- \tag{12-11}$$

式中，A 为光电离前的原子、分子或固体；A^{+*} 为光电离后所形成的激发态离子。由于原子、分子或固体的静止质量远大于电子的静止质量，故在发射光电子后，原子、分子或固体的反冲能量（E_r）通常可忽略不计。上述过程满足爱因斯坦能量守恒定律：

$$h\nu = E_B + E_K \tag{12-12}$$

实际上，内层电子被电离后，造成原来体系平衡势场的破坏，使形成的离子处于激发态，其余轨道电子结构将重新调整。这种电子结构的重新调整，称为电子弛豫。弛豫使离子回到基态，同时释放出弛豫能（E_{rel}）。此外电离出一个电子后，轨道电子间的相关作用也有所变化，亦即体系的相关能有所变化，事实上还应考虑相对论效应。由于在常用的 XPS 中，光电子能量$\leqslant$1 keV，所以相对论效应可忽略不计。这样，正确的结合能 E_B 应表示如下：

$$A_i + h\nu = A_F + E_K \tag{12-13}$$

所以：

$$E_B = A_F - A_i = h\nu - E_K \tag{12-14}$$

式中，A_i 为光电离前被分析（中性）体系的初态能量；A_F 为光电离后被分析（电离）体系的终态能量。

严格说，体系的光电子结合能应为体系的终态与初态之能量差。对于固体样品，E_B 和 E_K 通常以费米能级 E_F 为参考能级（对于气体样品，通常以真空能级 E_v 为参考能级）。对于固体样品，与谱仪间存在接触电势，因而在实际测试中，涉及谱仪材料的功函数 ϕ_{sp}。用电子能谱仪测试固体（导体或绝缘体）样品时的能级见图 12-13。只要谱仪材料的表面状态没有多大变化，则 ϕ_{sp} 是一个常数。它可用已知结合能的标样（如 Au 片等）测定并校准。

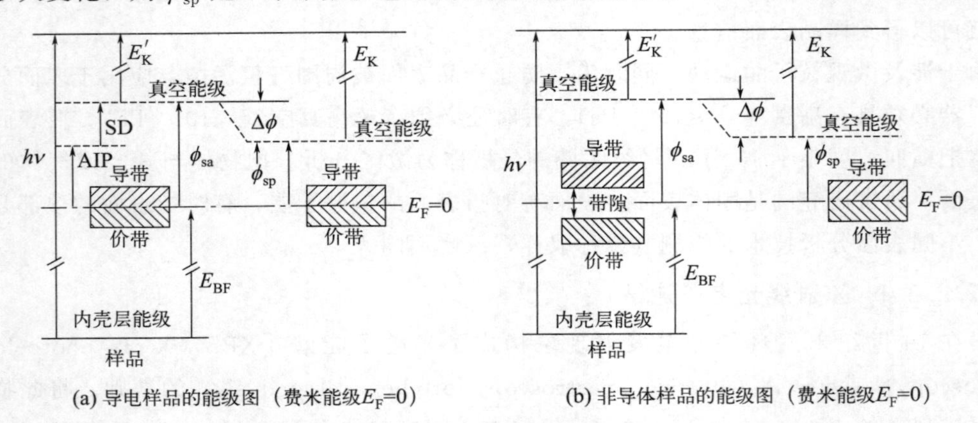

图 12-13 XPS 测试时的能级图

(2) 表面灵敏度

光电子能谱的特点之一是表面灵敏度很高，从而可以探测固体表面。它的机理如下：具有特征波长的软 X 射线［常用 MgK_α（125316 eV）或 AlK_α（148616 eV）］辐照固体样品时，由于光子与固体的相互作用较弱，因而可进入固体内一定深度（≥ 1 μm）。在软 X 射线路经途中，要经历一系列弹性和非弹性碰撞。然而只有表面下一个很短距离（约 2 nm）中的光电子才能逃逸出固体，进入真空。本质决定了 XPS 是一种表面灵敏的技术。入射的软 X 射线能电离出内层以上电子，并且这些内层电子的能量是高度特征性的，具有“指纹”作用，因此 XPS 可用于元素分析。同时这种能量受“化学位移”的影响，因而 XPS 也可以进行化学态分析。

(3) 谱图分析

① 光电子峰。光电子峰在谱图中是最主要的。当各种原子相互结合形成化学键时，内层轨道基本保留原子轨道特征，而外层轨道形成新的价轨道或价带，从而在光电子能谱图中相应出现内层能级峰和价电子峰。内层能级峰的特点如下：当原子构成不同化合物、合金、吸附层时，由于本身价态的不同（如 Cu^0、Cu^{1+}、Cu^{2+} 等）或在化学结构中所处的环境不同（如在羧基、酮基、碳酸根等中的 C）以使同一元素的结合能数值相对某个标准值（一般选纯元素结合能）产生位移，称为化学位移。化学位移有很多规律可循，一般地说，原子本身所带的电荷愈正，周围相连原子的电负性愈大，其内层电子结合能数值往往愈大（对稀土化合物，有时也有反常情况）。除化学位移外，有些物理因素也可引起位移。最常见的就是荷电位移。此外，高度分散的金属等随着金属原子团簇尺寸（或超薄膜厚度）及衬底不同，结合能也有所变化。在用 XPS 精密测量时，发现金属、半导体、过渡金属和稀土金属的不同晶面，其表面顶层原子的结合能与内部原子结合能比较时，也会表现出或大或小的位移。

这些位移可以提供丰富的物理和化学方面的信息。价电子能谱仅涉及低结合能数据，一般不超过 30 eV。为了获取更多的信息，也常延伸到 50 eV。由于价电子为分子或固体所共有，因此价电子能谱对化合物整体的鉴定有很强的指纹作用，常用于理论研究。内层光电子峰的标识一般用发出光电子的元素及其轨道状态表示。对于原子，这包括主量子数 N、角量子数 L 以及自旋-轨道相互作用的内量子数 J（$J=|L\pm S_e|$，S_e 为电子自旋量子数），例如 Na 1s、Cu $2p_{3/2}$ 等。对于分子，特别是它的价电子峰，一定要用分子轨道表示。直线分子如 HF 的 1σ（即 F1s）、2σ、3σ、1π；多原子非直线分子如 H_2O 的 1α（即 O1s）、$2a_1$、$1b_2$、$3a_1$、$1b_1$ 等。对于晶体的外层价电子能级，表现为一系列能带。从研究水平看，光电子峰结合能的可靠数据均来自实验值。

② 俄歇（Auger）峰。光电离留下的激发态离子（A^{+*}）是不稳定的，在退激发过程中，外层电子由高能级填补到低能级时，所释放的能量不是以光辐射的形式出现，而是用于激发原子或分子本身另一个轨道电子，并使之电离，此电子称为俄歇电子。此过程可表示为：

$$A^{+*} \longrightarrow A^{2+} + e^- \text{（俄歇电子）} \tag{12-15}$$

俄歇电子的动能与入射光子的能量无关，它的值由俄歇过程的初态 A^{+*} 和终态 A^{2+} 所决定。因而俄歇峰与光电子峰不同，此时表征峰值是动能，而不是结合能。

③ 自旋-轨道分裂峰。自旋-轨道相互作用是一种属于相对论效应的磁相互作用。对于内层能级光电子峰，除了非简并的 s 轨道电子（即 $L=0$）以外，皆按自旋-轨道相互作用的内量子数 $J=|L\pm S_e|=|L\pm 1/2|$ 分裂为两峰，分别对应于不同状态的电子电离，例如 $2p_{1/2}$ 和 $2p_{3/2}$，$3d_{3/2}$ 和 $3d_{5/2}$ 等，这就称为自旋-轨道分裂。自旋-轨道分裂峰的间距随原子序数增加而增加，并且光电离的简并轨道愈接近内层，其分裂间距也愈大。通常，自旋轨道分裂峰的强度比大致符合微观状态数 $2J+1$ 的比值，例如 $2p_{3/2}(J=3/2)$ 和 $2p_{1/2}(J=1/2)$ 的强度比为 2∶1。一般情况下，自旋-轨道分裂间距受化学态影响很小。然而对于有未成对电子的内壳层过渡元素等，由于下述多重分裂的影响，使得分裂间距以及峰形随化学态也有所变化，从而可以提供化学态信息。

④ 震激（shake-up）伴峰。当内壳层电子电离时，由于失去内层屏蔽电子，使外层电子所经受的有效核电荷发生变化。此时伴随正常的光致电离，引起电荷重新分布，体系中的外层电子，尤其是价电子可能以一定比率激发跃迁到更高的束缚能级或者电离，前者称为携上（shake-up）现象，后者称为携出（shake-off）现象。携上过程使有些正常能量的光电子失去一部分固定能量，在主峰的高结合能侧形成与主峰有一定间距，并与主峰有一定强度比例以及一定峰形的携上伴峰（图 12-14）。携出过程电离的电子可以从光电子中分配到不同的动能。此时，光电子损失能量后，在谱图主峰高结合能侧形成与特定电离阈值有关的连续拖尾的背景，无分裂峰形成。

携上伴峰的出现有一定条件和规律。一般条件下，较强的携上伴峰更多地出现在无机顺磁性物质（如过渡元素、镧系元素、锕系元素）以及有机含不饱和 π 键的分子中。此外，对于元素周期表的 d 区和 f 区元素，当内层电子电离时，为了有效地屏蔽内层正电荷空穴，轨道电子有时还由配位体向未填满的 3d 或 4f 轨道转移，形成原子间的携上跃迁。另外光电子除了有损失能量的携上过程，在某些情况下，还会发生得到能量的携下（shake-down）过程。以上情况，由于伴峰常涉及价电子现象，因此在化学态鉴定中有很强的指纹作用。

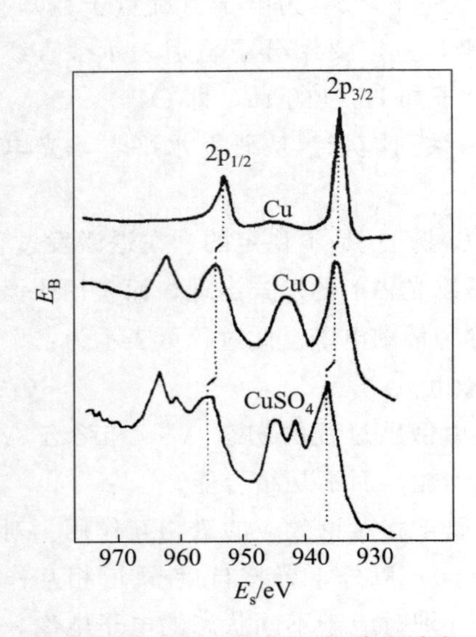

图 12-14 Cu 2p 的自旋-轨道分裂峰及其震激伴峰

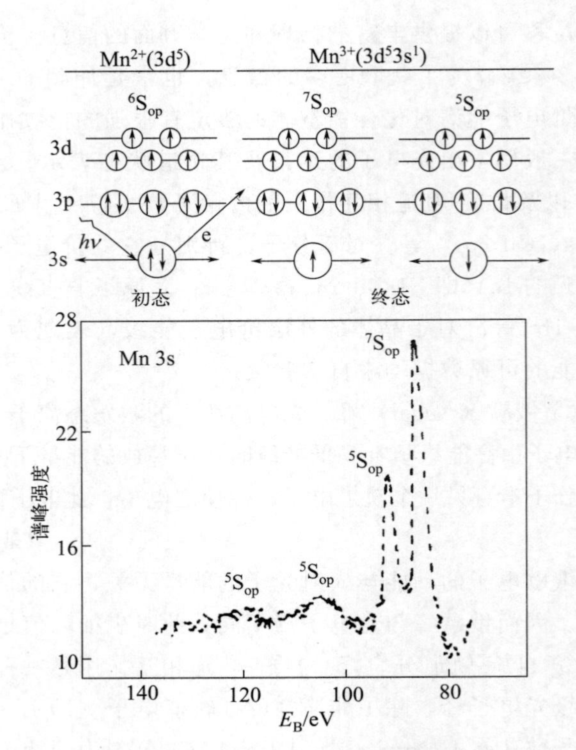

图 12-15 Mn^{2+} 的 3s 电子光电离前后的初、终态及其 Mn 3s 光电子峰

⑤ 多重分裂峰。对于有未成对电子的开壳层体系，例如 d 区过渡元素、f 区镧系元素，大多数气体原子以及少数分子 NO、O_2 等，如果某个轨道电子电离形成空穴，电离留下的不成对电子，可与原来开壳层不成对电子进行偶合，从而构成各种不同能量的终态。使某个光电子电离后，分裂成若干个谱峰，这称为多重分裂（图 12-15），图 12-15 中 S_{op} 为原子光谱相的能级。此时，在标识光电子峰时，除了有光电子所出自的元素和轨道外，有时还外加电离终态所对应的光谱项，如图 12-15 中的$^6S_{op}$、$^7S_{op}$ 和$^5S_{op}$，以进一步区分不同的峰。由于多重分裂峰与原来体系的开壳层电子填充情况有关，因而可用于鉴定化学态。

⑥ 特征能量损失峰。光电子在样品中的输运过程，要经历非弹性散射，使光电子能量衰减和改变运动方向。这样除了正常光电子峰外，光电子损失各种不同能量后，在主峰的高结合能侧形成背景（有时在距主峰 15～20 eV 处有一个拖尾极大的峰，此间距值与带隙有关）。所以在光电子能谱图的宽扫描谱中，可清楚地看到每出现一个光电子峰，其高结合能侧就有一个更高背景的梯级。

光电子经历非弹性散射，除了形成上述背景外，还可以因各种原因（带间、带内跃迁等）仅损失固定能量，这样相应地形成特征能量损失峰。对于固体样品，特别是金属，最重要的是等离子体激元损失峰（plasmon）。固体样品是由带正电的原子核和价电子组成的中性体系。光电离后，由于在内壳层形成正空穴或负的光电子在样品中的运动，使正常情况价电子（尤其是负带电子）所经受的电位受到扰动，引起价电子极化位移。尤其在具有足够能量的电子穿越固体时，可引起导带“电子气”的集体振荡，产生等离子体激元。因材料不同，这种量子化的等离子体激元振荡的频率也不同，所需要的激发能亦因之而异。金属体相的等离子体激元能量 $E_{h\nu_p}$ 大约为十几电子伏。若金属表面有薄电介质覆盖（如氧化层），在交界面金属表面相的等离子体振荡量子能量 $E_{h\nu_\varepsilon}=E_{h\nu_p}/\sqrt{1+\varepsilon}$，其中 ε 为覆盖层的相对介电常数。如果金属表面清洁，在真空测试条件下，表面相的等离子体振荡量子能量变为 $E_{h\nu_\varepsilon}=E_{h\nu_p}/\sqrt{2}$（真空条件 ε=1）。

⑦ X 射线伴峰和鬼峰。在未单色化的 Mg 靶或 Al 靶等产生的 X 射线中，除了最强的未分开的双线 $K_{\alpha1}$ 和 $K_{\alpha2}$ 以外，还有一些光子能量更高的次要成分和能量上连续的“白色”辐射。在光电子能谱中，前者在主峰的低结合能处形成与主峰有一定强度比例的伴峰，称为 X 射线伴峰，后者主要形成背景。然而对于俄歇电子，它的动能与光子能量无关，足够能量的连续辐射皆可用于产生某些俄歇电子，甚至有意识地用能量更高的连续辐射电离更内层的电子，激发出新的俄歇电子。在某些失误情况下，X 射线辐射不是来自阳极材料本身，如 Al 靶中有 Mg，Mg 靶中有 Al，阳极靶面露出 Cu 基底，靶面碳污染或氧化等。由于其他元素的 X 射线也可以引起样品光电发射，从而在正常光电子主峰一定距离处出现干扰的光电子峰，称为 X 射线鬼峰，这是实验中应尽量避免和注意的。

⑧ 曲线拟合。在许多情况下接收到的光电子能谱是由一些峰形和强度各异的谱峰重叠而成。欲从有重叠峰的谱图中得到有用的信息，有两种方法，即去卷积（deconvolution，俗称解迭）和曲线拟合（curve fitting）。但无论哪种方法，均不能给出唯一的解。当今主要的注意力集中于曲线拟合。谱图也可以应用数字或模拟方法，通过对一系列表示个别峰的函数相加，得到与实验谱图尽可能接近的函数来合成。通常峰函数是由与峰相称的一些变量如峰位、强度、宽度、函数类型和峰尾特性等确定。简单的曲线合成可以在微机系统上进行。微机系统的特点：可以应用较宽的函数范围，合成结果很快地生成图片并显示出合适的统计信息，及允许估算合成质量。这种曲线合成提供了一种有用的初始“猜测”，用于精确的非线性最小二乘法曲线拟合过程。有不少的函数类型可被选用。常用的是高斯函数、洛仑兹函数或是这两种的混合函数。非线性最小二乘法曲线拟合试图优化曲线合成过程。一些合适的参数输入到以非线性方式描写过程的代数式中，经猜测程序和曲线合成操作，通过计算以求得较好的曲线拟合质量。有许多可能的非线性最小二乘法可以应用，其中之一为 Gauss-Namton 法。在曲线拟合中，虽然背景的非线性扣除可能更好，但背景的线性扣除已经令人满意。非线性最小二乘法曲线拟合，优于模拟式的曲线拟合，因为它提供定量处理，用以量度拟合质量以及峰的参数，并可以重复。不过重要的是最大限度地排除操作者的主观性，使得基于统计信息所获得的最佳拟合符合化学和谱学意义。

12.2.3.2　俄歇电子能谱

1925 年俄歇首次发现俄歇电子，并以他的名字命名。20 世纪 50 年代有人首次用电子作激发源进行表面分析，并从样品背散射电子能量分布中辨认出俄歇谱线。但是由于俄歇信号强度低，探测困难，因此在相当长时期未能得到实际应用。直至 1967 年采用电子能量微分技术，把微弱的俄歇信号从很大的背景和噪声中检测出来，才使俄歇电子能谱（auger electron spectroscopy，AES）成为一种实用的表面分析方法。1969 年使用筒镜分析器（cylindrical mirror analyser，CMA）后，较大幅度地提高了分辨率、灵敏度和分析速度，AES 的应用日益扩大。到了 70 年代，扫描俄歇微探针（scanning auger microprobe，SAM）问世，俄歇电子能谱学逐渐发展成为表面微区分析的重要技术。而后，采用高亮度电子源、先进电子光学系统、各类能量分析器包括半球形能量分析器（hemispherical analyser，HSA）以及新型检测系统，加之计算机控制及数据处理能力的扩大与提高，使AES的应用扩大到许多重要的科学领域，包括固体催化这一重要应用领域。

(1) 基本原理

用一定能量的电子（或光子，在AES中一般采用电子束）轰击样品，使样品原子的内层电子电离，产生无辐射俄歇跃迁，发射俄歇电子。由于俄歇电子特征能量只与样品中的原子种类有关，与激发能量无关，因此根据电子能谱中俄歇峰位置所对应的俄歇电子能量，即"指纹"，就可以鉴定原子种类（样品表面存在的元素组成），并在一定实验条件下，根据俄歇信号强度，确定原子含量，还可根据俄歇峰能量位移和峰形变化，鉴别样品表面原子的化学态。

(2) 俄歇跃迁标记

俄歇跃迁的表征应能表明俄歇过程所涉及的电子壳层（能级）。而原子终态一般由光谱学符号标记。由于俄歇电子早期用X射线激发，因此俄歇跃迁中所涉及的三个能级即空位能级如K（电子或光子辐照电离内层能级电子后产生）、充填电子能级如L_1（退激发过程中填充K能级空位的电子所在能级）和发射俄歇电子能级如$L_{2,3}$（L_1能级电子跃迁到K级时释放的能量用于无辐射激发发射电子的该能级），均沿用X射线能级符号，见图12-16。而KVV表示初态空位在K壳层，终态空位均处于固体价带中的俄歇跃迁。

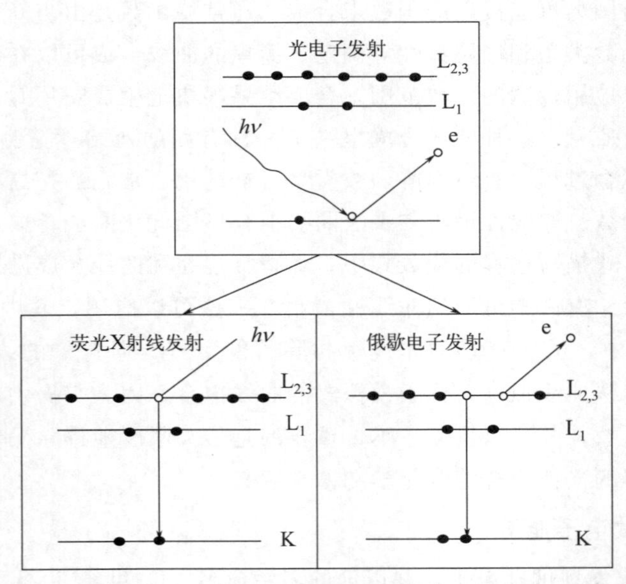

图12-16 俄歇电子、荧光X射线和光电子三种发射过程示意图

12.2.3.3 能量色散X射线能谱仪（EDS）

(1) 工作原理

高速运动的电子束轰击样品表面，电子与元素的原子核及外层电子发生单次或多次弹性与非弹性碰撞，有一些电子被反射出样品的表面，其余的渗入样品中，逐渐失去其动能，最后被阻止，并被样品吸收。在此过程中有99%以上的入射电子能量转变成热能，只有约1%的入射电子能量从样品中激发出各种信号。高能电子激发原子的内层电子，使原子处于不稳定态，从而外层电子填补内层空位使原子趋于稳定的状态，在跃迁的过程中，直接释放出具有特征能量和波长的一种电磁辐射，即特征X射线。不同元素发射出来的特征X射线能量是不相同的，将它们展开成能谱后，根据它的能量值就可以确定元素的种类，根据谱的强度分析可以确定其含量。利用特征X射线能量不同而进行的元素分析称为能量色散法。所用谱仪称为能量色散X射线能谱仪（EDS），简称能谱仪。EDS常常与SEM结合使用，可对目标部位进行点、线、面形貌扫描和成分分析。

从试样产生的X射线通过测角台进入到探测器中。EDS中使用的X射线探测器，一般都是高纯单晶硅中掺杂有微量锂的半导体固体探测器。SSD是一种固体电离室，当X射线入射时，室中就产生与这个X射线能量成比例的电荷。这个电荷在场效应管中聚集，产生一个波峰值正比于电荷量的脉冲电压。用多道脉冲高度分析器来测量它的波峰值和脉冲数。这样，就可以得到横轴为X射线能量、纵轴为X射线光子数的谱图。为了使硅中的锂稳定和降低场效应管的热噪声，平时和测量时都必须用液氮冷却EDS探测器。

(2) 构造与特点

能量色散X射线能谱仪的构造可以分为探测器、放大器、多道脉冲高度分析器和信号处理与显示系统四大部分。

① 探测器。探测器是能谱仪中最关键的部件，它决定了该谱仪分析元素的范围和精度。大多使用的是锂漂移硅探测器，即Si（Li）探测器。Si（Li）探测器可以看作是一个特殊的半导体二极管，把接收的X射线光子变成电脉冲信号。由于锂在室温下很容易扩散，因此这种探测器不仅需要在液氮温度下使用，并且要一直放置在液氮中保存，给操作者带来很大的负担，特别是半导体实验室。

② 放大器。放大电脉冲信号。

③ 多道脉冲高度分析器。把脉冲按高度编入不同频道，也就是把不同特征X射线按能量进行区分。

④ 信号处理与显示系统。鉴别谱图，定性、定量计算；记录分析结果。

(3) 能量色散X射线能谱在催化中的应用

双金属材料如Ni、Fe和Co基电催化剂在OER和HER中引起了越来越多的兴趣。特别是合金型过渡金属催化剂（例如NiFe）被认为是最有希望的候选材料之一，因为它们比单一金属具有更好的催化性能，可以协同改变电子结构并降低能垒。

通过SEM图像显示NiFe@NC/NGC-800具有不规则的块状形态，表面有大量的纳米颗粒锚定。通过TEM技术进一步证明了形态。如图12-17(a)、(b)所示，大量平均尺寸约为30 nm的不规则且分散良好的NiFe合金纳米粒子被氮掺杂碳层包裹，并锚定在石墨化碳的表面。高分辨率TEM图像进一步显示NiFe合金被氮掺杂碳层覆盖［图12-17(c)］，在Ni组分的催化下表现出典型的石墨烯特性。11层石墨烯厚度约为3.6 nm，这意味着测量的晶面间距为0.36 nm，与碳的典型（002）晶面很好地匹配。这种结构有效地保护了NiFe合金在恶劣环境下免受腐蚀，并且来自NiFe合金物种的部分电子转移提高了碳表面的电催化活性，而缺陷可以为电解质和反应物/产物提供通道。此外，图12-17(c)明显表明间距为0.20 nm的晶格条纹与面心立方NiFe合金的（111）面一致。此外，能量色散X射线能谱模式清楚地显示了相关元素的存在和均匀分布，包括C、N、O、Fe和Ni，如图12-17(d)所示。与C、N和O不同，Ni和Fe颜色较浅，表明NiFe合金被C材料包围。

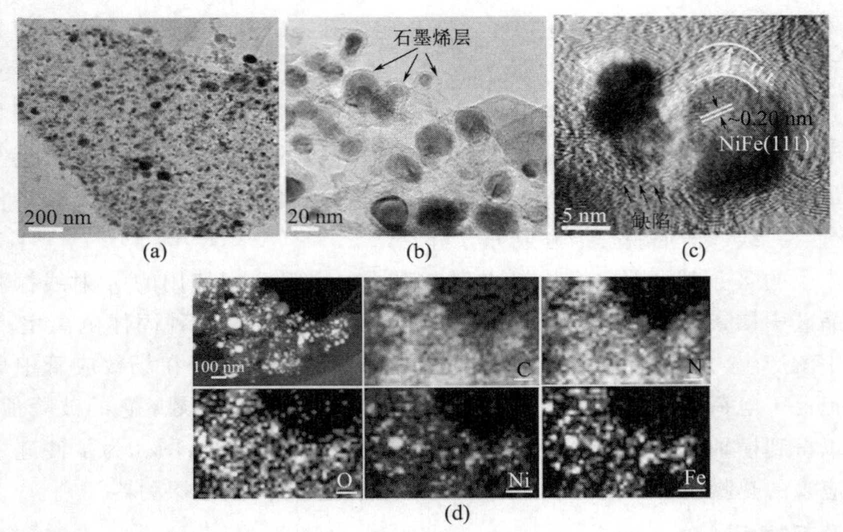

图 12-17 NiFe@NC/NGC-800 在不同放大倍率下的 TEM [(a)~(c)]；NiFe@NC/NGC-800 的高角度环形暗场（HAADF)-STEM 图像和元素映射图像（d)

12.2.3.4 其他电子能谱

(1) 紫外光电子能谱（UPS)

紫外光电子能谱（ultraviolet photoelectron spectroscopy，UPS）又称光电子发射能谱（photoelectron emission spectroscopy，PES)，使用紫外能量范围的光子激发样品原子的外层电子，是分析样品外壳层轨道结构、能带结构、空间分布和表面态情况的光电子能谱。

UPS 是光电子能谱的一种，基本原理类似于 XPS。与 XPS 的不同之处在于入射光子能量 $E_{h\nu}$ 在 16～41 eV。它只能使原子外层电子，即价电子、价带电子电离，所以主要用于研究价电子和价带结构的特征。另外这些特征受表面状态的影响较大，因此 UPS 也是研究样品表面态的重要工具。能带结构和表面态情况与化学反应和固体特性密切相关。加之固体中由紫外光激发的这个能量（16～41 eV）的光电子，其非弹性平均自由程较小，故对表面状态比较灵敏。因此，UPS 被广泛地用来研究固体样品表面的原子、电子结构。

(2) 电子能量损失谱（EELS)

一定能量的电子，入射到清洁或吸附气体的固体表面，除了可以引起表面原子或晶格/原子的振动激发外，还可以激发能带间的电子跃迁，包括电子自价带、内层能级和表面悬挂键能级的激发，以及表面和体相等离子体激元的激发等。入射电子因激发电子跃迁或表面原子的某一个振动模式而失去一个特征能量，由此测量非弹性散射的电子能量，并结合电子能谱得到电子态信息，则可以得到近表面的能带结构信息与空带电子态的能谱。如果入射电子引起表面原子振动的激发，则结合原子吸附模型进行计算，并与实验数据对比，可得到表面原子吸附位、吸附分子解离状况、束缚能、与吸附原子间横向相互作用的结构与集合的信息。

入射电子损失能量大概分三种情况：①激发晶格振动或吸附分子振动能级的跃迁，属于声子激发或吸收，损失能量几十至几百毫电子伏；②激发表面或体相等离子体激元，或价带电子跃迁，能量损失值在 1～10 eV；③激发内层能级电子的跃迁，能量损失范围在 10^2～10^3 eV。设计一台仪器，在入射电子能量和方向已知的条件下，测量散射电子的能量与方向，由此探测表面区的一些动态特性，包括表面吸附原子、分子的振动特性、吸附位置和状态，各种表面和体相等离子体激元激发过程，固体能带结构和晶体表面的电子自由度。

(3) 离子散射谱 (ISS)

表面原子的质量及结构可由ISS测定。按入射离子的能量大小，可分为低能ISS（LEISS）、中能ISS（MEISS）和高能ISS（HEISS，或卢瑟福背散射RBS）。在一般表面分析实验室，常用LEISS，故本章只讲述这一方法。不过应指出，LEISS与MEISS以及HEISS之间存在着两个本质区别：①LEISS有较大的离子-原子相互作用截面；②LEISS仪中入射的惰性气体离子有较大的中和化概率。这就使得LEISS成为所有表面分析技术中表面最敏感的技术，取样深度仅为表面最顶层的原子。1967年，Smith首次用LEISS技术检测最表层元素组成。

(4) 二次离子质谱 (SIMS)

二次离子质谱学或二次离子质谱术是用质谱法分析样品表面组成及分子结构等。它的主要特点：取样深度为表面几个原子层甚至单层；能分析包括H在内的全部元素，并可检测同位素；能分析化合物，得到其分子量以及分子结构信息，且特别适于检测不易挥发、对热不稳定的有机大分子；在表面分析技术中，它的灵敏度最高，检测原子占总原子数的比例小于10^{-6}；可进行微区成分和深度剖面的分析或成像分析，还可得到一定程度的晶格信息；但是严重的基体效应，影响定量分析。1910年，Thomson首次观察到离子诱导的中性粒子和正离子的发射现象。至今SIMS已成为一种重要而别具特色的表面分析方法。

12.2.3.5 光电子能谱在催化中的应用

(1) 元素定性

各种原子相互结合形成化学键时，内层轨道基本保留原子轨道的特征。因此可以利用XPS内层光电子峰以及俄歇峰这两者的峰位和强度作为“指纹”特征，进行元素定性鉴定。此时仅用宽扫描全谱图，可分析出周期表中除H和He以外的所有元素。此方法的特点是谱图简单，“指纹”特性强，并且往往为原位非破坏性测试技术。虽然这种分析技术不是痕量分析方法，但是表面灵敏度却非常高，即使不足单原子层也可以检出。一般原子序数大者，检出灵敏度高。图12-18为过渡金属硫化物$Zn_{0.76}Co_{0.24}S$的XPS全谱图，可以清晰观察到不同元素在其相应结合能处出现尖峰，从而证明化合物中含有Zn、Co、S等元素。这种“指纹”特性以及高灵敏度特性使光电子能谱成为对催化剂进行元素定性分析的重要手段。

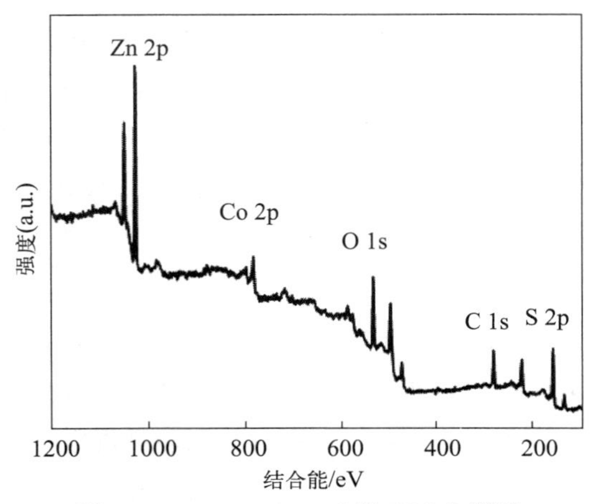

图12-18 $Zn_{0.76}Co_{0.24}S$的XPS全谱图

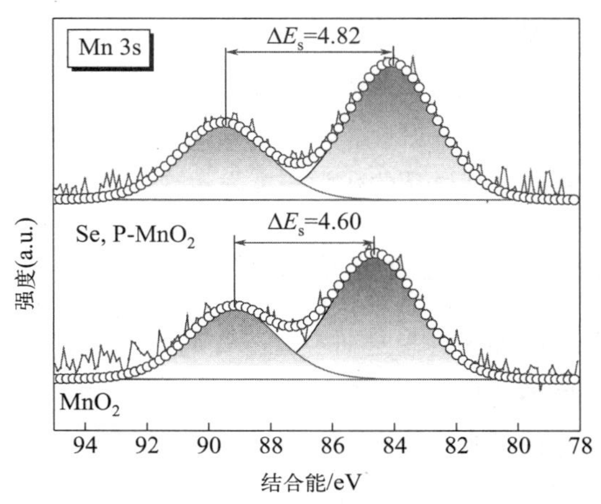

图12-19 MnO_2在掺杂Se、P前后Mn 3s轨道的高分辨XPS谱图

(2) 化学价态的鉴定

较为常用的是内层光电子峰的化学位移和携上伴峰等，亦即从峰位和峰形可提供化学价态的信息。此外，价电子谱以及涉及价电子能级的俄歇峰的峰位和峰形，还可以从分子“指纹”的角度提供相关的信息。当样品为非导体时，样品的荷电效应使谱图整体位移。而各种谱图校准的方法都存在着某些不足。因此利用各有关峰的间距变化鉴别化学态，就显得特别有用。如图12-19所示，Se、P掺杂前后 MnO_2 的Mn 3s轨道的多重分裂峰间距从4.60 eV增大到4.82 eV，由此判断 MnO_2 中Mn的价态在掺杂Se、P之后有所降低，进一步验证了Se、P的成功掺杂。光电子能谱中峰间距的变化能够进一步反映元素在化合物中价态的变化，因而可用于鉴定化学价态。

(3) 半定量分析

在XPS研究中，确定样品中不同组分的相对浓度是重要的。利用峰面积和原子灵敏度因子法进行XPS定量测量比较准确。对具有明显携上峰的过渡金属的谱图，测量峰面积时，常应包括携上伴峰。强光电子线的X射线伴峰有时会干扰待测组成峰的测量。在测量前必须运用数学方法扣除X射线卫星峰。做定量分析时，建议经常校核谱仪的工作状态，保证谱仪分析器的响应固定且最佳。常用的测试就是记录Cu $2p_{3/2}$ 峰、Cu LMM峰和Cu 3p峰，并测量峰强度和记录Cu $2p_{3/2}$ 的峰宽。保存好这些记录，以便经常对照，及时发现仪器工作状态的变化，否则将影响定量分析工作。

(4) 深度分布

研究深度分布有以下几种方法：①转动样品，改变出射角 θ，研究样品各种信息随取样深度的变化（见图12-20）。在 $\theta=90°$ 时，来自体相原子的光电子信号大大强于来自表面原子的光电子信号。在小角度时，来自表面层的光电子信号相对体相会大大增强。在改变 θ 时，注意谱峰强度的变化，就可以推定不同元素的深度分布。②测量同一元素不同动能（即 λ 值不同）的光电子峰强度比。③从有无能量损失峰鉴别体相原子或表面原子。表面原子峰（基线以上）两侧应对称，且无能量损失峰。深层分布的原子，因出射的光电子要经历非弹性散射，使能量损失，于是光电子峰低动能（高结合能）侧背景有提升。④离子刻蚀，逐层剥离表面，然后逐一对表面进行分析。不过需注意在离子溅射时，样品的化学态常发生变化（发生还原效应），同时有择优溅射效应，常使信号失真。

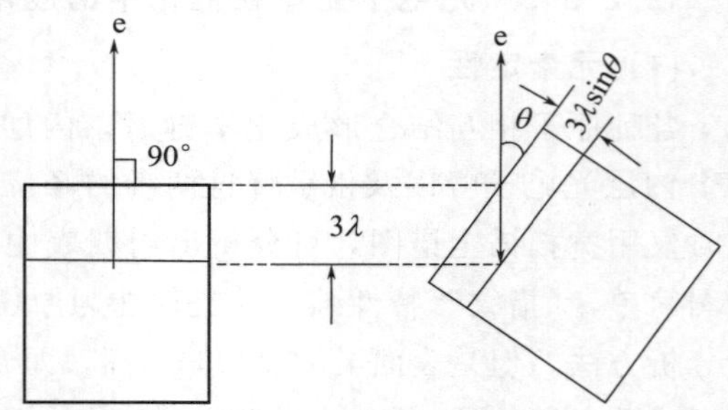

图12-20 取样厚度与出射角关系

12.2.4 红外光谱技术

红外光谱学是研究红外光与物质分子间相互作用的学科，因此可以从其获得很多物质微观世界的信息。由吸附分子的红外光谱可以给出表面吸附物种的结构信息，尤其可以得到反应条件下吸附物种的结构信息。其研究范围从工业负载型催化剂、多孔材料到超高真空条件下的单晶或者薄膜样品。在催化领域，它可以同热分析技术、色谱、电镜及其他光谱技术联用，研究催化剂的内部结构、了解结构与性能的关系、为催化材料的改性及设计提供科学依据。红外光谱技术已经发展成为催化研究中十分普遍和行之有效的方法。

红外光谱涉及分子的振动问题。当振动引起偶极矩变化时，这个变化的偶极矩就可能与入射的红外光相互作用。分子吸收了电磁波的能量，从低振动能级跃迁至高振动能级，在光谱中形成一条红外吸收谱带。可见，红外吸收光谱与物质内部的分子结构及其运动密切相关，从谱带的位置、强度、形状及其变化，可以推断分子的结构及变异。

12.2.4.1 红外光谱的基本原理

组成物质的分子存在着各种形式的运动，并相应具有不同的能量，它们是量子化的，称作能级。当分子的振动引起偶极矩变化时，这个变化的偶极矩就可能与入射的红外光相互作用。分子吸收入射光的能量，遵循一定的规律，从低能级跃迁至高能级，从而形成红外吸收谱带。

物质中的分子处于不停的运动之中，形式上可分为平动、转动、振动和电子的运动，因为整个分子的平动不会引起偶极矩的变化，所以不能与外加电磁波相互作用，不产生红外吸收，可不予考虑。作为一级近似，略去相互作用，则分子的能量可写作：

$$E = E_0 + E_v + E_r \tag{12-16}$$

式中，E_0 为电子能量，eV；E_v 为分子振动的能量，eV；E_r 为分子转动的能量，eV。

按照量子力学，每种能量仍是量子化的，称作能级，每种分子都有自己特定的组成、结构，因而具有各自的特征能级图，图 12-21 是某个双原子分子的能级图，分子因运动状态不同可以处于其中的某个能级。当光照射到物质上时，如果存在分子间的相互作用，分子就可能吸收其能量，改变运动状态而跃迁至高能级。但是因为能级是量子化的，跃迁又要符合一定的规律，所以只有特定的光才能被分子吸收。

图 12-22(a) 表示某个分子的两个许可跃迁能级 E''和 E'。按照波尔理论，必须满足关系式：

$$E' - E'' = hf \tag{12-17}$$

式中，f 为入射光频率，s^{-1}；h 为普朗克常数，6.62×10^{-34} J·s。

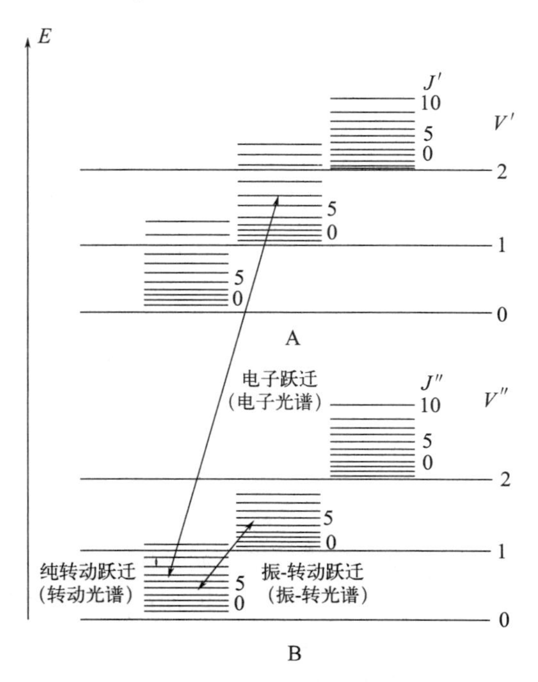

图 12-21 双原子分子能级示意图

注：A，B—电子态；V—振动量子数；J—转动量子数。

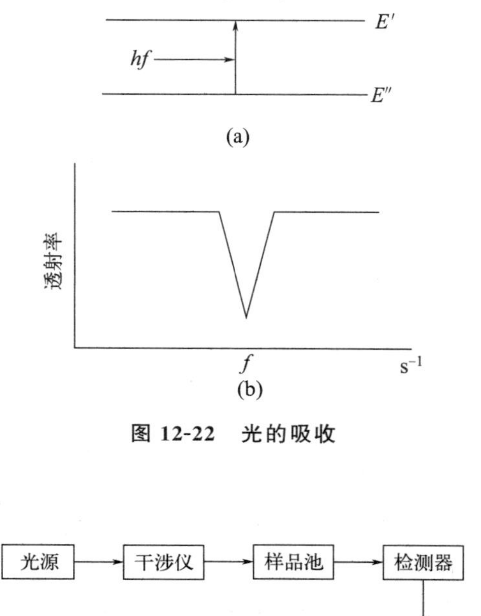

图 12-22 光的吸收

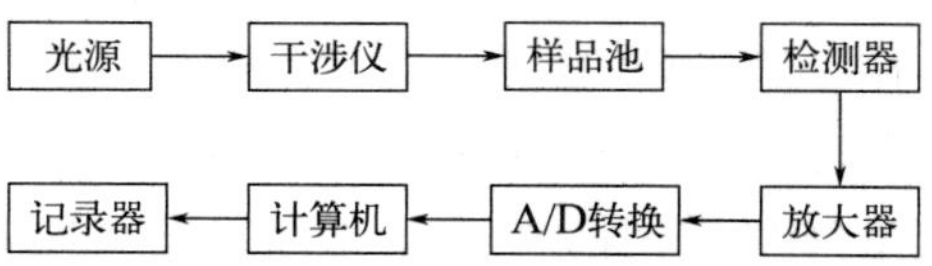

光源 → 干涉仪 → 样品池 → 检测器 → 放大器 → A/D转换 → 计算机 → 记录器

图 12-23 傅里叶变换红外光谱仪框图

如果入射光是复色光，那么其中符合式(12-17) 的频率 f 的光被样品吸收，其分子由能级 E''跃迁到高能级 E'。结果在样品的透射光中，频率为 f 的光强减弱，在光谱中出现一条吸收线，见图 12-22(b)。实际上，样品分子许可的跃迁能级还有许多，因此在光谱上会出现很多相应的吸收带。

理论和实验表明，在分子的各种能级中，电子能级的间隔最大，一般为 1～20 eV，电子能级跃迁所吸收的电磁波位于可见和紫外光区，通常称为电子光谱。振动能级的间隔要小些，约为 0.05～1 eV，振动能级跃迁所吸收的电磁波大都处于中红外区，所以振动光谱又称为红外光谱。转动能级的间隔最小，约为 0.001～0.05 eV。转动能级跃迁所吸收的电磁波位于远红外和微波区，所以转动光谱又称为微波光谱。

12.2.4.2 红外光谱仪

现在应用最多和最普遍的是傅里叶变换红外光谱仪，因此在此主要介绍傅里叶变换红外光谱仪。图 12-23 为傅里叶变换红外光谱仪的框图。由光源发出的红外光，进入干涉仪形成干涉图，然后通过样品池吸收，透射光由检测器转换成电信号，再经放大、数据处理，通过傅里叶变换将包含样品吸收信息的干涉图还原成红外吸收光谱。

12.2.4.3 红外光谱在催化剂表征中的应用

图 12-24 给出了红外光谱应用于催化研究中各个领域的框图。在这些研究中所谓探针分子的红外光谱，如 CO、CO_2、NO、NH_3、吡啶等可以提供催化剂表面活性位信息。近年来发展起来的双分子探针方法，得到了更广泛的应用。

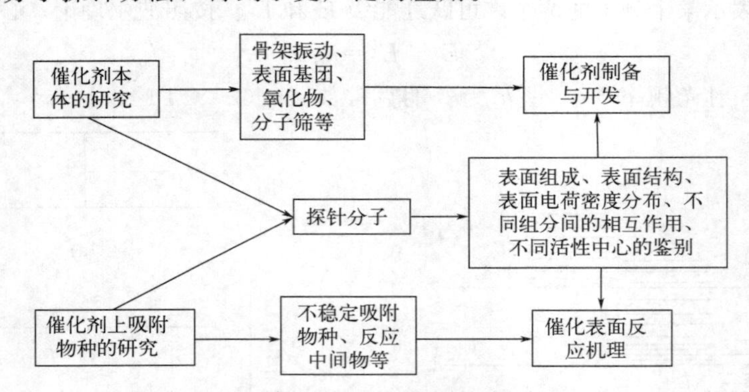

图 12-24 红外光谱应用于催化研究的各个领域

注：探针分子为 CO，NO，CO_2，H_2O，NH_3，C_2H_4，C_2H_2，HCHO，，，CH_3OH，HCOOH 以及同位素取代物等。

(1) 催化剂表面组成的测定

Sinfelt 和 Sachtle 指出，合金催化剂表面组成可以同体相有明显差异并导致催化性能的显著不同。例如 Cu-Ni 合金催化剂，由于表面组成的变化，使催化性能发生明显变化。因此，发展了测定催化剂表面组成的许多方法，如二次离子质谱（SIMS）、离子散射（ISS）和俄歇电子能谱（AES）等。但是，这些方法大多具有两方面的局限：①仪器设备价格昂贵，一般实验室不易普及；②测得的数据不是最表面层的，因此不太容易和催化反应性能相关联。

利用一般化学吸附方法测定双金属催化剂的表面组成，仅限于Ⅷ族元素和ⅠB 族元素组成的合金催化剂，而对于Ⅷ族之间以及其他过渡金属间的双金属催化剂，通常是无能为力。利用两种气体混合物在双组分过渡金属催化剂上的竞争化学吸附并通过红外光谱测定其强度的方法，可以测定双金属负载型催化剂的表面组成。

利用双分子探针进行催化剂表面组成测定的典型例子是Ramamoorthy等利用CO和NO共吸附对Pt-Ru双金属催化剂进行的红外光谱研究，图12-25是CO和NO混合气在38%（原子分数）Ru的Pt-Ru/SiO_2上竞争吸附的红外光谱。竞争吸附结果：CO吸附在Pt中心上（2068 cm^{-1}），NO吸附在Ru中心上（1800 cm^{-1}，1580 cm^{-1}）。三个峰在室温抽真空都是稳定的。因此选择如下实验条件可以表征双金属催化剂样品：①在6.67 kPa的CO气氛下使样品达到吸附平衡，而后在室温抽真空15 min；②与过量的NO吸附平衡，而后在室温抽真空15 min；③再暴露于6.67 kPa的CO中30 min。此时，CO吸附峰（约2070 cm^{-1}）强度和NO吸附峰（1800 cm^{-1}）强度即可作为Pt-Ru/SiO_2表面浓度的量度，其谱带强度经归一化处理后即可进行定量计算。

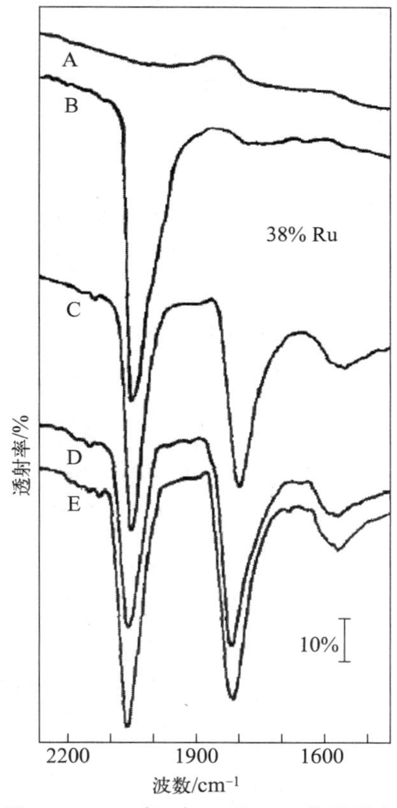

图12-25　25 ℃时CO和NO共吸附在含38% Ru的Pt-Ru/SiO_2上的红外谱图

A—本底；B—全部覆盖CO；C—NO加至单层吸附；D—加过量的NO；E—池子抽真空15 min后再加6.67 kPa的CO

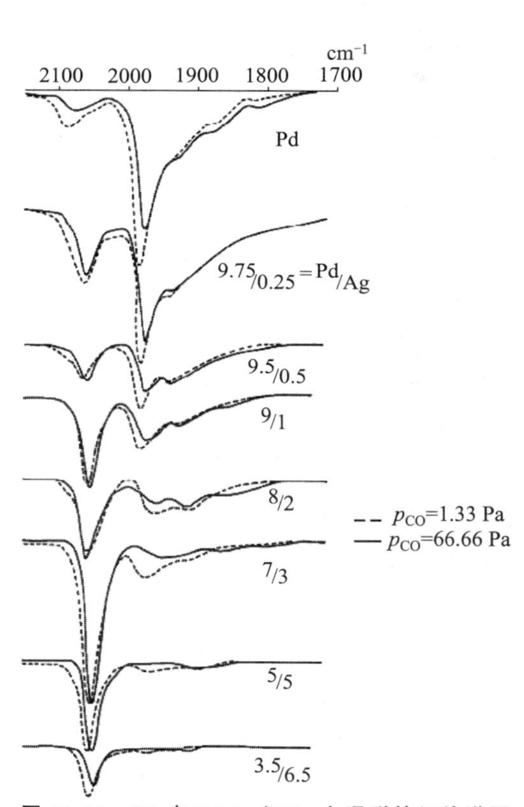

图12-26　CO在Pd-Ag/SiO_2上吸附的红外谱图

(2) 几何效应和电子效应的研究

在高分散金属催化剂中引入第二金属组元，可显著改变催化剂的吸附甚至催化剂的性能，这与催化剂的几何效应和电子效应有关，可以用红外光谱来研究催化剂的几何效应和电子效应。

1974年，Somanoto和Sachtler研究了Pd-Ag/SiO_2催化剂中的几何效应。Pd和Ag金属总含量9%（原子分数），合金物相及组成利用X射线衍射测定，合金晶粒大小用X射线谱线宽化法和电镜测定。从图12-26红外光谱图得出如下结果：①CO吸附在Pd上，高于2000 cm^{-1}谱带是Pd—C≡O（弱）带，而低于2000 cm^{-1}是桥式吸附的 $>$C═O （强）带；②当Ag含量增加时，桥式CO吸附的红外吸收带强度明显下降，以至完全消失，而线式CO吸收带强度明显增加。

上述实验表明，在Pd-Ag/SiO_2体系内Ag对Pd起稀释作用。由于Ag含量增加，成双存在的Pd浓度减少，因而桥式CO减少，线式CO增加，即几何效应在Pd-Ag/SiO_2体系中是催化剂对CO吸附性质改变的主要因素。

(3) 吸附分子相互作用研究

多相催化反应的基本过程为：反应物吸附、被吸附分子发生表面反应、产物脱附。该过程中的吸附主要是化学吸附，吸附分子与表面形成某种键合，吸附分子的红外光谱图和吸附前的相比有较大变化，除了出现新的吸附键以外，还可能改变原来分子的振动频率，导致一定的位移。因此，利用红外吸收光谱法可对吸附分子进行表征，了解吸附分子的相互作用，获得表面吸附物种的变化及结构信息，有助于了解催化反应机理。

由于CO吸附在过渡金属表面时，存在d-π反馈，ν_{CO}同d-π反馈程度有密切关系，因反馈键占CO结合能的大部分（有人计算了CO在Ni上吸附的结合能有84%是反馈键贡献的）。CO和过渡金属之间的反馈键，同金属本身的d轨道情况有密切关系。因此，通过CO吸附态的红外吸收带的化学位移，可以考查其他分子在吸附时或在金属组元之间发生的电子转移过程。

当CO与能够给出电子的L碱共吸附在Pt上时，根据d-π反馈原理，吸附在Pt上的CO伸缩振动向低波数位移。如与H_2O（I_p= 12.6 eV）共吸附时，实验测得ν_{CO}由2065 cm^{-1}位移到2050 cm^{-1}。由于H_2O分子用氧的孤对电子同Pt成配位键，使Pt的反馈程度略增，因而ν_{CO}向低波数位移。与NH_3（I_p= 10.5 eV）共吸附时，实验测得ν_{CO}由2065 cm^{-1}位移到2040 cm^{-1}。因为NH_3用氮的孤对电子同Pt成配位键，使Pt—CO之间的反馈程度加强，因而ν_{CO}向低波数位移。当与吡啶（I_p= 9.2 eV）共吸附时，实验测得ν_{CO}由2065 cm^{-1}位移到1990 cm^{-1}。因吡啶是利用氮的孤对电子同Pt成配位键，吡啶的I_p比NH_3的I_p低，更容易给电子到Pt上，所以明显改变Pt—CO之间的d-π反馈，导致较大的红移现象。

当CO与接受电子的化合物共吸附在Pt上时，根据d-π反馈原理，使ν_{CO}向高波数位移。如与HCl（Γ=12.8 eV）共吸附在Pt/Al_2O_3上时，发现ν_{CO}由2065 cm^{-1}位移到2075 cm^{-1}；与O_2（Γ=12.1 eV）共吸附时，发现ν_{CO}由2065 cm^{-1}位移到2131 cm^{-1}（O≡C—Pt—O）。

从上述实例可以看出，由ν_{CO}的化学位移方向、大小可以有效地判断吸附过程中的电子转移方向和程度。例如，为了解释苯加氢和苯与D_2交换反应，Farkas提出解离化学吸附模型：

+ 2Pt ⟶ Pt + H—Pt

而Horiuti和Polanyi提出非解离吸附模型：

+ Pt—Pt ⟶ Pt Pt

12.2.5 核磁共振方法

为了深入了解和证明催化反应机理，并得到有关催化剂活性位规律及反应动力学的信息，必须分析在吸附状态中的反应物、反应中间物和产物结构，探索它们与活性位的相互作用。因为大多数多相催化剂是多孔材料，表面电子能谱在多相催化剂研究中受到了限制。原位粉末 XRD 方法最适合确定反应中的催化剂结构变化，但无法检测有机分子；IR 和拉曼谱可以检测有机物，但由于吸收峰重叠和消光系数值的不确定性，使数据分析变得十分复杂。然而，^{13}C-NMR 谱能够根据有机分子的特征化学位移区分反应物、中间物及产物。原位 MAS NMR 最适合通过确定反应中间物跟踪反应进程，探索反应机理。固体 MAS NMR 波谱已广泛应用于分子筛和其他多相催化剂的结构表征。

12.2.5.1 固体高分辨核磁共振技术

无机材料的固体 NMR 研究起始于 20 世纪 80 年代早期，随着固体 NMR 技术的飞速发展，一维和二维多核包括^{1}H、^{13}C、^{27}Al、^{29}Si、^{31}P 等固体高分辨 MAS NMR 技术已被广泛地应用于研究分子筛骨架结构、催化过程及影响催化活性的诸多因素。

固体样品不能像液态分子那样进行快速分子运动及快速交换，固体分子内的多种强相互作用使固体 NMR 谱线大大加宽。引起固体 NMR 谱线宽化的因素主要有以下几种。

① 核的偶极-偶极相互作用：它包括同核或异核间的偶极相互作用，其大小取决于核的磁矩和核间距。固体样品中核间距很小，因此偶极相互作用很强；像^{1}H、^{19}F 和^{31}P 等磁矩较大的丰核，偶极相互作用很强。核的偶极相互作用是引起固体谱线增宽的主要因素。

② 化学位移各向异性：当分子对于外磁场有不同取向时，核外的磁屏蔽及核的共振频率出现差异，产生化学位移各向异性。在溶液中，分子的各向同性快速运动将化学位移各向异性平均为单一值。固体谱中化学位移的各向异性使谱线加宽，对于球对称、轴对称和低对称性的分子，其固体 NMR 谱线呈现不同宽度的峰形。

③ 四极相互作用：自旋量子数大于 1/2 的核均存在四极相互作用，溶液中分子的快速翻转运动平均掉了四极相互作用，观察不到峰的四极裂分。其固体谱由于四极偶合作用而使谱线大大加宽。

④ 自旋-自旋标量偶合作用引起谱线加宽。

⑤ 核的自旋-自旋弛豫时间过短引起谱线加宽。

(1) ^{29}Si MAS NMR 研究

^{29}Si 核 $I = 1/2$，天然丰度为 4.6%。^{29}Si 化学位移总宽度为 500，但大多数分子筛的^{29}Si 化学位移均在 120 左右。^{29}Si 化学位移取决于分子筛的基本结构，即 Si(nAl)（n=0～4）和 Si—O—Si 键角。此外，结晶性、水解程度和磁场强度都影响线宽。

(2) ^{27}Al MAS NMR 研究

除了^{29}Si 核外，^{27}Al 是分子筛骨架另一个很重要的核，^{27}Al 的天然丰度为 100%，化学位移为 450，大多数分子筛的^{27}Al 共振在 100 左右。^{27}Al 是四极矩核（$I = 5/2$），由于四极相互作用，使^{27}Al 共振谱线加宽和位移，对于自旋量子数为非整数的^{27}Al 核，只有（$+1/2 \rightarrow -1/2$）中心跃迁可观测。这个跃迁的线形畸变和位移已不受一级相互作用的影响，仅与二级相互作用有关，其他允许的跃迁因为谱线太宽和位移太远而不能直接观测。^{27}Al 的四极作用引起谱线的增宽效应与磁场强度成反比，在高磁场和快速旋转情况下可得到高质量的^{27}Al MAS NMR谱，采用小扳倒角的强射频脉冲可得到定量可靠的谱。MAS可以大大减小但不能完全消除四极相互作用，因此在任何情况下用高场谱仪是最有利的。当每个Al的环境都是Al(4Si)时，分子筛中四面体晶格Al只出现单个共振峰，各种分子筛有其特征值，一般均在50～65［以$Al(H_2O)_6^{3+}$为化学位移参考］。^{27}Al MAS NMR化学位移对不同配位的Al物种十分敏感，因此可以用^{27}Al MAS NMR谱区分六配位非骨架铝（0左右）和四配位骨架铝。

(3) ^{17}O MAS NMR研究

在研究分子筛骨架结构时，^{17}O MAS NMR谱也很重要。^{17}O同^{27}Al一样，也是四极矩核（$I=5/2$），但天然丰度只有0.037%，通常需要^{17}O富集。^{17}O MAS NMR谱同时受化学位移效应和核四极矩的影响。A型分子筛只有Si—^{17}O—Al环境，其^{17}O谱峰显示出较小的四极偶合，而高硅Y型分子筛只含有Si—^{17}O—Si结构，却显示出一定的四极相互作用。因此，低Si/Al分子筛的^{17}O谱可以分解成这两种组分的贡献。

(4) ^{31}P MAS NMR研究

^{31}P核$I=1/2$，天然丰度为100%，是一种很适宜NMR研究的灵敏丰核。许多含P的磷酸铝分子筛（$AlPO_4$-11等）以及含P、Si、Al的SAPO类型分子筛等，除了研究其^{29}Si和^{27}Al MAS NMR外，还可用^{31}P MAS NMR方法研究结构变化。

(5) ^{47}Ti, ^{49}Ti MAS NMR研究

^{49}Ti核$I=7/2$，天然丰度为5.51%；^{47}Ti核$I=5/2$，天然丰度为7.28%。这两种核天然丰度不太低，但有很大的四极矩相互作用。NMR谱线很宽，且属于低频共振核，在磁场强度为9.395 T时，^{47}Ti和^{49}Ti共振频率分别为22.547 MHz和22.552 MHz。

12.2.5.2 固体核磁技术在催化中的应用

沸石分子筛作为离子交换基体、催化剂和催化剂载体等广泛地用于工业生产。其分子式可以写为：$M_{y/x}^{x+}[(AlO_2)_y(SiO_2)_{1-y}]\cdot nH_2O$，中括号内是骨架，由$SiO_4$和$AlO_4$四面体构成。由于Al和Si之间不同的原子电荷，必须有晶格离子M^{x+}中和骨架的电负性，每个AlO_2单元需要一个正电荷；分子内还存在水分子，M^{x+}与H_2O都不属于骨架晶体结构。各种各样的沸石分子筛都具有独特的晶体结构。分子筛通常是微晶结构，人们难以用常规的方法研究其结构特征。

固体高分辨MAS NMR技术的发展，给分子筛化学提供了一种研究工具，用以探测分子筛骨架的所有元素组分和晶体结构。XRD得到的结构信息来自远程的晶序，是结构的平均；固体高分辨MAS NMR对局部结构和几何性敏感，能提供局部结构和排列的重要信息。构成分子筛骨架原子^{29}Si、^{27}Al、^{17}O、^{31}P等核的MAS NMR研究已提供了大量分子筛结构和化学的微观信息，非常直接地反映骨架的晶体结构，为揭示分子筛催化剂结构与催化活性的关联和指导分子筛的合成提供了许多有用的信息。因此，MAS NMR已成为催化材料结构表征的最重要技术之一。MAS NMR和XRD结构研究方法的互补，将提供更完整的结构信息。

MAS NMR技术已被广泛地应用于研究分子筛骨架结构、催化过程及影响催化活性的诸多因素：①分子筛骨架的组成和结构，骨架脱铝和铝的引入对结构的影响，非骨架铝的性质和数量；②确定阳离子的位置；③B酸和L酸位的性质；④晶体孔道内吸附物的化学状态及催化性质；⑤分子筛中有机模板剂的结构、状态和分子筛生长机理；⑥积炭的性质和分布等。

12.3 固体催化剂的性能表征

12.3.1 热分析法

热分析法是研究物质的物理性质（质量、温度、几何尺寸、机械强度和能量等）随温度或时间变化规律的技术。催化领域中，热分析法可用于催化剂制备条件如焙烧温度的选择、活性组分与载体的相互作用、固体催化剂表面酸碱性测定、催化剂积炭行为、催化剂失活及再生的研究等。热分析法主要包括热重分析法（TG）及差热分析法（DTA）。

(1) 热重分析

热重分析是在程序温度控制下，使用热天平连续测量样品的质量随温度或时间变化的一种技术。这种技术常应用于物质的分解、升华、蒸发、氧化、还原、吸附和脱附等伴随有质量变化的过程。

进行热重分析的基本仪器为热天平。热天平一般包括天平、炉子、程序控温系统、记录系统等部分。有的热天平还配有气体通入装置或真空装置。典型的热天平示意图见图 12-27。控制温度下，试样受热后质量减轻，天平（或弹簧秤）向上移动，使通过线圈的电流发生变化。另外，加热电炉温度缓慢升高时热电偶所产生的电位差输入温度控制器，经放大后由信号接收系统绘出 TG 热分析图谱。

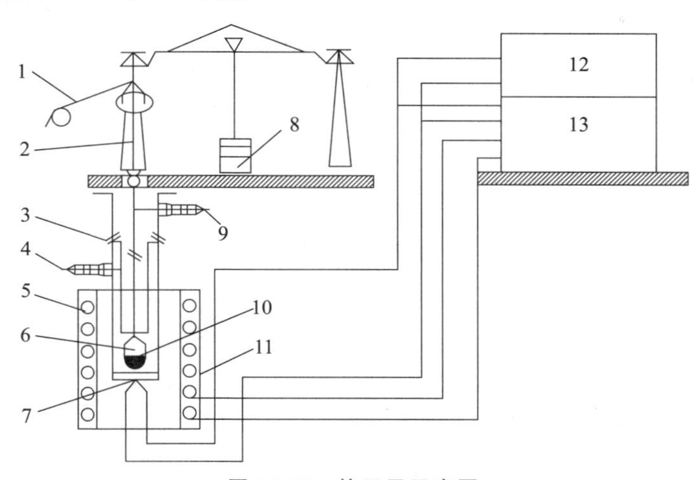

图 12-27 热天平示意图

1—机械减码；2—吊挂系统；3—密封管；4—出气口；5—加热丝；6—试样盘；
7—热电偶；8—光学读数；9—进气口；10—试样；11—管状电阻炉；12—温度读数表头；13—温控加热单元

热重法实验得到的曲线称为热重曲线（TG 曲线），如图 12-28 所示。TG 曲线以质量或质量分数作纵坐标，从上向下表示质量减少；以温度（或时间）作横坐标，自左至右表示温度（或时间）增加。利用热重曲线可以确定化合物热分解或蒸发温区。

(2) 差热分析

在程序温度控制下，将试样和参比物放在相同的热条件下，记录两者随温度变化所产生的温差（ΔT）。实验中所记录的差热分析曲线如图 12-29 所示，纵轴为二者的温差，横轴为温度或时间。吸热峰（endotherm）向下，$\Delta T<0$；放热峰（exotherm）向上，$\Delta T>0$。

利用差热曲线可确定被测样品的起始转变温度及吸热或放热热效应：同一物质发生不同的物理或化学变化，其对应的峰温不同、起始转变温度不同；不同物质发生的同一物理或化学变化，其对应的峰温、起始转变温度也不同；热效应的大小用峰面积表征；从峰的大小、峰宽和峰的对称性等可获得动力学行为信息。

利用差热曲线可以确定转变温度及反应热。如根据差热曲线进行反应热的计算可利用式(12-18)：

$$\Delta H=K\int_{a}^{\infty}\{\Delta T-(\Delta T)_{a}\}\,\mathrm{d}t=KS \tag{12-18}$$

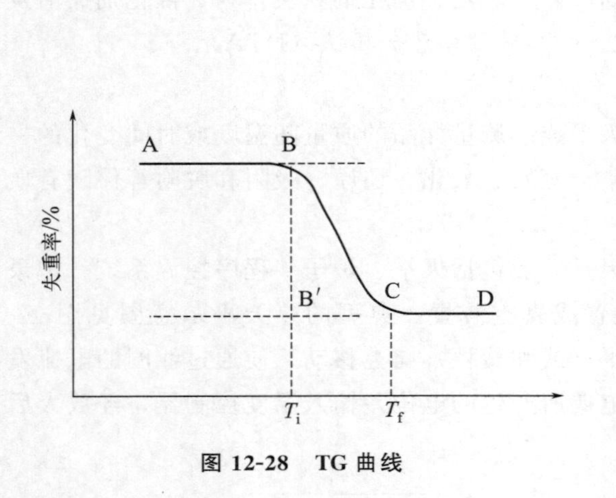

图 12-28 TG 曲线

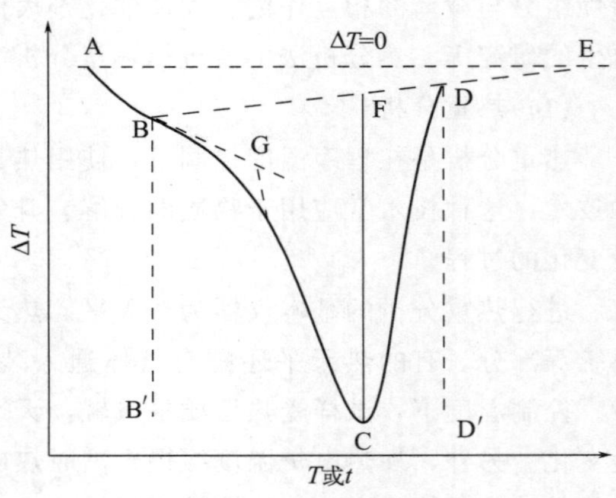

图 12-29 DTA 曲线

式中，ΔH 为反应热，kJ；K 为比例系数；ΔT 为试样与参比物之间的温差，K；$(\Delta T)_a$ 为基线位置；S 为峰面积。

实例 12-3

$NiMg_2Al$-LDHs 的热重及差热分析

具体操作步骤如下：

①开启冷却水；②开机；③开启气源开关，氮气为载气，氩气为平衡气，气体流速均为 60 mL/min；④将两个空坩埚放在热电偶板上，放下炉体，进行初始化；⑤将 10 mg 左右试样装进右侧坩埚；⑥设置起始温度为 30 ℃、升温速率为 10 ℃/min、终止温度为 900 ℃；⑦开始升温测试；⑧温度达到 900 ℃后，停止实验，关闭主机，降至室温后关闭气体、冷凝水。

得到的 TG-DTA 曲线如图 12-30 所示。

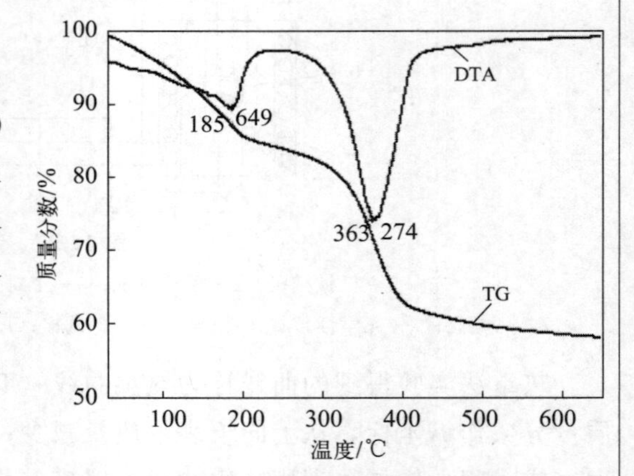

图 12-30 $NiMg_2Al$-LDHs 的 TG-DTA 曲线

$NiMg_2Al$-LDHs 热分解过程包括脱除层间水、层间阴离子，层板羟基脱除（层状结构破坏）和新相生成等步骤。其 TG 曲线存在两个明显的失重阶段，对应的 DTA 曲线有两个独立的吸热峰，每个吸热峰均对应 LDHs

上某种组分的脱除，且第二个吸热峰面积明显大于第一个吸热峰，说明第二个失重阶段吸热效应大。TG 曲线第一阶段（室温～200 ℃）失重对应层间水的脱除，第二阶段（200～400 ℃）失重对应层间碳酸根及层板羟基的脱除，释放出 CO_2 和 H_2O。LDHs 在 400～650 ℃的范围内均生成与 MgO 结构类似的复合金属氧化物，但是焙烧温度高于 650 ℃，复合金属氧化物的比表面积会减小。因此，基于 TG 结果，如果要以 $NiMg_2Al$-LDHs 为前驱体制备负载 Ni 型催化剂，可以在 500～600 ℃焙烧后再用氢气还原。

12.3.2 程序升温技术

程序升温技术主要包括程序升温脱附（temperature programmed desorption，TPD）、程序升温还原（temperature programmed reduction，TPR）、程序升温氧化（temperature programmed oxidization，TPO）及程序升温表面反应（temperature programmed surface reaction，TPSR）。其中最常用的是 TPD 和 TPR。

(1) 程序升温脱附

对于达到吸附平衡的化学吸附体系，在程序升温条件下，随着脱附温度的升高，当 $E_{热运动能} > (E_{des})_{min}$，吸附物分子开始脱附，当升温直至 $E_{热运动能} > (E_{des})_{max}$ 时，吸附物就完全从吸附剂表面上脱附。因此，通过测定脱出物的信号变化，就可得到一条脱出物的信号-温度曲线，然后分析这条曲线就可得到许多关于催化剂和吸附态的信息。对于理想表面，热脱附曲线为一条对称的正态分布曲线。

程序升温脱附可用于表征催化剂表面酸碱性、载体效应、助催化剂效应、金属分散度、催化剂与吸附物之间相互作用强度、催化剂表面吸附物的吸附态及计算脱附活化能。

实例 12-4

HZSM-5 的 NH_3-TPD 实验——催化剂酸强度及酸量测定

以气态碱作探针分子，用 TPD 法测定固体酸催化剂表面酸强度及酸量的原理如下：气态碱性分子吸附在固体酸中心时，强酸位比弱酸位吸附得更牢固，使其脱附更困难；当升温脱附时，弱吸附的碱先脱附排出，故依据不同温度下脱附的碱量可以给出酸强度和酸量。测定固体酸酸性时用于吸附的气态碱包括氨气、吡啶、正丁胺等。最常用的是 NH_3-TPD，图 12-31 为 HZSM-5 分子筛的 NH_3-TPD 图，图中有两个脱附峰，说明分子筛表面有两种不同强度的酸中心。低温 220 ℃左右的脱附峰对应 HZSM-5 表面的弱酸位，而较高温度 425 ℃左右的脱附峰对应 HZSM-5 表面的强酸位。另外，从两个脱附峰的面积可以计算出两个温度下脱附的 NH_3 量，即表示 HZSM-5 表面两种强度酸中心的酸量。NH_3-TPD 测定结果表明该分子筛表面酸强度具有不均匀性，既有弱酸中心也有强酸中心，且弱酸位的酸量大于强酸位的酸量。

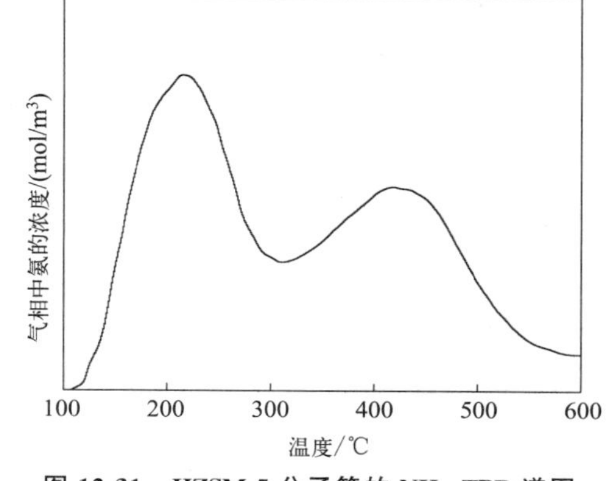

图 12-31 HZSM-5 分子筛的 NH_3-TPD 谱图

实例 12-5

ZnO 催化剂的 O_2-TPD 实验——催化剂与吸附物之间相互作用强度的测定

以 O_2 作为探针分子，用 TPD 法测定 ZnO 与 O_2 的相互作用强度，如图 12-32 所示，O_2-TPD 曲线有两个峰，说明 O_2 在 ZnO 表面存在两种吸附态，低温 180～190 ℃的峰对应弱吸附态，而高温 285～295 ℃的峰对应强吸附态。电子自旋共振实验表明，低温峰为 O_2^- 吸附态，而高温峰为 O^- 吸附态。在室温下，O^- 的反应性高，是使 $CO \longrightarrow CO_2$ 的 O_2 活性态。

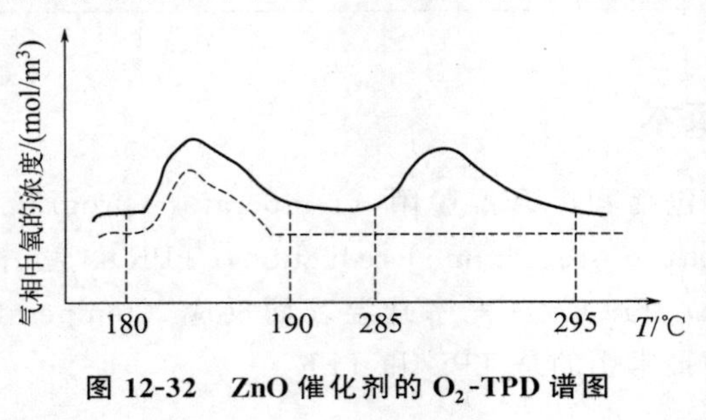

图 12-32 ZnO 催化剂的 O_2-TPD 谱图

(2) 程序升温还原

程序升温还原（TPR）是在等速升温条件下的还原过程，与 TPD 类似，在升温过程中，如果试样发生还原，气相中的氢气浓度将随温度发生变化，将这种变化过程记录下来就得到氢气浓度随温度变化的 TPR 曲线。

根据阿伦尼乌斯方程，可推导出 TPR 对数方程：

$$2\ln T_m - \ln\varphi + \ln C_{H_2,m} = \frac{E_R}{2.303RT_m} + \ln\left(\frac{E_R}{A_n R}\right) \tag{12-19}$$

式中，$C_{H_2,m}$ 为还原速率极大时的氢气浓度（体积分数），%；E_R 为还原反应活化能，kJ/mol；A_n 为指前因子；φ 为加热速率，K/min；T_m 为峰极大值对应的温度，K。由 $2\ln T_m - \ln\varphi + \ln C_{H_2,m}$ 对 $1/T_m$ 作图，由直线斜率可求出还原活化能 E_R。

TPR 在催化研究中主要用于负载金属催化剂中前驱体金属氧化物与载体间相互作用的研究。在程序升温过程中，利用 H_2 还原金属氧化物时还原温度的变化，可以表征金属氧化物之间或金属氧化物与载体之间相互作用的信息。如表 12-4 所示为不同载体负载 Ni 催化剂的还原温度，从表中数据可以看出，Al_2O_3、Al_2O_3-ZrO_2 及 Al_2O_3-ZrO_2-CeO_2 分别作为载体时 NiO 的还原温度依次降低，说明 NiO 与 Al_2O_3 之间的相互作用最强，最难还原。Al_2O_3 载体中添加 ZrO_2 后，还原温度略有降低，说明活性组分与载体之间相互作用有所减弱。而当进一步添加 CeO_2 后，还原温度大幅度降低，说明 CeO_2 的引入显著降低了 NiO 和载体氧化物之间的相互作用，使其容易被还原。

表 12-4 不同载体负载 Ni 催化剂的还原温度

催化剂	Ni/Al	还原温度/℃
10Ni/Al_2O_3	0.10	747
10Ni/Al_2O_3-ZrO_2	0.10	632
10Ni/Al_2O_3-ZrO_2-CeO_2	0.10	295,616

12.3.3 分子探针-红外光谱法

探针分子的红外光谱法可用来研究固体酸催化剂表面的酸位类型和酸强度。酸性部位一般看作是氧化物催化剂表面的活性部位。在催化裂化、异构化、聚合等反应中烃类分子和表面酸性部位相互作用形成碳正离子，是反应的中间化合物。碳正离子理论可以成功地解释烃类在酸性表面上的反应，也对酸性部位的存在提供了强有力的证明。

为了表征催化剂表面的性质，需要测定表面酸性部位的类型（L 酸、B 酸）、强度和酸量。测定表面酸性的方法很多，如碱滴定法、碱性气体吸附法、差热法等，但这些方法都不能区别 L 酸部位和 B 酸部位。利用分子探针-红外光谱表征催化剂的表面酸性，可以有效地区分 L 酸和 B 酸，因此，红外光谱法被广泛用来研究固体催化剂的表面酸性。

利用红外光谱研究表面酸性常常利用到氨、吡啶、三甲基胺、正丁胺等碱性探针分子，其中应用比较广泛的是吡啶和氨。红外光谱特征吸收峰的振动频率反映酸类型，红外光谱吸收峰强度或面积反映酸量。吡啶吸附红外法是以吡啶为探针分子，在一定的条件下吸附在催化剂的表面上，利用吡啶在催化剂表面酸性中心上的红外特征吸收峰来表征催化剂表面上的 B 酸和 L 酸。吡啶分子本身的两个吸收峰分别位于 1590 cm^{-1} 和 1445 cm^{-1} 处，当其吸附在固体表面质子酸位上时，主要形成 1540 cm^{-1} 和 1640 cm^{-1} 吸收带，归属于吡啶与质子酸作用形成 PyH^+ 的特征吸收带，可用于质子酸的表征。吡啶与固体表面上 L 酸作用，生成 1450 cm^{-1}、1490 cm^{-1} 和 1610 cm^{-1} 吸收带，因而将它归属为形成 Py-L 配合物的特征吸收带，用于 L 酸的表征。

Montañez Valencia 等用不同酸位密度、性质和强度的催化剂研究了愈创木酚在酸性固体上的气相酰化反应。为了全面表征样品的酸性，计算 L 酸和 B 酸表面位点的性质和强度，以吡啶为探针分子进行了 FTIR 实验。图 12-33 显示了吡啶在 298 K 吸附和 423 K 抽真空后的 FTIR 光谱与参考光谱（干净样品）的差异。所有催化剂的 FTIR 光谱显示 L 酸（1455 cm^{-1} 和 1620 cm^{-1} 的谱带）和 B 酸位点（1540 cm^{-1} 和 1635 cm^{-1} 的谱带）均存在。HZSM-5 红外光谱中的 1440～1460 cm^{-1} 为两个重叠峰，对应于吡啶吸附在 Al（1455 cm^{-1}）和 Na（1445 cm^{-1}）L 酸位点上；氢型 β 分子筛（HBEA）只在 1455 cm^{-1} 处出现一个峰，反映了吡啶在与三配位 Al 原子相关的 L 酸位点上的吸附。在 1634 cm^{-1}、1625 cm^{-1} 和 1600 cm^{-1} 附近区域，吸收带分别来自吡啶吸附在 B 酸、强 L 酸（Al 阳离子）和弱 L 酸（Na 阳离子）酸位点上。在 ZnZSM-5 样品上获得的 IR 光谱表明，Zn^{2+} 交换 Na^+ 导致 1445 cm^{-1} 带消失（吡啶吸附在 Na 阳离子上）和 1455 cm^{-1} 带增加（吡啶吸附在 Al 阳离子和 Zn 阳离子上，因为 Zn^{2+} 和 Al^{3+} 上吡啶吸收带的位置很接近）。1600 cm^{-1} 谱带的消失和在 1615 cm^{-1} 处新锐谱带的发展也表明 Na^+ 被 Zn^{2+} 取代。TPA（磷钨酸）/SiO_2 显示了在 B 酸位上形成的吡啶离子典型的 IR 带。

Song 等用 NH_3-TPD 和吡啶吸附/解吸的 FTIR 光谱证明了 Meso-Zr-Al-beta 中 B 酸和 L 酸位均具有一定强度。NH_3-TPD 用于分析样品中酸性位点的数量和强度，NH_3-TPD 曲线如图 12-34 所示。H-beta 沸石在 400～900 K 范围内表现出更宽的 NH_3 解吸温度范围，并且以 503 K 和 643 K 为中心的两个解吸峰揭示了弱酸位点和强酸位点的存在。对于 Meso-Zr-beta 沸石（Si/Zr = 79），由于氨从弱酸和中酸位点解吸，可以观察到两个中心在 453 K 和 563 K 的峰。显然，骨架 Al 物质的缺乏大大降低了 β 沸石中酸性位点的强度。而对于分级 Meso-Zr-Al-beta（100-77）沸石，在 503 K 和 613 K 处可以观察到两个氨解吸峰，分别对应于弱酸位点和强酸位点。值得注意的是，Meso-Zr-Al-beta 沸石中的弱酸位密度略低于 H-beta（0.35 mmol/g vs. 0.38 mmol/g），而强酸位密度更高（0.69 mmol/g vs. 0.62 mmol/g）。也就是说，由于框架 Al 物质的去除而导致的酸性位点的损失可以通过将 Zr 物质掺入沸石框架中得到很好的补偿。

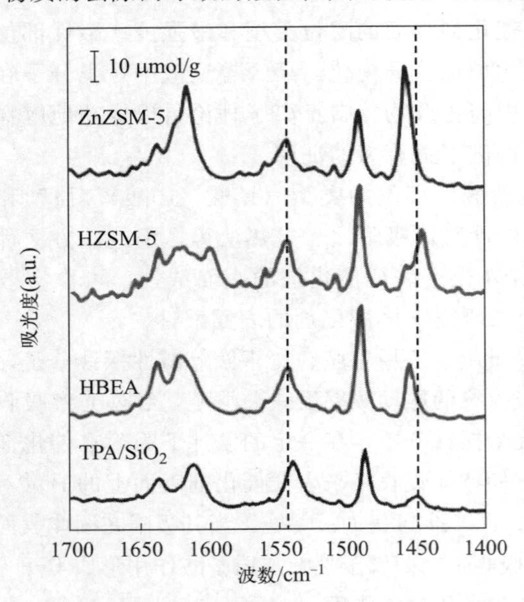

图 12-33 吡啶在 298 K 下吸附在 TPA/SiO_2、HBEA、HZSM-5 和 ZnZSM-5 上并在 423 K 下抽真空 0.5 h 的 FTIR 光谱

注：虚线表示存在 L 酸（1450 cm^{-1}）和 B 酸（1540 cm^{-1}）位点。

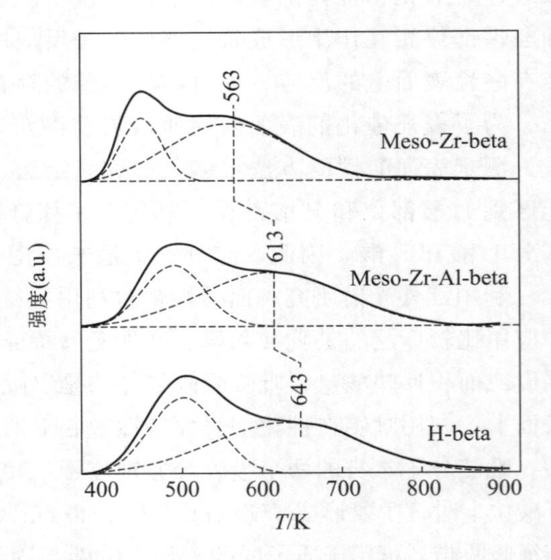

图 12-34 H-beta、Meso-Zr-beta（79）和 Meso-Zr-Al-beta（100-77）样品的 NH_3-TPD 谱

通过吡啶吸附/解吸的 FTIR 光谱分析 Meso-Zr-Al-beta（100-77）的 B 酸和 L 酸性质，结果如图 12-35 所示。一般来说，吡啶分子吸附在 L 酸位点，在 1450 cm^{-1}、1490 cm^{-1} 和 1610 cm^{-1} 处产生 FTIR 活性谱带，而吡啶分子吸附在样品的 B 酸位点上会在 1490 cm^{-1}、1550 cm^{-1} 和 1640 cm^{-1} 处产生谱带。在 473 K 下吡啶吸附和抽真空后，Meso-Zr-Al-beta（100-77）样品可以观察到所有这些 FTIR 吸收峰，表明存在 B 酸和 L 酸位点。B 酸位点应该来自框架 Al 物种，而 L 酸位点来自框架 Zr 物种。随着抽真空温度的升高，吡啶分子开始从样品中的酸位点解吸，相应 FTIR 谱带强度（B 酸和 L 酸位）的降低反映了这一点。在 623 K 下抽真空后，不能再观察到与 B 酸位点相互作用的吡啶分子，而与 L 酸位点相互作用的大量吡啶分子仍然保留下来。这些结果证实了 Meso-Zr-Al-beta（100-77）样品中存在强 L 酸位点，定量分析表明，在全部 L 酸位点（0.89 mmol/g）中，强 L 酸位点为 0.28 mmol/g。

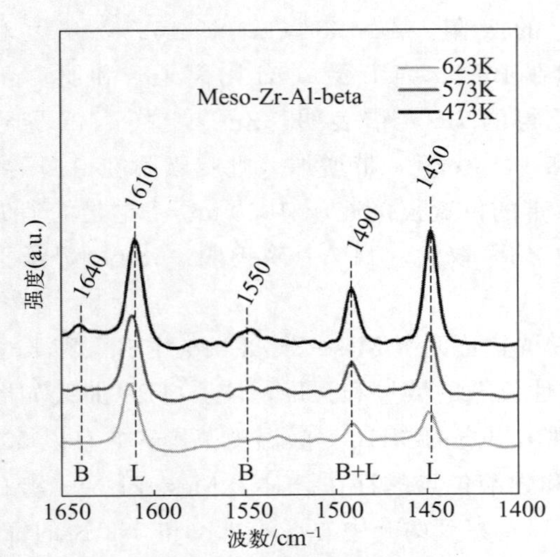

图 12-35 不同温度下吡啶吸附和抽真空后 Meso-Zr-Al-beta（100-77）样品的 FTIR 光谱

12.4 固体催化剂的活性、选择性及寿命评价

12.4.1 催化剂的活性及选择性评价

催化剂的活性及选择性评价是由催化剂制造商或用户进行的常规质量控制检验。其测试目的包括如下几个方面：快速筛选大量催化剂，以便为特定的反应确定一个适宜的催化剂；更详尽地比较几种催化剂，以确定各种催化剂的最佳操作区域；测定特定反应的机理；测定在特定催化剂上的反应动力学；模拟工业反应条件催化剂的连续长期运转。

催化剂的活性可以用转化率、收率、反应速率等指标表示，也可以用单位质量催化剂在单位时间所得目标产物的质量来表示。催化剂的活性评价通常在实验室用间歇反应器或连续反应器来实施。这里简单介绍两种实验室最常用的反应器。

① 间歇釜式反应器。釜式反应器内常设有机械搅拌，可用于各种温度、压力条件下的液-固、气-液-固体系催化剂的活性评价，特别是可用于研究高压、高温反应催化剂活性。

该评价方式具有如下特点：升温降温时间可能较长，致使产物分布宽；累积的最终组分代表一段时间的平均值；高压反应难以进行实时取样分析；降压时，产物可能分馏。尽管如此，由于反应器简单、操作方便、成本低廉，广泛用于催化剂的活性评价。

丙烯聚合催化剂的活性评价

丙烯聚合反应在带有搅拌的 5 L 间歇釜式反应器内进行，反应釜示意图如图 12-36 所示。操作步骤为：①反应釜用氮气置换 3 次；②搅拌下加入 5 mL 助催化剂三乙基铝（0.6 mol/L）和 2.5 mL 甲基苯基二甲氧基硅烷（0.3 mol/L），以及 10 mg 负载型催化剂 $TiCl_4/MgCl_2$；③通入少量氢气；④加入 2.5 L 丙烯；⑤将反应釜加热升温至 70 ℃，维持在温度（70±2）℃、压力（3.0±0.03）MPa 条件下反应 1 h；⑥反应完成后，停止加热，回收未反应丙烯，排放未反应气体至常压，降温，出料。

称量聚合所得聚丙烯的质量，根据所加入催化剂的质量及反应时间计算催化剂活性，第三代 Ziegler-Natta 催化剂的活性通常为 20 kg/(g · h)。

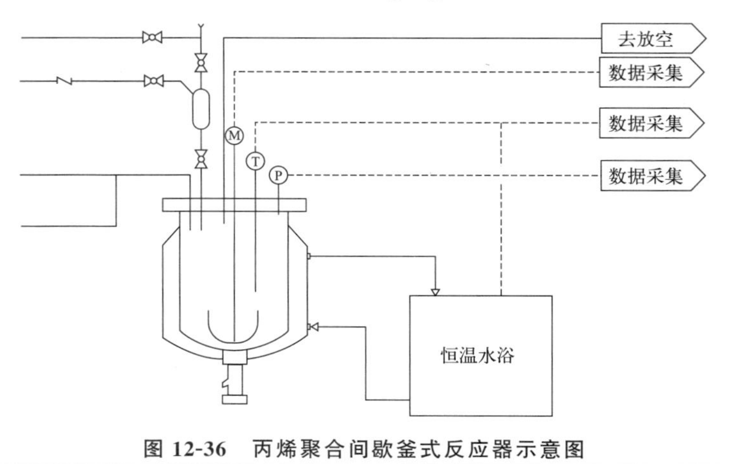

图 12-36 丙烯聚合间歇釜式反应器示意图

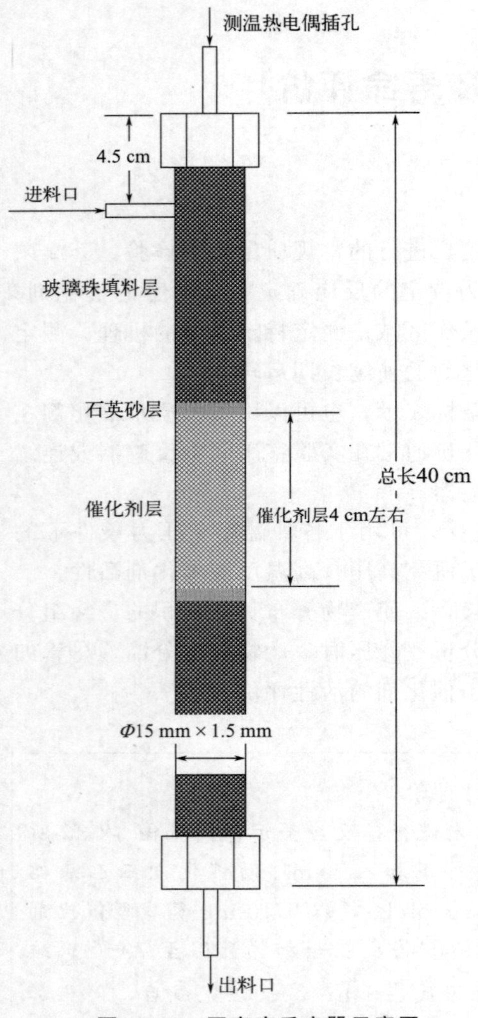

图 12-37　固定床反应器示意图

② 固定床反应器。固定床反应器指在反应器内装填颗粒状固体催化剂或固体反应物，形成一定高度的堆积床层，气体或液体物料通过颗粒间隙流过静止固定床层的同时，实现非均相反应过程。这类反应器的特点是充填在设备内的固体颗粒固定不动，有别于固体物料在设备内发生运动的移动床和流化床，又称填充床反应器。

固定床反应器是评价催化剂活性及选择性的连续反应器，是一种等温管式反应器，如图 12-37 所示。为防止颗粒状催化剂漏入填料层，用 10～20 目粗石英砂作为承托填料的同时在催化剂层上下两侧铺约 2 cm 的 100～200 目细石英砂。反应器中部 4 cm 左右的部分为催化剂与 100～200 目细石英砂组成的混合层，此处细石英砂对催化剂起分散、稀释的作用。一定温度下对催化剂进行活化处理，然后原料以及 N_2 从反应器上端进入反应器自上而下通过催化剂床层进行反应，产物经由六通阀取样，之后注入气相色谱进行组分在线检测分析。根据色谱分析结果计算原料转化率或产物选择性以表征催化剂活性。

固定床反应器的优点是：返混小，流体同催化剂可进行有效接触；催化剂机械损耗小；结构简单。缺点是：传热差；操作过程中催化剂不能更换。

除了间歇釜式反应器和固定床反应器外，还可以用流化床反应器、脉冲式反应器等评价催化剂活性，需要根据具体催化反应类型特点来确定。

实例 12-7

HZSM-5 催化剂催化裂解废橡胶轮胎性能评价

催化剂对废橡胶轮胎粉末的催化裂解性能采用包含固定床反应器的微型反应系统进行评价，反应装置流程图如图 12-38 所示。N_2 通过质量流量计控制流量，作为载气携带裂解气流出固定床反应器。具体操作步骤如下：①反应物装填：将原料废轮胎粉末和 HZSM-5 催化剂以一定质量比混合均匀后装在固定床反应器中部；②将装填有原料和催化剂的固定床反应器安装在微型反应系统上；③在 120 ℃、N_2 氛围下先对原料预处理 1 h，然后以 10 ℃/min 升温至 500 ℃，并在此温度下保温 1 h；④当温度达到 400 ℃时，通过六通阀取样注入气相色谱进行产物在线分析，根据各组分的峰面积及校正因子计算各组分的相对含量及选择性。

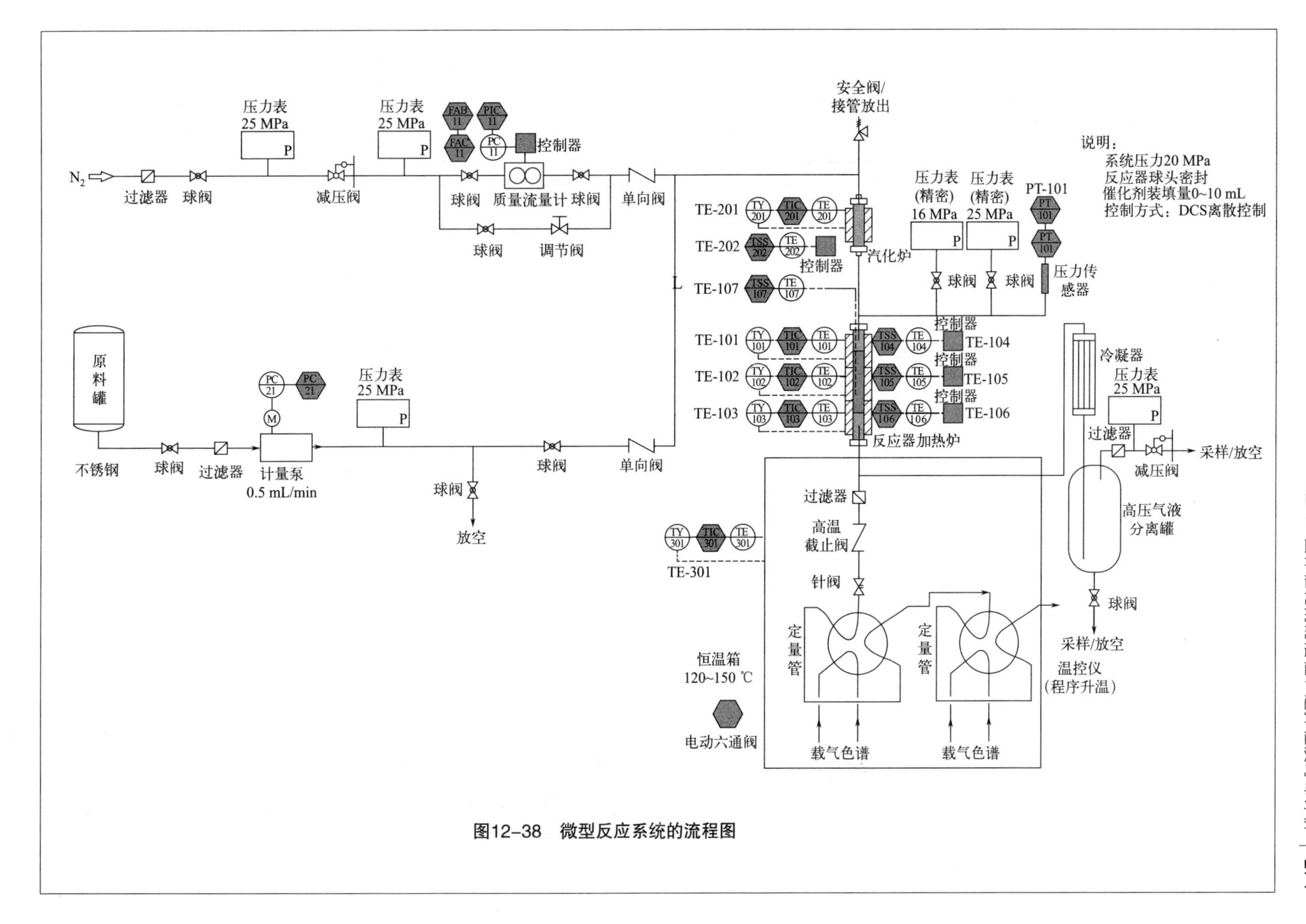

图12-38 微型反应系统的流程图

图 12-39 为以 SiO_2/Al_2O_3 比为 50 的商业 HZSM-5 分子筛为催化剂，在不同催料比条件下催化裂解废橡胶轮胎的性能图。可以看出，在催化剂的作用下，“三苯”的选择性都比单纯热裂解的高。逐渐增大催料比时，$C_1 \sim C_4$ 产物的选择性先减小再增加后又减小，C_5 产物的选择性逐渐减小，C_6 产物的选择性有些许波动，C_7、C_8 产物的选择性逐渐增大，$C_9 \sim C_{10}$ 产物的选择性先增后减。且催料比越高，“三苯”的选择性越高。当催料比为 1 时，“三苯”的选择性达到了 42.3%。在催料比为 0.75 时，$C_1 \sim C_4$ 产物的选择性最高，达到了 37.3%。

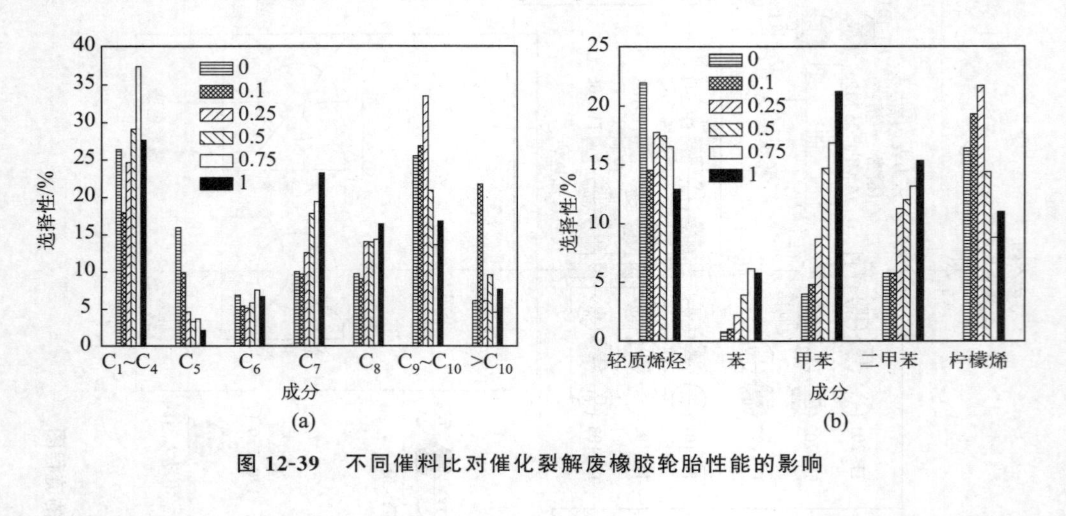

图 12-39 不同催料比对催化裂解废橡胶轮胎性能的影响

12.4.2 催化剂的寿命评价

催化剂的寿命即催化剂的稳定性，指催化剂的活性和选择性随时间变化的情况。对于工业催化剂，寿命越长越好，否则必须进行催化剂的再生或频繁更换，影响正常生产。因而催化剂的寿命是决定某一过程能否实现工业化的关键。

催化剂寿命的测试，最直观的方法就是在实际反应工况下考察催化剂活性或选择性随时间的变化，直至其在技术和经济上不能满足要求为止。这种方法的优点是结果可靠，但是费时费力。有些工业催化剂寿命长达数年，用该方法评价寿命不太现实，这种情况下可以采用“快速失活”或“催速”寿命实验，即通过强化导致催化剂失活的各种因素，在比实际反应更为苛刻的条件下对催化剂进行“快速失活”，与已知催化剂进行对比实验，以预测催化剂寿命。

“催速”寿命实验有两种方法。第一种是连续试验法，考察催化剂的活性和选择性对应于运行时间的关系。尽可能保持各种过程参数与工业反应器相一致的情况下考察某一强化参数的影响。第二种是中间失活法，选择在适合的强化条件下处理催化剂，对处理前后的催化剂进行相同的标准测试，比较催化剂的活性和选择性，最后得到催化剂寿命的相关数据。

思考题

1. 催化剂的孔结构是如何测定的？其原理是什么？

2. 光电子能谱在催化剂表征中有哪些应用？

3. X射线衍射法在催化剂表征中有哪些应用？

4. 以氢氧化物为前体制备氧化物催化剂，可用什么手段确定焙烧温度？

5. 采用哪些手段可以表征过渡金属有机配合物的结构？

6. NiO/Al_2O_3 为前体经氢气还原制备 Ni/Al_2O_3，用什么手段确定还原温度？

7. 用BET法测定某一催化剂的表面积，用Kr作吸附质，催化剂用量0.1 g，液体Kr的饱和蒸气压 $p_0=505$ Pa，Kr分子的表观截面积取0.195 nm^2，得到如下数据：

吸附体积（cm^3，STP）	吸附平衡压力（Pa）
0.0301	37.2
0.0349	51.2
0.0383	61.8
0.0426	76.4
0.0475	89.4

试用作图法或线性回归法求其比表面积。

参考文献

[1] 黄仲涛，耿建铭．工业催化［M］．第4版．北京：化学工业出版社，2020.

[2] 吴越．应用催化基础［M］．北京：化学工业出版社，2009.

[3] 许越．催化剂设计与制备工艺［M］．北京：化学工业出版社，2003.

[4] 韩维屏．催化化学导论［M］．北京：科学出版社，2003.

[5] 甄开吉，王国甲，毕颖丽，等．催化作用基础［M］．第3版．北京：科学出版社，2005.

[6] 季生福，张谦温，赵彬侠．催化剂基础及应用［M］．北京：化学工业出版社，2011.

[7] 何仁，陶晓春，张兆国．金属有机化学［M］．上海：华东理工大学出版社，2007.

[8] Crabtree R H. The Organometallic Chemistry of the Transition Metals［M］. 4th ed. Hoboken：John Wiley & Sons，Inc. ,2005.

[9] 加里 O. 斯佩萨德，加里 L. 米斯勒．有机金属化学［M］．第2版．北京：科学出版社，2012.

[10] 宋礼成，王佰全．金属有机化学原理及应用［M］．北京：高等教育出版社，2012.

[11] 山本明夫．有机金属化学——基础与应用［M］．陈惠麟，陆熙炎，译．北京：科学出版社，1997.

[12] 戴维·范·弗兰肯，格雷戈里·韦斯．化学生物学［M］．张艳，胡海宇，陈拥军，等译．北京：化学工业出版社，2021.

[13] 秦永宁．生物催化剂——酶催化手册［M］．北京：化学工业出版社，2015.

[14] 克里斯托弗 T. 沃尔什，唐奕．天然产物生物合成——化学原理与酶学机制［M］．胡有财，译．北京：化学工业出版社，2021.

[15] Briggs D，Seah M P. Practical Surface Analysis［M］. 2nd ed. New York：John Wiley & Sons，1992.

[16] 桂琳琳，黄惠忠，郭国霖．X射线与紫外光电子能谱［M］．北京：北京大学出版社，1984.

[17] 王建祺，吴文辉，冯大明．电子能谱学（XPS/XAES/UPS）引论［M］．北京：国防工业出版社，1992.

[18] 卡尔·H. 哈曼，安德鲁·哈姆内特，沃尔夫·菲尔施蒂希．电化学［M］．第2版．陈燕霞，夏兴华，蔡俊，译．北京：化学工业出版社，2016.

[19] 孙世刚，陈胜利．电催化［M］．北京：化学工业出版社，2013.

[20] 李作鹏．双金属协同电催化剂及性能研究［M］．北京：化学工业出版社，2021.

[21] 朱炳辰．化学反应工程［M］．第5版．北京：化学工业出版社，2011.

[22] Imamoglu Y，Dragutan V. Metathesis Chemistry：From Nanostructure Design to Synthesis of Advanced Materials［M］. Netherlands：Springer，2007.

[23] 约翰·默瑞格·托马斯．单活性中心多相催化剂的设计与应用［M］．张龙，胡江磊，等译．北京：化学工业出版社，2014.

[24] 莫尔比代利，加夫里迪斯，瓦尔马．催化剂设计——活性组分在颗粒、反应器和膜中的最优分布［M］．王安杰，李翔，赵蓓，等译．北京：化学工业出版社，2004.

[25] 黄仲涛，彭峰．工业催化剂设计与开发［M］．北京：化学工业出版社，2009.

[26] 吴指南．基本有机化工工艺学［M］．修订版．北京：化学工业出版社，1990.

[27] 黄仲九，房鼎业．化学工艺学［M］．第2版．北京：高等教育出版社，2008.

[28] 米镇涛．化学工艺学［M］．第2版．北京：化学工业出版社，2006.

[29] 北京师范大学，华中师范大学，南京师范大学．无机化学［M］．第3版．北京：高等教育出版社，1992.

[30] Doble M，Rollins K，Kumar A. Green Chemistry & Engineering［M］. Amsterdam：Elsevier，2007.

[31] Hocking M B. Handbook of Chemical Technology and Pollution Control［M］. 3rd ed. San Diego：Elsevier，2005.

[32] 郭树才．煤化工工艺学［M］．北京：化学工业出版社，2001.

[33] 李淑培．石油加工工艺学［M］．北京：中国石化出版社，2009.

[34] 王遇冬．天然气处理与加工工艺［M］．北京：石油工业出版社，1999.

[35] 林玉波．合成氨生产工艺［M］．北京：化学工业出版社，2011.
[36] Moulijin J A，Makkee M，Diepen A V. Chemical Process Technology［M］. Chichester：Wiley，2001.
[37] 刘化章．合成氨工业：过去、现在和未来——合成氨工业创立 100 周年回顾、启迪和挑战［J］．化工进展，2013，32（09）：1995-2005.
[38] Aziz M，Wijayanta A T，Nandiyanto A B D. Ammonia as effective hydrogen storage：a review on production，storage and utilization［J］. Energies，2020，13（12）：3062-3086.
[39] Klerke A，Christensen C H，Nørskov J K，et al. Ammonia for hydrogen storage：challenges and opportunities［J］. Journal of Materials Chemistry，2008，18（20）：2285-2392.
[40] Zheng W Q，Zhang J，Ge Q J，et al. Effects of CeO_2 addition on Ni/Al_2O_3 catalysts for the reaction of ammonia decomposition to hydrogen［J］. Applied Catalysis B：Environmental，2008，80（1/2）：98-105.
[41] 靳永勇，郝盼盼，任军，等．单原子催化——概念、方法及应用［J］．化学进展，2015，27（12）：1689-1704.
[42] Xie P F，Yao Y G，Huang Z N，et al. Highly efficient decomposition of ammonia using high-entropy alloy catalysts［J］. Nature Communications，2019（10）：4011.
[43] Yao L H，Li Y X，Zhao J，et al. Core-shell structured nanoparticles（M@SiO_2，Al_2O_3，MgO；M＝Fe，Co，Ni，Ru）and their application in CO_x-free H_2 production via NH_3 decomposition［J］. Catalysis Today，2010，158（3-4）：401-408.
[44] 曾鹏晖，季生福，梁云，等．Al-ITQ-13 分子筛的碱改性及其催化裂化性能［J］．石油化工，2014，43（4）：405-411.
[45] 吴磊，马新刚，刘发龙，等．X 射线衍射法定量分析 α-AlH_3 晶型纯度［J］．固体火箭技术，2018，41（6）：740-744.
[46] Soma-Noto Y，Sachtler W. Infrared spectra of carbon monoxide adsorbed on supported palladium and palladium-silver alloys［J］. Journal of Catalysis，1974，32（2）：315-324.
[47] Valencia M，Padró M K，Sad C L. Gas phase acylation of guaiacol with acetic acid on acid catalysts［J］. Applied Catalysis B：Environmental，2020，278（1）：119317.
[48] Song S，Lu D，Wu G，et al. Meso-Zr-Al-beta zeolite as a robust catalyst for cascade reactions in biomass valorization［J］. Applied Catalysis B：Environmental，2017，205：393-403.
[49] Ramamoorthy P，Gonzalez R D. Surface characterization of supported Pt-Ru bimetallic clusters using infrared spectroscope［J］. Journal of Catalysis，1979，58（2）：188-197.
[50] Mills D L，Tong S Y. Chemistry and Physics of Solid Surface IV［M］. Berlin：Springer Verlag，1982.
[51] Huang C，Yu L，Zhang W，et al. N-doped Ni-Mo based sulfides for high-efficiency and stable hydrogen evolution reaction［J］. Applied Catalysis B：Environmental，2020，276：119-137.
[52] Gao T，Li X，Chen X，et al. Ultra-fast preparing carbon nanotube-supported trimetallic Ni，Ru，Fe heterostructures as robust bifunctional electrocatalysts for overall water splitting［J］. Chemical Engineering Journal，2021，424：130416.
[53] He F，Han Y，Tong Y，et al. NiFe alloys@N-doped graphene-like carbon anchored on N-doped graphitized carbon as a highly efficient bifunctional electrocatalyst for oxygen and hydrogen evolution reactions［J］. ACS Sustainable Chemistry Engineering，2022，10（18）：6094-6105.
[54] Li Z，Zheng Y，Li Q，et al. Preparation of porous $Zn_{0.76}Co_{0.24}S$ yolk-shell microspheres with enhanced electrochemical performance for sodium ion batteries［J］. ChemElectroChem，2022，9：e202101558.
[55] Zhao W，Fee J，Khanna H，et al. A two-electron transfer mechanism of the Zn-doped δ-MnO_2 cathode toward aqueous Zn-ion batteries with ultrahigh capacity［J］. Journal of Materials Chemistry A，2022，10：6762.
[56] Huffman M A，Fryszkowska A，Alvizo O，et al. Design of an in vitro biocatalytic cascade for the

manufacture of islatravir [J] . Science, 2019, 366 (6470): 1255-1259.

[57] Liu H, Tian Y, Zhou Y, et al. Multi-modular engineering of saccharomyces cerevisiae for high-titre production of tyrosol and salidroside [J] . Microbial Biotechnology, 2021, 14 (6): 2605-2616.

[58] Wei L, Wang Z, Feng C, et al. Direct transverse relaxation time biosensing strategy for detecting foodborne pathogens through enzyme-mediated sol-gel transition of hydrogels [J] . Analytical Chemistry, 2021, 93 (17): 6613-6619.

[59] Hammer S C, Kubik G, Watkins E, et al. Anti-Markovnikov alkene oxidation by metal-oxo-mediated enzyme catalysis [J] . Science, 2017, 358 (6360): 215-218.

[60] Jumper J, Evans R, Pritzel A, et al. Highly accurate protein structure prediction with Alphafold [J]. Nature, 2021, 596 (7873): 583-589.

[61] Baek M, Dimaio F, Anishchenko I, et al. Accurate prediction of protein structures and interactions using a three-track neural network [J] . Science, 2021, 373 (6557): 871-876.

[62] Qiao Y, Hu R, Chen D, et al. Fluorescence-activated droplet sorting of PET degrading microorganisms [J]. Journal of Hazardous Materials, 2022, 424: 127417.

[63] Lin J L, Wagner J M, Alper H S. Enabling tools for high-throughput detection of metabolites: metabolic engineering and directed evolution applications [J] . Biotechnology Advances, 2017, 35 (8): 950-970.

[64] Zhao Y, Jiao Q, Ding X, et al. Hydrothermal synthesis of nanorods and nanowires of Mg/Al layered double hydroxides [J] . Chemical Research in Chinese Universities, 2007, 23 (5): 622-624.

[65] Zhao Y, Eley C, Hu J, et al. Shape-dependent acidity and photocatalytic activity of Nb_2O_5 nanocrystals with an active TT (001) surface [J] . Angewandte Chemie International Edition, 2012, 51 (16): 3846-3849.

[66] Arafat A, Jansen J C, Ebaid A R, et al. Microwave preparation of zeolite Y and ZSM-5 [J] . Zeolites, 1993, 13: 162-165.

[67] 李新玲 . 微波法制备磷酸锆及光催化性能 [D] . 上海：东华大学，2015.

[68] 安峰 . 不同形貌的 ZnO 纳米材料的制备与表征 [D] . 太原：太原理工大学，2012.

[69] 郭胜利，卢士香，徐文国 . 微波辅助溶胶-凝胶法一步合成纳米氧化锌及其催化降解性能研究 [J] . 北京理工大学学报，2012，1 (32)：82-86.

[70] 杨升红，张小明，张廷杰，等 . 微波法制备纳米 TiO_2 粉末 [J] . 稀有金属材料与工程，2000，29：354-356.

[71] 张磊 . 微波加热制备镍基催化剂及其在乙醇水蒸气重整制氢中的应用研究 [D] . 昆明：昆明理工大学，2016.

[72] 夏昌奎，黄剑锋，曹丽云 . 三维形貌 ZnO 一维纳米结构的微波水热合成机理及性能研究 [J] . 稀有金属材料与工程，2011，7 (40)：1-5.

[73] Wu X, Jiang Q Z, Ma Z F. Synthesis of titania nanotubes by microwave irradiation [J] . Solid State Communications, 2005, 136: 513-517.

[74] Yang H, Su X, Tang A. Microwave synthesis of nanocrystalline Sb_2S_3 and its electrochemical properties [J]. Materials Research Bulletin, 2007, 42: 1357-1363.

[75] Newalkar B L, Chiranjeevi T, Choudary N, et al. Microwave-hydrothermal synthesis and characterization of CoVSB-5 microporous framework [J] . Journal of Porous Materials, 2007, 26: 1380-2224.

[76] Jiang Y, Zhu Y J, Xu Z L. Rapid synthesis of Bi_2S_3 nanocrystals with different morphologies by microwave heating [J] . Materials Letters, 2006, 60: 2294-2298.

[77] 常婧婕 . 微波法制备的 SO_4^{2-}/ZrO_2 系列固体酸催化剂及其在酯化反应中的应用研究 [D] . 南昌：江西师范大学，2011.

[78] Whitehead J C. Plasma-catalysis: Is it just a question of scale? [J] . Frontiers of Chemical Science and

Engineering, 2019, 13 (2): 264-273.

[79] Xu W, Zhang X, Dong M, et al. Plasma-assisted Ru/Zr-MOF catalyst for hydrogenation of CO_2 to methane [J]. Plasma Science and Technology, 2019, 21 (4): 1-17.

[80] Snoeckx R, Bogaerts A. Plasma technology—a novel solution for CO_2 conversion [J]. Chemical Society Reviews, 2017, 46 (19): 5805-5863.

[81] Mehta P, Barboun P, Go D B, et al. Catalysis enabled by plasma activation of strong chemical bonds: a review [J]. ACS Energy Letters, 2019, 4 (5): 1115-1133.

[82] Di L, Zhan Z, Zhang X, et al. Atmospheric-pressure DBD cold plasma for preparation of high active Au/P25 catalysts for low-temperature CO oxidation [J]. Plasma Science and Technology, 2016, 18 (5): 544-548.

[83] Tiwari S, Caiola A, Bai X, et al. Microwave plasma-enhanced and microwave heated chemical reactions [J]. Plasma Chemistry and Plasma Processing, 2019, 40 (1): 1-23.

[84] Long H L, Xu Y, Zhang X Q, et al. Ni-Co /Mg-Al catalyst derived from hydrotalcite-like compound prepared by plasma for dry reforming of methane [J]. Journal of Energy Chemistry, 2013, 22 (05): 62-68.

[85] Indarto A, Choi J W, Lee H, et al. Methanol synthesis over Cu and Cu-oxide-containing ZnO/Al_2O_3 using dielectric barrier discharge [J]. IEEE Transactions on Plasma Science, 2008, 36 (2): 516-518.

[86] Zhu X, Huo P, Zhang Y, et al. Structure and reactivity of plasma treated Ni/Al_2O_3 catalyst for CO_2 reforming of methane [J]. Applied Catalysis B: Environmental, 2008, 81 (1-2): 132-140.

[87] Wu Y W, Chung W C, Chang M B. Modification of Ni /gamma-Al_2O_3 catalyst with plasma for steam reforming of ethanol to generate hydrogen [J]. International Journal of Hydrogen Energy, 2015, 40 (25): 8071-8080.

[88] Sajjadi S M, Haghighi M. Influence of tungsten loading on CO_2/O_2 reforming of methane over CoW-promoted $NiOAl_2O_3$ nanocatalyst designed by solgel-plasma [J]. International Journal of Energy Research, 2019, 43 (2): 853-873.

[89] Tao X, Han Y, Sun C, et al. Plasma modification of NiAlCe-LDH as improved photocatalyst for organic dye wastewater degradation [J]. Applied Clay Science, 2019, 172 (5): 75-79.

[90] 李佳奇，马懿星，王学谦，等. 低温等离子体制备改性催化剂 [J]. 真空科学与技术学报，2020，40 (12): 1152-1161.

[91] 高亚，徐丹，王树元，等. 原子层沉积构建高性能催化剂的研究进展 [J]. 化工进展，2021，40 (8): 4242-4252.

[92] Gong T, Qin L, Zhang W, et al. Activated carbon supported palladium nanoparticle catalysts synthesized by atomic layer deposition: genesis and evolution of nanoparticles and tuning the particle size [J]. The Journal of Physical Chemistry C, 2015, 119 (21): 11544-11556.

[93] Lv P, Zhao C Y, Lee W J, et al. Less is more: Enhancement of photocatalytic activity of g-C_3N_4 nanosheets by site-selective atomic layer deposition of TiO_2 [J]. Applied Surface Science, 2019, 494: 508-518.

[94] Jang E, Kim D W, Hong S H, et al. Visible light-driven g-C_3N_4@ZnO heterojunction photocatalyst synthesized via atomic layer deposition with a specially designed rotary reactor [J]. Applied Surface Science, 2019, 487: 206-210.

[95] French S A, Sokol A A, BromLey S T, et al. From CO_2 to methanol by hybrid QM/MM embedding [J]. Angewandte Chemie International Edition, 2001, 40: 4437-4440.

[96] Senn H M, Thiel W. QM/MM studies of enzymes [J]. Current Opinion in Chemical Biology, 2007, 11: 182-187.

[97] To J, Sherwood P, Sokol A A, et al. QM/MM modelling of the TS-1 catalyst using HPCx [J].

Journal of Materials Chemistry，2006，16：1919-1926.

[98] Das D，Eurenius K P，Billings E M，et al. Optimization of quantum mechanical molecular mechanical partitioning schemes：Gaussian delocalization of molecular mechanical charges and the double link atom method [J]. The Journal of Chemical Physics，2002，117：10534-10547.

[99] Zhang Y K，Lee T S，Yang W T. A pseudobond approach to combining quantum mechanical and molecular mechanical methods [J]. The Journal of Chemical Physics，1999，110：46-54.

[100] Kairys V，Jensen J H. QM/MM boundaries across covalent bonds：A frozen localized molecular orbital-based approach for the effective fragment potential method [J]. The Journal of Physical Chemistry A，2000，104：6656-6665.

[101] Curtarolo S，Hart G L W，Nardelli M B，et al. The high-throughput highway to computational materials design [J]. Nature Materials，2013，12：191-201.

[102] Li Z，Wang S W，Xin H L. Toward artificial intelligence in catalysis [J]. Nature Catalysis，2018，1：641-642.

[103] 陈琦丽. N/F 掺杂及 N-F 共掺杂 TiO_2（101）表面特性的第一性原理研究 [D]. 武汉：华中科技大学，2009.

[104] Fu J，Yu J，Jiang C，et al. g-C_3N_4-based heterostructured photocatalysts [J]. Advanced Energy Materials，2018，8（3）：1701503.

[105] Splendiani A，Sun L，Zhang Y，et al. Emerging photoluminescence in monolayer MoS_2 [J]. Nano Letters，2010，10（4）：1271-1275.

[106] Lu B C，Zheng X Y，Li Z. Few-layer P_4O_2：A promising photocatalyst for water splitting [J]. ACS Applied Materials & Interfaces，2019，11（10）：10163-10170.

[107] Chowdhury C，Karmakar S，Datta A. Monolayer group Ⅳ-Ⅵ monochalcogenides：low-dimensional materials for photocatalytic water splitting [J]. The Journal of Physical Chemistry C，2017，121（14）：7615-7624.

[108] 石博文，朱楠，杨自玲，等. 高碳烯烃多相羰基合成催化剂研究进展 [J]. 合成材料老化与应用，2020，49（6）：139-141，145.

[109] Zhang G，Scott B L，Hanson S K. Mild and homogeneous cobalt-catalyzed hydrogenation of C=C，C=O，and C=N bonds [J]. Angewandte Chemie International Edition，2012，51：12102-12106.

[110] Gärtner D，Welther A，Rad B R，et al. Heteroatom-freie arencobalt- und areneisen-katalysatoren für hydrierungen [J]. Angewandte Chemie International Edition，2014，53：3722-3726.

[111] Elangovan S，Wendt B，Topf C，et al. Improved second generation iron pincer complexes for effective ester hydrogenation [J]. Advanced Synthesis Catalysis，2016，358（5）：820-825.

[112] Zhong R，Wei Z，Zhang W，et al. A practical and stereoselective in situ NHC-cobalt catalytic system for hydrogenation of ketones and aldehydes [J]. Chem，2019，5：1552-1566.

[113] 王征，蔺庆，马宁，等. 钴催化剂均相催化氢化以及脱氢反应的研究进展 [J]. 中国科学：化学，2021，51（8）：995-1017.

[114] Matsukawa N，Ishii S I，Furuyama R，et al. Polyolefin structural control using phenoxy-imine ligated group 4 transition metal complex catalysts [J]. e-Polymers，2003，3（1）：021.

[115] Nakayama Y，Mitani M，Bando H，et al. Development of FI catalyst systems and their applications to new polyolefin-based materials [J]. Journal of Synthetic Organic Chemistry，2003，61（11）：1124-1137.

[116] Mitani M，Saito J，Ishii S I，et al. FI catalysts：New olefin polymerization catalysts for the creation of value-added polymers [J]. The Chemical Record，2004，4（3）：137-158.

[117] Terao H，Nagai N，Fujita T. Creation of value-added olefin-based materials by new olefin polymerization catalysts developed at Mitsui Chemicals [J]. Journal of Synthetic Organic Chemistry，2008，66（5）：444-457.

[118] Ishii S I, Saito J, Matsuura S, et al. A bis (phenoxy-imine) Zr complex for ultrahigh-molecular-weight amorphous ethylene/propylene copolymer [J] . Macromolecular Rapid Communications, 2002, 23: 693-697.

[119] Fontaine P P, Klosin J, McDougal N T. Hafnium amidoquinoline complexes: highly active olefin polymerization catalysts with ultrahigh molecular weight capacity [J] . Organometallics, 2012, 31 (17): 6244-6251.

[120] Kuhl O, Koch T, Somoza F B, et al. Formation of elastomeric polypropylene promoted by the dynamic complexes [$TiCl_2$ {N (PPh_2)$_2$}$_2$] and [Zr ($NPhPPh_2$)$_4$] [J] . Journal of Organometallic Chemistry, 2000, 604: 116-125.

[121] Gornshtein F, Kapon M, Botoshansky M, et al. Titanium and zirconium complexes for polymerization of propylene and cyclic esters [J] . Organometallics, 2007, 26 (3): 497-507.

[122] Johnson L K, Killian C M, Brookhart M. New Pd(Ⅱ) - and Ni(Ⅱ) -based catalysts for polymerization of ethylene and α-olefins [J] . Journal of the American Chemical Society, 1995, 117: 6414-6415.

[123] 黄树彬．茂金属/后过渡金属复合催化剂的乙烯聚合及负载化研究 [D] . 杭州：浙江大学，2006.

[124] 郭寅天．茂金属及（α-二亚胺）镍催化烯烃聚合机理及聚合物链结构调控 [D] . 杭州：浙江大学，2017.

[125] 郭建双，王原，王新威．非茂金属配合物催化烯烃聚合研究进展 [J] . 上海塑料，2020，（3）：1-11.

[126] Johnson L K, Mecking S, Brookhart M. Copolymerization of ethylene and propylene with functionalized vinyl monomers by palladium(Ⅱ) catalysts [J] . Journal of the American Chemical Society, 1996, 118 (1) : 267-268.

[127] Jafarpour L, Schanz H J, Stevens E D, et al. Indenylidene-imidazolylidene complexes of ruthenium as ring-closing metathesis catalysts [J] . Organometallic, 1999, 18 (25): 5416-5419.

[128] Urbina-Blanco C A, Leitgeb A, Slugovc C, et al. Olefin metathesis featuring ruthenium indenylidene complexes with a sterically demanding NHC ligand [J] . Chemistry A European Journal, 2011, 17 (18): 5045-5053.

[129] Monsaert S, De Canck E, Drozdzak R, et al. Indenylidene complexes of ruthenium bearing NHC ligands-structure elucidation and performance as catalyst for olefin metathesis [J] . European Journal of Organic Chemistry, 2009, 2009 (5): 655-665.

[130] 开铖，Francis Verpoort. 用于烯烃复分解反应的钌茚基催化剂的合成研究进展 [J] . 材料导报 A：综述篇，2016，30 (8)：46-50，56.

[131] Lavallo V, Canac Y, Prasang C, et al. Stable cyclic (alkyl) (amino) carbenes as rigid or flexible, bulky, electron-rich ligands for transition-metal catalysts: A quaternary carbon atom makes the difference [J] . Angewandte Chemie International Edition, 2005, 44: 5705-5709.

[132] Zhang J, Song S F, Wang X, et al. Ruthenium-catalyzed olefin metathesis accelerated by the steric effect of the backbone substituent in cyclic (alkyl) (amino) carbenes [J] . Chemical Communications, 2013, 49: 9491-9493.

[133] 蔡援，开铖，黄毅勇，等．环（烷基）（氨基）卡宾及其在烯烃复分解反应中的研究展望 [J] . 有机化学，2014，34：1978-1985.

[134] Shang M, Sun S Z, Dai H X, et al. $Cu(OAc)_2$-catalyzed coupling of aromatic C—H bonds with arylboron reagents [J] . Organic Letters, 2014, 16 (21): 5666-5669.

[135] Shang R, Ilies L, Nakamura E. Iron-catalyzed directed C (sp^2) -H and C (sp^3) -H functionalization with trimethyl aluminum [J] . Journal of the American Society, 2015, 137 (24): 7660-7663.

[136] 张红进，李桦，任相伟．C—H 键与金属有机化合物的交叉偶联研究进展 [J] . 化学与生物工程，2016，33 (10)：1-7，11.

[137] 王结良，朱光明，梁国正，等．自组装制备纳米材料的研究现状 [J] . 材料导报，2003，17 (7)：

67-69.
[138] Zhao Y，Li Q，Shi L，et al. Exploitation of the large-area basal plane of MoS_2 and preparation of bifunctional catalysts through on-surface self-assembly [J]. Advanced Science，2017，4 (12)：1700356.
[139] Wang X，Wu D，Liu S，et al. Folic acid self-assembly enabling manganese single-atom electrocatalyst for selective nitrogen reduction to ammonia [J]. Nano-Micro Letters，2021，13：125.
[140] 周治峰．固体催化剂成型工艺的研究进展 [J]．辽宁化工，2015，44 (2)：155-157.
[141] 赵晓敏．FCC 废催化剂的综合回收利用 [J]．炼油技术与工程，2017，47 (4)：51-55.
[142] 马艾琳，谌礼婷，柳虎军，等．微通道反应器在强放热反应中的应用进展 [J]．化学与生物工程，2022，39 (10)：6-9.
[143] 杨军朝，王万真．固体超强酸异构化催化剂失活原因分析及应对措施 [J]．现代化工，2022，42 (增刊 2)：387-389.
[144] 张先明，王燕，刘泽．液相合成三聚甲醛催化剂的研究及工业应用现状 [J]．化工管理，2018，3：84-85.
[145] 李亚男，何文军，俞峰萍，等．离子交换树脂在有机催化反应中的应用进展 [J]．应用化学，2015，32 (12)：1343-1357.
[146] Yang H，Driess M，Menezes P W. Self-supported electrocatalysts for practical water electrolysis [J]. Advanced Energy Materials，2021，11 (39)：2102074.
[147] Chang L，Sun Z，Hu Y H. 1T phase transition metal dichalcogenides for hydrogen evolution reaction [J]. Electrochemical Energy Reviews，2021，4 (2)：194-218.
[148] Chen J，Chen H，Yu T，et al. Recent advances in the understanding of the surface reconstruction of oxygen evolution electrocatalysts and materials development [J]. Electrochemical Energy Reviews，2021，4 (3)：566-600.
[149] Zhang R，Wei Z，Ye G，et al. "d-Electron complementation" induced V-Co phosphide for efficient overall water splitting [J]. Advanced Energy Materials，2021，11：2101758.
[150] Guo Y，Park T，Yi J W，et al. Nanoarchitectonics for transition-metal-sulfide-based electrocatalysts for water splitting [J]. Advanced Materials，2019，31：1807134.
[151] Chen H，Liang X，Liu Y，et al. Active site engineering in porous electrocatalysts [J]. Advanced Materials，2020，32：2002435.
[152] Zhao Y，Xiao F，Jiao Q. Controlling of the morphology of Ni/Al-LDHs using microemulsion-mediated hydrothermal synthesis [J]. Bulletin of Materials Science，2008，31 (6)：831-834.
[153] He Z，Jiao Q，Fang Z，et al. Light olefin production from catalytic pyrolysis of waste tires using nano-HZSM-5/γ-Al_2O_3 catalysts [J]. Journal of Analytical and Applied Pyrolysis，2018，129：66-71.
[154] Zhao Y，Liang J. Structural characterization and thermal behavior of Ni/Mg/Al layered double hydroxides [J]. Journal of Advanced Materials，2005，37 (1)：49-52.
[155] 李德展．茂金属催化剂制备双峰聚乙烯的研究 [D]．北京：北京化工研究院，2016.
[156] 何壮漳．HZSM-5 基催化剂的制备及其催化裂解废橡胶轮胎性能的研究 [D]．北京：北京理工大学，2017.
[157] 郑瑞娟．乙丙共聚合催化剂的制备及性能评价 [D]．北京：北京理工大学，2012.
[158] 赵芸．镁铝 LDHs 及其复合氧化物的可控制备及应用研究 [D]．北京：北京化工大学，2002.
[159] 张家康，张月成，赵继全．微通道反应器中精细化学品合成危险工艺研究进展 [J]．精细化工，2023，40 (4)：728-740.
[160] 史建公，任靖，苏海霞，等．固体催化剂载体及催化剂成型设备技术进展 [J]．中外能源，2018，23 (11)：72-84.